水闸工程健康诊断
理论及技术

曹邱林　李占超　著

中国水利水电出版社
www.waterpub.com.cn
·北京·

内 容 提 要

本书汇总作者水闸健康诊断研究成果，反映在此领域的相关研究进展，全面系统地阐述了水闸健康诊断理论、方法和技术，全书共7章，主要内容包括：概述、水闸工程病害调查与分析、水闸工程结构性态分析、水闸工程健康诊断体系、水闸工程健康诊断模型、水闸工程除险加固技术、水闸工程健康诊断系统。

本书内容丰富，可作为高等学校水利类专业的研究生教材，也可作为水利水电行业工程技术人员和管理人员的参考书。

图书在版编目（ＣＩＰ）数据

水闸工程健康诊断理论及技术 / 曹邱林，李占超著
. -- 北京 ： 中国水利水电出版社，2022.9
ISBN 978-7-5226-0813-6

Ⅰ．①水… Ⅱ．①曹… ②李… Ⅲ．①水闸—水利工程管理 Ⅳ．①TV66

中国版本图书馆CIP数据核字(2022)第114630号

书　　　名	水闸工程健康诊断理论及技术 SHUIZHA GONGCHENG JIANKANG ZHENDUAN LILUN JI JISHU
作　　　者	曹邱林　李占超　著
出 版 发 行	中国水利水电出版社 （北京市海淀区玉渊潭南路１号Ｄ座　100038） 网址：www．waterpub．com．cn E-mail：sales@mwr.gov.cn 电话：（010）68545888（营销中心）
经　　　售	北京科水图书销售有限公司 电话：（010）68545874、63202643 全国各地新华书店和相关出版物销售网点
排　　　版	中国水利水电出版社微机排版中心
印　　　刷	清淞永业（天津）印刷有限公司
规　　　格	184mm×260mm　16开本　29印张　706千字
版　　　次	2022年9月第1版　2022年9月第1次印刷
印　　　数	0001—1500册
定　　　价	**158.00元**

前　言

水闸是一种低水头水工建筑物，担负着满足现代农业灌溉要求、保护人民生命财产安全、维护社会稳定等责任。然而，由于大多数水闸都是在20世纪五六十年代修建的，并受到当时经济技术条件的制约、设计不合理、施工技术有限、后期维护措施不当甚至缺乏等因素的影响，导致现在许多水闸存在防洪标准不满足现行规范要求、金属结构和启闭机锈蚀老化、混凝土结构强度降低等问题。此外，近年来越发频繁的极端天气和自然灾害，如暴雨、雪灾、地震等使水闸所处环境愈发恶劣。由内因和外因的共同影响，加速了水闸的破坏。根据《全国水利发展统计公报》，截至2018年年底，我国已建成流量为 $5m^3/s$ 及以上的水闸共104403座，其中大型水闸897座。有统计资料显示病险水闸约占全国水闸的72%。

由于水闸这类大型工程一旦失事，将产生不可估量的后果，因此有必要对这些水闸工程进行除险加固，保证水闸工程的安全。对这些水闸工程加固前，又必须先了解水闸的健康状态，这样才能"对症下药"，因此对其进行健康诊断就显得十分重要。健康诊断的实质就是对水闸目前的状态进行一个总体的安全性评价，从大方面来说，水闸工程若健康则表示该工程安全，可以继续使用；若不健康，则表示该工程处于不安全状态，需对其除险加固；当无法通过维修加固恢复其性能时，水闸工程需要降等或退役，退役便意味着水闸工程走完了一个完整的生命周期；根据《水利水电工程合理使用年限及耐久性设计规范》（SL 654—2014），水闸工程建筑物级别为1级、2级的，使用年限长达100年；级别为3级的则需至少使用50年；级别为4级、5级的使用年限至少为30年。组成水闸的各个构件，其生命周期往往比整体水闸工程短，对这些构件进行健康诊断，判断它们的安全性态，对处于"亚健康""病变"和"病危"的构件进行加固甚至更换，对水闸整体性能提高有着重要作用，可以延长水闸工程的寿命。

目前，我国大多数水闸已经运行了五六十年。这些工程基本步入"中老年期"，健康状态不断恶化，需要维修的地方较多，加固的次数也比较频繁，运行管理成本进一步提高，所以如何平衡水闸寿命和运行管理成本、水闸效益成了亟须解决的问题。

作者长期从事水工建筑物的教学与研究，对水工建筑物特别是水闸的健康诊断进行了深入研究，主持完成了数百座水闸的安全鉴定工作，在水闸病害分析及隐患探测、水闸健康诊断指标体系构建、健康诊断指标量化、水闸健康诊断因子重要性分析、水闸健康诊断模型、基于生命周期成本的水闸加固维修方案优化、水闸工程健康诊断分析系统开发等方面做了仔细的研究，形成了一套理论与方法。作者希望通过本书，把我们对水闸工程健康诊断的认识、研究成果和实践经验呈现给大家，以期读者借助此书对水闸健康诊断、水闸加固维修工作有所帮助。

本书以水闸工程的复杂性为本，以水闸工程所存在的病害为切入点，通过水闸工程病害的调查与分析，阐明水闸工程健康诊断与安全评估技术研发的背景和目的；以水闸工程结构性态分析为途径，借助功能强大的数值仿真技术，以加强对水闸工程变化规律和机理的认知；以水闸工程健康诊断体系的搭建为前提，构造出能够全面反映水闸健康状况和安全状况的定性和定量指标体系；以水闸工程健康诊断模型为手段，提出并建立诊断水闸工程健康状况的技术知识；以水闸工程除险加固技术为延伸，作为改善和提高水闸工程健康状况的主要措施；进而，以水闸工程健康诊断系统为载体，形成水闸工程健康诊断的操作平台。

本书的章节按照问题出现、发现问题、分析问题、解决问题的基本思路进行编排。各个章节的主要内容如下：第1章从水闸工程所存在的病险问题出发，在初步探讨水闸工程复杂性的基础上，确定本书的主要内容；第2章详细介绍了水闸工程的病害调查与分析；第3章针对不同类型的水闸工程介绍了水闸工程结构性态的数值仿真分析；第4章搭建了水闸工程的健康诊断指标体系；第5章针对水闸工程健康诊断的复杂性，从不同的角度建立了水闸工程健康诊断模型；第6章针对病险水闸工程，介绍了水闸工程除险加固技术的研究和开发；第7章开发了水闸工程的健康诊断系统。

全书由曹邱林策划、组稿、统稿和核对，由曹邱林、李占超共同撰写，曹邱林的研究生参与了部分研究工作，并承担了部分章节的撰写。

本书的出版得到了"江苏省高校优势学科建设工程——水利工程学科"项目及扬州大学出版基金的资助，本书的撰写得到作者所在单位扬州大学水利科学与工程学院的领导和同事的支持和鼓励，在作者研究过程中，相关单位提供了有力的协助。谨向为本书提供支持和帮助的单位和个人表示衷心的感谢！

鉴于作者水平，书中难免存在不足之处，敬请读者不吝赐教。

作者

2021 年 12 月

目 录

第1章 概 述

水利工程是用于控制和调配自然界的地表水和地下水，达到除害兴利目的而修建的工程。随着经济社会的高质量发展，水利工程高效率运行对于生产、生活、生态用水保障的重要性越发突出[1]。水利工程在一定程度上关乎国计民生，是国家繁荣发展、社会稳定运行、人民安居乐业的立国之本。

在水利工程中，水闸是一种修建于河道和渠道上，主要用于控制流量和调节水位的低水头水工建筑物，具有挡水和过水的双重作用。在我国，水利工程中应用很广[2]。水闸工程项目的建设对国家的发展和人民生活意义重大，既能促进国家及地方的经济发展，也能为人民的生命财产安全提供保障。截至 2018 年年底，我国已建成流量 5m³/s 及以上的水闸 104403 座，其中大型水闸 897 座。按水闸类型分，分洪闸 8373 座，排（退）水闸 18355 座，挡潮闸 5133 座，引水闸 14570 座，节制闸 57972 座[3]。这些水闸在防洪抗旱、排除沥涝、减少自然灾害发生、保障人民群众的生命和财产安全方面，发挥了巨大的经济效益和社会效益。

1.1 水闸工程的病险概况

我国水闸大多建成于 20 世纪 50—70 年代，由于种种原因，存在着各种安全隐患。据不完全统计[4]，目前我国水闸的病险比例高达 72%。

（1）经过对全国水闸安全状况普查、大中型病险水闸除险加固专项规划成果进行分析，目前我国水闸存在的病险种类繁多，从水闸的作用及结构组成来说，主要可分为以下 9 种病险问题[5]。

1）防洪标准偏低。防洪标准（挡潮标准）偏低，主要体现在宣泄洪水时，水闸过流能力不足或闸室顶高程不足，单宽流量超过下游河床土质的耐冲能力。在原设计时没有统一的技术标准、水文资料缺失或不准确以及防洪规划改变等情况下，易产生防洪标准偏低的问题。

2）闸室和翼墙存在整体稳定问题。闸室及翼墙的抗滑、抗倾、抗浮安全系数以及基底应力不均匀系数不满足规范要求，沉降、不均匀沉陷超标，导致承载能力不足、基础破坏，影响整体稳定。

3）闸下消能防冲设施损坏。闸下消能防冲设施损毁严重，不适应设计过闸流量的要求，或闸下未设消能防冲设施，危及主体工程安全。

4）闸基和两岸发生渗流破坏。闸基和两岸产生管涌、流土、基础淘空等现象，发生渗透破坏。

5）建筑物结构老化损害严重。混凝土结构设计强度等级低，配筋量不足，碳化、开裂严重，浆砌石砂浆标号低，风化脱落，致使建筑物结构老化破损。

6）闸门锈蚀，启闭设施和电气设施老化。金属闸门和金属结构锈蚀，启闭设施和电气设施老化、失灵或超过安全使用年限，无法正常使用。

7）上、下游淤积及闸室磨蚀严重。多泥沙河流上的部分水闸因选址欠佳或引水冲沙设施设计不当，引起水闸上下游河道严重淤积，影响泄水和引水，闸室结构磨蚀现象突出。

8）水闸抗震不满足规范要求。水闸抗震安全不满足规范要求，地震情况下地基可能发生震陷、液化问题，建筑物结构型式和构件不满足抗震要求。

9）管理设施问题。大多数病险水闸存在安全监测设施缺失、管理房年久失修或成为危房、防汛道路损坏、缺乏备用电源和通信工具等问题，难以满足运行管理需求。

以江苏省为例，江苏省各类水闸数量多、分布广、型式全。据统计，江苏省境内现有大型水闸31座，其中大（1）型水闸3座、大（2）型水闸28座、中型水闸405座、小型水闸3504座。按流域划分如下：①长江流域：大（2）型水闸2座、中型水闸80座、小型水闸129座；②淮河流域：大型水闸29座，其中大（1）型3座、大（2）型26座、中型水闸309座、小型水闸3375座；③太湖流域：中型水闸16座。

根据相关的安全鉴定成果统计，江苏省除险加固的病险水闸共116座，其中大型水闸5座、中型水闸111座，按流域划分如下：①长江流域：大型水闸2座，中型水闸12座；②太湖流域：中型水闸2座；③淮河流域：大型水闸3座，中型水闸97座。按年代划分，116座大中型水闸中，20世纪50年代16座、60年代21座、70年代50座、80年代20座、90年代9座；其中70年代及以前87座，占总数的75%。

（2）根据江苏省水闸安全状况普查、安全复核计算及安全鉴定情况分析，水闸出现病险情况及主要原因分为以下几种[6]：

1）防洪标准发生变化。随着经济水平的发展，防洪要求不断提高，对部分水闸的标准及功能的要求发生了改变，导致原设计的过流能力、防洪标准偏低，建筑物在新的水位组合下不能满足结构稳定、防渗稳定的要求。

2）建筑物抗震能力不能满足规范要求。20世纪70年代以前兴建的大多数水闸，设计时未进行抗震设防。特别是经济较落后地区、Ⅶ～Ⅷ度高烈度地震区的众多中型水闸，建设时较多采用浆砌石砌筑水闸主体结构，造成结构抗震能力差，不能满足现行抗震规范要求。部分砂性地基上的水闸，建闸时基础未进行抗震处理，导致建筑物地基存在地震液化的可能，危及建筑物安全。

3）建筑物混凝土结构出现老化、病害。大批20世纪60—70年代建设的水闸建设时混凝土标号较低，经过几十年的运行，混凝土结构碳化较严重，部分构件碳化深度超过钢筋保护层厚度，钢筋混凝土保护层脱落，导致钢筋锈蚀严重，从而导致结构强度降低，不能满足现有规范要求。

4）消能设施不能满足规范要求。受经费限制，部分20世纪60—70年代建设的水闸闸下消能设施采用简陋的浆砌块石结构，原有消力池长度、深度不满足现有规范要求。

5）启闭机及电气设备老化、陈旧。大多数水闸的启闭机及电气设备多为兴建时购置，部分至今已运行50多年，大多数启闭机齿轮老化、漏油、螺杆弯曲、锈蚀，电动机及配电设备、输电线路老化，启闭机及电气设备不能正常运行。

1.2 水闸工程的复杂性初探

水闸工程作为坐落于地基（土基或岩基）上的结构系统，在运行过程中受到空气、负荷、冻融、水流、污染、风、浪、雨和雪等的长期作用，所呈现出的结构病险问题，与其结构系统的复杂性特性密切相关。初步来看，既有水闸工程的复杂性主要体现在以下几个方面：

（1）水闸工程中的钢筋混凝土、岩体和土等材料，本身具有很强的复杂性。

（2）水闸工程直接受到水的作用，且动水效应不可忽略，导致水闸工程与水的相互作用复杂。

（3）水闸工程的结构本身与地基相互作用复杂，尤其是混凝土的水闸工程与土质地基变形协调困难。

（4）水闸工程的地基，尤其是土基，由于土的性质复杂，且受到水的直接作用，导致地基性质随时间变化较大。

（5）水闸工程，尤其是大型水闸工程，结构的三维空间效应显著，不易简化为二维平面结构问题进行分析。

（6）相比于大型水利工程，水闸工程的体型较小，外界环境和因素（风、温度、降水、车辆等）对其影响更加显著。

下面主要从水闸工程的数值仿真模型统计与分析、水闸底板地基反力及内力的影响规律分析、水闸闸室安全性态影响因素重要性分析以及水闸结构闸室变形性态的全局敏感性分析等4个方面，初步地分析和揭示水闸工程所具有的复杂性特征。

1.2.1 水闸闸室结构数值仿真模型统计与分析[7]

水闸工程数值仿真模型主要包括：模型维度、计算范围、闸室本构模型、地基本构模型、闸室与地基接触模型、荷载等。

表 1.2.1　　　　　　　　　　　水闸闸室结构数值仿真模型统计

序号	作者	水闸闸室数值仿真模型的主要假设					
		模型维度	闸室本构模型	地基类型及本构模型	地基计算范围 $(L_{up}/L_{down}/D_s)$	地基与闸室接触	荷载
1	钱秋培等[8]	3D	—	—	$L_{up}=45\text{m}$，$L_{down}=40\text{m}$；无 D_s 值	未设接触	①②③④⑤
2	徐惠亮等[9]	3D	线弹性	线弹性	$L_{up}=2B$；$L_{down}=2B$；$D_s=4H$	—	①②③④⑤
3	姜云龙等[10]	3D	D－P	D－P	$L_{up}+L_{down}+L=260\text{m}$；$D_s=40\text{m}$	—	①②③④
4	殷晓曦等[11]	3D	—	—	$L_{up}=1.5L$；$L_{down}=1.5L$；$D_s=17\text{m}$	非线性杆单元	①②③④⑨
5	樊志远等[12]	3D	线弹性	D－P	$L_{up}=B$；$L_{down}=B$；$D_s=2L$	面－面接触单元	—

续表

序号	作者	水闸闸室数值仿真模型的主要假设					
		模型维度	闸室本构模型	地基类型及本构模型	地基计算范围 $(L_{up}/L_{down}/D_s)$	地基与闸室接触	荷载
6	游健等[13]	3D	线弹性	邓肯-张	—		①②③④
7	崔朕铭等[14]	3D	线弹性	D-P	$L_{up}=2B$；$L_{down}=2B$；$D_s=2L_p$	摩擦	—
8	张守平[15]	3D	线弹性	邓肯-张	$L_{up}=45m$；$L_{down}=40m$；$D_s=55.5m$		
9	苏超等[16]	3D	线弹性	线弹性	$L_{up}=2B$；$L_{down}=2B$；$D_s=2B$	未设接触	①②③④⑤⑨
10	朱晓琳等[17]	3D	—	—	$L_{up}=2H$；$L_{down}=2H$；$D_s=2H$		①②③④⑧⑨
11	宋力等[18]	3D	—	D-P	—	摩擦	①②③④
12	时爱祥等[19]	3D	线弹性	—	$L_{up}=65m$；$L_{down}=75m$；$D_s=61m$	摩擦	①②③④
13	李吕英等[20]	3D	D-P	D-P	$L_{up}+L_{down}+L=140m$；$H+D_s=160\sim180m$		①②③④
14	王千等[21]	2D	线弹性	M-C	$L_{up}=L$；$L_{down}=L+5m$；$D_s=L$		①②③④
15	刘彦琦等[22]	3D	线弹性	D-P	$L_{up}\geq2H$；$L_{down}\geq2H$；$D_s=25\sim95m$		①②③④
16	苏燕等[23]	3D	—	D-P	$L_{up}=40m$；$L_{down}=40m$；$D_s=40m$	未设接触	①②③④⑥⑧
17	杨安玉等[24]	3D	线弹性	D-P	$L_{up}+L_{down}+L=97.7m$；$D_s+H=23.1m$		①②③④⑨
18	曹邱林等[25]	3D	线弹性	M-C	$L_{up}=0$；$L_{down}=0$；$D_s=14m$	摩擦	①②③④⑤
19	詹青文等[26]	3D	线弹性	D-P	$L_{up}=50m$；$L_{down}=50m$；$D_s=40m$		①②③④
20	王明等[27]	3D	线弹性	D-P	$L_{up}=11m$；$L_{down}=11m$；$D_s=6.5m$		①②③④⑨
21	杨令强等[28]	3D	线弹性	M-C	—	库伦摩擦	①②③④
22	杨丽君等[29]	3D	线弹性	邓肯-张			①②③④⑤
23	顾小芳等[30]	3D	线弹性	M-C	$L_{up}+L_{down}+L=300m$；无 D_s 值	摩擦	—
24	王伟等[31]	3D	线弹性	邓肯-张	—		①②③④⑤

注　L_{up} 为地基上游长度；L_{down} 为地基下游长度；D_s 为地基深度。L 为闸室顺水流方向长度；B 为闸室垂直水流方向宽度；H 为闸室高度；L_p 为桩长度。
①为水闸结构设备自重；②为上、下游静水压力；③为上、下游水重；④为扬压力；⑤为土压力；⑥为淤沙压力；⑦为风压力；⑧为浪压力；⑨为其他荷载。"—"表示文献中没有明确说明。未设接触即：将闸室与地基作为一个整体建立模型并共同划分网格。

根据表1.2.1统计情况，可以得出以下信息：

（1）大部分文献使用的是三维有限元模型，只有一篇文献使用了二维有限元模型。

（2）对于闸室本构模型，大多数文献使用的是线弹性本构模型，也有少数文献选用了弹塑性D-P本构模型。

（3）对于地基本构模型，大多数文献选取了D-P模型和M-C模型，少数文献选取了线弹性模型、邓肯-张模型。

（4）对于地基与闸室接触，部分研究者并未在文献中明确，在已明确的文献中，选取了摩擦、接触单元作为地基与闸室的接触，也有文献将闸室与地基一同建模划分网格，其间不设接触。

（5）对于需施加的荷载，所有文献均考虑了水闸结构自重、静水压力、水重、扬压力等荷载，均未将风荷载加入计算模型中；而对于是否要考虑土压力、浪压力、淤沙压力等荷载，存在差异。

（6）对于地基计算范围，从已列出的研究文献中可以看出，对于这一假定存在诸多不同。如：对于地基顺水流方向的长度，有的文献直接给出了地基顺水流方向的长度，一些其他文献则以闸室宽度或闸室长度或闸室高度为尺度，选取1～2倍；对于地基竖直方向的深度，有的文献直接给出地基竖直方向的深度，一些其他文献则以闸室宽度或闸室长度或闸室高度为尺度，选取1～2倍。

1.2.2 水闸底板地基反力及内力的影响规律分析[32]

本节融合MCMC（Markov Chain Monte Carlo）抽样以及基于BP神经网络的Tcha-ban敏感性分析方法对水闸底板地基反力、弯矩以及剪力进行影响规律分析。以某单孔闸为例进行分析，见图1.2.1和表1.2.2。

表1.2.2 水闸各项参数取值

名　　称	数值	名　　称	数值
底板长度/m	11.5	底板宽度/m	5
底板厚度/m	1.1	底板齿墙深度/m	1
底板齿墙底宽/m	0.5	齿墙斜坡比/m	1
闸墩厚度/m	1	闸墩高度/m	8
工作门槽宽度/m	0.5	检修门槽宽度/m	0.3
门槽深度/m	0.4	铺盖厚度/m	0.3
铺盖长度/m	10	铺盖齿墙底宽/m	0.5
铺盖齿墙深度/m	0.5	板桩深度/m	0
闸门距底板中心水平距离/m	1	交通桥距底板中心水平距离/m	3
工作桥重/kN	300	交通桥重/kN	180
启闭设备重/kN	5	排架重/kN	100
交通桥宽度/m	5	闸门重/kN	50
风区长度/m	2000	工作桥宽度/m	5

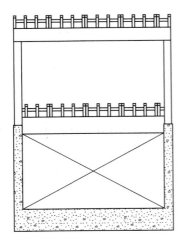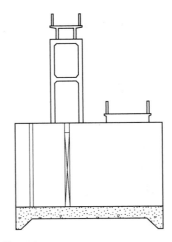

图 1.2.1 水闸模型图

在荷载方面，考虑了水闸结构的自重、上、下游水重、浮托力、渗透压力、上、下游水压力、浪压力、淤沙压力以及风荷载在内的 8 种荷载，闸室荷载如图 1.2.2 所示，其中：P_1、P_2、P_3 为水平水压力；P_4 为风压力；P_5 为淤沙压力；P_{zl} 为波浪压力；G 为底板重；G_1 为启闭机重；G_2 为工作桥及桥墩重；G_3 为闸墩重；G_4 为闸门重；G_5 为交

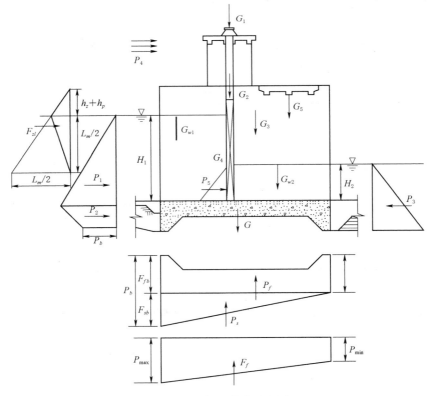

图 1.2.2 闸室荷载示意图

通桥重；G_{w1}、G_{w2} 为水重；P_b 为扬压力；P_{fb} 为浮托力；P_{sb} 为渗透压力；F_f 为地基反力；h_p 为波浪高度；h_z 为波浪中心线超出计算水位的高度；L_m 为波浪长度。需要说明的是，风压力的计算参考《建筑结构荷载规范》（GB 50009—2012）[33]，渗透压力采用改进阻力系数法进行计算，考虑对称均布边荷载的影响[34]，具体计算方法见《弹性地基梁和框架分析文集》[35]。

所选取的变量及其取值范围见表 1.2.3，并假定所有变量均服从截断正态分布[36]。

表 1.2.3　　　　　　　　　变 量 分 布 取 值

变量符号	变 量 名 称	分 布 参 数		取值范围
		均值	方差	
X_1	钢筋混凝土重度/(kN/m³)	23.5	1.225	22～25
X_2	上游水位/m	6	2.4	1～6.75
X_3	下游水位/m	2	0.4	1.5～2.5
X_4	风速/(m/s)	10	6	0～20
X_5	底板弹性模量/GPa	27.5	1.65	25～30
X_6	地基变形模量/MPa	30	3	25～35
X_7	泥沙淤积厚度/m	0.5	0.25	0～1
X_8	淤沙浮容重/(kN/m³)	11	1.32	9～13
X_9	淤沙内摩擦角/(°)	17.5	0.9	16～20

各个变量对闸室底板地基反力、底板弯矩和剪力的平均相对重要度见表 1.2.4。

表 1.2.4　　　各个变量对闸室底板地基反力、弯矩和剪力的相对重要度平均值

变量编号	变 量 名 称	相对重要度		
		地基反力	弯矩	剪力
X_1	钢筋混凝土重度	48.10	16.01	8.67
X_2	上游水位	−15.43	−38.15	−32.06
X_3	下游水位	4.41	2.74	4.75
X_4	风速	5.69	0.65	−0.71
X_5	底板弹性模量	−0.53	0.02	0.00
X_6	地基变形模量	0.72	−0.39	0.02
X_7	泥沙淤积厚度	0.15	−0.01	0.06
X_8	淤沙浮容重	−0.37	0.09	−0.02
X_9	淤沙内摩擦角	0.20	−0.07	0.01

各个变量对地基反力、底板弯矩和剪力的影响在底板范围内的分布规律，详见参考文献［32］。

1.2.3　水闸闸室安全性态影响因素重要性分析[37]

对于水闸闸室，考虑的荷载分别为：水闸结构的自重（W_1）、上下游水重（W_2、

W_3)、浮托力（u_1)、渗透压力（u_2)、上下游水压力（P_1、P_2)、浪压力（P_3）及风荷载（P_4）等。所选取的闸室安全性态指标分别为：抗滑稳定安全系数、最大和最小基底应力、不均匀系数及出口段渗透坡降，对应计算见式（1.2.1)～式（1.2.4)。

$$K_c = \frac{\tan\varphi_0(W_1+W_2+W_3-u_1-u_2)+C_0A}{P_1+P_3+P_4-P_2} \tag{1.2.1}$$

$$P_{\min}^{\max} = \frac{W_1+W_2+W_3-u_1-u_2}{A} \pm \frac{\sum M}{W} \tag{1.2.2}$$

$$\eta = \frac{P_{\max}}{P_{\min}} \tag{1.2.3}$$

$$J = \frac{h_0'}{S'} \tag{1.2.4}$$

以上式中

K_c——沿闸室基底面的抗滑稳定安全系数；

φ_0——闸室基础底面与土质地基之间的摩擦角；

C_0——闸室基底面与土质地基之间的黏结力；

$P_{\min}^{\max}$——闸室基底应力的最大值或最小值；

$\sum M$——作用在闸室上的全部竖向荷载和水平向荷载对于基础底面垂直水流方向的形心轴的力矩；

A——闸室基底面的面积；

$W_1 \sim W_3$——闸室基底面对于该底面垂直水流方向的形心轴的截面矩；

J——出口段渗透坡降值；

h_0'——出口段修正后的水头损失值；

S'——底板埋深与板桩入土深度之和。

因此，闸室各个安全性态指标所涉及的荷载及其对应的影响因素见表 1.2.5。

表 1.2.5　　　　　　　　　　　　闸室安全性态指标及其影响因素

安全性态指标	公式	对　应　荷　载	影响因素
K_c	(1.2.1)	W_1，W_2，W_3，u_1，u_2，P_1，P_2，P_3，P_4	①②③④⑤⑥⑦⑧⑨⑩
$P_{\max}$	(1.2.2)	W_1，W_2，W_3，u_1，u_2，P_1，P_2，P_3，P_4	①②③④⑤⑧⑨⑩
$P_{\min}$	(1.2.2)	W_1，W_2，W_3，u_1，u_2，P_1，P_2，P_3，P_4	①②③④⑤⑧⑨⑩
η	(1.2.3)	W_1，W_2，W_3，u_1，u_2，P_1，P_2，P_3，P_4	①②③④⑤⑧⑨⑩
J	(1.2.4)	u_2	②③

注　①为钢筋混凝土重度；②为上游水深；③为下游水深；④为风区长度；⑤为风速；⑥为地基土摩擦角；⑦为地基土黏聚力；⑧为淤泥浮容重；⑨为上游泥沙淤积厚度；⑩为淤沙内摩擦角。

具体的影响因素重要性分析方法，详见文献［37］。下面以某一水闸为例进行分析，该闸闸室纵剖面图如图 1.2.3 所示。

针对于此水闸工程，10 个影响因素概率分布的特征参数见表 1.2.6。

各个影响因素的重要性指标排序见表 1.2.7 和表 1.2.8，饼状图如图 1.2.4 所示。

为直观反映单一影响因素与安全性态指标之间的关系，对安全性态指标与单一影响因素之间的关系绘制了散点图，如图 1.2.5 所示。

由图 1.2.5 可见：

（1）对于抗滑稳定安全系数，当上游水深较小时，抗滑稳定安全系数随上游水深的增加近似呈抛物线形式增长；当上游水深较大时，抗滑稳定安全系数随上游水深的增加近似呈负指数形式衰减；当上下游水深相近时，抗滑稳定安全系数

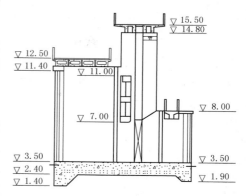

图 1.2.3　闸室纵剖面图（单位：m）

表 1.2.6　　　　　　　　影响因素概率分布的特征参数表

序号	变量名称	分布参数		取值范围
		均值	方差	
①	钢筋混凝土重度/(kN/m³)	24.5	1.225	22～25
②	上游水深/m	6	2.4	1～6.75
③	下游水深/m	2	0.4	1.5～2.5
④	风区长度/m	2000	50	1950～2050
⑤	风速/(m/s)	10	6	0～20
⑥	地基土摩擦角/(°)	12.6	2.52	8～18
⑦	地基土黏聚力/kPa	19.8	7.92	2～36
⑧	淤泥浮容重/(kN/m³)	11	2.2	9～13
⑨	上游泥沙淤积厚度/m	0.4	0.24	0～0.8
⑩	淤沙内摩擦角/(°)	10	4	5～15

表 1.2.7　　　　　　　　影响因素的重要性指标计算结果

安全性态指标		R	R_{ij}									
			①	②	③	④	⑤	⑥	⑦	⑧	⑨	⑩
单一安全性态指标	K_c	0.9968	0.033	0.556	0.139	0.013	0.098	0.062	0.068	0.007	0.008	0.015
	P_{max}	0.9999	0.078	0.365	0.089	0.035	0.248	0.022	0.030	0.058	0.043	0.033
	P_{min}	0.9948	0.082	0.279	0.110	0.048	0.192	0.050	0.055	0.061	0.064	0.059
	η	0.9998	0.047	0.437	0.100	0.033	0.234	0.028	0.016	0.029	0.045	0.033
	J	0.9999	0.008	0.536	0.403	0.007	0.008	0.008	0.007	0.008	0.007	0.009
整体安全性态指标		0.9878	0.064	0.555	0.097	0.008	0.206	0.012	0.039	0.006	0.007	0.006

注　R 为线性相关系数。

表 1.2.8 影响因素的重要性指标排序

安全性态指标		重要性指标排序
单一安全性态指标	K_c	②＞③＞⑤＞⑦＞⑥＞①＞⑩＞④＞⑨＞⑧
	P_{max}	②＞⑤＞③＞①＞⑧＞⑨＞④＞⑩＞⑦＞⑥
	P_{min}	②＞⑤＞③＞①＞⑨＞⑩＞⑦＞⑥＞④
	η	②＞⑤＞③＞①＞⑨＞⑩＝④＞⑧＞⑥＞⑦
	J	②＞③＞⑩＞①＝⑤＝⑥＝⑧＞④＝⑦＝⑨
整体安全性态指标		②＞⑤＞③＞①＞⑦＞⑥＞④＞⑨＞⑧＝⑩

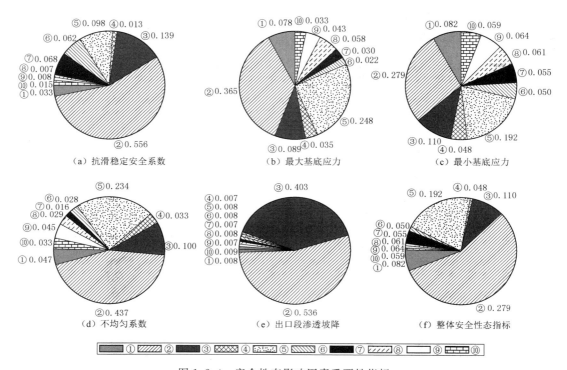

图 1.2.4 安全性态影响因素重要性指标

为无穷大；在同一下游水深处，抗滑稳定安全系数呈现上疏下密的分布规律。对于最大和最小基底应力及不均匀系数，随着上游水深的增大，最大基底应力整体上呈抛物线形式先增大后减小，最小基底应力呈抛物线形式先减小后增大，不均匀系数与最大基底应力呈现类似的规律；下游水深对最小基底应力和不均匀系数均呈条带状分布规律；随着风速的增大，最大基底应力和不均匀系数总体呈现下降趋势，而最小基底应力则呈现上升趋势。对于出口段渗透坡降，当上游水深较小时，出口段渗透坡降随上游水深的增加呈线性衰减，当上游水深较大时，出口段渗透坡降随上游水深的增加呈线性增长，当上下游水深相近时，出口段渗透坡降趋近于 0；随着下游水深的增加，出口段渗透坡降总体呈现下降趋势。

（2）对于抗滑稳定安全系数，上游水深的影响最为显著，下游水深和风速次之，而风区长度、下游泥沙淤积厚度、淤泥浮容重则影响最小；对于最大和最小基底应力及不均匀

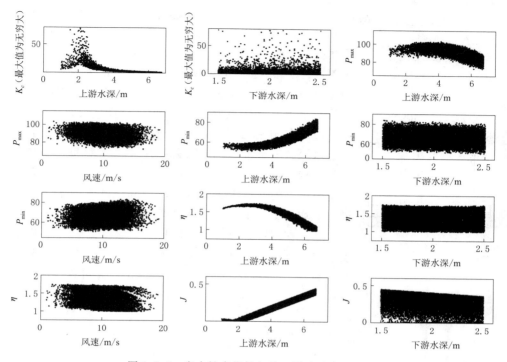

图 1.2.5 安全性态指标与单一影响因素的关系

系数，上游水深的影响最大，风速、下游水深次之；对于出口段渗透坡降，上下游水深影响最大，其他因素影响很小。

（3）最大和最小基底应力及不均匀系数与地基土摩擦角和地基土黏聚力无关，它们对于最大基底应力和不均匀系数的重要性均不大于 0.03，这主要是因为采用的重要性度量指标是基于拟合后的 BP 神经网络权重值，而对于物理上不相关的影响因素，在采用 BP 神经网络进行拟合分析时，其权重值往往并不完全等于 0。而对于最小基底应力，地基土摩擦角和地基土黏聚力的重要性指标分别为 0.05 和 0.055，相对较大，这主要是与此时 BP 神经网络的拟合程度相对误差有关。

（4）对于出口段渗透坡降，仅仅与上下游水深有关联，上下游水深的重要性累积达到了 0.94，较好地反应了出口段渗透坡降的物理意义，其他因素的重要性均在 0.01 以下，主要是由于 BP 神经网络的计算误差所致。

（5）对于整体安全性态指标，上游水深影响最大，风速及下游水深影响次之，其他因素影响较小；与单一安全性态指标的分析结果相比，两者的结果基本一致，均认为上下游水深和风速的影响最大，尤其是与最大和最小基底应力及不均匀系数的分析结果相比较，筛选出的主要影响因素及其顺序均相同。

1.2.4 水闸结构闸室变形性态的全局敏感性分析

本节主要对水闸闸室的变形性态进行全局敏感性分析，相关的模型、方法和技术详见文献［38］和文献［39］。该闸闸室结构的纵剖面图如图 1.2.6 所示，有限元模型如图 1.2.7 所示，结果见图 1.2.8～图 1.2.21。

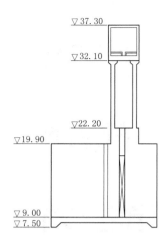

图 1.2.6 闸室纵剖面图
（单位：m）

由以上图可见：

（1）在闸室水平位移中，上游水深、下游水深及地基土变形模量为主要影响因素，其中地基土变形模量＞上游水深＞下游水深，$\sum S_i$ 的最小值为 0.973，因此可认为闸室水平位移模型是可加的，对于各影响因素，其在闸室内部 $S_{Ti} - S_i$ 的最大值均小于 0.10，因此无主要相互影响因素。

（2）在闸室沉降中，地基土变形模量为主要影响因素，上游水深与下游水深均对沉降产生了一定程度的影响，但影响程度较小，$\sum S_i$ 的最小值为 0.988，因此可认为闸室沉降模型是可加的，对于各影响因素，其在闸室内部 $S_{Ti} - S_i$ 的最大值均小于 0.10，因此无主要相互影响因素。

（3）在闸室总位移中，地基土变形模量为主要影响因素，上游水深与下游水深均对总位移产生了一定程度的影响，但影响较小，$\sum S_i$ 的最小值为 0.975，因此可认为闸室总沉降

图 1.2.7 闸室结构有限
元模型

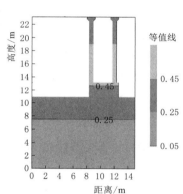

图 1.2.8 上游水深对水平
位移的一阶敏感性

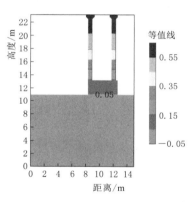

图 1.2.9 下游水深对水平
位移的一阶敏感性

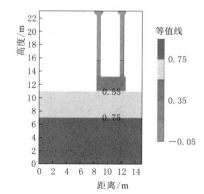

图 1.2.10 地基土变形模量
对水平位移的一阶敏感性

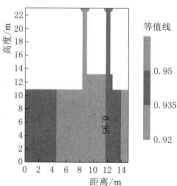

图 1.2.11 地基土变形模量对
沉降的一阶敏感性

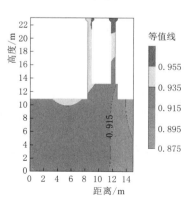

图 1.2.12 地基土变形模量
对总位移的一阶敏感性

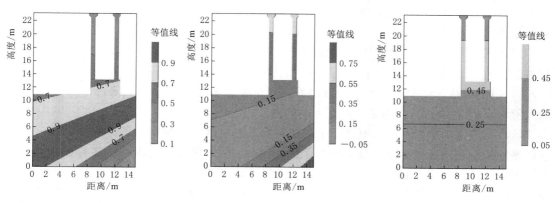

图 1.2.13　上游水深对变形　　图 1.2.14　下游水深对变形　　图 1.2.15　上游水深对水平
　　趋势的一阶敏感性　　　　　　趋势的一阶敏感性　　　　　　位移的总阶敏感性

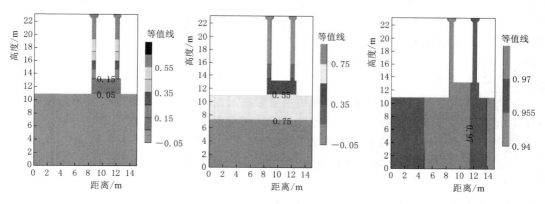

图 1.2.16　下游水深对水平　　图 1.2.17　地基土变形模量对　　图 1.2.18　地基土变形模量对
　　位移的总阶敏感性　　　　　　水平位移的总阶敏感性　　　　沉降的总阶敏感性

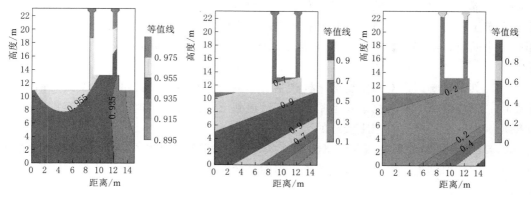

图 1.2.19　地基土变形模量　　图 1.2.20　上游水深对变形　　图 1.2.21　下游水深对变形
　对总位移的总阶敏感性　　　　趋势的总阶敏感性　　　　　　趋势的总阶敏感性

模型是可加的，对于各影响因素，其在闸室内部 $S_{Ti} - S_i$ 的最大值均小于 0.10，因此无主要相互影响因素。

（4）在闸室变形趋势中，上游水深及下游水深为主要影响因素，其中上游水深大于下游水深，地基土黏聚力产生了一定程度的影响，但影响程度较小，$\sum S_i$ 的最小值为 0.972，因此可认为闸室变形趋势是可加的，对于各影响因素，其在闸室内部 $S_{Ti} - S_i$ 的最大值均小于 0.10，因此无主要相互影响因素。

（5）各主要影响因素对闸室水平位移的影响基本呈水平条带状，各影响因素一阶与总阶敏感性系数在闸室内部分布规律基本保持一致，上游水深对闸室水平位移的影响从闸墩底部至排架顶部先增大后减小，排架下部受上游水深影响最为明显；下游水深对闸室水平位移的影响从闸墩底部至排架顶部一直保持增大状态，排架顶部受下游水深影响最为明显；地基土变形模量对闸室水平位移的影响从闸墩底部至排架顶部一直保持减小状态，闸墩下部结构受地基土变形模量影响最为明显。

（6）地基土变形模量为闸室沉降的主要影响因素，其对闸室沉降的影响基本呈竖直条带状，地基土变形模量一阶与总阶敏感性系数在闸室内部分布规律基本保持一致，地基土变形模量对闸室沉降的影响从上游至下游先增大后减小，闸墩中部结构受地基土变形模量影响最为明显；上游水深及下游水深均对闸室沉降产生了一定程度的影响，其最大影响程度在 3%～5% 之间。

（7）地基土变形模量为闸室总位移的主要影响因素，其对闸室总位移总体呈现圆弧状分布，地基土变形模量一阶与总阶敏感性系数在闸室内部分布规律基本保持一致，在排架顶部对闸室总位移的影响最大，闸墩近上游侧较近下游侧受地基土变形模量影响更为显著；上游水深及下游水深均对闸室总位移产生了一定程度的影响，其最大影响程度在 3%～8% 之间。

（8）各主要影响因素对闸室变形趋势的影响呈条带状，且由排架顶部至闸墩底部坡度逐渐增大，各影响因素一阶与总阶敏感性系数在闸室内部分布规律基本保持一致，上游水深对闸室变形趋势的影响从上游至下游、从排架顶部至闸墩底部先增大后减小，在闸墩近上游处底部至闸墩近下游处顶部受上游水深影响最为明显；下游水深对闸室变形趋势的影响从上游至下游、从排架顶部至闸墩底部先减小后增大，在闸墩近下游处底部受下游水深影响最为明显；地基土黏聚力对闸室变形趋势产生了一定程度的影响，其最大影响程度为 3%。

（9）其余影响因素对闸室变形指标产生的影响均近似为 0。因此，可以认为钢筋混凝土密度、钢筋混凝土变形模量、地基土密度、地基土摩擦角、风速、淤沙浮容重、淤沙内摩擦角及泥沙淤积厚度对闸室变形的影响非常小。

（10）综合以上分析并结合闸室沉降及水平位移计算数据可以发现，在土基上的水闸，闸室沉降的数值远大于水平位移的数值，因此其变形主要受沉降影响，主要影响因素为地基土变形模量。

为更加明确地分析规律，分别绘制闸室各点处各指标与其主要影响因素的散点图，如图 1.2.22 所示；闸室上的典型位置，如图 1.2.23 所示。

由图可见：

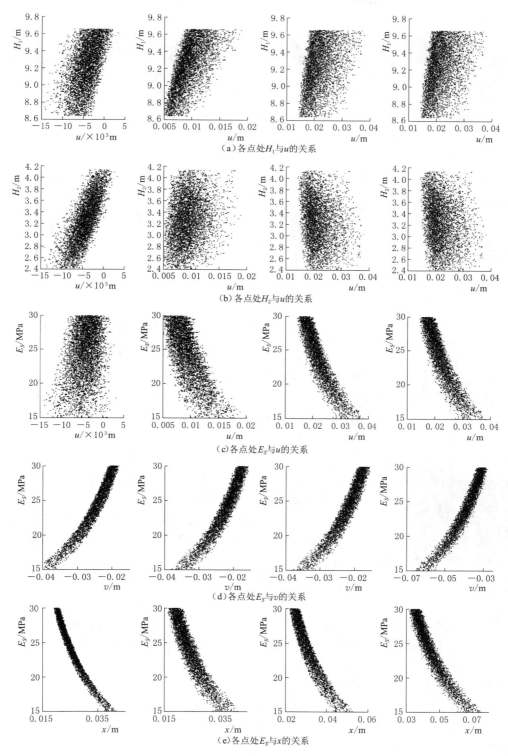

图 1.2.22（一）　各点处各指标与其主要影响因素的散点图

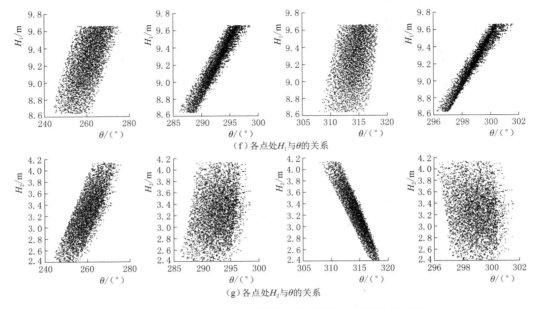

(f) 各点处H_1与θ的关系

(g) 各点处H_2与θ的关系

图 1.2.22（二） 各点处各指标与其主要影响因素的散点图

图 1.2.23 闸室典型位置

（1）在水平位移与各影响因素的散点图中，在 A 点处，闸室水平位移大部分为负向位移，随着上游水深的增大，闸室水平位移向正向呈线性增大；随着下游水深的增大，闸室水平位移向正向呈线性增大；随着地基土变形模量的增大，闸室水平位移向正向总体呈增大趋势。在 B 点处，闸室水平位移为正向位移，随着上游水深的增大，闸室水平位移呈线性增大；随着下游水深的增大，闸室水平位移总体呈现增大趋势；随着地基土变形模量的增大，闸室水平位移呈抛物线形减小。在 C 点处，闸室水平位移为正向位移，且其位移量较 B 点更为明显，随着上游水深的增大，闸室水平位移呈线性增大；随着下游水深的增大，闸室水平位移呈线性减小；随着地基土变形模量的增大，闸室水平位移呈抛物线形减小。在 D 点处，其闸室水平位移及其与各影响因素的规律与 C 点处基本一致。

（2）在沉降与各影响因素的散点图中，随着地基土变形模量的增大，闸室沉降呈抛物线形减小；在总位移与各影响因素的散点图中，随着地基土变形模量的增大，闸室总位移呈抛物线形减小。

（3）在变形趋势与各影响因素的散点图中，在 A 点处，大致向上游侧底部方向发生变形，随着上游水深的增大，变形趋势呈线性增大，即向下游侧加剧；随着下游水深的增大，变形趋势呈线性增大，且其变形趋势较上游更为剧烈。并且，下游水深的增大导致的变形趋势增大比上游水深的增大导致的变形趋势的增大要更为剧烈。在 B、C、D 点处，均大致向下游侧底部方向发生变形，随着上游水深的增大，变形趋势均呈线性增大；在 B

点处，随着下游水深的增大，变形趋势总体呈增长趋势；在 C 点处，随着下游水深的增大，变形趋势呈线性减小；在 D 点处，随着下游水深的增大，变形趋势总体呈减小趋势。

1.3　相关研究现状

相比于大坝等大型水利水电工程，尽管水闸工程规模较小，但是仍然具有大型水利水电工程的普遍特征。对于水闸工程，尽管已积累了丰富的实践经验，但由于地质、水文、气象的复杂性，即使掌握了现代最先进的勘探技术，采取了周密详尽的调查研究，仍然难以彻底掌握闸址区工程地质、水文、气象等情况；任何地质勘探和水文、气象调查的结果，最后都是通过理论计算而成为设计的依据，因此在某些情况下，这种数据与实际情况可能有很大的出入。设计中既可能存在对水闸工作条件估计偏差或运行情况考虑不全的问题，也可能存在因引用假设进行简化而使结果偏离实际的情况，设计很难做到完美无缺。施工中，也可能发生因施工方法不当，混凝土浇筑振捣不透，温度控制、选用材料不严，两岸填土碾压不密实等各种问题，从而引发一系列质量问题。竣工运行后，水闸受各种力的作用和自然环境的影响，筑坝材料的逐渐老化，使得水闸结构及其地基的物理力学性能逐渐变异，偏离设计要求。因此，在荷载长期作用以及洪水、地震等恶劣环境因素影响下，水闸结构不断老化，发生事故乃至失事的可能性长期存在，具有事故的风险性。

如果能够在事故发生前获得有关信息，进行分析和判断，及时采取有效的防范措施，便有可能避免事故的发生或减免损失。基于水闸工程的复杂性，一般情况下仅凭人的巡查和直觉判断难以及时发现和有效判定，必须依靠布置针对性的监测项目进行系统监测和分析评价。于是，水闸工程安全监测的问题被逐渐提出和重视，并随监测方法和监测手段的不断改进而逐步发展。在工程施工及运行过程中，安全监测体系均以"耳目"作用直接指导、反馈工程问题的处理。

水闸作为建在河道、渠道及水库、湖泊岸边，具有挡水和泄水功能的低水头水工建筑物，一般由闸室段、上游连接段和下游连接段组成。闸室段是水闸的主体，设有底板、闸门、闸墩、启闭机、工作桥、交通桥等。上游连接段由护底、铺盖、两岸翼墙和护坡等组成。下游连接段一般由护坦、海漫、防冲槽、两岸翼墙、护坡等组成。水闸大多建在平原或丘陵地区的软土地基上，其主要特点为部分水闸为穿堤建筑物，两岸与土质岸堤相接，闸室段直接挡水，在上下游水头作用下，容易出现绕闸渗流现象。另外，水闸出口水流条件复杂，下游常出现的波状水跃和折冲水流，可能对河床和两岸造成淘刷。由于水闸多数位于江、河、湖、海附近，基础大多为淤泥、粉沙、流沙及软土等土质，地基土质均匀性差、压缩性大、承载力低，在水闸结构荷载作用下，容易产生基础过大沉降。因而水闸的绕闸渗流、基础沉降、扬压力及翼墙变形、下游冲刷等是工程安全监测的重点。若按工程部位考虑，闸室段结构复杂，是整个水闸工程的主体，因而闸室段又是水闸工程的监测重点或关键部位。

通常而言，水工结构健康监测是基于水工结构系统的特定信息，对处于特定自然环境下的水工结构的变化尤其是异化的不断认识、消解和控制的工程技术反思活动，以指导水工结构规划决策、有效勘测、运筹设计、高效施工、合理操作、安全运行、降等报废等相关工程技术活动。对于水闸工程而言，水闸工程结构的健康诊断涉及的内容和学科非常广泛，涉及到工程材料、工程结构、地质、水文、气象、工程力学、应用数学、计算机科学、信息技术、人工智能、决策科学、仪器设备科学、测量学等。针对本书的主要研究内容和研究重点，下面分别从水闸工程病害识别及原因分析、水闸工程结构计算和分析、水闸工程健康诊断和评价、水闸工程优化设计和除险加固等 4 个方面对相关的研究现状进行简要的论述。

1.3.1　水闸工程病害识别及原因分析

任旭华等[40] 针对相当数量的水闸都出现老化并存在不同形式的病害，继而影响水闸的安全运行，对水闸的安全评价、病害类型及成因、病害检测、病害加固措施进行了综述。朴哲浩等[5] 针对我国水闸工程存在的安全隐患，归类出九大主要病险种类，并从水闸建设、运行、管理及环境等方面对病险产生的原因进行分析，得出了病险形成原因。梁民阳等[41] 根据对浙东海塘 1261 座水闸安全普查成果，分析了 241 座三类、四类闸的病害成因，认为深厚软基和高含氯海区环境是造成水闸病害的主要根源，水闸病害主要表现为地基稳定性不够引起的地基渗透破坏、结构变形过大、结构破坏和高含氯海区环境引起的混凝土老化。李长城等[42] 对水闸主要破坏症状进行了分类，指出其破坏症状主要有裂缝破坏、冲刷、磨损及气蚀破坏和渗漏破坏三大类。

曹为民等[43] 认为水闸闸墩开裂已成为水闸建设中的通病，要深刻地量化揭示这些裂缝形成的机理，需要发展能精细地模拟混凝土的材料特性、浇筑过程及外界环境条件变化的数值方法。史明政等[44] 认为闸墩位置是最易产生裂缝的部位之一，闸墩裂缝会对水闸所产生的不同程度的危害。在广泛收集多方面文献资料的基础上，结合多年的实践工作经验，深入分析了导致这一问题出现的原因，并总结了相应的防治措施。胡永彬[45] 对水闸闸墩的裂缝进行全面分析，了解其发生的原因，然后采取有效的防治措施，避免裂缝的发展，保证水闸正常运行。凌志飞[46] 针对水闸混凝土在施工期易开裂这一问题，认为结构的温差和约束是裂缝产生的主要原因，而裂缝的防止可以从优化混凝土配合比、改进施工技术等方面入手。卫永胜等[47] 针对在软土地基上建造水闸时施工期存在温差、自生体积和干缩等变形，加上土压力、渗透压力和外部荷载等共同作用，闸体极易开裂甚至失稳，分析了水闸混凝土裂缝产生机理。朱岳明等[48] 对石梁河新建泄洪水闸闸墩整体结构混凝土温度场和徐变应力场的有限单元法多工况仿真计算，分析研究了裂缝成因，基本上弄清了闸墩混凝土温度变形、混凝土自身体积变形与干缩变形和基础底板的约束是裂缝产生的主要原因。赵之瑾等[49] 分析水闸闸墩裂缝成因，主要是由于墩体内外温差、混凝土的干缩、自生体积变形和外部约束引起的。徐子堃[50] 针对拦河大型水闸工程闸墩及底板的混凝土裂缝问题，认为找到混凝土裂缝形成的原因，对出现的裂缝进行处理，成为了大型水闸工程克服混凝土裂缝的关键所在。

戴呈祥等[51] 认为水闸闸基隐患严重威胁水闸安全，闸基淘空是水闸较常见的隐患之一，利用探地雷达技术可探测出闸基冲刷剥蚀程度、淘空区的位置、范围、发育程度及规模，便于及早采取防范措施，进行加固处理。朱思军等[52] 根据勘察和沉降监测资料，分析了导致水闸不均匀沉降的原因主要有 4 点：①闸址在涌口河道与外江滩涂地交汇处，由于该区域水流条件复杂，导致土体力学性能差异较大；②由于水闸所处位置淤泥层厚度的不均匀性，导致水闸4个角的沉降各不相同，产生差异沉降，使水闸倾斜；③闸室底板桩顶黏土褥垫层施工期间长时间受外海消力池水渗入，影响其力学性能；④施工后期，引堤两侧填土速率对其也有一定的影响。针对导致水闸不均匀沉降的原因，提出了采用锚杆静压桩的方案进行纠偏处理，为工程加固处理提供参考。刘建飞等[53]认为修建在软基上的水闸与海堤连接段的不均匀沉降，极易导致其他病害。在对浙江东部沿海水闸与海堤连接段沉降调查的基础上，分析不均匀沉降的成因，结合类似工程实践和数值模型计算分析结果，从勘探设计角度分析后确定：加强地质勘探工作，选择有效的地基加固处理方式和海堤护面形式，优化海堤设计断面，选用轻质堤身填筑材料部分取代土石料等措施，可有效地预防水闸与海堤连接段不均匀沉降及由此产生的危害。

胡海泓等[54]通过分析、探讨水闸下游冲刷破坏的原因，主要对采用底流消能的水闸，提出如何通过设计与运行管理紧密结合，有效防止水闸下游冲刷破坏的具体意见。胡治郡[55]分析了水闸沉降的基本组成，地基沉降量的最终计算，水闸不均匀沉降的原因及危害，减少不均匀沉降可以采取的措施。张晓英等[56]则利用43座水闸现场安全检测混凝土强度和相对应碳化深度的数据，通过统计分析方法，研究了黄河中下游水闸不同构件的混凝土碳化深度以及不同地区、不同设计强度混凝土碳化深度与强度之间的关系。

1.3.2 水闸工程结构计算和分析

钱家欢[57]针对过去苏北地区各闸沉陷的理论计算值均远较实际观测值更大的问题，根据实测沉陷来反算地基中各土层的变形模量E，再根据室内试验求得各相应地层的压缩模量E_s，建立E和E_s的经验关系，以便求算闸基的最大沉陷值，从而改变过去计算值偏大的现象。此外，参照流变学理论，根据观察的沉陷和时间曲线来反算黏滞系数K，同时根据室内试验数据算得各地基的理论黏滞系数K_s，从而建立了K_s与K/K_s的经验关系，以便推算闸的沉陷与时间曲线。朱伯芳[58]针对软基上的船坞和水闸不少在坞墙和闸墩上产生了贯穿性裂缝，提出两个比较合理和实用的计算方法，以满足工程上的需要：一个是级数解法，另一个是简化解法。傅作新等[59]讨论了弹性半空间地基上水闸底板的变分解法，在分析中考虑了基础板的整体性和闸墩的刚度。周学田等[60]认为弹性基础梁的理论计算只不过是包括塑性因素的变形模量E代替弹性模量E。而将地基视为弹性体的计算，仍是一种近似计算方法，尤其地基不是半无限均质体时，用郭氏表计算，不论荷载如何正确，可能仍有相当误差，因为制表所作的计算是将地基视为半无限均质体的。魏世臧等[61]论述了用三维地质力学模型对葛洲坝工程二江泄水闸的抗滑稳定问题进行实验研究的成果。周革新等[62]通过实例分析，首次定量分析了单孔水闸闸孔孔径与侧向土压力对闸室稳定性的影响。牟献友等[63]利用物理模型对闸门开启过程中水流进行研究，证明了闸门开启过程中和全开之后一段时间内非恒定流的存在。以圣维南方程为基础建立数学模型，利用物理模型实验数据验证，并分析了主要影响因素，从而得到适用于模拟闸门开启过程中渐变非恒定流的数学模型。

张永生等[64]论述了用弹塑性有限元法进行水闸地基整体稳定性分析的必要性及具体实施方法，对屈服准则、安全系数、地基荷载及非线性方程组求解做了一般论述。顾再仁等[65]针对广西柳江红花水利枢纽泄水闸闸基存在较多的泥化夹层及节理面,影响闸基的稳定。采用非线性平面有限元计算,分析闸基应力状态,研究闸基抗滑稳定问题。王庆等[66]分析了水闸结构计算中存在的问题,以开敞式水闸为例,建立了水闸整体三维有限元模型,静力分析时对地基按弹塑性材料进行模拟,分析了应力、变形的计算结果;还对考虑工作桥和不考虑工作桥影响的两个力学模型的计算结果进行了比较,使闸室结构计算能体现实际受力状态,为水闸设计提供更加科学的理论依据。关淑萍等[34]基于 ANSYS,建立了考虑闸室、岸墙、地基相互作用的三维有限元整体模型,分别对岸墙为空箱式结构和水泥土结构的两种不同方案的框架式闸室结构进行了计算分析。詹青文等[26]针对跃洲水电站泄水闸闸基地质条件较差的问题,采用结构力学法分析了泄水闸的结构和抗滑稳定性,同时应用 ANSYS 结构分析软件建立了泄水闸三维有限元计算分析模型,模拟了混凝土材料的弹性及岩体材料的弹塑性,分析了不同工况下泄水闸结构的应力分布情况及抗滑稳定系数,并对比了两种方法的计算结果。曹邱林等[67]借助 ABAQUS 软件对软基上的焦土港闸进行了计算,分析研究了不同闸内外水位情况下微桩群复合地基以及闸室结构的应力-应变情况。马永法等[68]对构造节制闸、灌注桩和地基结构的三维有限元模型进行计算分析,直观可靠地得出整体结构的位移场和应力场,判断其整体强度和稳定性,并对其工作性态进行评价。张永生等[69]在水闸地基整体稳定性研究中,选择弹塑性大变形有限元进行计算。采用大变形问题的 Updated Lagrangian 描述方法,基于土体失稳过程是弹塑性大变形的问题,建立了土体稳定分析的弹塑性大变形有限元模型,提出了坐标更新和非线性方程组线性化的方法,推导了相应的计算公式。韩正元[70]以新疆乌苏市车排子中型灌区石桥干渠松软地基分水闸建设为例,通过数值模拟手段,分析闸室地基整体结构在不同工况条件下沉降位移、应力分布情况。曹邱林等[25]为尽可能准确计算水闸工程桩基础的水平位移,以江苏省泰兴市天星港闸工程的群桩基础为例,运用传统 m 法和三维有限元法,对不同工况下群桩基础的水平位移进行了分析研究;并建议采用三维空间有限元法进行桩基础结构的数值模拟。

朱岳明等[71]针对新建水闸闸墩混凝土早期易出现竖向"上不着顶,下不着底"的裂缝问题,用三维有限元仿真计算法,对该水闸施工期混凝土的温度场和应力场进行了多方案的计算分析,其中包括施工过程仿真、温控措施仿真、环境条件仿真、施工方案比较等,以揭示了这类裂缝产生的机理。王振红等[72]认为结构的内外温差、基础温差是混凝土结构施工期易开裂的主要原因,结合混凝土温度场、应力场的基本原理和水管冷却的精确算法,通过三维有限单元法对施工期某水闸闸墩进行仿真计算,分析闸墩混凝土施工期温度场、应力场的时空变化规律。王海波等[73]针对大型水闸闸墩混凝土施工期温度控制和裂缝预防比较困难的问题,基于非稳定温度场和应力场三维有限元仿真计算技术,集成混凝土内部冷却水管的离散模型和迭代算法,研究了表面保温、内部降温、地基强度、环境气候等因素对闸墩开裂机理的影响。由国文等[74]针对大型混凝土水闸因体积庞大进行寒潮影响下的温控防裂仿真计算时精度较低的问题,提出了子母模型联合反馈修正算法,有限元计算过程中在空间上和时间上进行加密,每完成一次子模型的计算,将结果反馈至母模型。于曹闸工程实例分析表明:5℃及 10℃温差区间寒潮冷击对结构表面温度影响较大,对内部影响较小,导致表面开裂,采取适当保温措施即可防裂。陈阵等[75]针对永定河滞洪水库退水闸建成后，在边墩、翼墙后回填土不久，出现了和翼墙外边缘基本平行的贯穿铺盖、消力池和护坦的连续裂缝，采用 FLAC3D 软件进行了相关的数值模拟，取得了较好的效果。

张铁[76] 认为将闸墩横水流向振动视作悬臂薄板的弯曲振动，尤其是对于闸墩本身不很规则或其上部结构的布置影响到不宜按平面形变问题来处理时，应考虑整个闸墩的振动状态。马光耀等[77] 在进行水闸动力特性及地震反应分析时，考虑了结构—地基的相互作用。分析了地基弹性模量、地基范围和地基质量对水闸体系动力特性的影响，且对地震波作用下，水闸地基为线性及非线性时的动力反应作了比较。认为，水闸体系的抗震分析宜考虑结构—地基的相互作用以及水闸体系的空间性。余雄等[78] 从工程应用角度，考虑了水、地基和结构应力的相互作用，对某水电工程泄洪拉沙闸进行了地震响应分析。叶霖等[79] 依据水闸的结构特点，采用框架计算模型，利用温克尔地基假设，弹簧模拟地基和两侧土的作用；运用直接滤频法（逆迭代法）计算水闸结构自振特性，编制有限元计算程序，以上海市新民水闸为实例进行分析计算，结果与实际状况吻合较好。麻媛[80] 在结构—地基体系动力有限元研究的基础上，针对闸底板结构特殊、受力条件复杂使得其抗震稳定分析难度较大的问题，考虑地震动水压力作用、闸室结构的空间耦联及闸室结构与地基相互作用的影响，利用 ANSYS 软件对闸室与地基整体结构进行了抗震计算，并对比分析了反应谱法与时程分析法动力计算结果。朱庆华等[81] 为充分考虑闸室结构空间振动的耦联影响，建立了能反映闸室结构实际情况的空间三维计算模型，采用振型分解反应谱法对闸室结构进行了抗震动力计算。韩菲等[82] 考虑结构、地基和水的相互作用关系，选用时程分析方法，应用 ANSYS 软件对某水闸结构进行了横河向地震响应计算和分析，结果表明，考虑附加质量比不考虑附加质量时结构的自振频率有所降低，考虑附加质量的影响更能准确反映真实情况。

岑威钧等[83] 针对水闸闸基渗流和两岸的绕渗形成较为复杂的三维渗流场问题，采用固定网格结点虚流量法结合改进排水子结构有限元求解技术，对平原地区一大型水闸进行三维渗流场计算分析，着重研究了混凝土铺盖和混凝土地下连续墙的防渗作用及其对闸基渗流场和两岸绕渗的影响。李飞[84] 采用 GeoStudio 有限元软件对水闸渗流进行计算，并与规范推荐的改进阻力系数法计算结果进行比较分析。方森松等[85] 针对低水头水利枢纽坝前附近的冲刷问题，建立了用于研究闸前三元流的泄水闸物理及数学模型，利用动床物理模型观测了闸前冲坑发展过程，然后采用定床物理模型和三维数学模型研究了闸前冲刷初始时刻、中期时刻及稳定时刻的三维流场。结果表明：冲刷初期水流受挡水闸阻水作用，在闸前近壁区水流下潜形成漩涡，闸前呈现复杂的三元流流态，从而造成闸前床面泥沙大量启动，迅速形成冲坑。在冲刷中后期，下潜水流流速在冲坑内部沿水深方向逐渐减弱，漩涡现象不明显，冲坑发展变缓，最终达到平衡。

1.3.3　水闸工程健康诊断和评价

张志俊等[86-88] 以现场检测和水闸运行时的长期观测资料为依据，根据突出主要老化因素，同时考虑次要因素的原则，用加权违阶、综合推理的方法，得出整个水闸老化状态的评估结论；同时提出了利用已有评估经验和科研成果，根据已知推断未知，使灰色系统白化的评估方法；又提出了一种水闸老化的模糊集合论评估方法，首先把水闸分解成部件,然后就每个部件的安全性、适用性和耐久性及其所属的若干单因素评估指标,计算出部件老化的综合隶属度,再用系统综合的方法评出整个水闸的老化级别。随后,张志俊等[89,90]为了提高评估质量实现快速评估,使评估结果具有可比性,提出了一种评估水闸老化状态的专家系统方法;同时为了更精确地评估水闸的老化状态,使评估进入理论阶段,并与现行设计方法接轨,利用结构可靠性理论研究了现有水闸老化的评估问题。朱琳等[91]提出了一种基于群决策和变权赋权法的水闸老化模糊综合评判方法。徐磊等[92]结合水闸安全鉴定工作评价特点,引入物元可拓评价理论,希望能为水闸安全鉴定评价的基础工作提供较为可靠的理论基础。张宇华等[93]通过建立病险水闸的风险评判指标体系,运用熵权法和模糊综合分析法评估水闸的风险等级。康迎宾等[94]认为水闸的安全评价是消除水闸病险、恢复水闸原有设计功能的基础工作。为解决水闸安全评价存在的问题,提出了基于 FMECA 的水闸安全评价方法。李凯等[95]采用基于可靠性的评价指标体系,以结构的安全性、适用性和耐久性为主要评价指标,将层次熵确权法与可拓理论相结合,建立起基于层次熵定权的物元可拓模型,并将该模型应用于普通水闸的安全评价研究。张志国[96]在详细分析了熵值理论与指标重要性分值的基础上,构建了基于改进的 AHP 法的水闸安全模糊综合评价模型,并以实际工程为例验证了模型的科学性与可行性。孙小冉[97]认为水闸安全评价是一个多指标、多层次的递阶分析问题。以水闸安全监测资料为基础,以水闸安全性态为系统物元,利用物元理论、可拓理论及其关联函数,确定水闸安全性态的经典域和节域,建立水闸安全评价的物元可拓模型。何金平等[98]认为水闸监测资料是对水闸工作性态的直接反映,现有的基于工程可靠性及安全鉴定规程的水闸安全评估方法存在未能充分利用安全监测资料的局限性。以水闸安全监测为基础,结合水闸破坏机理,研究了基于安全监测的水闸健康诊断指标设置方法,构建了一个具有多层次和多指标特性的水闸健康诊断指标体系,提出了正常、基本正常、异常、失常的水闸健康状态四等级划分方法,并设计了相应的评语集及对应的隶属度区间,从而建立了一种新的基于安全监测的水闸健康诊断框架体系。徐兴中等[99]阐述了基于群决策和变权赋权法的水闸老化模糊综合评判方法。付传雄等[100]建立了基于变形监测数据的近海软基水闸水平位移监控指标拟定方法。钱益明[101]介绍了几种水闸安全评价的程序及方法,并对各种方法进行分析。

申向东等[102]全面考虑了闸室的自重,侧向土压力,上、下游水压力等因素,对单孔水闸的抗滑稳定可靠性分析方法进行了探讨,并结合工程实例对单孔水闸的抗滑稳定可靠性进行了定量分析。金初阳等[103]以评价建筑物及结构的可靠性为基本内容,将水闸的病害检测划分为现场安全检测、复核计算与室内补充分析等项目。崔德密等[104]以建筑物的可靠性为总目标,以说明可靠性的 3 个属性:安全性、适用性和耐久性为子目标,对影响子目标的主要因素按因果关系分为一级指标和二级指标,建立了多因素多层次模糊评估模型。邹春霞等[105]运用信息熵的概念和最大熵原理建立功能函数的熵概率密度函数模型,以计算水闸闸室抗滑稳定的失效概率。方卫华[106]为提高水闸安全监测和可靠性评价水平,确保水闸低风险运行,在分析水闸特点和影响水闸可靠性因素的基础上,结合风险分析对监测项目设置等进行了研究,从安全性、适用性和耐久性三个方面给出了水闸可靠性评价的具体方法、步骤和计算公式,指出了需要注意的问题并提出有关建议。戚国强等[107] 在改进群策模糊层次分析法和模糊数学理论基础上，将传统的分析方法与层次分析和模糊理论相结合，以确定各因素对水闸安全的影响程度，可对水闸安全性作出全面评价。齐艳杰等[108] 针对闸室可靠度分析，采用蒙特卡罗法进行数值模拟，结果表明对于闸室抗滑稳定功能函数，不同变量的均值、变异系数、分布类型对其可靠度指标有不同的影响。王少伟等[109] 为了对病险水闸除险加固效果进行综合评价，根据《中央政府投资项目后评价管理办法》，建立了包含 5 个一级评价指标和 21 个二级评价指标的综合评价指标体系，拟定了百分制下的评价等级划分标准。在此基础上，引入云模型理论，建立了权重云模型、评语集云模型和评价指标信息云模型，进而利用云模型的数字特征来量化评价过程中不确定性的传播效应和评价结果的可信性及稳定性。

李东方等[110] 依据相关规范，构建了水闸安全评价指标体系，引入基于模糊模式识别模型的模糊综合评判方法，并对黄河三盛公水利枢纽工程的拦河闸进行了安全等级评价。曹邱林等[111] 引入灰色理论建立健康值概念，解决了水闸健康综合诊断指标因度量方法、取值范围、度量单位不同造成的底层诊断间难以相互比较的问题。曹邱林等[112] 为了综合诊断水闸健康状况，建立多层次诊断指标体系，需要运用适当的方法分别确定各下层诊断指标对上层诊断指标的相对重要程度，即权重系数，然后根据各下层诊断指标的权重系数与其诊断结果逐级向上层综合。同时，分析了水闸健康综合诊断权重系统的确定方法，着重分析了层次分析法以及考虑群组决策的改进层次分析法，提出了基于最优化准则的权重系数融合方法。赵然杭等[113] 针对水闸安全级别分类标准中既有定量指标又有定性指标，采用多指标半结构性模糊群决策理论进行分析，基于定性指标与定量指标的指标值矩阵和标准特征值矩阵具有相对统一的标准，提出基于模糊群决策理论的半结构性模糊评价方法，利用多级模糊优选模型建立了相对隶属度矩阵计算级别特征值。楼力律等[114] 在筛选水闸实际工作中与其安全状态关系紧密的指标基础上，采用定量与定性方法为各指标评分，并结合 G1 法进行赋权，建立了水闸安全性态评价模型。宋小波等[115] 针对水闸安全评价体系中存在定性指标多、指标权重无固定标准及专家主观因素等问题，引进基于指标重要性分值和熵权理论相结合的改进层次分析法（AHP），利用中间型柯西分布确定隶属度函数，并结合模糊综合评价理论对水闸指标体系进行安全评价。孙友良等[116] 针对目前建立水闸安全评价指标体系时存在的随意性，为水闸安全评价指标选取工作提供理论基础，提出一种基于离差最大化法的分配系数计算方法，将绝对灰色关联度和相对灰色关联度有机结合起来，形成了基于改进广义灰色关联度法的筛选指标机制。闫滨等[117] 为提高水闸安全评价中指标权重计算的准确性与合理性，克服常用权重计算方法赋权方式单一、主观性较强和计算粗糙等弊端，引入三标度层次分析法作为主观赋权方式；提出基于改进白化权函数的离差最大化法，并以此方法作为水闸评价的客观赋权方式。在此基础上，提出了一种融合主、客观权重的新型组合赋权方法，并应用于水闸安全评价的指标权重计算。闫滨等[118] 针对传统白化权函数在灰类判断上存在的隶属度重叠问题，结合中心点三角白化权函数和传统白化权函数的优点，提出一种改进的白化权函数；针对水闸安全评价中综合聚类系数无显著性差异的问题，为使聚类判定更加严谨，提出两阶段判断法。将基于改进白化权函数和两阶段判断法的灰色聚类法应用于水闸安全评价中。闫滨等[119] 在归纳评价指标的选取、赋权和综合评价等方法的基础上，论述了水闸安全评价相关理论的研究进展，提出了发展智能评价技术的建议。黄海鹏等[120] 从健康评估的角度出发，综合考虑工程现状调查、工程安全检测和工程复核计算的相关因素，构建了水闸健康状态诊断体系，结合投影寻踪法与层次分析法的数据处理优势计算水闸健康诊断指标权重，利用三角形柯西分布确定隶属度函数，最后依据模糊数学理论对水闸指标体系进行健康诊断。赵海超等[121] 针对现有的水闸安全评判方法易受主观性影响，且多难以充分考虑被评判对象确定性与不确定性因素相互作用等问题，在对水闸安全多层次评判指标体系研究构建的基础上，将集对分析理论中的联系数和集对势引入水闸安全态势评判中，并通过对指标权重的主客观组合赋权，以实现水闸运行安全状态的综合评估和发展状况的趋势预测。李家田等[122] 针对水闸工程安全评价指标间存在的不相容性及关联性等问题，将联系数原理引入物元理论，详细介绍了基于四元联系数的水闸安全综合评价物元模型的基本原理以及实现过程，提出了一种基于线性插值原理的水闸安全评价单指标联系数的计算方法。张志辉等[123] 为对水闸安全评价方法做进一步研究，首先建立安全评价指标体系；接着采用改进群组 G1 法和基尼系数赋权法计算指标权重，并通过理想点法进行权重融合；然后构建水闸安全性态评价云模型；最后，将评价结果与实际安全鉴定结论对比以佐证评价结果的准确性。利用该模型对水闸的总体安全性态作出评价，分析水闸评价分项存在的问题，并基于该模型评价结果对水闸安全性态作出预测，对水闸的运行管理和日常维护提出建议。

1.3.4　水闸工程优化设计和除险加固

严忠民等[124] 通过江苏、上海等地 10 余座闸站合建工程的物理模型试验成果分析，总结出闸站合建枢纽的三种主要布置型式，即平面对称布置、平面不对称布置和立面分层布置。在各类整流措施中，闸站结合部加设导流墙和泵站前池加设潜墩，可以有效地改善由于主流偏斜所诱发的回流、螺旋流等不良流态。许萍等[125] 收集淮河流域、太湖流域主要大中型水闸历年最高水位资料，用 KS 法对上述水位的分布规律进行分布拟合假设检验，其结果为：水闸内河侧水位变化规律不拒绝正态分布、对数正态分布，但正态分布最优；水闸沿江、沿海侧潮位的变化规律不拒绝正态分布、对数正态分布和极值 I 型分布，但极值 I 型分布最优。此结果可为水闸可靠度设计和《水闸设计规范》（SL 265—2016）的修订提供一定依据。桑雷等[126] 结合某低水头泄水闸设计与试验资料，建立了用于研究泄水闸消力池三维紊流的网格模型，并利用标准 $k - \varepsilon$ 紊流模型对典型工况进行了数值模拟，计算得到的流速分布与物理模型观测值较为吻合。在此基础上进一步用数模分析了消力池内流场流态、紊动能分布等水力特性，揭示出消力墩提高低弗氏数水跃消能效率、改善出池流速分布的机理，说明该数学模型能够用于研究低水头泄水闸消力池水力特性，为今后采用数学模型设计和优化此类工程提供了较好的参考。

韩延成等[127] 探讨了水闸结构优化的必要性，建立了开敞式水闸闸室段结构优化的目标函数、约束条件，并用复形法对开敞式水闸闸室段进行了优化。王辉等[128] 取水闸底板的厚度、长度，闸门的位置等作为基本优化变量，建立了水闸的结构优化模型，并利用遗传算法对水闸进行结构优化设计。关淑萍等[34] 基于三维有限元分析软件 ANSYS，建立了考虑闸室、岸墙、地基相互作用的三维有限元整体模型，分别对岸墙为空箱式结构和水泥土结构的两种不同方案的框架式闸室结构进行了计算分析、对比后，选择前者为最优方案。罗小平[129] 认为利用《水闸设计规范》（SL 265—2016）中规定，计算的闸后冲刷深度经模型试验论证偏大。通过比对分析，认为计算时可考虑闸后冲刷坑在逐步形成，因此闸后水深也在逐步加深，这样计算出来的闸后冲刷深度和模型试验数据较为吻合。邹武停[130] 利用有限元分析软件 ANSYS 的优化功能，以闸墩厚度、闸底板长度和厚度作为设计变量，以主要荷载（自重、扬压力、静水压力和土压力等）下的抗滑稳定条件、地基承载力和强度条件为约束条件，以总投资为目标函数，建立了开敞式水闸闸室结构优化设计的数学模型，寻找最为经济实用的结构尺寸。崔朕铭等[14] 针对软土地基上水闸整体结构的优化设计问题，以江苏省苏北某水闸为例，建立了以闸室与群桩基础结构关键几何尺寸为设计变量，闸室与群桩基础总造价最低为目标函数，闸室结构抗滑稳定性、地基承载力、基底应力、闸室与桩基结构强度、闸室沉降和桩顶水平位移为约束条件的优化设计数学模型，利用 ANSYS 软件的优化模块进行寻优搜索，分别求得水闸整体结构优化设计方案和闸室结构优化设计方案。蔡晓英[131] 为了解决水闸施工过程中结构整体下沉问题，根据软土地基上水闸施工过程的沉降观测资料，推算出软土的固结系数，并合理预估剩余沉降量。根据产生沉降的过程，提出常规计算分级加荷下的软土固结沉降过程改进方法，取得与实测资料一致的拟合结果。樊志远等[12] 针对传统计算方法中沉井基础水闸结构的设计未能考虑结构间的相互影响和整体工作效应的问题，以江苏省某沉井基础水闸为例建立了三维有限元计算分析模型，采用 ANSYS 软件模拟了混凝土材料的弹性、土体材料的弹塑性及结构和地基接触面的非线性行为，得到了闸室结构的位移、应力分布及基底的应力状况。建议实际工程设计中，采用三维空间有限元法进行沉井基础水闸结构的数值模拟。程晓航[132] 针对珠三角软土基础上中型水闸沉降变形的问题，从不同角度阐述深厚淤泥土质基础上的管桩措施。在闸室沉降量方面，对进一步优化深厚淤泥土的基础处理措施提出一些建议和对策，以期进一步完善工程设计。王伟等[31] 以苏州河河口水闸的整体设计为例，采用空间 Biot 非线性固结有限元模型，考虑地基的固结过程，在有关位置设置软弱化接触单元，计算分析了挡潮和挡河两种工况下地基的变形对水闸结构的影响、闸墩和混凝土沉箱闸底板随时间变化的变形规律以及基础桩受力等共同作用问题。计算结果表明：挡潮工况是控制工况；闸墩基础的沉降和桩的反力均随着土体的固结而增加，但差异沉降很小，角桩的反力大于内部桩的反力。

袁庚尧等[133] 通过对全国病险水闸的规划资料分析和实地调查，提出了病险水闸除险加固的必要性和紧迫性，介绍了全国病险水闸除险加固专项规划的任务和编制原则及病险水闸除险加固工程规划。秦毅等[134] 通过对全国已完成安全鉴定的水闸基本情况汇总分析和实地调研，提出全国病险水闸除险加固的必要性。康立荣等[6] 在分析江苏省大中型病险水闸基本情况及安全现状的基础上，从保证防洪安全、恢复工程引水排水功能、满足建筑物自身安全及社会经济发展要求等方面提出了病险水闸加固的迫切性及必要性。朴哲浩等[5] 根据水闸病险种类，综合考虑我国目前现有的除险加固技术手段，分别提出了除险加固的指导原则和措施，并从水闸运行管理方面提出了避免水闸除险加固后再次产生病险的措施。刘建飞等[135] 为了比较连接段不同地基处理模式的工程效果，以浙东沿海某海堤围垦工程为背景，基于 FLAC3D 分别模拟了塑料排水板＋堆载、水泥搅拌桩穿透软土层、水泥搅拌桩未穿透软土层、高压旋喷桩、碎石桩等 5 种地基处理措施及海堤堆载过程,并考虑地基沉降过程的流固耦合效应,分别求得 5 种不同地基处理措施的沉降值。结果表明:采用水泥搅拌桩穿透软土层处理对控制连接段的沉降效果明显,并且地基中应力的分布规律更趋合理。袁静等[136] 基于南京市江宁区水闸工程基本情况调查,对全区病险水闸存在的问题进行了总结,提出了除险加固工程的处理措施。

参考文献

[1]　邵豫东. 水闸工程运行管理及日常维护 [J]. 河南水利与南水北调,2020,49 (11):60 - 61.

[2]　蒋燕. 水利工程中水闸的施工技术研究 [J]. 居业,2021 (1):70 - 71.

[3]　中华人民共和国水利部. 2018 年全国水利发展统计公报 [M]. 北京:中国水利水电出版社,2019.

[4]　水利部水利建设管理总站. 全国水闸安全状况普查报告 [R]. 2009:11.

[5]　朴哲浩,宋力. 我国病险水闸成因及除险加固工程措施分析 [J]. 水利建设与管理,2011,31 (1):61,71 - 72.

[6]　康立荣,徐文俊,畣江峰. 江苏大中型病险水闸概况及主要加固措施探讨 [J]. 水利建设与管理,2014,34 (3):56 - 58,28.

[7]　李金宝. 土基上水闸闸室的稳定分析与底板尺寸优化研究 [D]. 扬州:扬州大学,2021.

[8]　钱秋培,徐志峰,包腾飞,等. 基于 ABAQUS 复杂闸室结构的有限元分析 [J]. 人民黄河,2017,39 (3):104 - 107.

[9]　徐惠亮,邵林,王海俊,等. 连续反拱底板结构水闸加固改造的有限元分析 [J]. 排灌机械工程学报,2016,34 (7):615 - 619.

[10]　姜云龙,张立勇,丁哲,等. 打鼓滩水电站闸坝三维有限元变形应力分析 [J]. 人民黄河,2016,38 (4):89 - 93.

[11]　殷晓曦,张强. 软弱地基上井字梁底板式水闸的有限元分析 [J]. 水利水电技术,2016,47 (3):39 - 41,46.

[12]　樊志远,崔朕铭,黄海田,等. 沉井基础水闸整体结构及稳定性分析 [J]. 人民黄河,2016,38 (3):100 - 102,107.

[13]　游健,金葵. 分组量子遗传算法在某翻转式弧形门水闸地基土层力学参数反演中的应用 [J]. 水电能源科学,2016,34 (2):129 - 132.

[14]　崔朕铭,蔡新,黄海田,等. 软土地基上水闸整体结构优化设计 [J]. 水利水电科技进展,2016,36 (1):86 - 89.

[15]　张守平. 量子遗传算法与有限元联合反演模型 [J]. 人民黄河,2015,37 (10):131 - 133,137.

[16]　苏超,牛先玄,尹晓明. 水闸改造工程有限元计算方法研究 [J]. 水利水电技术,2015,46 (10):98 - 100,110.

[17]　朱晓琳,王潘绣,祁潇. 水电站泄洪闸闸室强度与稳定性分析 [J]. 四川建筑科学研究,2015,41 (1):122 - 125,150.

[18]　宋力,宋万增,高玉琴,等. 引黄涵闸引水涵洞地基竖向应力分布规律 [J]. 人民黄河,2015,37 (1):126 - 129.

[19]　时爱祥. 底轴驱动翻板门闸室结构应力分析 [J]. 施工技术,2014,43 (21):40 - 42.

[20]　李吕英,张立勇,王利容,等. 双河水电站闸坝变形应力研究 [J]. 人民黄河,2014,36 (2):115 - 117.

[21]　王千,荆凯,王建. 齿墙对提高水闸抗滑作用的分析 [J]. 水力发电,2013,39 (5):41 - 45.

[22]　刘彦琦,张立勇,李茂,等. 覆盖层厚度对闸室结构影响分析 [J]. 中国农村水利水电,

2012 (1)：159-161.

[23] 苏燕，谯雯，武甲中. 砂土地基水闸三维弹塑性静力有限元研究 [J]. 福州大学学报（自然科学版），2012，40 (2)：248-253.

[24] 杨安玉，任旭华，张继勋，等. 护目镜式水闸结构及稳定分析 [J]. 水电能源科学，2012，30 (5)：97-99.

[25] 曹邱林，许文婷. 水闸工程桩基础水平位移计算分析 [J]. 人民长江，2012，43 (11)：25-28.

[26] 詹青文，吴盖. 跃洲水电站泄水闸结构稳定分析 [J]. 水电能源科学，2011，29 (9)：103-106.

[27] 王明，陈有亮，丁季华，等. 北横沥水闸老化评估的人工智能和有限元方法 [J]. 水利水电技术，2010，41 (2)：31-35.

[28] 杨令强，武甲庆，秦冰. 水闸与地基相互作用及底板的设计 [J]. 水利水运工程学报，2008 (1)：53-56.

[29] 杨丽君，孙斌祥，王伟，等. 水工结构与地基共同作用应力分析 [J]. 水运工程，2007 (5)：1-4.

[30] 顾小芳，任旭华，邵勇，等. 砂砾石深覆盖层上水闸沉降计算与控制分析 [J]. 水利水电科技进展，2007 (1)：17-20.

[31] 王伟，陈剑，卢廷浩，等. 苏州河河口水闸三维固结有限元计算 [J]. 岩石力学与工程学报，2004 (12)：2054-2058.

[32] 丁岩松. 水闸底板地基反力以及内力影响规律研究 [D]. 扬州：扬州大学，2021.

[33] 中华人民共和国住房和城乡建设部. GB 50009—2012，建筑结构荷载规范 [S]. 北京：中国建筑工业出版社，2012.

[34] 关淑萍，张燎军，王大胜，等. 边荷载对水闸地基沉降与底板内力的影响研究 [J]. 水电能源科学，2006 (2)：58-60，4.

[35] 沈英武. 弹性地基梁和框架分析文集 [M]. 北京：中国水利水电出版社. 1980

[36] 武清玺. 结构可靠性分析及随机有限元法 [M]. 北京：中国机械工业出版社，2005.

[37] 梁佳铭，李占超，徐波，等. 水闸闸室安全性态影响因素重要性分析 [J]. 水利水电科技进展，2020，40 (3)：14-20.

[38] Jiaming Liang, Zhanchao Li, Qingfeng Ji, et al.，（2021）. Global sensitivity analysis of the deformation behavior of sluice chamber structure [J]. Structures，34：4682-4693.

[39] Li, Z. Global Sensitivity Analysis of the Static Performance of Concrete Gravity Dam from the Viewpoint of Structural Health Monitoring [J]、Arch Computat Methods Eng 28, 1611-1646 (2021).

[40] 任旭华，刘丽. 水闸病害分析及其防治加固措施 [J]. 水电自动化与大坝监测，2003 (6)：49-52，69.

[41] 梁民阳，吴兴龙. 浙东海塘上水闸病害成因分析及对策 [J]. 中国农村水利水电，2006 (7)：107-108.

[42] 李长城，张晓元，马有国. 水闸的破坏与修复及法泗闸的整险加固 [J]. 中国农村水利水电，2000 (6)：35-38.

[43] 曹为民，吴健，闪黎. 水闸闸墩温度场及应力场仿真分析 [J]. 河海大学学报（自然科学版），2002 (5)：48-52.

[44] 史明政，李亚鹏，徐雪飞，等. 水闸闸墩裂缝形成因素及其控制对策研究 [J]. 水利规划与设计，2016 (8)：71-73.

[45] 胡永彬. 论水闸闸墩裂缝成因及防治措施 [J]. 湖南水利水电，2014 (2)：64-66.

[46] 凌志飞，王振红. 某水闸裂缝机理和温控防裂措施研究 [J]. 人民黄河，2014，36 (1)：138-140.

[47] 卫永胜，李道山. 软土地基水闸裂缝成因分析及处理方法 [J]. 水电能源科学，2010，28 (2)：

111－113.

[48]　朱岳明，黎军，刘勇军. 石梁河新建泄洪水闸闸墩裂缝成因分析 [J]. 红水河，2002 (2)：44－47，61.

[49]　赵之瑾，关新强. 水闸闸墩裂缝成因及防治措施 [J]. 水利水电科技进展，2003 (4)：62－65.

[50]　徐子堃. 水闸闸室底板及闸墩混凝土裂缝原因及处理措施浅析 [J]. 水利建设与管理，2010，30 (7)：13－14，8.

[51]　戴呈祥，王士恩. 水闸闸基隐患探测雷达图像特征分析 [J]. 地球物理学进展，2003 (3)：429－433.

[52]　朱思军，杨光华，陈富强，等. 某水闸不均匀沉降原因分析及处理措施 [J]. 广东水利水电，2013 (9)：41－43.

[53]　刘建飞，任红侠. 水闸与海堤连接段不均匀沉降预防措施初探 [J]. 中国农村水利水电，2013 (3)：129－132.

[54]　胡海泓，罗少彤. 关于如何有效防止水闸下游冲刷破坏的探讨 [J]. 广东水利水电，2007 (5)：4－7.

[55]　胡治郡. 水闸在软弱土地基上的沉降危害及预防措施 [J]. 广东科技，2010，19 (6)：144－146.

[56]　张晓英，宋力，何岗忠. 黄河中下游水闸混凝土碳化深度研究 [J]. 人民黄河，2018，40 (1)：108－110.

[57]　钱家欢. 苏北地区水闸地基的沉陷量及其和时间的关系 [J]. 土木工程学报，1963 (3)：11－15.

[58]　朱伯芳. 软基上船坞与水闸的温度应力 [J]. 水利学报，1980 (6)：23－33.

[59]　傅作新，周倜. 水闸底板的整体分析 [J]. 水利学报，1986 (5)：17－23.

[60]　周学田，董君，林英. 水闸底板内力计算问题的探讨 [J]. 黑龙江水利科技，2003 (1)：48－49.

[61]　魏世臧，郭春茂，周仰贞. 葛洲坝工程二江泄水闸抗滑稳定的三维地质力学模型实验研究 [J]. 水利学报，1983 (6)：36－44.

[62]　周革新，徐雪良. 侧向土压力对单孔水闸稳定性的影响分析 [J]. 灌溉排水，1998 (3)：57－60.

[63]　牟献友，文恒. 闸门开启过程中非恒定流与闸下消能防冲的研究 (2) ——灌区水闸启门过程中非恒定流数值模拟 [J]. 内蒙古农业大学学报（自然科学版），1999 (4)：93－99.

[64]　张永生，梁立孚. 水闸地基整体稳定性弹塑性有限元分析 [J]. 长沙大学学报，2003 (4)：1－5，11.

[65]　顾再仁，姚志坚，罗穗红. 泄水闸闸基抗滑稳定分析有限元计算 [J]. 人民珠江，2000 (2)：19－22.

[66]　王庆，郭德发. 水闸地基整体结构有限元分析 [J]. 中国水运（下半月），2009，9 (2)：149－151.

[67]　曹邱林，孟怡凯. 微桩群复合地基水闸闸室结构有限元分析 [J]. 人民长江，2013，44 (4)：31－34，47.

[68]　马永法，陈平龙，曹邱林. 桩基础水闸闸室结构分析研究 [J]. 水利与建筑工程学报，2011，9 (4)：42－45.

[69]　张永生，刘庆华. 大变形有限元法计算水闸地基稳定性（Ⅰ）——基本原理 [J]. 东北农业大学学报，2006 (2)：232－234.

[70]　韩正元. 松软地基节制分水闸整体结构稳定性模拟分析 [J]. 水利科技与经济，2016，22 (7)：52－54.

[71]　朱岳明，杨接平，吴健，等. 淮河入海水道二河新建水闸混凝土温控防裂研究 [J]. 红水河，2005 (2)：5－11.

[72]　王振红，朱岳明，于书萍，等. 水闸闸墩施工期温度场和应力场的仿真计算分析 [J]. 天津大学学报，2008 (4)：476－481.

[73]　王海波，周君亮. 大型水闸闸墩施工期温度应力仿真和裂缝控制研究 [J]. 土木工程学报，2012，

45 (7)：169 – 174.

[74]　由国文，郭磊，陈守开. 寒潮作用下大型水闸施工期温控防裂仿真分析 [J]. 水利水电科技进展，2015，35 (3)：71 – 74.

[75]　陈阵，张永红，张会芝. 滞洪水库退水闸差异沉降问题的数值模拟分析 [J]. 河南教育学院学报（自然科学版），2005 (1)：42 – 44.

[76]　张铁. 水闸闸墩动力有限单元分析 [J]. 水利水运科学研究，1981 (4)：51 – 60.

[77]　马光耀，高明. 考虑结构——地基相互作用的水闸动力特性及地震反应分析 [J]. 水利水运科学研究，1991 (3)：297 – 306.

[78]　余雄，杨怀平，王曾璇，等. 挡水闸的地震响应分析 [J]. 水利水运科学研究，2000 (3)：22 – 26.

[79]　叶霖，李永和. 基于框架理论的水闸结构振动特性分析 [J]. 上海大学学报（自然科学版），2004 (1)：96 – 99.

[80]　麻媛. 基于 ANSYS 的水闸-地基体系抗震分析 [J]. 人民黄河，2014，36 (12)：101 – 103，106.

[81]　朱庆华，顾美娟. 水闸闸室抗震动力分析及措施 [J]. 水电能源科学，2012，30 (1)：114 – 116，208.

[82]　韩菲，辛全才，赵金莹，等. 水闸结构的地震响应时程分析 [J]. 人民黄河，2009，31 (4)：116 – 117.

[83]　岑威钧，朱岳明. 平原地区大型水闸闸基三维渗流场特性分析 [J]. 水力发电，2006 (8)：34 – 37.

[84]　李飞. GeoStudio 在水闸渗流计算中的应用 [J]. 广东水利水电，2014 (8)：21 – 23.

[85]　方森松，刘晓平，吴国君，等. 低水头水利枢纽泄水闸闸前冲刷研究 [J]. 长江科学院院报，2011，28 (6)：25 – 29，54.

[86]　张志俊，吴太平，沈敏. 水闸老化的加权递阶评估方法 [J]. 水利水运科学研究，1998 (3)：238 – 243.

[87]　张志俊，崔德密，郑继. 水闸老化的灰色评估法 [J]. 水利水运科学研究，1998 (3)：244 – 248.

[88]　张志俊，吴太平，闪黎. 水闸老化的模糊集合论评估方法 [J]. 水利水运科学研究，1998 (3)：249 – 254.

[89]　张志俊，毛鉴，唐新军. 水闸老化评估的专家系统方法 [J]. 新疆工学院学报，1999 (4)：290 – 294.

[90]　张志俊，唐新军. 水闸老化病害状态的结构可靠性理论评估方法 [J]. 新疆农业大学学报，1999 (3)：224 – 228.

[91]　朱琳，王仁超，孙颖环，等. 水闸老化评判中的群决策和变权赋权法 [J]. 水利水电技术，2005 (4)：98 – 101.

[92]　徐磊，何艳霞，赵晓飞. 物元可拓理论在水闸安全评价中的可行性 [J]. 科技信息，2010 (29)：766 – 767.

[93]　张宇华，靳聪聪，范冰，等. 基于熵权法与模糊综合分析法的病险水闸风险评价 [J]. 水力发电，2013，39 (12)：39 – 42，93.

[94]　康迎宾，李志强，李斌. 基于 FMECA 的水闸安全评价适用性研究 [J]. 人民黄河，2017，39 (5)：135 – 139.

[95]　李凯，周利军，李浩宇，等. 基于层次熵物元可拓模型的水闸工程安全评价 [J]. 安徽农业科学，2018，46 (7)：163 – 164，180.

[96]　张志国. 改进层次分析法在水闸安全性综合评价中的应用研究 [J]. 地下水，2019，41 (5)：250 – 252.

[97]　孙小冉. 基于物元可拓理论的水闸安全评价 [J]. 治淮，2018 (7)：19 – 21.

［98］ 何金平，曹旭梅，李绍文，等．基于安全监测的水闸健康诊断体系研究［J］．水利水运工程学报，2018（5）：1-7．

［99］ 徐兴中，张龙天．基于群决策和变权赋权法在水闸老化模糊综合评判中的应用研究［J］．科技进步与对策，2009，26（21）：148-152．

［100］ 付传雄，张君禄，廖文来，等．近海软基水闸水平位移监控指标研究［J］．水利与建筑工程学报，2017，15（6）：173-176，193．

［101］ 钱益明．浅谈水闸的安全评价方法及其实例分析［J］．中国水运（下半月），2012，12（6）：151-154．

［102］ 申向东，赵占彪，王耀强，等．单孔水闸抗滑稳定可靠性分析［J］．排灌机械，2000（1）：24-26，46．

［103］ 金初阳，柯敏勇，洪晓林，等．水闸病害检测与评估分析［J］．水利水运科学研究，2000（1）：73-77．

［104］ 崔德密，乔润德．水闸老化病害指标分级综合评估法及应用［J］．人民长江，2001（5）：39-41．

［105］ 邹春霞，申向东．最大熵法计算水闸闸室抗滑稳定可靠性［J］．水利水运工程学报，2005（1）：47-51．

［106］ 方卫华．水闸安全监测及可靠性评价研究［J］．大坝与安全，2006（2）：54-58．

［107］ 戚国强，李凯．基于改进层次模糊综合评价的水闸工程安全评价［J］．东北农业大学学报，2013，44（5）：111-114．

［108］ 齐艳杰，王建，李立辉．蒙特卡罗法在水闸闸室可靠度分析中的应用［J］．水电能源科学，2009，27（2）：116-118．

［109］ 王少伟，郑春锋，苏怀智，等．基于云模型的病险水闸除险加固效果综合评价［J］．长江科学院院报，2019，36（8）：61-66，80．

［110］ 李东方，李平．基于改进模糊综合评判的水闸安全性评价［J］．人民黄河，2005（9）：47-49，64．

［111］ 曹邱林，苏怀智，倪言波．基于灰色理论的水闸工程健康诊断方法［J］．水电能源科学，2008（3）：107-109．

［112］ 曹邱林，吴中如．水闸健康综合诊断的权重系数确定方法［J］．河海大学学报（自然科学版），2008（5）：646-649．

［113］ 赵然杭，陆小蕾．基于模糊理论的水闸安全评价方法及其应用［J］．水电能源科学，2010，28（2）：114-118．

［114］ 楼力律，王瑜，朱晗．水闸安全评价体系与模型构建［J］．山西建筑，2012，38（24）：238-239．

［115］ 宋小波，蔡新，杨杰．基于改进 AHP 法的水闸安全性模糊综合评价［J］．水电能源科学，2013，31（2）：174-176，137．

［116］ 孙友良，闫滨，赵波，等．基于改进广义灰色关联分析法的水闸安全评价指标的选取［J］．水电能源科学，2014，32（4）：102-105．

［117］ 闫滨，孙友良，闫胜利，等．一种新型的组合赋权方法及在水闸安全评价中的应用［J］．长江科学院院报，2014，31（10）：108-113．

［118］ 闫滨，孙友良，于保慧．基于改进白化权函数灰色聚类法的水闸安全评价［J］．沈阳农业大学学报，2015，46（2）：245-249．

［119］ 闫滨，孙友良，高真伟．水闸安全综合评价研究综述［J］．水电能源科学，2013，31（2）：171-173，227．

［120］ 黄海鹏，徐镇凯，魏博文．一种水闸健康指标体系构建及健康模糊综合诊断方法［J］．水电能源科学，2015，33（6）：166-169，130．

［121］ 赵海超，苏怀智，李家田，等．基于多元联系数的水闸运行安全态势综合评判［J］．长江科学院院报，2019，36（2）：39－45．

［122］ 李家田，苏怀智．基于联系数的水闸安全综合评价物元模型与实现方法［J］．长江科学院院报，2018，35（10）：88－91，97．

［123］ 张志辉，曹邱林．基于云模型的水闸安全性态评价研究［J］．长江科学院院报，2020，37（1）：61－66．

［124］ 严忠民，周春天，阎文立，等．平原水闸泵站枢纽布置与整流措施研究［J］．河海大学学报（自然科学版），2000（2）：50－53．

［125］ 许萍，周建康，费勤贵．水闸上游水位变化规律统计分析［J］．扬州大学学报（自然科学版），2001（3）：34－37．

［126］ 桑雷，桑涛，方森松．低水头泄水闸消力池三维紊流数值模拟［J］．湖南交通科技，2011，37（2）：181－185．

［127］ 韩延成，徐云修．开敞式水闸闸室段结构优化［J］．中国农村水利水电，2000（4）：34－37．

［128］ 王辉，易少华．基于遗传算法的开敞式水闸结构优化设计［J］．山西建筑，2007（21）：77－78．

［129］ 罗小平．水闸闸后冲刷深度计算的初步分析［J］．中国水运（下半月），2008（2）：124－125．

［130］ 邹武停．开敞式水闸闸室结构优化设计［D］．杨凌：西北农林科技大学，2012．

［131］ 蔡晓英．软土地基上水闸的沉降分析［J］．中国农村水利水电，2004（4）：65－67．

［132］ 程晓航．珠三角软土基础上中型水闸沉降变形［J］．水利建设与管理，2012，32（9）：68－70．

［133］ 袁庚尧，余伦创．全国病险水闸除险加固专项规划综述［J］．水利水电工程设计，2003（3）：6－9，64．

［134］ 秦毅，顾群．全国病险水闸成因分析及加固的必要性［J］．水利水电工程设计，2010，29（2）：25－26，38，55．

［135］ 刘建飞，任红侠，吴兵，等．淤泥质地基海堤与水闸连接段沉降控制［J］．人民黄河，2015，37（10）：99－102，107．

［136］ 袁静，卢发周，张颖，等．南京市江宁区病险水闸现状及除险加固对策［J］．水利技术监督，2018（1）：146－148．

第2章 水闸工程病害调查与分析

水闸工程的病害是水闸工程安全评估和健康诊断的主要对象，亦是水闸工程安全评估和健康诊断的主要原因。本章针对水闸工程的病害现象进行详细地调查和分析。其中，2.1节和2.2节分别针对内陆水闸工程和沿海水闸工程的病害现象进行调查和分析，2.3节提出了水闸工程病险的识别技术，2.4节以斗龙港闸为例分析了该闸的病害类型及成因。

2.1 内陆水闸工程病害调查

下面分别从水闸工程的混凝土结构、金属结构和机电设备3个方面，进行内陆水闸工程的病害调查。

2.1.1 混凝土结构

2.1.1.1 混凝土碳化

1. 混凝土碳化机理

碳化是混凝土结构最常见的病害，混凝土碳化是指大气中的CO_2不断向混凝土内部扩散，并与其中的碱性水化物$Ca(OH)_2$发生化学反应的过程[1-3]。普通硅酸盐水泥混凝土中水泥熟料的主要矿物成分有硅酸三钙、硅酸二钙、铝酸三钙、铁铝酸四钙及石膏等，其水化产物为氢氧化钙、水化硅酸钙、水化铝酸钙、水化硫铝酸钙等，充分水化后，混凝土孔隙水溶液为氢氧化钙饱和溶液，其pH值约为12~13，呈较强的碱性。在水泥水化过程中，由于化学收缩、自由水蒸发等多种原因，在混凝土内部存在大小不同的毛细管、孔隙、气泡等，大气中的CO_2通过这些孔隙向混凝土内部扩散，并溶解于孔隙内的液相，在孔隙溶液中与水泥水化过程中产生的可碳化物质发生反应，生成$CaCO_3$。混凝土碳化的化学表达式如下：

$$\begin{cases} H_2O + CO_2 \longrightarrow H_2CO_3 \\ Ca(OH)_2 + H_2CO_3 \longrightarrow CaCO_3 + 2H_2O \\ 3CaO \cdot 2SiO_2 \cdot 3H_2O + 3H_2CO_3 \longrightarrow 3CaCO_3 + 2SiO_2 + 6H_2O \\ 2CaO \cdot SiO_2 \cdot 4H_2O + 2H_2CO_3 \longrightarrow 2CaCO_3 + SiO_2 + 6H_2O \end{cases} \quad (2.1.1)$$

2. 混凝土碳化过程

化学反应过程：化学反应过程进行较快，反应的速度主要取决于CO_2的浓度和混凝土中可碳化物质的含量，其中混凝土中可碳化物质的含量又受水泥品种、水泥用量及水化程度等因素的影响。CO_2等在混凝土中的扩散：CO_2或其他酸性物质可通过混凝土孔隙向混凝土内部扩散。扩散过程的速度取决于扩散物质的浓度和混凝土的孔隙结构。混凝土的孔隙结构主要受混凝土水灰比和水泥水化程度的影响。$Ca(OH)_2$ 的扩散：$Ca(OH)_2$ 可在孔隙表面的湿度薄膜内扩散，其速度取决于混凝土的含水率和 $Ca(OH)_2$ 浓度的梯度。在上述 3 个过程中，$Ca(OH)_2$ 在混凝土中的扩散速度最慢，它决定了混凝土碳化过程的速度以及它的分层特性。

3. 碳化对混凝土影响

碳化后混凝土的物相结构（如孔隙率等）和化学组成等发生变化，因而碳化后混凝土的本构关系将不同于新浇混凝土的本构关系。碳化后的混凝土本构关系如式所示，对应 $\sigma-\varepsilon$ 如图 2.1.1 所示[5]。

$$\sigma = \begin{cases} \sigma_0\left[2\left(\dfrac{\varepsilon}{\varepsilon_0}\right) - \left(\dfrac{\varepsilon}{\varepsilon_0}\right)^2\right] & (\varepsilon \leqslant \varepsilon_0) \\ \sigma_0\left[\dfrac{\varepsilon_u - \varepsilon}{\varepsilon_u - \varepsilon_0} + \dfrac{\varepsilon - \varepsilon_0}{\varepsilon_u - \varepsilon_0}(1-\alpha) \times 0.85\right] & (\varepsilon_0 < \varepsilon \leqslant \varepsilon_u) \end{cases} \tag{2.1.2}$$

式中 α——碳化百分率；

σ_0——考虑碳化程度后的峰值应力，取完全未碳化（$\alpha = 0$）和完全碳化（$\alpha = 1$）的线性插值；

ε_0——考虑碳化后的峰值应变，$\varepsilon_0 = 0.0015$；

ε_u——考虑碳化后的极限应变，取 $\varepsilon_u = (1.9 - 0.9\alpha)\varepsilon_0$。

碳化引起了混凝土强度的提高，并使得混凝土变脆，延性降低，影响了构件的耗能能力，这对抗震极为不利。碳化对混凝土本身并不会造成损害，由于碳化反应的主要产物碳酸钙属于非溶解性钙盐，比原反应物体积膨胀约 17%，因此，混凝土的凝胶孔隙和部分毛细孔隙将被碳化产物堵塞，使混凝土的密实度和强度有所提高，一定程度上阻碍了二氧化碳和氧气向混凝土内部的扩散。另外，构件中的钢筋处于保护层混凝土的高碱度环境介质之中（pH 值 12.5 以上），其表面

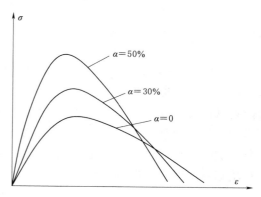

图 2.1.1 碳化混凝土本构关系

有一层致密的钝化膜，使钢筋具有良好的稳定性。然而，当混凝土碳化使其碱度降低到 10 以下，钝化膜失去赖以存在的高碱度环境条件而破坏，钢筋处于活化状态，如果钢筋表面有氧和水，便会产生电化学锈蚀反应，钢筋锈蚀物体积扩大 2~4 倍，对周围混凝土产生膨胀张力，造成保护层胀裂产生顺筋锈蚀缝、混凝土剥落露筋。

4. 混凝土碳化的影响因素

混凝土碳化反应的速度主要取决于二氧化碳扩散的速度和二氧化碳与混凝土中可碳化物质发生反应的速度。二氧化碳扩散的速度与混凝土本身密实性、二氧化碳气体的浓度、环境温度以及混凝土含湿状态等因素有关，碳化反应的速率则取决于反应物的浓度以及环境的温湿度等因素。因此，影响碳化的因素可总结为与环境有关的外部因素和与混凝土材料有关的内部因素。

（1）外部因素。

1）二氧化碳浓度的影响。二氧化碳作为碳化反应中主要的反应物之一，其浓度大小对混凝土碳化反应速率具有显著影响。研究发现，碳化反应速率与二氧化碳浓度的平方根成正比，可用以下关系式表示[6]。

$$\frac{D_1}{D_2} = \frac{\sqrt{c_1 t_1}}{\sqrt{c_2 t_2}} \tag{2.1.3}$$

式中　D_1——标准碳化条件混凝土的碳化深度，mm；

$\quad\quad D_2$——非标准碳化条件混凝土的碳化深度，mm；

$\quad\quad c_1$——标准碳化条件下 CO_2 的浓度，%；

$\quad\quad c_2$——非标准碳化条件下 CO_2 的浓度，%；

$\quad\quad t_1$——标准条件碳化龄期，d；

$\quad\quad t_2$——非标准条件碳化龄期，d。

2）环境温度的影响。温度不仅能影响气体的扩散速度，还能影响离子的迁移速度。二氧化碳的扩散速度与其温度有关，随着温度提高而变快，创造了与 $Ca(OH)_2$ 反应的条件。日本学者通过试验研究了环境温度对混凝土碳化速度的影响程度，采用回归分析的方法推导出环境温度对碳化速率的影响系数：

$$k_T = e^{8.748 - \frac{2563}{T}} \tag{2.1.4}$$

式中　T——环境温度，K；

$\quad\quad k_T$——温度影响系数。

3）环境湿度的影响。环境湿度决定混凝土中孔隙水的饱和度，间接地影响了混凝土碳化的速度。如果周围大气的相对湿度很高，或混凝土始终处于水饱和状态，混凝土内部孔隙充满溶液，空气中的二氧化碳难以扩散到混凝土体内，混凝土碳化就不会发生或只会缓慢地进行；如果周围大气的相对湿度很低，混凝土内部比较干燥，孔隙溶液的量很少，碳化反应也很难进行。所以最易造成混凝土碳化与钢筋锈蚀的是干湿交替环境。公式给出了环境相对湿度对碳化的影响

$$\frac{k_{RH_1}}{k_{RH_2}} = \frac{(1 - RH_1)^{1.1}}{(1 - RH_2)^{1.1}} \tag{2.1.5}$$

式中　RH_1、RH_2——两种环境的相对湿度。

4）应力状态的影响。不同的应力状态对应不同的碳化速度，由于应力的存在，会对内部的微细裂缝有扩散或抑制作用。大量存在的微细裂缝会让二氧化碳更易渗透，使碳化反应加速，如果施加压应力，则会让更多的微细裂缝闭合或宽度减小，降低混凝土中二氧化碳渗透速度，进而影响碳化速度。相反，如果施加拉应力，则会加速微裂缝扩展，提高其碳化速度。

（2）内部因素。

1）水灰比的影响。水灰比是影响混凝土材料性质的重要因素。混凝土材料内部的孔隙率基本由水灰比决定，水灰比越大，孔隙率就越大，碳化速度就会加快。因此水灰比大小与混凝土碳化反应的速率密切相关。水灰比越大，混凝土碳化的速度就越快，且碳化速

率系数与水灰比呈线性关系[7]

$$\alpha = 12.7937W/C - 4.4290 \tag{2.1.6}$$

式中　　α——混凝土碳化速率系数；

W/C——混凝土的水灰比。

2）水泥用量的影响。水泥用量决定了单位体积混凝土中可碳化物质的含量，直接影响混凝土吸收二氧化碳的能力。水泥用量越大，单位体积混凝土吸收的二氧化碳就越多，因此碳化速度就越慢。研究表明[8]，混凝土中胶凝材料的总量越少，混凝土的抗碳化性能越差。当水泥用量占胶凝材料总量的40％以下时，混凝土早期抗碳化性能受水泥用量影响比较显著，而且胶凝材料中水泥所占的比重不宜太低，否则可能影响混凝土的耐久性。

3）水泥品种的影响。水泥品种决定了水泥中各种矿物成分的含量，与混凝土中可碳化物质的含量密切相关，因此对混凝土碳化速度具有重要的影响。当水泥用量相同时，掺混合材料的水泥水化反应后单位体积混凝土中的可碳化物质较少，而且一般的活性混合材料在发生二次水化反应时还要消耗一部分氢氧化钙，使可碳化物质的含量更少，故加快了碳化反应速度。

4）施工质量的影响。振捣不密实，养护不善等都是施工质量差的表现，而这些低劣的施工质量会造成蜂窝麻面多、混凝土密实度差，二氧化碳、氧和水分等更容易渗入内部，从而改变其碳化速度。其次，混凝土的养护不可忽视，如果早期养护不到位，水泥水化不充分会导致表层渗透性增大，加快碳化速度。

2.1.1.2 混凝土裂缝

1. 裂缝类型

下面从裂缝产生原因、产生时间、活动性质、危害程度、特性、方向形状等几个方面对裂缝进行分类介绍[11]。

（1）按裂缝的产生原因可以分为：承载受力裂缝、温度裂缝、收缩裂缝、强迫位移裂缝、结构构造裂缝、施工裂缝、预应力裂缝、装配裂缝、耐久性裂缝以及偶然作用裂缝等。

（2）按裂缝的形成时间可以分为：早期裂缝、中期裂缝和后期裂缝。其中：早期裂缝一般出现在一个月内，为混凝土尚未达到设计强度时形成的裂缝；中期裂缝形成在六个月内，为混凝土达到设计强度后，由于设计或施工原因造成的裂缝；后期裂缝是其后（1～2）年或更长时间形成的裂缝，主要是由于外界的因素，如突发情况或自然界侵蚀造成的裂缝。

（3）按裂缝的活动性质可以分为：死缝、准稳定裂缝和不稳定裂缝。其中：死缝的宽度和长度已经趋于稳定，不再继续发展；准稳定裂缝的宽度随季节或某因素呈周期性变化，而长度变化缓慢或者不变，属于稳定的运动；不稳定裂缝的宽度和长度随外界因素的变化而发展。

（4）按裂缝的危害程度可以分为：轻度裂缝、重度裂缝和危害性裂缝。其中：轻度裂缝是指对结构强度和稳定影响较小的裂缝；重度裂缝是指使结构强度和稳定有所降低的裂缝；危害性裂缝是指使结构的强度、稳定以及耐久性降低到临界值或临界值以下的裂缝。

（5）按裂缝的特性（缝宽、缝长、缝深）可以分为：表面裂缝、浅层裂缝、深层裂缝以及贯穿裂缝。其中：表面裂缝主要是指混凝土表面的龟裂；浅层裂缝指开裂深度较浅的裂缝；深层裂缝是指由混凝土内部延伸至部分结构面的裂缝，这种裂缝一般要影响结构的安全；贯穿裂缝是指延伸至整个结构面，将结构分离，并严重影响和破坏结构的整体性和防渗性能的裂缝。

（6）按裂缝的方向形状可分为：水平裂缝、垂直裂缝、纵向裂缝、横向裂缝、斜向裂缝以及放射裂缝等。

2. 裂缝成因

混凝土产生裂缝的原因十分复杂，归纳起来有外力荷载引起的裂缝和非荷载因素引起的裂缝两大类[9-14]，现分述如下。

外力荷载引起的裂缝主要有正截面裂缝和斜裂缝。由弯矩、轴心拉力、偏心拉（压）力等引起的裂缝，称为正截面裂缝或垂直裂缝；由剪力或扭矩引起的与构件轴线斜交的裂缝称为斜裂缝。

（1）受弯裂缝。

所有直接承受结构自重和使用荷载的板、梁，以及受水平风荷载、水压力或者土压力的墙、柱、墩、基础都是受弯构件；有些不直接承载的构件也往往因内力分配而承受弯矩。受弯是水工混凝土结构中最广泛的受力形式，受弯裂缝也是受力裂缝最为常见的形式（图 2.1.2）。

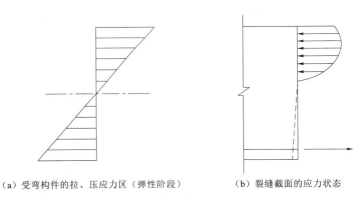

（a）受弯构件的拉、压应力区（弹性阶段）   （b）裂缝截面的应力状态

图 2.1.2 受弯构件的截面应力及裂缝

受弯裂缝一般垂直于主拉应力迹线（亦即纵向受力钢筋）方向，且最先在内力最大处产生。如果内力相同，则裂缝首先在混凝土抗拉能力最薄弱处产生；裂缝呈楔形，在受拉区边缘裂缝最宽，而中止于受压区边缘。裂缝宽度反映了钢筋与混凝土的应变差，亦即钢筋的应力丰度。因此在正常使用状态钢筋应力受控的情况下，裂缝宽度不会太大。宽度过大的受弯裂缝，原因多为配筋不足、荷载超限、钢筋移位、钢筋强度不足等（图 2.1.3）。

（2）受压裂缝。

竖向的混凝土柱、墙、基础主要承受以压力为主的垂直荷载；其余如桁架上弦、双肢柱的压肢等构件也是受压构件。当然由于荷载偏心，水平荷载或分配弯矩的传入，理想的轴心受压构件很少，但这些构件仍属于以承受压力为主的受压构件。当作用效应引起的压应力达到混凝土的抗压强度时，受压变形超过极限而破坏。由于压力引起侧向膨胀（泊松

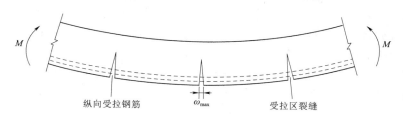

图 2.1.3 受弯裂缝形态

比 ν)，裂缝通常沿主压应力迹象方向（竖向）发生，将混凝土切割成为许多纵向受力的微小柱体，最后因这些微柱的压毁而破坏（图 2.1.4）。

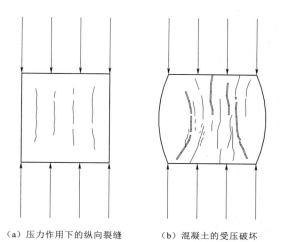

受压裂缝发生在受压构件的压应力最大处，裂缝的方向平行于主压应力迹线。产生受压裂缝的原因多为荷载超出、压力过大、混凝土强度不足、混凝土局部缺陷、围箍约束不足等。

（3）受拉裂缝。

混凝土结构中单纯受拉的构件不多，但桁架的下弦杆，双肢柱的受拉肢或某些悬吊荷载作用处的锚固区域，也可能受到拉力的作用。由于混凝土抗拉强度极低，

（a）压力作用下的纵向裂缝　　（b）混凝土的受压破坏

图 2.1.4　混凝土的受压裂缝及破坏

因此受拉构件的混凝土都会开裂，其方向垂直于主拉应力迹线且为通透性裂缝。构件表面上的拉力则全部由配置在该区域的受拉钢筋承担，设计计算时不考虑混凝土的抗拉作用。受拉杆件（如桁架下弦杆）的受拉裂缝均为贯穿全截面的横向裂缝，与主拉应力迹线垂直。框架的角柱以及双肢柱的一侧单肢，在横向荷载作用下有时往往也成为受拉杆件（图 2.1.5）。

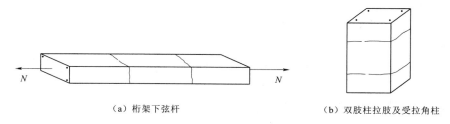

（a）桁架下弦杆　　　　　　　　　　（b）双肢柱拉肢及受拉角柱

图 2.1.5　受拉构架的裂缝

受拉裂缝发生在受拉杆件或承受集中拉力的结构局部区域，裂缝方向垂直于主拉应力迹线，且多为贯通性裂缝。

（4）受剪裂缝。

实际结构中单纯的剪力很少发生，其往往与轴力（拉、压）、弯矩共生而作为次内力

考虑。剪应力数值相对较小，开裂的可能性就小得多了。从力学分析可知，剪应力 τ 转置 45°以后，即可分解为斜向的主拉应力和主压应力。因此，受剪裂缝往往是斜向产生和发展的，并且由于剪应力的分布在截面两边最小而中间最大，故裂缝往往中间宽而两端窄，呈梭形（枣核状）。混凝土构件受剪后发生的剪切斜裂缝与剪跨比（两个剪力之间的距离）及配筋（箍筋、纵筋等）状态有关（图 2.1.6）。

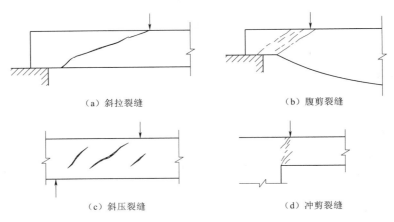

（a）斜拉裂缝　　　　　　　　　　　　　（b）腹剪裂缝

（c）斜压裂缝　　　　　　　　　　　　　（d）冲剪裂缝

图 2.1.6　受剪裂缝的各种形态

（5）受扭裂缝。

受扭构件上作用的实际是剪应力 τ，其在截面上呈扇形分布，周边大而芯部小，侧边大而角点小。这就决定了受扭裂缝必然斜向发展，沿周边呈螺旋状分布，且多为表层裂缝而不会深入截面内部。扭转的斜裂缝一般均在构件表面发生且呈 45°斜向发展。其与剪切斜裂缝的最大区别是裂缝连续、螺旋状，在相对两侧互相垂直，且为不贯通的表层裂缝。由于扭矩分布形式不同，有单向扭转裂缝和双向扭转裂缝，但不管形式如何，均在垂直于主拉应力迹线方向上产生并延伸、发展（图 2.1.7）。

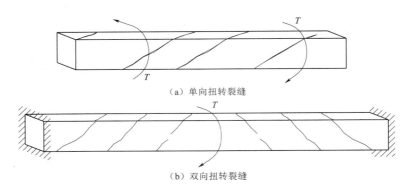

（a）单向扭转裂缝

（b）双向扭转裂缝

图 2.1.7　扭转引起的螺旋状斜裂缝

在实际混凝土工程中，扭转裂缝一般很少见到，或者被误当成剪切斜裂缝。但是当设计忽略了扭转作用，仍然可能会发生扭转裂缝。

（6）局部承压裂缝。

混凝土结构往往在某些局部区域承受很大的集中荷载。根据内力分析及设计验算，作为整体的构件往往能够满足承载力及使用的要求；但在集中荷载作用的局部区域，则有可能出现裂缝或破碎。这是由于其局部承压承载力不足所引起的。例如，梁、柱支撑处、预应力锚固区、设备支座等混凝土结构的某些集中荷载作用区域，就有可能集中了很大的局部荷载，从而引起局部承压裂缝。局部受压裂缝多发生在混凝土结构中承受较大集中荷载作用的局部区域，并由于混凝土抗力不足和缺乏足够的围箍约束而开裂。局部承压裂缝沿主压应力迹线方向延伸，且只限于局部区域。随着局部压力扩散以后应力的衰减，裂缝即自行消失。引起局压裂缝的原因多为承压底面积（A_b）过小，或局部承压面积（A_l）过大，如混凝土强度较低，混凝土施工缺陷，围箍约束钢筋不足，局部压力太大或预压应力过大，先张法构件预应力骤然放张的冲击作用等。

钢筋混凝土结构构件除了由外力荷载引起的裂缝外，很多非荷载因素，如温度变化、混凝土收缩、混凝土碳化、钢筋锈蚀、基础不均匀沉降、塑性坍落、冰冻以及碱骨料化学反应等都有可能引起裂缝。

（7）温度变化引起的裂缝。

大体积混凝土开裂的主要原因之一是温度应力。混凝土在浇筑凝结硬化过程中会产生大量的水化热，导致混凝土温度上升。如果热量不能很快散失，混凝土块体内外温差过大，就会产生温度应力，使结构内部受压外部受拉。混凝土在硬化初期抗拉强度很低，如果内外温度差较大，就容易出现裂缝。防止这类裂缝的措施是，采用低热水泥和在块体内部埋置块石以减少水化热，掺用优质掺和料以降低水泥用量，预冷骨料及拌和用水以降低混凝土入仓温度，预埋冷却水管通水冷却，合理分层分块浇筑混凝土，加强隔热保温养护等（图2.1.8）。

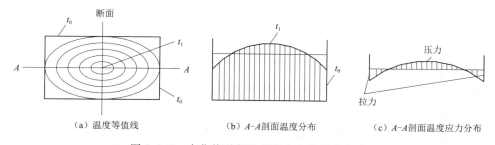

（a）温度等值线　　　　　（b）A-A剖面温度分布　　　　（c）A-A剖面温度应力分布

图 2.1.8　水化热引起的温度分布及温度应力

构件在使用过程中若内外温差大，也可能引起构件开裂。例如钢筋混凝土倒虹吸管，内表面水温很低，外表面经太阳曝晒温度会相对较高，管壁的内表面就可能产生裂缝。

（8）混凝土收缩引起的裂缝。

混凝土在结硬时会体积缩小产生收缩变形。混凝土的收缩变形随着时间而增长，初期收缩变形发展较快，两周可完成全部收缩量的25%，一个月约可完成50%，三个月后增长缓慢，一般两年后趋于稳定。如果构件能自由伸缩，则混凝土的收缩只是引起构件的缩短而不会导致收缩裂缝。但实际上结构构件都不同程度地受到边界约束作用，例如板受到四边固支约束，梁受到支座约束。对于这些构件受到约束而不能自由伸缩，混凝土的收缩也就可能导致裂缝的产生。在配筋率很高的构件中，即使边界没有约束，混凝土的收缩也会受到钢筋的制约而产生拉应力，也有可能引起构件产生局部裂缝。此外，新老混凝土的界面上很容易产生收缩裂缝。

（9）混凝土碳化引起的裂缝。

混凝土中的可溶性氢氧化钙与二氧化碳化合形成碳酸钙，造成体积减小而引起收缩。碳化收缩是在很长时间内逐渐形成的，且仅限在混凝土的表层，并随时间而逐渐向内发展。碳化层产生的碳化收缩，使混凝土表面产生拉应力，如果拉应力超过混凝土的抗拉强度，则会产生微细裂缝。当碳化深度超过钢筋的保护层时，钢筋不但易发生锈蚀还会因此引起体积膨胀，使混凝土保护层开裂或剥落，进而又加速混凝土进一步碳化和钢筋的继续锈蚀，使混凝土结构承载力下降[15]。

（10）钢筋锈蚀引起的裂缝。

当环境中有腐蚀性介质以及水时，其可能渗入混凝土表面而到达已经脱钝而不受保护的钢筋表面，发生电化学反应，从而锈蚀钢筋。当存在氯化物时，氯离子起到了催化作用而会加快这种腐蚀。严重的是，反应后氯化物并未因此而消耗掉，还将继续促进这种导致钢筋锈蚀的反应。因此少量的氯化物即可快速、长久地影响钢筋的锈蚀，直至完全腐蚀。钢筋锈蚀以后体积膨胀，往往胀裂混凝土的保护层而形成锈胀裂缝（图 2.1.9）。

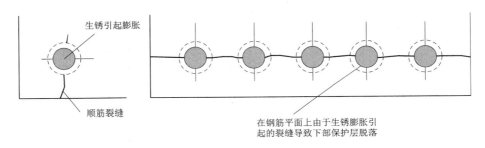

图 2.1.9　钢筋锈蚀的影响

（11）基础不均匀沉降引起的裂缝。

基础不均匀沉降会使超静定结构受迫变形而引起裂缝。所有的水工建筑物基本都坐落在地基上，所有的荷载（包括建筑物的自重）都通过结构传递到基础上，最后由地基承载。除了坚硬的岩基以外，所有的地基土体在荷载作用下都会发生或多或少的变形。而且由于建筑物荷载的不均匀性以及地层的不均匀性（例如不同类型土层厚度分布的差异，以及回填土与原土的差异等），就不可避免地会造成基础沉降的差异。基础沉降相当于结构的支座移位。对于超静定的混凝土结构而言，如果沉降不均匀就会引起约束作用，从而产生约束内力。地基较强的区域沉降很小，故能抵消掉相当部分的荷载；而软弱地基处沉降大，则持力较小，结构自身还要通过受力来承担相当部分的荷载作用。从这个角度而言，可以把结构整体看成是一个巨大的卧置于地基上的长条形构件。而不均匀沉降所引起的裂缝，则是在相应弯矩-剪力作用下的弯-剪构件受力裂缝。

（12）冰冻引起的裂缝。

水在结冰过程中体积要增加。因此，通水孔道中结冰就可能产生沿着孔道方向的纵向裂缝。在建筑物基础梁下，充填一定厚度的松散材料（炉渣）可防止土体冰胀后作用力直接作用在基础梁上而引起基础梁开裂或者破坏。

（13）碱-骨料化学反应引起的裂缝。

碱-骨料反应是指混凝土孔隙中水泥的碱性溶液与活性骨料（含活性 SiO_2）化学反应生成碱-硅酸凝胶，碱硅胶遇水后可产生膨胀，使混凝土胀裂。开始时在混凝土表面形成不规则的鸡爪形细小裂缝，然后由表向里发展，裂缝中充满白色沉淀。

3. 裂缝危害

裂缝对水工混凝土建筑物的危害主要表现为以下几点。

（1）产生渗漏。

混凝土裂缝将使水工建筑物产生渗漏。渗漏的结果是：一方面在压力水作用下使裂缝逐步扩宽和发展；另一方面当水渗入混凝土内部后，水泥中的 $Ca(OH)_2$ 易被溶解，会促使水泥水化物的水解。首先引起水解破坏的是水化硅酸三钙和水化硅酸二钙的多碱性化合物，然后是低碱性的水化产物的破坏，由此可能导致混凝土结构物的破坏。根据调查，由裂缝引起的各种不利结果中，渗漏水占 60%。

（2）加速混凝土碳化。

混凝土裂缝的存在，使空气中的二氧化碳极易渗透到混凝土内部与水泥的某些水化产物相互作用形成碳酸钙。在潮湿的环境下二氧化碳能与水泥中的氢氧化钙、硅酸三钙、硅酸二钙相互作用并转化成碳酸盐，中和水泥的基本碱性，使混凝土的碱度降低，使钢筋纯化膜遭受破坏，当水和空气同时期渗入，钢筋就产生锈蚀。由于混凝土碳化会加剧混凝土收缩裂，导致混凝土结构物破坏。

（3）加快钢筋的腐蚀。

裂缝使混凝土对钢筋的保护作用削弱，在裂缝部位，抗拉性能减弱，裂缝进一步扩大，形成更大的危害。

（4）降低混凝土抵抗各种侵蚀介质的耐腐蚀性能力。

当水通过裂缝渗入混凝土内部或是软水与水泥石作用时，将一部分水泥的水化产物［如 $Ca(OH)_2$］溶解并流失，引起混凝土腐蚀性破坏。

（5）影响混凝土结构物的结构强度和稳定性。

混凝土裂缝直接影响混凝土结构物的结构强度和整体稳定性；轻则影响建筑物的外观、正常使用和耐久性，严重的贯穿性裂缝则可能导致混凝土结构物的完全破坏。

2.1.1.3 钢筋锈蚀

在硅酸盐类水泥发生硬化时，会产生大量碱性物质，这能使混凝土的 pH 值高达 12.5～13.5，钢筋在高碱性环境中会发生化学反应，在其周围会形成一层致密的膜，称为钝化膜，这层膜对钢筋的锈蚀具有抑制作用。随着混凝土碳化的发生，该过程不断消耗混凝土内的碱性物质，一般钢筋保持钝化的条件是 pH 值不小于 11.5，而碳化会使混凝土 pH 值低于 9.0，这就破坏了钢筋的钝化膜。钢筋锈蚀的首要条件是钢筋周围包裹的钝化膜消失，因此碳化会促成另一个病害，即钢筋锈蚀。钢筋的保护层厚度是按规范设置的，随着碳化的发生，当碳化的深度超过规范要求时，那么钢筋就得不到混凝土的保护了，在外界环境的影响下，钢筋锈蚀的速度就会加快。

混凝土碳化和钢筋锈蚀都会引起各自体积的膨胀。混凝土碳化会导致结构的体积膨胀

17％左右，一般不会直接导致混凝土性能的降低，反而能提高混凝土的密实性和强度，它的不良影响是使混凝土的碱度降低，从而导致钢筋锈蚀。钢筋一旦发生锈蚀其体积会膨胀为原来的3～4倍。当钢筋锈蚀产生的拉应力超过混凝土的抗拉强度时，混凝土便会在钢筋周围产生裂缝。随着钢筋锈蚀程度的进一步加剧，以及外界环境如雨、水流等的冲刷，裂缝开展越来越大，这会加剧混凝土的开裂剥落，并且进一步产生露筋等现象。钢筋周围的裂缝使混凝土与钢筋之间产生微小的裂隙，这就导致了钢筋与混凝土之间的连接能力降低，钢筋有效面积减小，结构强度逐渐不满足要求，同时还会引起构件变形过大，裂缝开展也越来越大，构件最后可能完全破坏。

2.1.1.4　碱骨料反应

碱骨料反应是混凝土骨料中的活性成分与原材料中碱性物质（K_2O 或 Na_2O）发生反应，反应生成物遇水膨胀，随着反应的不断进行最终致使膨胀开裂使结构构件丧失其原有的设计性能。混凝土构件一旦开裂，会叠加其他不同因素而造成破坏作用进一步放大，对结构的影响更严重。混凝土中的活性骨料经搅拌后将分散存在于混凝土内部，且分布均匀，一旦发生膨胀，将是均匀胀裂，严重的只能拆除处理。产生反应的主要原因在于：原材料中高碱性水泥、活性集料及超量的含碱外加剂等。诸多工程事故调查分析知，在大多混凝土工程早期破坏因素中碱骨料反应是主要因素，如果结构出现碱骨料反应，构件裂缝中会出现大量白色胶体且有凝胶体渗出，随着时间延续，凝胶体干燥后会出现白色反应环。

碱骨料反应的发生必须具备三要素：一是混凝土的原材料中偏高的碱含量；二是混凝土骨料有一定的活性成分；三是要有充分的水分或湿空气存在[16]。混凝土中如果发生碱骨料反应将难以根除，因此在工程结构中必须进行严格控制，而最好的控制方法在于从源头入手，消灭其产生的条件。

在控制碱骨料反应方面主要有以下几方面[17]：

（1）优先低碱量（小于0.6％）的水泥。

（2）尽量选用非活性骨料，如果选用活性骨料则必须掺和非活性骨料，且经试验证明对工程无损坏时方可使用。

（3）掺某些活性材料可缓解或拟制碱骨料反应的发生，随着不断增加的氧化硅粉的含量，反应的膨胀值不断减小。活性硅数量的增加，首先降低了骨料颗粒表面的碱含量，使产生的凝胶数量减少；然后由于 $Ca(OH)_2$ 的迁移率极低，会有效增加骨料周围碱的浓度。

（4）经实际工程表明：通过掺加粉煤灰可减少碱骨料反应的发生。

（5）掺量大于50％的高炉矿渣也可有效地拟制碱骨料反应。

（6）除了从原材料方面入手之外，也可从混凝土环境考虑，减少水分的接触或者湿空气的渗入，可以通过涂防水涂料或做表面饰层等措施来杜绝含水成分的来源等。

2.1.1.5　冻融循环破坏

据相关调查，大坝混凝土的冻融循环破坏主要在我国"三北"地区，即东北、华北和西北地区。然而，对于中小型水工建筑物如水闸工程，该病害不仅会出现在上述区域，还广泛存在于气候温和但冬季有冰冻现象的区域，如华东的山东、江苏、安徽等地区。冻融循环是指已经硬化的混凝土，结构孔隙中的水在正负温度交替作用下发生冻结与融化的现象。冻融破坏的理论现在有好多种，但最被认可的是膨胀压理论和渗透压理论。

冻融循环破坏的机理是在负温度时，结构孔隙中的水发生冻结，其体积膨胀了9%左右，这对孔隙壁产生了冻胀力，冻胀力首先对周围胶结强度低的颗粒进行破坏，造成混凝土的局部损坏；在温度逐渐上升时，混凝土内部的冰体逐渐融化，局部冻胀力得到释放，但随着水分向混凝土内部不断迁移，孔隙中饱水度不断提高直至最后到达最不利饱水度，在这之后孔隙中的水压力在超过混凝土抗拉强度时便会引起混凝土开裂，加剧混凝土内部损伤的程度。由于冻融循环反反复复地发生，冻胀力也会一次又一次地作用在混凝土内部，这导致裂纹不断开展，同时随着新裂纹的不断出现，造成新旧裂纹相互贯通，相互交叉，局部损伤进一步加剧，产生很多孔洞和微裂纹，致使混凝土性能不断降低[18]。

产生冻融破坏的首要条件是水和正负温度的交替，冻融循环次数越多，混凝土所受伤害越大，根据有关学者的研究，水结冰后体积膨胀的大小主要跟孔隙体积的大小，孔隙水饱和度和成冰率有关：

$$U_d = 0.09SUM \tag{2.1.7}$$

式中 U_d——孔隙水膨胀体积；

     U——孔隙体积；

     S——饱和度；

     M——成冰率。

可知，孔隙体积、饱和度和成冰率越大，相应的孔隙水膨胀体积就越大，混凝土遭受冻融破坏的程度也就越严重。另一个影响因素是施工质量，在施工时，原材料的质量差、水灰比大、混凝土浇筑不密实、不掺引气剂、冬季施工保温措施跟不上，夏季施工养护工作不足等因素这些都会使冻融破坏容易产生。一般混凝土的密度大、强度高，抗冻性就好，而当混凝土的开口孔隙如果很多、水灰比也较大、混凝土的饱水程度越接近吸水饱和状态时，混凝土越容易发生冻融破坏。

2.1.2 金属结构

水闸工程的金属结构主要是闸门、启闭机、拦污栅等。在水闸挡水时，闸门下部处于水环境中，当水闸泄水孔或通航孔有泄水或通航要求时，闸门便会提出水面而暴露在空气中。由于闸门的这种工作特点，因此在使用中，防腐涂层一旦脱落，闸门面板、主梁、次梁等结构便容易发生锈蚀，随着锈蚀破坏越来越严重，构件蚀余厚度降低，构件的变形会超出合理范围，强度刚度逐渐不满足设计要求，闸门就容易发生破坏。同样容易发生锈蚀破坏的还有吊耳、轨道、滚轮、螺栓等，滚轮锈蚀严重时甚至会卡死无法正常工作[19]。此外，很多水闸工程由于闸门止水的老化、开裂导致闸门与闸墩连接处发生漏水现象，漏水较大时影响了水闸的性能。

启闭机大多是由于维护或使用不当从而导致机架发生变形锈蚀，若启闭设备磨损严重，某些构件开裂、变形会大大降低启闭机的性能，严重时地脚螺栓松动和锈蚀还会导致启闭闸门发生晃动。

拦污栅和闸门工作环境类似，尤其在水位变化区域锈蚀会更严重，同时拦污栅肩负着拦截上游杂物的作用，由于上游杂物的反复碰撞，栅条很容易发生变形，若管理不足，不及时清理杂物，拦污栅前的杂物不断积累再加上周围水生植物的不断生长，不仅影响了水闸的过流，还会使栅条折断脱落。

2.1.3　机电设备

机电设备主要有电动机、柴油机组、变配电设备、控制设备和辅助设备等。电动机主要是绕组的电阻、绕组直流电阻和直流泄露电阻不符合要求，绕组绝缘老化，主电机和电气设备不满足要求等。其他设备主要是由于维护管理不完善，如控制设备里面接线凌乱、辅助设备存在漏油漏气等问题。

2.2　沿海水闸工程病害调查

影响沿海水闸结构耐久性的因素很多，可以分为内部因素和外部因素两大类，其中内部因素主要为结构的型式、钢筋保护层厚度和直径的大小，选用的水泥和骨料的种类、混凝土的配合比等。外部因素主要是环境因素，包括软土地基、钢筋锈蚀、混凝土碳化、氯离子侵蚀、碱骨料反应、冻融循环及裂缝等。

2.2.1　软土地基

沿海地区水闸大多位于软土基础上，软土地基是指由淤泥、淤泥质土、松软冲填土与杂填土，或其他高压缩性软弱土层构成的地基，在沿海地区广泛分布。这种土质的特点是压缩性大，含水量高，透水性差，强度低，这样就导致水闸沉降量大，地基的承载力和稳定性不能满足工程的要求，不同地区软土的工程性质有所差别，但是一般均有以下的共同之处[20]：

（1）颜色以深色为主，如灰黑色、褐色、暗绿色等，表明土中有机质含量较高。

（2）含水率和孔隙比大，重度小。天然含水率一般均在 30% 以上，天然孔隙比一般大于 1.0，天然重度在 $15\sim19kN/m^3$ 之间。

（3）黏粒含量高，塑性指数大。塑性指数一般在 10 以上，表明土吸附的结合水多，黏粒含量也较多。

（4）渗透性很小，一般在 $(10^{-9}\sim10^{-7})cm/s$ 的数量级之间，排水变形速率缓慢。

（5）压缩性大，压缩系数大于 $0.5MPa^{-1}$，有些高达 $4.5MPa^{-1}$，且其压缩性往往随着液限的增大而增大。

（6）强度低，软土的快剪凝聚力一般为 10kPa，快剪内摩擦角小于 5°；固结快剪的强度略有提高，凝聚力小于 15kPa，内摩擦角小于 10°。

（7）软土的灵敏度高，常介于 $2\sim10$ 之间，有时大于 10。

（8）在荷载作用下土体的黏滞特性和时间效应异常明显，具体表现为蠕变变形显著和固结时间很长。

正是由于软土地基的这些特性，在这类土层上建造的水闸常会出现竣工后沉降过大以及不均匀沉降等问题，引起水闸的开裂甚至失稳。水闸的地基主要有三方面的问题：第一，强度及稳定性问题。软土地基的抗剪强度低，可能不足以承受水闸的部结构荷载，因而导致土体产生局部或整体剪切破坏，水闸就会失稳，倾覆，受到严重破坏。第二，垂直位移变形问题。受到上部荷载或者外荷载作用时，软土地基会产生过大的垂直位移变形，因此影响水闸的正常使用，尤其是产生过大的不均匀沉降时，闸室的缝墩就会张开，与上下游铺盖或底板的接缝错动，止水片随之断裂而造成止水失效；闸室倾斜，闸门封水不密而漏水，闸门启闭也不灵活，阻力大大增加，闸门就会无法启闭；闸室的梁板构件由于闸墩（支座）的相对位移而产生裂缝；下游护坦因闸室和翼墙的垂直位移影响而产生裂缝，导致护坦冲刷破坏或者开裂破坏。第三，车辆振动、地震等动力荷载容易引起饱和无黏性土的液化，造成水闸失稳。

2.2.2 氯离子侵蚀

2.2.2.1 氯离子的侵蚀机理

氯离子对混凝土的侵入主要通过 3 种方式[21]：①毛细水的吸附作用；②静水压力引起的渗透作用；③氯离子浓度差引起的扩散作用。通常，氯离子的侵入是几种方式的组合结果。Fick 第二定律描述的是一种稳态扩散过程，它所描述的氯离子分布为一条光滑的，单调下降的曲线，氯离子侵蚀模型可以表示为

$$\frac{\partial C_{Cl}}{\partial t} = \frac{\partial}{\partial x}\left(D_{Cl}\frac{\partial C_{Cl}}{\partial x}\right) \qquad (2.2.1)$$

式中　C_{Cl}——氯离子质量浓度，%，一般以氯离子占水泥或混凝土质量百分比表示；

$\quad\quad\ t$——时间，年；

$\quad\quad\ x$——深度，mm；

$\quad\quad D_{Cl}$——扩散系数，$mm^2/年$。

假定混凝土结构表面氯离子浓度恒定，混凝土结构相对于暴露表面为半无限介质，在任一时刻相对暴露表面无限远处的氯离子浓度为初始浓度，可以得到

$$C_{x,t} = C_0 + (C_s - C_0)\left[1 - \mathrm{erf}\left(\frac{x}{\sqrt{4D_{Cl}t}}\right)\right] \qquad (2.2.2)$$

式中　$C_{x,t}$——t 时刻 x 深度处的氯离子浓度；

$\quad\quad C_s$——混凝土表面氯离子浓度；

$\quad\quad C_0$——氯离子初始浓度；

$\quad\quad D_{Cl}$——氯离子扩散系数；

$\quad\quad \mathrm{erf}(z)$——误差函数。

通常，进入混凝土中的氯离子可以分为两部分，即固化氯离子和游离氯离子。固化作用有物理吸附和化学结合两种方式。物理吸附的结合力相对较弱，易遭破坏而使被吸附的氯离子转化为游离氯离子。化学结合是通过化学键结合在一起的，相对稳定，不易破坏。水泥石对氯离子的化学结合作用主要使水泥石中的 C_3A（铝酸三钙）与氯离子结合生成Friedel 盐（$3CaO \cdot Al_2O_3 \cdot CaCl_2 \cdot 10H_2O$），即

$$3CaO \cdot Al_2O_3 \cdot 6H_2O + Ca^{2+} + 2Cl + 4H_2O \longrightarrow 3CaO \cdot Al_2O_3 \cdot CaCl_2 \cdot 10H_2O$$

$$(2.2.3)$$

2.2.2.2 氯离子对结构耐久性的影响

氯离子本身并不会使混凝土结构耐久性下降，之所以能成为影响耐久性的重要因素，是因为其造成的钢筋锈蚀严重影响结构的使用寿命，主要体现在以下 5 个方面。

1. 破坏钝化膜

混凝土中的钢筋锈蚀是一个电化学反应过程。新鲜的混凝土孔隙中充满 $Ca(OH)_2$ 过饱和溶液，其 pH 值一般大于 12.6。在这样高碱度环境下，钢筋表面形成一层致密氧化膜，对钢筋起到保护作用。然而钝化膜仅在高碱度环境下才是稳定的，研究与实践均表明，当 pH 值小于 11.5 时，钝化膜已变的不稳定，当 pH 值继续下降至 9.88 以下时，钝化膜很难生成并且已生成的钝化膜逐渐破坏。氯离子侵入到钢筋表面后会吸附于局部钝化膜，使该处 pH 值迅速降低，起到局部酸化作用。钢筋表面 pH 值可降至 4 以下，此时已呈酸性，钝化膜遭到破坏[22]。

2. 形成锈蚀电池

氯离子对钢筋表面钝化膜的破坏首先发生在局部的某个位置（点），使这些部位（点）露出了铁基体，这就与原本完好的钝化膜区域之间构成电位差（锈蚀电池），铁基体作为阳极而受锈蚀，大面积的钝化膜区作为阴极。锈蚀电池作用的结果；钢筋表面产生点蚀，由于大阴极（钝化膜区）对应于小阳极（钝化膜的破坏区）的特点，坑蚀发展迅速。这就是氯离子对钢筋表面产生以"坑蚀"为主破坏形式的原因所在[23]。

3. 氯离子的去极化作用

Cl^- 不仅促成了钢筋表面的锈蚀电池，而且加速电池作用的反应过程。阳极反应过程是：$Fe-2e=Fe^{2+}$，如果生成的 Fe^{2+} 不能及时搬运走而堆积于阳极表面，则阳极反应就会因而受阻；相反，如果生成的 Fe^{2+} 能被及时搬运走，那么，阳极反应过程就会顺利进行甚至加速进行。Cl^- 与 Fe^{2+} 相遇会生成 $FeCl_2$，Cl^- 能使 Fe^{2+} "消失"，从而加速阳极过程。通常把使阳极过程受阻称作阳极极化作用；而加速阳极的过程，称作阳极去极化作用，Cl^- 正是发挥了阳极去极化作用功能，其反应式为[24]

$$(Cl^-+Fe^{2+})+H_2O+2e \longrightarrow Fe(OH)_2+2H^++2Cl^- \tag{2.2.4}$$

由于 $FeCl_2$ 是可溶的，在向混凝土内扩散时遇到 OH^-，立即生成 $Fe(OH)_2$（沉淀），又进一步氧化成铁的氧化物（通常看到的铁锈），而 Cl^- 这时候则重新游离出来，继续进行反应。Cl^- 在这个过程中并没有被"消耗"掉，只是参与了反应过程，起到"搬运"作用，即，凡是进入混凝土中游离状态的 Cl^-，都会周而复始地起破坏作用，这也是氯盐危害的特点之一。

4. 氯离子的导电作用

腐蚀电池形成要素之一是具备离子通路。混凝土中氯盐的存在提高了孔溶液电解质导电性，强化了离子通路，降低了阳极、阴极间的电阻率，提高了腐蚀电池的效率，从而加速了电化学腐蚀过程，降低了混凝土使用寿命。同时，氯盐中的阳离子（Na^+、Ca^{2+} 等），也会降低阳极、阴极间的电阻率，但不参与腐蚀电池过程[25]。

5. 氯离子与水泥的作用及对钢筋锈蚀的影响

水泥中的铝酸三钙（C_3A），在一定条件下可与氯盐作用生成不可溶性"复盐"，降低了混凝土中游离 Cl^- 的存在，所以，C_3A 含量高的水泥品种有利于抵御 Cl^- 的侵害。海洋环境中优先选用 C_3A 含量较高的普通硅酸盐水泥，原因就在于此。但是，需要注意的是，"复盐"只有在强碱性环境下才能生成和保持稳定，当混凝土的碱度降低时，"复盐"会很快发生分解，重新释放出 Cl^- 来。事物都具有两面性，"复盐"还有潜在危险的一面。保持混凝土的高碱性对于防止"复盐"的分解是非常重要的。此外，在同时含有硫酸盐的情况下，Cl^- 与 C_3A 生成"复盐"，有利于降低硫酸盐与 C_3A 作用而发生的"膨胀"破坏，也就是说 Cl^- 在一定条件下可抑制硫酸盐对混凝土的破坏作用，但必须保持混凝土的高碱度，并且氯盐、硫酸盐在混凝土中有相对较低的浓度。否则，氯盐与硫酸盐高浓度的累加作用，将加速钢筋锈蚀和对混凝土的破坏。

2.2.3 海水腐蚀

混凝土在海水中的腐蚀主要是 $MgSO_4$、$MgCl_2$ 与水泥水化后析出的 $Ca(OH)_2$ 起作用的结果，其反应式如下[26]：

$$MgSO_4 + Ca(OH)_2 \longrightarrow CaSO_4 + Mg(OH)_2 \downarrow \qquad (2.2.5)$$

$$MgCl_2 + Ca(OH)_2 \longrightarrow CaCl_2 + Mg(OH)_2 \downarrow \qquad (2.2.6)$$

虽然海水中 $MgSO_4$、$MgCl_2$ 的浓度很低，但它们与 $Ca(OH)_2$ 作用析出的生成物 $CaSO_4$、和 $CaCl_2$ 都是易溶的物质，海水中高浓度的 $NaCl$ 还会增加它们的溶解度，阻碍它们的快速结晶。同时 $NaCl$ 也会提高 $Ca(OH)_2$ 和 $Mg(OH)_2$ 的溶解度，将它们浸出，使混凝土的孔隙率提高，结构被削弱，这个现象在流动海水中更为严重。在 $Ca(OH)_2$ 存在条件下，$MgSO_4$ 也能与单硫铝酸钙作用生成带有膨胀性的钙矾石，在形成的过程中会导致混凝土的膨胀破坏。

一般来说，海水中约含有 3.5% 左右的可溶性盐类，其组成主要是：$2.7\% NaCl$、$0.32\% MgCl_2$、$0.22\% MgSO_4$、$0.13\% CaSO_4$，还有约 $0.02\% KHCO_3$。也就是说，海水中含有大量的硫酸盐、镁盐和氯盐，这些盐类都可能给混凝土造成腐蚀。根据海工结构与海水接触部位不同，可能造成不同形式的腐蚀[27]：

（1）在高潮线以上，与海水不直接接触部位，大海中含有大量氯盐的潮湿空气，可能造成对混凝土的冻融破坏和钢筋锈蚀。

（2）在高潮线以上的浪溅区，混凝土遭受海水频繁的干湿循环作用，使混凝土内部形成微电池效应，造成钢筋锈蚀且不断加速其锈蚀，最终导致混凝土表面开裂、剥落、破坏，因而这一部分的混凝土破坏最为严重。

（3）在水位变化区，即潮汐涨落区，直接受海浪的冲刷、干湿循环的作用、冻融循环的作用和可能遭受溶蚀等综合作用，使这一部分的混凝土破坏也较为严重，仅次于浪溅区的混凝土破坏。

（4）在低潮位线以下，混凝土长期浸泡在海水中，易遭化学分解，造成混凝土腐蚀。但因其混凝土处于饱水状态，海水中的氯离子不易渗入混凝土内部，使得混凝土中钢筋锈蚀较小，因而此区域的混凝土破坏最小，一般只是混凝土表面有较小范围的点蚀现象。

2.3　水闸工程病险识别

2.3.1　水闸病险识别技术

2.3.1.1　水闸病险的基本症状

20 世纪 80 年代初，在我国进行的水利工程"三查三定"工作中，水闸管理单位编写的《水闸工程管理状况登记表》和《水闸三查三定报告书》等资料，是根据全面检查结果，在查清水闸存在的问题和缺陷的基础上，并对其成因进行初步分析编写的。这些资料为有计划地开展水闸的安全鉴定和大修、加固工程，提供了可靠的依据。

（1）据上述资料总结水闸薄弱部位和隐蔽部位[28] 如下。

1）水闸底部工程：①底板及防渗铺盖有无断裂损坏；②永久缝止水有无损坏失效；③消力池内有无砂石堆积或磨损、露筋；④海漫、防冲槽及河床有无冲刷破坏。

2）闸门和启闭机：①平面闸门端柱是否严重锈蚀；行走支承的主滚轮是否运转灵活，轨道或滑道有无损坏、脱落；②弧形闸门的支臂与支铰连接处及组合梁夹缝等部位有无严重锈蚀；③经常处于水下的启闭机钢绳套与闸门吊耳是否连接牢固，钢绳有无锈蚀、断丝。

（2）水闸经长期运行产生的病险及原因主要分为以下 7 个方面[29]：

1）结构整体变位与混凝土开裂。整体结构变位主要表现在闸室、岸墙、翼墙的水平位移、沉降与倾斜。整体结构变位与混凝土开裂、结构缝的张开常常有着因果关系，除此之外混凝土开裂还于温度裂缝、干缩裂缝、钢筋锈蚀裂缝、碱骨料反应裂缝和施工裂缝有关。

2）地基渗流破坏。渗流破坏会淘空闸基或两岸连接处，引起闸底板和护坦沉陷，更为严重地造成闸室的倾斜和护坦的坍塌破坏。主要由原设计标准偏低，防渗止水设施或排水反滤设施失效，地基土本身的缺陷等引起。

3）上下游消能防冲设施的破坏。水闸消能防冲设施的破坏往往会造成大面积冲刷坑，使水闸翼墙甚至闸室发生倾斜。主要是由于设计标准偏低或消能防冲设施不合理、运行管理不善、基础软弱及人为破坏等引起。

4）闸门及启闭设备的老化与破坏。主要表现在面板、主梁、次梁变形与剥落、止水橡皮的老化破坏、闸门及其细部结构的锈蚀等。主要是水流流态差，动水作用的不平衡引起的，一般情况下振动很轻微，但当闸门产生共振时，振幅加剧，在门叶结构内出现异常的应力和应变，引起闸门金属结构疲劳、变形、焊缝开裂、紧固件松动、止水损坏等现象，同时还会使闸门槽损坏。

5）混凝土表面的劣化。主要表现为混凝土碳化及钢筋锈蚀、表面剥蚀破坏。混凝土碳化是空气中的二氧化碳与水泥中的碱性物质相互作用的物理化学过程，主要由外界的侵蚀和混凝土自身对碳化侵蚀抵抗能力共同影响。钢筋锈蚀与混凝土保护层厚度、混凝土碳化和氯离子的影响的因素有关。混凝土表面剥蚀破坏由内因（混凝土耐久性不良）和外因（环境水的冻融破坏、过流部位的冲刷与空蚀、钢筋的锈蚀、水质的侵蚀）共同作用引起的。

6）水闸上、下游河道淤积。由于自然、历史、工程、潮汐水道变化及围垦等原因，水闸会在上、下游河道中产生泥沙淤积。

7）地震灾害。震害主要表现在底板、护底、消力池等部位结构裂缝，各部位伸缩缝错动或破坏，闸墩裂缝、翼墙倾斜、工作桥断裂甚至倒塌等。主要由地基失稳和附加的地震惯性力使结构强度或稳定破坏。

2.3.1.2 水闸病险的识别技术

我国对水闸运行时存在的病险识别尚未提出明确标准，主要是依据《水闸安全评价导则》（SL 214）等相关规定对于不同病变症状，不同的产生原因，给出具体识别方法与技术，见表 2.3.1。

表 2.3.1 服役水闸病险识别技术

症状			识别方法
整体结构变位[30-34]		表现	闸室或岸墙、翼墙发生异常沉降、倾斜、滑移等情况或水闸地基渗流异常或过闸水流流态异常
		检测内容	①检查水下部位结构有无止水失效、结构断裂、基土流失、冲坑和塌陷； ②检查基础有无挤压、错动、松动和鼓出；结构与基础结合处有无错动、开裂、脱离和渗漏水情况；建筑物两侧岸坡有无裂缝、滑坡、溶蚀、绕渗及水土流失情况； ③沉降变形设施的考证、设施的完好率、基础累积沉降、月平均沉降和不均匀沉降观测； ④检测地基土及其填土料工程特性的检测包括物理力学指标、地基承载力
		检测手段	目测、全站仪、激光测距仪、水准仪、经纬仪、三轴定位仪、水下探摸、沉降观测、材料特性试验
混凝土结构	强度检测	表现	产生裂缝
		检测内容	现场人工取点检测混凝土部件的强度
		检测手段	回弹法、超声法、超声回弹综合法、取芯法、拔出法、射钉法等
	碳化深度检测	表现	出现裂纹、抗拉和抗渗能力明显下降、pH值明显下降；混凝土胀裂脱落
		检测内容	现场人工取点测量混凝土部件的碳化深度
		检测手段	酸碱指数剂（酚酞）测量、显微镜检查（切片分析）、热分析＋游标卡尺测量深度
	保护层检测	表现	钢筋裸露、锈蚀
		检测内容	现场人工取点检测混凝土部件的保护层厚度
		检测手段	直接凿除、钢筋位置测定仪
	裂缝检测	表现	出现裂缝
		检测内容	检测裂缝宽度、深度、长度、走向、位置和表面特征，混凝土是否膨胀、剥落，钢筋是否锈蚀
		检测手段	①外部裂缝：肉眼观察走向、常规工具（米尺、读数放大镜、塞尺）、裂缝宽度测定仪、测量长度和宽度、超声仪测缝深； ②内部裂缝：超声波法和射线法等
	病害检测	表现	混凝土表面蜂窝、麻面、孔洞、疏松区、表面冲磨和空蚀破坏以及表面冻融破坏、地基孔之间等
		检测内容	记录病害产生部位和表现
		检测手段	目测，超声法，探地雷达，冲击回波法，弹性波CT法，钻孔检查
渗流破坏		表现	闸基及两岸土的渗透变形、闸底板和护坦沉陷
		检测内容	检查水下部位结构有无止水失效、基础排水设施渗透水量和水质有无变化
		检测手段	目测
消能防冲		表现	水流紊乱、下游流速大、过闸水流在下游形成波状水跃
		检测内容	检测上、下游消力池、防冲槽的完好性，闸门操作是否正确
		检测手段	水下探摸、水下摄像

续表

症状	识 别 方 法			
闸门启闭机[35-38]	闸门外观	表现		①门体的明显变形、扭曲； ②主梁、支臂、纵梁、小横梁、面板等构件损伤、变形、位置偏差，连接螺栓的损伤、变形、缺件及紧固； ③吊耳的损伤、变形； ④闸门主轮（滑道）、侧向支承、反向支承的转动、润滑、磨损、表面裂纹、损伤、缺件； ⑤止水磨损变形； ⑥埋件磨损、错位、脱落
		检测内容		检测门体、支承行走装置、止水装置、埋件、平压设备、锁定装置外观
		检测手段		采用卷尺、直尺、测深仪、深度游标卡尺等量测仪器和量测工具进行。检测结果应及时记录，必要时可采用摄像、拍照等辅助方法进行记录和描述
	涂层	检测内容		涂层厚度
		检测手段		涂层测厚仪
	腐蚀量	检测内容		构件、结构整体、严重腐蚀区的腐蚀量及其频数分布状况、平均腐蚀量、平均腐蚀速率、最大腐蚀量
		检测手段		测厚仪、测深仪、深度游标卡尺等量测仪器和量测工具进行
	焊缝	检测内容		焊缝外观检查尺寸偏差、表面凹凸、咬边等，内部检测焊缝裂纹、未焊透、未熔合、气孔、夹渣等
		检测手段		磁粉、渗透、射线、超声波检测
	启闭机运行	检测内容	卷扬式	机架、制动器、减速器、卷筒及开式齿轮副、传动轴及联轴器、滑轮组、钢丝绳外观检测
			移动式	门架和桥架、连接螺栓、制动器、减速器、卷筒及开式齿轮副、传动轴及联轴器、滑轮组、钢丝绳、车轮、轨道相关检测
			液压式	液压缸缸体和缸盖、活塞杆、液压系统、液压缸液压油泄漏相关检测
			螺杆式	螺杆和螺母、蜗杆和蜗轮的裂纹、变形、损伤、磨损及润滑状况，机箱和机座的裂缝、损伤检测和漏油检测
		检测手段		目测为主，配以 ZC25-4 型兆欧表、钳形电流表、秒表、钢直尺等检测仪器，检查零部件的磨损、损伤、锈蚀
		启闭力	检测内容	工作水位和控制水位下的启门力、闭门力、持门力和应力过程线
			检测手段	单应变片、张力计等
电气设备	检测内容			①电气控制设备完整性和可操作性检查； ②电气设备和电力线路的绝缘电阻检测及接地系统可靠性检查； ③荷载控制装置、行程控制装置、开度指示装置的完整性；移动式启闭机缓冲器、风速仪、夹轨器、锚定装置的完整性和可操作性检查； ④动力线路及控制保护、操作系统线路排列、老化状况以及备用电源检查
	检测手段			绝缘电阻测试仪、直流电阻测试仪、接地电阻测试仪等

2.3.2 水闸病险量化

2.3.2.1 病险识别体系的层次

由《水闸安全评价导则》（SL 214—2015）可知，病险水闸指运用指标达不到设计标准，工程存在严重损坏，经除险加固后，才能达到正常运用或运用指标无法达到设计标准，工程存在严重安全问题，需降低标准或报废重建。水闸运行安全评价指标体系以水闸安全状态为总目标，以工程现状调查、工程安全检测和工程复核计算为子目标。

工程现状调查子目标包括设计施工情况、技术管理现状和工程结构现状 3 个一级评价指标。

工程安全检测子目标包括混凝土结构、浆砌石结构、钢闸门、启闭机、电气设备、观测设施、消能防冲设施等 7 个一级评价指标；混凝土结构一级评价指标又包括闸室底板、闸墩、排架、胸墙、挡土墙、工作桥、交通桥等 7 个二级评价指标。7 个二级评价指标又分别包括混凝土强度、碳化深度、保护层厚度、结构病害等 4 个三级评价指标；浆砌石结构一级评价指标又包括上游翼墙、下游翼墙 2 个二级。2 个二级评级指标又分别包括浆砌石强度等级和结构病害 2 个三级评价指标。钢闸门一级评价指标包括运行参数、外观情况、涂层厚度和焊缝 4 个二级评价指标。启闭机一级评价指标包括运行参数、外观情况和启闭力 3 个二级评价指标。观测设施一级评价指标包括测压管、沉降观测设施、位移观测设施、水位观测设施等 4 个二级评价指标；消能防冲设施一级评价指标包括消力池、海漫和防冲槽 3 个二级评价指标。

工程复核计算子目标包括闸顶高程、消能防冲能力、过流能力、抗渗稳定性、整体稳定性、闸门、结构强度等 7 个一级评价指标；消能防冲能力一级评价指标包括消力池和海漫 2 个二级评价指标，消力池二级评价指标又包括消力池深度、长度和厚度 3 个三级评价指标；抗渗稳定性一级评价指标包括防渗长度、出逸坡降、最大水平坡降等 3 个二级评价指标；整体稳定性一级评价指标包括闸室、岸墙、上游翼墙、下游翼墙等 4 个二级评价指标，4 个二级评价指标又包括抗滑稳定性、地基不均匀系数、地基承载力等 3 个三级评价指标；闸门二级评价指标包括面板厚度、闸门强度、启门力 3 个三级评价指标；结构强度一级评价指标包括闸室底板、闸墩、排架、胸墙、挡土墙、工作桥、交通桥等 6 个二级评价指标。

对于不同的水闸，因其结构特点不同，因此识别评价的侧重点也有所不同，并且随着时间的推移，病险部位及程度都将会不断变化。所以，如图 2.3.1 所示的层次结构模型作为一般意义下的水闸病险识别体系，它基本上涵盖了水闸病险产生的部位和表现形式。

2.3.2.2 指标量化方法

水闸安全综合评价底层指标既有定量评价指标，又有定性评价指标，这就导致同层评价指标之间不具有相互可比性。解决此类问题一般有两种方法：一种是通过一定的标准将所有定量评价指标转化成定性评价指标，采用定性语言描述各评价指标的安全状况；另一种是将定性评价指标通过一定的方法转化成定量评价指标，然后运用数学模型进行严密的数值计算，再对计算结果进行综合分析得出水闸整体的安全状态。

1. 定性评价指标的量化方法

对于定性指标，其指标值具有模糊性和非定量化的特点，很难用精确的数学值来表

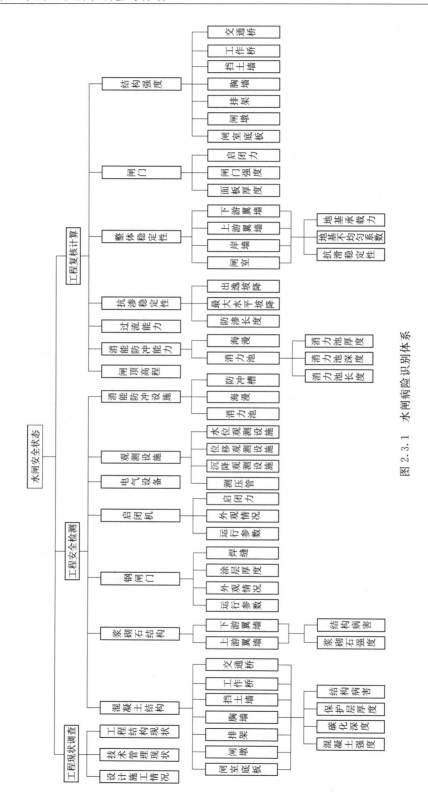

图 2.3.1　水闸病险识别体系

示，只能采用模糊数学的方法对模糊信息进行量化处理。目前，较为实用的定性信息量量化方法有模糊统计法、带确信度的专家调查法、区间平均法等。

在工程界许多定性问题的处理中，专家打分法以其操作简单，适用性强等特点而得到了广泛的应用。当采用专家打分法处理时，如果专家选择合适，专家的经验较为丰富，对情况比较了解，则可取得较高的精度。其具体操作步骤如下。

请 n 位专家对给定的一组指标 $U_1, U_2, \cdots, U_m$（m 个因素）分别给出打分 $A_j(U_i)$（$i=1,2,\cdots,m, j=1,2,\cdots,n$），则指标 U_i 的评价值 r_i 可以由下式表示。

完全平均法：

$$r_i = \frac{1}{n}\sum_{j=1}^{n}A_j(U_i) \tag{2.3.1}$$

中间平均法：

$$r_i = \frac{1}{n-2}\Big[\sum_{j=1}^{n}A_j(U_i) - \max A_j(U_i) - \min A_j(U_i)\Big] \tag{2.3.2}$$

加权平均法：

$$r_i = \frac{1}{n}\sum_{j=1}^{n}w_j A_j(U_i)$$

$$\sum_{j=1}^{n}w_j = 1, 且\ w_j > 0 \tag{2.3.3}$$

式中　$A_j(U_i)$——第 j 位专家对 i 指标的评分；

　　　w_j——第 j 位专家的权重系数。

完全平均法直接将所有专家的打分进行平均，该方法默认参加安全评价的所有与会专家具有平等的学术地位；中间平均法在与会专家打分之间出现较大分歧时采用，舍弃最大和最小值，取中间分值进行评价；加权平均法认为学术水平越高就越有权威，则其打分的分值准确度就越高，给予较大的权系数。最后，将由以上方法得出的评价值归一化到 [0，1] 区间上，得到水闸安全状态评价指标的安全值。

专家打分法充分利用专家知识，对一个定性问题给出数据判断，利于问题的量化处理，使用简单。如果专家选择合适，专家的经验较为丰富，则精度较高。针对水闸安全状态评价指标体系中，工程现状调查一级指标下的设计施工情况、技术管理相状、工程结构现状、结构病害四级指标，钢闸门和启闭机一级指标下的运行参数和外观情况，观测设施指标下的测压管、沉降观测设施、位移观测设施、水位观测设施，消能防冲设施指标下的消力池、海漫、防冲槽都是定性指标。先收集它们的现状资料，采用专家打分法，对各个定性指标进行量化分析，获取各个评价指标的安全值。

2. 定量评价指标的量化方法

由于水闸安全状态评价指标体系中的定量指标量纲不相同，指标间会存在不可公度性。为使指标间具有可比性，不仅要将初始数据进行无量纲化处理，还要将个指标类型作"类型一致化"处理即将"极大型"指标、"极小型"指标、"居中型"指标、"区间型"指标转化成一种类型的指标，最终将指标实测值或计算值量化到 [0，1] 之间进行比较。常用的方法有以下 6 种。水闸安全状态指标观测值记为 $\{x_{ij} | i=1,2,\cdots,n; j=1,2,\cdots,m\}$。

（1）准化处理法。

$$x_{ij}^* = \frac{x_{ij} - \overline{x}_j}{s_j} \tag{2.3.4}$$

式中　$\overline{x}_j$——第 j 项指标值的平均值，$\overline{x}_j = \dfrac{1}{n} \sum\limits_{i=1}^{n} x_{ij}$ ；

　　　s_j——第 j 项指标值的均方差，$s_j = \dfrac{1}{n} \sum\limits_{i=1}^{n} (x_{ij} - \overline{x}_j)^2 (i=1,2,\cdots n; j=1,2,\cdots,m)$ ；

　　　　其中，x_{ij}^* 为标准指标值，x_{ij}^* 样本平均值为 0，方差为 1。

（2）性比例法。

$$x_{ij}^* = \frac{x_{ij}}{x_j'} \quad (i=1,2,\cdots n; j=1,2,\cdots,m) \tag{2.3.5}$$

式中　$x_j'(x_j' > 0)$——特殊点。

（3）值处理法。

$$x_{ij}' = \frac{x_{ij} - m_j}{M_j - m_j} \quad (i=1,2,\cdots,n; j=1,2,\cdots,m) \tag{2.3.6}$$

式中　$M_j = \max\limits_i \{x_{ij}\}$；$m_j = \min\limits_i \{x_{ij}\}$。

对指标 x_j 为极小型的情况，式（2.3.6）变为

$$x_{ij}' = \frac{M_j - x_{ij}}{M_j - m_j} \quad (i=1,2,\cdots,n; j=1,2,\cdots,m) \tag{2.3.7}$$

极值处理后各指标的最大值为 1，最小值为 0；该法对指标值恒定的情况不适用。

（4）一化处理法。

$$x_{ij}^* = \frac{x_{ij}}{\sum\limits_{i=1}^{n} x_{ij}} \quad (i=1,2,\cdots n; j=1,2,\cdots,m) \tag{2.3.8}$$

式中　$\sum\limits_{i=1}^{n} x_{ij} > 0$，$x_{ij} \geqslant 0$ 时，$\sum\limits_i x_{ij}^* = 1 (j=1,2,\cdots,m)$。

（5）量规范法。

$$x_{ij}^* = \frac{x_{ij}}{\sqrt{\sum\limits_{i=1}^{n} x_{ij}^2}} \quad (i=1,2,\cdots,n; j=1,2,\cdots,m) \tag{2.3.9}$$

式中　$x_{ij} \geqslant 0$ 时，$x_{ij}^* \in (0, 1)$，$\sum\limits_i (x_{ij}^*)^2 = 1$。

（6）效系数法。

$$x_{ij}^* = c + \frac{x_{ij} - m_j'}{M_j' - m_j'} \times d \tag{2.3.10}$$

式中　M_j'——指标 x_j 的满意值；

　　　m_j'——指标 x_j 不容许值；

　　　c、d——已知正常数，c 的作用是对变换后的值进行"平移"，d 的作用是对变换后的值进行"放大"或者"缩小"，最大值及最小值分别为 $c+d$ 和 c。

上述 6 种方法中，标准化处理法对指标值恒定或要求指标 x'_{ij} 大于 0 的情况不适用；极处理法对指标值恒定的情况不适用；线性比例法要求 x_j 大于 0；归一化处理法是线性比例法的 1 种特例，要求 $\sum_i^m x_{ij}$ 大于 0；极值处理后各指标的最大值为 1，最小值为 0，对指标值恒定的情况不适用。功效系数法能够根据指标实际值在标准范围内所处位置计算评价得分，从不同侧面对评价对象进行计算评分且减少单一标准评价而造成的评价结果偏差。

2.3.2.3 评价指标量化标准

采用将所有的评价指标进行定量化，即采用合理方法将原始评价信息转化到一定的数值范围内，并用无量纲的数值表示。水闸安全状态指标的量化结果，称之为评价指标的安全值。安全值是水闸安全状况最直观的表达，是安全状况的性能值。定义评价指标的安全值是闭区间 ［0，1］ 上的实数值，并规定安全值越大，评价指标的安全状况就越好。

对于定性评价指标，制定其量化标准，然后采用现场专家打分法，取其平均值再将其标准化处理；对于定量指标，对应现场根据现场检测数据资料以及工程复核计算资料按照量化公式得出其安全值。

总目标水闸的安全状态主要通过对水闸工程现状调查、工程安全检测、工程复核这 3 个分目标进行评价来实现。现对这 3 个分目标下的底层评价指标进行研究，根据《水工混凝土结构设计规范》（SL 191）、《水利水电工程金属结构报废标准》（SL 226）、《水闸设计规范》（SL 265）、《水闸技术管理规程》（SL 75）、《水闸安全评价导则》（SL 214）等规范和有关资料，制定如下水闸底层评价指标的量化标准。

1. 闸顶高程

采用实际闸顶高度 $H_实$ 和复核闸顶高度 $H_复$ 之比作为评价指数 $\alpha = H_复 / H_实$。当评分值大于 1.0 时，取 1.0。量化标准如下。

（1）当 $\alpha \geqslant 1.00$ 时，闸顶高程评分为：$\dfrac{\alpha - 1.00}{1.50 - 1.00} \times 0.20 + 0.80$。

（2）当 $0.95 \leqslant \alpha < 1.00$ 时，闸顶高程评分为：$\dfrac{\alpha - 0.95}{1.00 - 0.95} \times 0.20 + 0.60$。

（3）当 $0.85 \leqslant \alpha < 0.95$ 时，闸顶高程评分为：$\dfrac{\alpha - 0.85}{0.95 - 0.85} \times 0.20 + 0.20$。

（4）当 $0.75 \leqslant \alpha < 0.85$ 时，闸顶高程评分为：$\dfrac{\alpha - 0.75}{0.85 - 0.75} \times 0.20 + 0.20$。

（5）当 $\alpha < 0.75$ 时，闸顶高程评分为：$\dfrac{\alpha}{0.75} \times 0.20$。

2. 抗滑稳定系数

水闸闸室抗滑稳定的评分值依据水闸闸室抗滑稳定安全系数 k 而定，当评分值大于 1.00 时取 1.00。取不同级别水闸在各工况下的抗滑稳定安全系数允许值为 k_0，评分规则如下。

（1）当 $k \geqslant k_0$ 时，抗滑稳定评分为：$\dfrac{k - k_0}{1.2 k_0 - k_0} \times 0.2 + 0.80$。

（2）当 $k_1 \leqslant k < k_0$ 时，抗滑稳定评分为：$\dfrac{k-k_1}{k_0-k_1} \times 0.20 + 0.60$。

（3）当 $k_2 \leqslant k < k_1$ 时，抗滑稳定评分为：$\dfrac{k-k_2}{k_1-k_2} \times 0.20 + 0.40$。

（4）当 $k_3 \leqslant k < k_2$ 时，抗滑稳定评分为：$\dfrac{k-k_3}{k_2-k_3} \times 0.20 + 0.20$。

（5）当 $k < k_3$ 时，抗滑稳定评分为：$\dfrac{k}{k_3} \times 0.20$。

不同等级水闸在各工况下的 k_0、k_1、k_2、k_3 值见表2.3.2。

3. 地基承载力

地基承载力的评价以地基允许承载力 $[R]$ 和地基应力平均值 $\overline{P}$ 之比 $P = [R]/\overline{P}$ 为评价指数。当评分值大于 1.0 时，取 1.0。量化标准如下。

（1）当 $P \geqslant 1.0$ 时，地基承载力评分为：$\dfrac{P-1.0}{1.50-1.0} \times 0.20 + 0.80$。

（2）当 $0.95 \leqslant P < 1.0$ 时，地基承载力评分为：$\dfrac{P-0.95}{1.0-0.95} \times 0.20 + 0.60$。

表 2.3.2　　　　　　　　　　土基上沿闸基面抗滑稳定系数的评价参数

水闸级别	1			2			3			4、5		
荷载组合	基本组合	特殊组合Ⅰ	特殊组合Ⅱ	基本组合	特殊组合Ⅰ	特殊组合Ⅱ	基本组合	特殊组合Ⅰ	特殊组合Ⅱ	基本组合	特殊组合Ⅰ	特殊组合Ⅱ
k_0	1.35	1.20	1.10	1.30	1.15	1.05	1.25	1.10	1.05	1.20	1.05	1.00
k_1	1.14	1.08	1.01	1.12	1.06	0.99	1.10	1.01	0.99	1.08	0.99	0.92
k_2	1.00	0.95	0.89	0.98	0.93	0.87	0.97	0.89	0.87	0.95	0.87	0.81
k_3	0.90	0.85	0.80	0.90	0.85	0.80	0.90	0.80	0.78	0.85	0.80	0.72

注　特殊组合Ⅰ适用于施工情况、检修情况及校核洪水位情况。特殊组合Ⅱ适用于地震情况。

（3）当 $0.85 \leqslant P < 0.95$ 时，地基承载力评分为：$\dfrac{P-0.85}{0.95-0.85} \times 0.20 + 0.40$。

（4）当 $0.75 \leqslant P < 0.85$ 时，地基承载力评分为：$\dfrac{P-0.75}{0.85-0.75} \times 0.20 + 0.20$。

（5）当 $P < 0.75$ 时，地基承载力评分为：$\dfrac{P}{0.75} \times 0.20$。

4. 地基应力不均匀系数

依据水闸地基土质的地基应力不均匀系数 η 得出水闸闸室的地基应力不均匀系数的评分值，当评分值大于 1.0 时，取 1.0。取不同地基土质上的水闸闸室在各荷载工况组合下的允许值为 η_0，量化标准如下。

（1）当 $\eta \leqslant \eta_0$ 时，地基应力不均匀性评分为：$\dfrac{\eta_0-\eta}{\eta_0-1.00} \times 0.20 + 0.80$。

（2）当 $\eta_0 < \eta \leqslant \eta_1$ 时，地基应力不均匀性评分为：$\dfrac{\eta_1-\eta}{\eta_1-\eta_0} \times 0.20 + 0.60$。

（3）当 $\eta_1 < \eta \leqslant \eta_2$ 时，地基应力不均匀性评分为：$\dfrac{\eta_2 - \eta}{\eta_2 - \eta_1} \times 0.200 + 0.40$。

（4）当 $\eta_2 < \eta \leqslant \eta_3$ 时，地基应力不均匀性评分为：$\dfrac{\eta_3 - \eta}{\eta_3 - \eta_2} \times 0.20 + 0.20$。

（5）当 $\eta > \eta_3$ 时，地基应力不均匀性评分为：$\dfrac{\eta_3}{\eta} \times 0.20$。

不同地基条件下，水闸闸室的 η_0、η_1、η_2、η_3 值见表 2.3.3。

表 2.3.3 地基应力不均匀系数的评价参数

地基土质	松　软		中等坚实		坚　实	
荷载组合	基本组合	特殊组合	基本组合	特殊组合	基本组合	特殊组合
η_0	1.50	2.00	2.00	2.50	2.50	3.00
η_1	2.00	2.67	2.67	3.33	3.33	4.00
η_2	2.50	3.33	3.35	4.17	4.17	5.00
η_3	3.00	3.60	3.60	4.50	4.50	5.50

5. 防渗长度

采用实际防渗长度 $L_\text{实}$ 和理论防渗长度 $L_\text{理}$ 之比作为评价指数 $\alpha = L_\text{实} / L_\text{理}$。当评分值大于 1.0 时，取 1.0。量化标准如下。

（1）当 $\alpha \geqslant 1.00$ 时，防渗长度评分为：$\dfrac{\alpha - 1.00}{1.50 - 1.00} \times 0.20 + 0.80$。

（2）当 $0.95 \leqslant \alpha < 1.00$ 时，防渗长度评分为：$\dfrac{\alpha - 0.95}{1.00 - 0.95} \times 0.20 + 0.60$。

（3）当 $0.85 \leqslant \alpha < 0.95$ 时，防渗长度评分为：$\dfrac{\alpha - 0.85}{0.95 - 0.85} \times 0.20 + 0.20$。

（4）当 $0.75 \leqslant \alpha < 0.85$ 时，防渗长度评分为：$\dfrac{\alpha - 0.75}{0.85 - 0.75} \times 0.20 + 0.20$。

（5）当 $\alpha < 0.75$ 时，防渗长度评分为：$\dfrac{\alpha}{0.75} \times 0.20$。

6. 出逸坡降

取允许出逸坡降与最大出逸坡降的比值 K_{s1} 作为出逸坡降的评价指数，当评分值大于 1.0 时，取 1.0。量化标准如下。

（1）当 $K_{s1} \geqslant 1.00$ 时，出逸坡降评分为：$\dfrac{K_{s1} - 1.00}{1.50 - 1.00} \times 0.20 + 0.80$。

（2）当 $0.95 \leqslant K_{s1} < 1.00$ 时，出逸坡降评分为：$\dfrac{K_{s1} - 0.95}{1.00 - 0.95} \times 0.20 + 0.60$。

（3）当 $0.85 \leqslant K_{s1} < 0.95$ 时，出逸坡降评分为：$\dfrac{K_{s1} - 0.85}{0.95 - 0.85} \times 0.20 + 0.20$。

（4）当 $0.75 \leqslant K_{s1} < 0.85$ 时，出逸坡降评分为：$\dfrac{K_{s1} - 0.75}{0.85 - 0.75} \times 0.20 + 0.20$。

（5）当 $K_{s1}<0.75$ 时，出逸坡降评分为：$\dfrac{K_{s1}}{0.75}\times0.20$。

7. 最大水平坡降

取允许最大水平坡降与的最大水平坡降比值 K_{s2} 作为最大水平坡降的评价指数，当评分值大于 1.0 时，取 1.0，量化标准如下。

（1）当 $K_{s2}\geqslant1.00$ 时，最大水平坡降评分为：$\dfrac{K_{s2}-1.00}{1.50-1.00}\times0.20+0.80$。

（2）当 $0.95\leqslant K_{s2}<1.00$ 时，最大水平坡降评分为：$\dfrac{K_{s2}-0.95}{1.00-0.95}\times0.20+0.60$。

（3）当 $0.85\leqslant K_{s2}<0.95$ 时，最大水平坡降评分为：$\dfrac{K_{s2}-0.85}{0.95-0.85}\times0.20+0.20$。

（4）当 $0.75\leqslant K_{s2}<0.85$ 时，最大水平坡降评分为：$\dfrac{K_{s2}-0.75}{0.85-0.75}\times0.20+0.20$。

（5）当 $K_{s2}<0.75$ 时，最大水平坡降评分为：$\dfrac{K_{s2}}{0.75}\times0.20$。

8. 结构强度

若结构为钢筋混凝土，则复核其配筋是否满足实际使用要求；若结构为素混凝土或浆砌块石，则复核其应力是否满足实际使用要求。采用实际配筋量 $A_{s实}$ 和计算所需配筋量 $A_{s计}$ 之比作为评价指数 $A=A_{s实}/A_{s计}$。当评分值大于 1.0 时，取 1.0。量化标准如下。

（1）当 $A\geqslant0.98$ 时，结构强度评分为：$\dfrac{A-0.98}{1.00-0.98}\times0.20+0.80$。

（2）当 $0.90\leqslant A<0.98$ 时，结构强度评分为：$\dfrac{A-0.90}{0.98-0.90}\times0.20+0.60$。

（3）当 $0.80\leqslant A<0.90$ 时，结构强度评分为：$\dfrac{A-0.80}{0.90-0.80}\times0.20+0.40$。

（4）当 $0.70\leqslant A<0.80$ 时，结构强度评分为：$\dfrac{A-0.70}{0.80-0.70}\times0.20+0.20$。

（5）当 $A<0.70$ 时，结构强度评分为：$\dfrac{A}{0.70}\times0.20$。

9. 强度等级

强度等级的评价以工程现场检测数据 f_{Rx} 和强度等级设计值 f_c 之比 $F(F=f_{Rx}/f_c)$ 为评价指数。当评分值大于 1.0 时，取 1.0。量化标准如下。

（1）当 $F\geqslant1.00$ 时，强度等级评分为：$\dfrac{F-1.00}{F}\times0.20+0.80$。

（2）当 $0.85\leqslant F<1.00$ 时，强度等级评分为：$\dfrac{F-0.85}{1.00-0.85}\times0.20+0.60$。

（3）当 $0.75\leqslant F<0.85$ 时，强度等级评分为：$\dfrac{F-0.75}{0.85-0.75}\times0.20+0.40$。

（4）当 $0.65\leqslant F<0.75$ 时，强度等级评分为：$\dfrac{F-0.65}{0.75-0.65}\times0.20+0.20$

（5）当 $F<0.65$ 时，强度等级评分为：$\dfrac{F}{0.65}\times0.20$。

10. 碳化深度

混凝土碳化程度以实测碳化深度 d 与保护层厚度 c 之比 $C(C=d/c)$ 作为评价指标。当安全值大于 1.0 时，取 1.0。量化标准如下。

（1）当 $C\leqslant0.2$ 时，碳化深度评分为：$\dfrac{0.2-C}{0.2}\times0.20+0.80$。

（2）当 $0.2<C\leqslant0.4$ 时，碳化深度评分为：$\dfrac{0.4-C}{0.4-0.2}\times0.20+0.60$。

（3）当 $0.4<C\leqslant0.7$ 时，碳化深度评分为：$\dfrac{0.7-C}{0.7-0.4}\times0.20+0.30$。

（4）当 $0.7<C\leqslant0.9$ 时，碳化深度评分为：$\dfrac{0.9-C}{0.9-0.7}\times0.20+0.20$。

（5）当 $C>0.9$ 时，碳化深度评分为：$\dfrac{0.9}{C}\times0.20$。

11. 保护层厚度

保护层厚度的评价以现场检测数据 D_c 和《水工混凝土结构设计规范》（SL 191）规定的厚度 D_s 之比 $D(D=D_c/D_s)$ 为评价指数。当安全值大于 1.0 时，取 1.0。量化标准如下。

（1）当 $D\geqslant0.98$ 时，保护层厚度评分为：$0.80+\dfrac{D-0.98}{1.00-0.98}\times0.20$。

（2）当 $0.90\leqslant D<0.98$ 时，保护层厚度评分为：$0.60+\dfrac{D-0.90}{0.98-0.90}\times0.20$。

（3）当 $0.80\leqslant D<0.90$ 时，保护层厚度评分为：$0.40+\dfrac{D-0.80}{0.90-0.80}\times0.20$。

（4）当 $0.70\leqslant D<0.80$ 时，保护层厚度评分为：$0.20+\dfrac{D-0.70}{0.80-0.70}\times0.20$。

（5）当 $D<0.70$ 时，保护层厚度评分为：$\dfrac{D}{0.70}\times0.20$。

12. 结构承载力

若结构为钢筋混凝土，则复核其配筋是否满足实际使用要求；若结构为素混凝土或浆砌块石，则复核其应力是否满足实际使用要求。采用实际配筋量 $A_{s实}$ 和计算所需配筋量 $A_{s计}$ 之比作为评价指数 $A=A_{s实}/A_{s计}$。当评分值大于 1.0 时，取 1.0。量化标准如下。

（1）当 $A\geqslant1.00$ 时，结构承载力评分为：$\dfrac{A-1.00}{1.20-1.00}\times0.20+0.80$。

（2）当 $0.85\leqslant A<1.00$ 时，结构承载力评分为：$\dfrac{A-0.85}{1.00-0.85}\times0.20+0.60$。

（3）当 $0.70\leqslant A<0.85$ 时，结构承载力评分为：$\dfrac{D-0.70}{0.85-0.70}\times0.20+0.40$。

（4）当 $0.60\leqslant A<0.70$ 时，结构承载力评分为：$\dfrac{D-0.60}{0.70-0.60}\times0.20+0.20$。

（5）当 $A<0.60$ 时，结构承载力评分为：$\dfrac{A}{0.60}\times 0.20$。

13. 消能防冲能力

消能防冲能力评分采用消力池的实际长度、深度、厚度、海漫等几个指标与相应的设计值之比 V_i（$i=1,2,3,4$）作为评价指标。当评分值大于 1.0 时，取 1.0。量化标准如下。

（1）当 $V_i\geqslant 1.00$ 时，消能防冲能力评分为：$\dfrac{V_i-1.00}{1.2-1.00}\times 0.20+0.80$。

（2）当 $0.90\leqslant V_i<1.00$ 时，消能防冲能力评分为：$\dfrac{V_i-0.90}{1.00-0.90}\times 0.20+0.60$。

（3）当 $0.80\leqslant V_i<0.90$ 时，消能防冲能力评分为：$\dfrac{V_i-0.80}{0.90-0.80}\times 0.20+0.40$。

（4）当 $0.70\leqslant V_i<0.80$ 时，消能防冲能力评分为：$\dfrac{V_i-0.70}{0.80-0.70}\times 0.20+0.20$。

（5）当 $V_i<0.70$ 时，消能防冲能力评分为：$\dfrac{V_i}{0.70}\times 0.20$。

14. 钢闸门结构强度

钢闸门主梁强度、面板强度采用以实际强度 $F_{实}$ 与原设计强度 $F_{设}$ 之比 F（$F=F_{实}/F_{设}$）作为评价指标。当评分值大于 1.0 时，取 1.0，量化标准如下。

（1）当 $F\geqslant 0.97$ 时，钢闸门结构强度评分为：$\dfrac{F-0.97}{1.0-0.97}\times 0.20+0.80$。

（2）当 $0.90\leqslant F<0.97$ 时，钢闸门结构强度评分为：$\dfrac{F-0.90}{0.97-0.90}\times 0.20+0.60$。

（3）当 $0.80\leqslant F<0.90$ 时，钢闸门结构强度评分为：$\dfrac{F-0.80}{0.90-0.8}\times 0.20+0.60$。

（4）当 $0.70\leqslant F<0.80$ 时，钢闸门结构强度评分为：$\dfrac{F-0.70}{0.80-0.70}\times 0.20+0.20$。

（5）当 $F<0.70$ 时，钢闸门结构强度评分为：$\dfrac{F}{0.70}\times 0.20$。

15. 闸门启门力

钢闸门启门力采用设计强度 $F_{设}$ 与复核启门力 $F_{复}$ 之比 F（$F=F_{设}/F_{复}$）作为评价指标。当评分值大于 1.0 时，取 1.0，量化标准如下。

（1）当 $F\geqslant 1.00$ 时，闸门启门力评分为：$\dfrac{F-1.00}{1.20-1.00}\times 0.20+0.80$。

（2）当 $0.85\leqslant F<1.00$ 时，闸门启门力评分为：$\dfrac{F-0.85}{1.00-0.85}\times 0.20+0.60$。

（3）当 $0.70\leqslant F<0.85$ 时，闸门启门力评分为：$\dfrac{F-0.70}{0.85-0.70}\times 0.20+0.40$。

（4）当 $0.60\leqslant F<0.70$ 时，闸门启门力评分为：$\dfrac{F-0.60}{0.70-0.60}\times 0.20+0.20$

（5）当 $F < 0.60$ 时，闸门启门力评分为：$\dfrac{F}{0.60} \times 0.20$。

16. **闸门外观要求**

（1）外表涂层良好、用材规范、变形满足设计要求：评分 0.80～1.00。

（2）涂层出现片状脱落，有斑状腐蚀，或用材凌乱：评分 0.60～0.80。

（3）外表有锈蚀、局部出现蚀坑、变形小范围超标：评分 0.40～0.60。

（4）外表锈蚀严重、局部断面明显减小、变形严重：评分 0.20～0.40。

（5）报废：评分 0.00～0.20。

17. **启闭机外观要求**

（1）使用性能良好，只需要正常维护：评分 0.80～1.00。

（2）能正常使用，但需要维修：评分 0.60～0.80。

（3）不能满足正常使用要求：评分 0.40～0.60。

（4）不能使用：评分 0.20～0.40。

（5）报废：评分 0.00～0.20。

18. **结构病害**

混凝土结构病害参考《水闸管理技术规程》（SL 75—2014）以及文献确定表面状况的诊断标准如下。

（1）外观完好或仅有收缩缝：评分 0.80～1.00。

（2）表面分布有较细裂缝（<0.3mm）或出现局部剥落：评分 0.60～0.80。

（3）表面出现较宽裂缝或出现有较大范围成片剥落：评分 0.40～0.60。

（4）裂缝或剥蚀现象严重、钢筋外露：评分 0.20～0.40。

（5）报废：评分 0.00～0.20。

19. **设计施工情况**

（1）水闸设计施工情况良好：评分 0.80～1.00。

（2）水闸设计施工情况一般：评分 0.60～0.80。

（3）水闸设计施工情况差等：评分 0.40～0.60。

（4）水闸设计施工情况较差：评分 0.20～0.40。

（5）水闸设计施工情况非常差：评分 0.00～0.20。

20. **工程结构现状**

（1）工程所有构件基本完好：评分 0.80～1.00。

（2）工程构件基本完好、部分构件存在轻微损坏：评分 0.60～0.80。

（3）工程大部分构件重度损坏：评分 0.40～0.60。

（4）工程大部分构件严重损坏：评分 0.20～0.40。

（5）工程报废：评分 0.00～0.20。

21. **技术管理状况**

（1）技术管理等设施较完善良好：评分 0.80～1.00。

（2）技术管理等设施较基本完善：评分 0.60～0.80。

（3）技术管理等设施一般：评分 0.40～0.60。

（4）技术管理等设施较差：评分 0.20～0.40。

（5）技术管理等设施非常差：评分 0.00～0.20。

2.4　斗龙港闸病害成因分析

2.4.1　工程概况

斗龙港闸是苏北里下河地区排涝入海的主要控制工程之一，位于江苏省盐城市大丰区境内，流域面积 4428km²。该闸 1965 年 11 月开工兴建，1966 年 6 月建成，为大（2）型挡潮闸。其主要任务是挡潮、御卤、排涝、蓄淡、灌溉，兼顾通航。闸上至兴盐界河河道长约 60km，闸下距黄海港道长约 13km，在闸下 2km 处与独立排水区的大丰闸出口合并入海。

斗龙港闸共计 8 孔，其中左岸 1 号孔为通航孔，每孔净宽均为 10m。中墩厚 1.1m，边墩厚 0.9m，闸身总宽 93.575m。闸底板分 4 块，两边孔各 1 块，中间 6 孔为 2 块，底板顺水流长 17.0m，底板高程 -3.00m，底板厚 1.6m。排水孔胸墙型式为板式梁胸墙（通航孔无胸墙），胸墙底高程 2.50m，胸墙顶高程 6.5m，另加 1.0m 高挡浪板。通航孔设上下扉直升平板钢闸门，用 2 台 2×10T 电动手摇卷扬式启闭机（电动 JZ22-6，7.5kW）启闭；排水孔设弧形钢闸门，用 7 台 2×7.5T 电动手摇卷扬式启闭机（电动 JZ21-6，5kW）启闭；右岸一侧设有鱼道孔，净宽 2.0m，长 50m，用 1 台 5T 螺旋式启闭机开启闸门。两侧岸墙及一字型挡土墙均采用少筋混凝土半重力式结构，翼墙为浆砌块石重力式结构，闸墩上游设汽-10、拖-60 公路桥一座，采用 Ⅱ 型钢筋混凝土板梁结构型式，桥面高程 6.50m，净宽 7.0m。闸墩下游设工作桥一座，采用钢筋混凝土 T 型简支梁，桥面高程 9.00m（通航孔 12.0m），净宽 4.6m（通航孔 5.4m）。闸墩下游设工作便桥一座，桥面高程 6.50m，净宽 0.6m。校核过闸流量 1260m³/s，日平均排涝流量 200m³/s。

斗龙港闸建成后，改变了流域范围卤水倒灌的历史，起到了挡潮御卤、排涝降渍、蓄淡灌溉及交通航运等作用，先后抗御了多次台风高潮袭击和特大涝灾、严重旱灾。2000 年斗龙港闸除险加固工程实施后，工程效益更加显著，截至 2013 年年底，累计开关闸 18788 潮次，排水 655.7 亿 m³，为江苏省里下河地区经济社会发展和人民生产生活稳定做出了巨大的贡献。

工程基本达到设计效益，并多次防御特大台风、高潮的袭击，经受了闸下最高潮位 4.27m 的考验，接近原设计百年一遇的高潮标准，工程的排涝挡潮、蓄淡灌溉效益得到了验证。在排涝方面，经过 1983 年、1991 年、1998 年、2004 年等多次特大洪水考验，排涝迅速，使里下河地区的受灾面积大大减少，为沿海洼地改良土壤，使里下河地区一熟洼地改为稻麦两熟良田，提高单位面积的产量提供有利条件。在蓄淡方面，每年春季干旱蓄水，保证农田灌溉，1978 年特大干旱，1997 年、2012 年长期干旱，通过关闸蓄水，保证里下河地区大面积灌溉用水，为农业增产丰收发挥了巨大效益。在通航方面，可利用落平潮开闸，沟通内河与外海，已能满足通航。在生态方面，斗龙港闸鱼道为我国挡潮闸上第一座，春汛利用鱼道倒灌纳苗，对保护生态环境有较好的效果。后因里下河地区改变了种植结构，斗龙港闸需经常开闸，加之上游农田农药、化肥的大量使用，水质污染日趋严重，近海渔业资源日渐减少，鱼道纳苗效果衰减（图 2.4.1 和图 2.4.2）。

图 2.4.1　斗龙港闸上游外景　　　　图 2.4.2　斗龙港闸下游外景

2.4.2　病害分析

2.4.2.1　结构变形问题

1. 结构整体位移

（1）闸室结构不均匀沉降已十分严重，闸室靠岸墙侧向下沉降，中部产生负沉降并向上隆起。1 号底板 1-1 与 1-4 测点不均匀沉降达到 83mm，1-2 与 1-3 测点不均匀沉降达到 85mm，倾斜率达 8.5‰。不均匀沉降与倾斜率均不满足规范要求，对闸身造成危害，存在严重安全隐患。

（2）翼墙、刺墙错缝，外倾严重，其中上游第二节左翼墙前倾达 2mm，下游第五节翼墙下沉最大达 3cm。

2. 结构局部变形

（1）伸缩缝原沥青填料流失严重，加之不均匀沉降，造成伸缩缝宽度加大，1 号、2 号孔伸缩缝最为严重，最大处达 18cm，7 号、8 号孔伸缩缝 10cm，缝口呈上大下小状态。对闸身造成危害，存在安全隐患。

（2）通过水下探摸发现，从左侧向右侧，1 号、4 号、7 号闸墩的上下垂直伸缩缝被撕开，靠近闸底板向上缝口为 3.5cm 左右，到水面上有 5～10cm 左右。

（3）工作桥大梁普遍存在横向胀裂，最大缝宽达 2mm；加固钢板普遍锈蚀与大梁脱离，脱离最大达 4cm。

（4）交通桥桥面铺装层磨耗明显，上部结构 T 型梁腹板存在竖向裂缝，下部结构盖梁表面存在竖向裂缝，支座出现老化开裂现象，部分横系梁表面开裂。

（5）闸墩开裂，长 50cm，最大缝宽达 2mm。

（6）下游刺墙挡浪墙斜向开裂，最大缝宽达 1.5cm。

3. 结构整体位移成因分析

常见的引起结构整体变位的主要原因如下。

（1）由于设计原因造成结构本身的稳定性不足。

（2）结构的超载以及不均匀荷载的作用。

（3）地基处理的设计、施工方案不完善，天然地基承载力不足，地基压缩量过大。

（4）地基的渗透变形破坏。

（5）其他原因引起的位移，如地震荷载的作用等。

对于斗龙港闸结构整体位移，分析认为边墩两侧填土较高，底板边荷载过大，可能是导致地基不均匀沉降的主要原因；闸基土质松软不均匀，易受闸两侧高填土边荷载作用产生深层压缩沉降，是引起不均匀沉降的基本原因；另外闸室两侧建有的控制室、检修库房等附属设施增加了边载作用，促进了不均匀沉降的发展。

4. 结构局部变形成因分析

结构整体位移与局部变形常常构成因果关系，其中混凝土开裂、结构缝的张开都属于结构局部变形。但是，除结构整体变位特别是不均匀沉降会引起沉降裂缝和结构缝张开外，还有其他原因会引起混凝土开裂，主要包括：

（1）干缩裂缝。

处于未饱和空气中的混凝土因水分散失会引起体积缩小变形，混凝土表面收缩而内部不收缩，就会产生干缩裂缝。

（2）温度裂缝。

水工建筑物混凝土体积大，混凝土内外温差、冬夏季水上水下温差过大都会导致裂缝出现，常常表现为不规则的龟裂，逐渐由浅入深发展，最终成为贯穿裂缝。

（3）应力缝。

由结构受力引起，多为深层或贯穿性的裂缝，走向基本与主应力筋相垂直，缝宽较大。

（4）钢筋锈蚀裂缝。

混凝土中的钢筋发生锈蚀后体积会产生膨胀，对周围混凝土产生膨胀应力，当这种膨胀应力大于混凝土的抗拉强度后，混凝土便会产生顺筋裂缝。

（5）施工裂缝。

由于施工材料不合格、施工质量存在问题等原因，也易引发混凝土开裂。

（6）碱骨料反应裂缝。

当碱骨料反应产生一定数量吸水性较强的凝胶物质，且有充足水时，就会在混凝土中产生较大的膨胀作用，进而导致混凝土产生裂缝。

（7）其他原因，如管理运行不善等。

对于斗龙港闸结构局部变形，分析认为不均匀沉降是导致伸缩缝张开的最主要原因；而工作桥大梁的混凝土开裂以及加固钢板与大梁脱离，主要是由于结构受力和钢筋锈蚀膨胀引起的。其余混凝土的开裂，则大多是由于混凝土收缩及受力引起的。

2.4.2.2　混凝土劣化问题

1. 混凝土碳化

斗龙港闸混凝土结构普遍碳化严重，碳化深度不均匀。

（1）闸墩普遍严重碳化，其中 2 号孔左墩碳化深度最大，达 61mm。

（2）排架普遍严重碳化，其中 3 号孔右排架碳化深度最大，达 56mm。

（3）胸墙较严重碳化，其中 7 号孔胸墙碳化深度最大，达 30mm。

（4）交通桥大梁严重碳化，其中 6 号孔大梁碳化深度最大，达 34mm。

（5）工作桥严重碳化，其中 6 号孔大梁碳化深度最大，达 53mm。

2. 钢筋锈蚀

（1）闸墩下游头部混凝土普遍露筋锈蚀，部分闸墩上游头部扩大部分混凝土露筋锈蚀。

（2）胸墙下梁多处出现混凝土剥落，局部露筋锈蚀。

（3）便桥桥面混凝土露砂，磨损严重，跨中混凝土胀裂露筋锈蚀严重。

3. 混凝土剥蚀破坏

（1）通过水下探摸发现，闸墩中心的垂直伸缩缝缝口两侧局部剥落较严重。

（2）胸墙下梁多处出现混凝土剥落。

（3）工作桥表面局部开裂、脱离。

4. 混凝土碳化成因分析

混凝土的碳化是空气中的二氧化碳与水泥石中的碱性物质相互作用的一种复杂的物理化学过程。影响混凝土碳化的因素大致有两方面：一是外界的侵蚀，如空气中的 CO_2 浓度、环境温度、湿度等；二是混凝土本身对碳化侵蚀的抵抗能力，也就是混凝土的质量，包括混凝土的水泥品种、骨料种类以及施工与养护质量等。具体如下：

（1）环境条件。

混凝土液化是一种液相反应，当混凝土一直处在相对湿度低于 25％ 的环境中，是很难碳化的。而在相对湿度处于 50％～75％ 的大气中，不密实的混凝土最容易碳化。当湿度一定时，温度越高、风速越大时，碳化也越快。与此同时，混凝土碳化速度与空气中 CO_2 浓度的平方根也成正比。

（2）水泥品种。

一般情况下，普通硅酸盐水泥要比早强硅酸盐水泥碳化更快，掺混合料的水泥碳化速度更快，混合料掺量越大，碳化速度越快。

（3）骨料种类。

混凝土中的骨料本身一般比较坚硬、密实，而天然砂、砾石、碎石等比水泥浆的透气性小，所以碳化主要通过水泥浆进行。但是，在轻混凝土中，由于轻质骨料本身气泡多、透气性大，所以能通过骨料使混凝土碳化，故轻混凝土比普通混凝土碳化快。

（4）施工与养护质量。

混凝土施工与养护质量是影响混凝土密实性的一个重要因素。如果混凝土浇筑时不规范，特别是振捣不密实，或者养护方法不当、养护时间不足，就会造成混凝土内部毛细孔道粗大，且大多相互连通，易引起混凝土出现蜂窝、裂缝等缺陷，使海水、盐雾与污染物等各种介质沿着粗大的毛细孔道或裂缝进入混凝土内部，从而加速混凝土的碳化和钢筋腐蚀。

对于斗龙港闸的混凝土碳化问题，分析认为工程地处黄海之滨，沿海地区空气湿度大、风速大，使得碳化速度较快。碳化严重的部位，混凝土密实度不好，且存在较多裂缝，使得海水、盐雾与污染物等各种介质更易进入混凝土内部，大大加速了混凝土碳化。同时由于各构件混凝土的原设计标号、密实性以及所处环境的差异，受到的侵蚀也不相同，因此构件碳化程度很不均匀。

5. 钢筋锈蚀成因分析

混凝土中钢筋锈蚀是一种在特定条件下的电化学腐蚀。通常情况下，混凝土中的钢筋是不易锈蚀的。因为水泥在水化时产生大量的 $Ca(OH)_2$ 和一定量的 NaOH 和 KOH，使得混凝土呈较强的碱性，在钢筋表面形成了一层致密的保护薄膜（又称钝化膜），阻止了钢筋在混凝土中锈蚀。所以只有当保护膜遭到破坏时，钢筋才会锈蚀。保护膜的破坏主要有两方面原因：

（1）混凝土的碳化。

当混凝土的 pH 值下降到 11.5 以下时，钢筋在氧气和水分的作用下就会产生化学反应而锈蚀。

（2）氯离子含量。

氯离子活性强，对钢筋具有很强的吸附作用，当钢筋表面的氯离子浓度达到临界值时，钢筋的钝化膜就会遭到破坏，从而导致钢筋锈蚀。

对于斗龙港闸的钢筋锈蚀问题，分析认为该工程混凝土结构普遍碳化严重，使得钢筋容易发生锈蚀。同时，沿海地区氯离子含量高，钢筋钝化膜易遭到破坏，加之构件存在的裂缝等问题，都加速了钢筋的锈蚀。钢筋锈蚀问题，是沿海地区工程最常见的病害之一。

6. 混凝土剥蚀破坏成因分析

混凝土耐久性不良，是造成表面剥蚀破坏的内在原因。外在原因则是由于环境因素（包括水、气、温度、介质）与混凝土及其内部的水化产物、砂石骨料、掺和物、外加剂、钢筋相互之间产生一系列机械的、物理的、化学的复杂作用，从而形成大于混凝土抵抗能力的破坏应力所致。造成混凝土表面剥蚀的原因主要有：

（1）环境水的冻融破坏。

（2）过流部位的冲磨与空蚀。

（3）钢筋的锈蚀。

（4）水质的侵蚀。

对于斗龙港闸的混凝土剥蚀破坏问题，分析认为闸墩中心的垂直伸缩缝缝口两侧混凝土局部剥落，主要是由于水流的冲磨与空蚀造成的。而胸墙与工作桥的混凝土剥落，主要是由于钢筋锈蚀造成的。

2.4.2.3　闸门及启闭设备的老化与破坏问题

1. 闸门老化与破坏

（1）通航孔闸门局部锈蚀，侧止水漏水严重，压板及螺栓较重锈蚀。

（2）排水孔闸门背水面的变水区局部鼓泡、锈蚀、剥蚀，防腐涂层失去效果。止水橡皮龟裂，磨损老化，漏水严重；止水压板及螺栓局部较重锈蚀。

（3）埋件表面有明显锈斑，锈蚀严重。

2. 启闭设备严重老化

（1）启闭机机架表面均锈蚀较严重，有明显的锈斑、锈坑。

（2）减速箱轴孔漏油严重，表面涂层局部破损，地脚螺栓锈蚀严重。

（3）钢丝绳运行时间久，局部断丝。

（4）螺杆启闭机蜗杆、蜗轮箱漏油严重，表面锈蚀严重。

（5）启闭机的大齿轮、小齿轮齿面均磨损严重，已有明显沟槽。

3. 闸门老化与破坏成因分析

闸门振动破坏的原因十分复杂，总的来说是由于动水作用的不平稳引起的。主要是水流流态差，动水作用的不平衡引起的，一般情况下振动很轻微，但当闸门产生共振时，振幅加剧，在门叶结构内出现异常的应力和应变，引起闸门金属结构疲劳、变形、焊缝开裂、紧固件松动、止水损坏等现象，同时还会使闸门槽损坏。闸门本身的老化是闸门破坏的另一个原因。

对于斗龙港闸的闸门病害，分析认为工程受沿海水环境及涨落潮、风浪冲击、海淡水混合等不利因素影响，大大加快了闸门老化的速度。当上、下游水位差较大时，闸门振幅较大，长期如此易形成破坏。同时，受管理经费、管理水平及施工工艺水平限制，闸门防腐寿命有限。

4. 启闭设备老化成因分析

启闭机病害产生的原因主要有设备制造和安装质量达不到相关要求，钢丝绳断丝、腐蚀，传动部位变形、腐蚀，线路老化，超载运行，油质变质和油量不足，运行管理人员技术水平低和不能及时维修养护等。

对于斗龙港闸的启闭设备病害，分析认为启闭机为20世纪60年代产品，至今已使用40多年，同时启闭机房多处漏雨，地处海边风多雨大，环境恶劣，都极大加重了启闭设备的老化。当然，受管理经费限制，不能及时维修养护，也是影响原因之一。

参考文献

［1］ 邵琳玉. 水闸工程健康服役性能评价方法研究 ［D］. 扬州：扬州大学，2017.

［2］ 张誉，蒋利学. 基于碳化机理的混凝土碳化深度实用数学模型 ［J］. 工业建筑，1998（1）：16 - 19，47.

［3］ 白轲，杨元霞. 碳化作用对混凝土强度及氯离子渗透性能的影响 ［J］. 粉煤灰综合利用，2008（6）：23 - 26.

［4］ 赵磊. 海洋环境下钢筋混凝土桥梁耐久性检测与评估 ［D］. 青岛：青岛理工大学，2010.

［5］ 董忠厚. 工业厂房硅碳化规律的研究及体系可靠性模糊评价 ［D］. 西安：西安建筑科技大学，2004.

［6］ 蒋清野，王洪深，路新瀛. 混凝土碳化数据库与混凝土碳化分析 ［R］. 攀登计划钢筋锈蚀与混凝土冻融破坏的预测模型1997年度研究报告，1997：12.

［7］ 金骏，吴国坚. 水灰比对混凝土氯离子扩散系数和碳化速率影响的试验研究 ［J］. 硅酸盐通报，2011，30（4）：943 - 949.

［8］ 杨帆. 低水泥用量混凝土力学及耐久性能试验研究 ［D］. 长沙：中南大学，2008.

［9］ 黄宇容. 论水工混凝土温度裂缝的成因与控制措施 ［J］. 黑龙江科技信息，2009（1）：247.

［10］ 尹三春. 水工涵闸混凝土结构裂缝成因分析 ［J］. 硅谷，2009（1）：72 - 73.

［11］ 狄宜明. 水工混凝土裂缝成因及处理 ［J］. 中国新技术新产品，2011（7）：85.

［12］ 王玉晗，冯丽. 水工混凝土裂缝的成因与对策探究 ［J］. 现代商贸工业，2011（24）：399 - 400.

［13］ 龚云. 水工混凝土结构裂缝的成因与控制对策 ［J］. 中国水运，2008，8（6）：164.

［14］ 徐有邻，顾祥林. 混凝土结构工程裂缝的判断与处理 ［M］. 北京：中国建筑工业出版社，2010.

［15］ 王洪波. 荷载对水工混凝土结构裂缝成因的影响研究 ［D］. 大连：大连理工大学，2005.

［16］ 马佳佳. 碱骨料反应对水工混凝土的影响 ［J］. 吉林农业，2015（3）：72.

［17］ 单旭辉，庞章斌. 水工混凝土碱骨料反应的抑制措施 ［J］. 南水北调与水利科技，2007，5（3）：171.

［18］　逯静洲，田立宗，童立强，等．经受疲劳荷载与冻融循环作用后混凝土动态性能研究［J］．应用基础与工程科学学报，2018，26（5）：1055－1066.

［19］　李贝．大中型泵站工程的健康诊断方法研究［D］．扬州：扬州大学，2010.

［20］　黄井武．广东沿海软土地基上海堤稳定性分析及优化研究［D］．广州：暨南大学，2006.

［21］　Ervin Poulsen. Analysis and interpretation of observations AEClaboratory［J］. Vedbak，Denmark. 20 Staktoften. DK：2850.

［22］　龙广成，邢锋，余志武，等．氯离子在混凝土中的沉积特性研究［J］．深圳大学学报，2008，25（20）：117－121.

［23］　Tang L，Nilssion L. 普通波特兰水泥和砂浆的氯离子结合能力和等温吸附［J］．水泥与混凝土研究，1993，23（20）：247－253.

［24］　Tang L，Nilsson L. Chloride binding capacity and binding isotherm of OPC pastes and mortars［J］. Cement and Concrete Research 1993，23（2）：247－253.

［25］　马昆林，谢友均，刘灿，等．混凝土固化氯离子影响因素的研究［J］．混凝土，2004（6）：20－22.

［26］　张明春，陈爱芝．海水环境混凝土耐久性探讨［J］．商品混凝土，2005（4）：34.

［27］　曹楚南．腐蚀电化学原理［M］．北京：化学工业出版社，2008.

［28］　李红健．温州市中小型病险水闸的原因分析及处理对策［J］．中国农村水利水电，2001（9）：98－99.

［29］　郁建红，李思达．水闸病害的类型及其成因分析研究［J］．科技资讯，2006（10）：75.

［30］　陈希．混凝土水闸安全检测与耐久性评价［D］．呼和浩特：内蒙古农业大学，2014.

［31］　王海婧．水闸安全鉴定技术研究与实践［D］．济南：山东大学，2013.

［32］　戴荣富．新疆博河流域病险水闸类型及处理措施［J］．黑龙江水利科技，2014（6）：155－156.

［33］　河海大学，等．水工钢筋混凝土结构学［M］．北京：中国水利水电出版社，2009.

［34］　黄国兴，陈改新．水工混凝土建筑物修补技术及其应用［J］．北京：中国水利水电出版社，1999.

［35］　郭庆．在役水利水工闸门与启闭机的安全评价［D］．武汉：武汉大学，2005.

［36］　蔡云，安翼，等．浅谈闸门启闭机运行管理［C］//中国水利学会2014学术年会论文集（下册）．南京：河海大学出版社，2014：592－595.

［37］　张众，王凯歌．周口市大中型水闸闸门及启闭机存在的问题及对策［J］．治淮，2003（7）：25－26.

［38］　李怀玉．闸门启闭机运行与管理［J］．河南水利与南水北调，2014（12）：55－56.

第 3 章　水闸工程结构性态分析

水闸工程结构的性态分析，在于借助理论分析、数值仿真或实验等手段，深入了解和掌握水闸结构性态与水闸服役环境或水闸结构参数等变量之间的相互作用关系。本章在水闸工程病害调查与分析的基础上，针对不同类型水闸工程的服役条件以及呈现出来的不同特征，分门别类地介绍及研究了不同水闸工程的结构性态分析方法和技术，并对水闸工程的结构性态分析结果进行详细阐述，以阐明水闸工程结构性态的变化规律。本章的主要内容包括：岩基上水闸工程的结构性态分析，软土地基上水闸工程的渗流性态分析，微桩群复核地基上水闸工程的结构性态分析，地震区桩基式水闸工程的结构性态分析以及箱框式底板水闸工程的结构性态分析。同时，鉴于水闸工程结构性态分析的复杂性，本章所采用的主要手段为工程数值仿真模拟。

3.1　岩基上水闸工程结构性态分析

3.1.1　岩基上水闸底板结构性态分析

本节以岩基上某水闸为研究对象，应用 ABAQUS 有限元软件进行结构分析，分别分析岩基深度、岩基弹性模量、底板弹性模量、底板厚度、闸墩厚度等因素变化对岩基上水闸底板弯矩和地基反力的影响。

3.1.1.1　有限元模型的建立

在研究岩基上水闸底板内力时，为了充分研究水闸底板内力影响因素和提高软件计算效率，分别建立单孔三维模型和六孔三维整体式闸室结构模型。研究岩基深度变化对水闸底板内力影响时，采用六孔三维模型。研究其余因素变化对水闸底板内力影响时，均采用单孔三维模型。六孔三维模型基本数据：闸孔净宽为 6.0m，边墩厚度为 2.2m，中墩厚度为 3.2m，底板厚度为 0.6m，闸墩高度为 8.0m，顺水流长度为 14.0m，底板高程为 −2.00m。单孔模型基本数据：闸孔净宽为 6.0m，边墩兼作岸墙为厚度 1.2m，闸墩高度为 8.0m，底板厚度为 0.6m，顺水流长度为 14m，底板高程为 −2.00m（图 3.1.1 和图 3.1.2）。

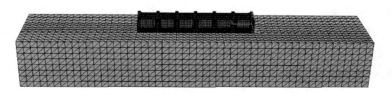

图 3.1.1　六孔水闸模型有限元网格

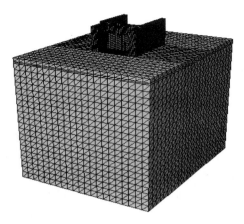

图 3.1.2 单孔水闸模型有限元网格

闸室分析采用线弹性模型，混凝土的弹性模量为 2.30 万 MPa，泊松比为 0.167，重度为 25kN/m³。水闸的岩基为砂岩基，岩基采用 Drucker - Prager 弹塑性模型[1]，岩基弹性模量为 5GPa，泊松比为 0.3，岩基密度为 2000kg/m³，倾角为 40.6°，流应力比为 0.778，初始膨胀角为 0°，计算工况为正常运行期（上游水位为 1.30m，下游水位为 5.14m），荷载主要包括结构自重、水压力、土压力、扬压力。地基选取范围[2]：地基宽度选取为闸室宽度的 3 倍，地基深度也取为闸室高度的 3.5 倍。地基底部采用固定约束（包括位移和转角），两侧约束为法向约束。模型中所有实体单元均采用 C3D4 单元。

3.1.1.2 岩基上水闸底板内力影响因素分析

为了更好地研究岩基上水闸底板内力，建立两条路径分别为边孔上游段底板横向中心线 A - A、单孔水闸上游段底板中心线 B - B，如图 3.1.3 和图 3.1.4 所示。

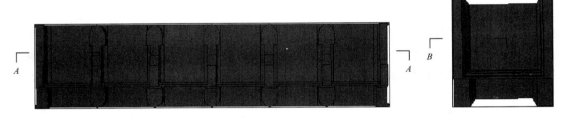

图 3.1.3 六孔水闸边孔底板路径 A - A　　　　图 3.1.4 单孔水闸底板路径 B - B

1. 岩基深度的影响

在岩基六孔水闸模型中，假设岩基深度分别取 5.5m、8.5m、11.5m、14.5m、17.5m、20.5m、23.5m 来进行计算。提取边孔 A - A 路径底板的最大主拉应力、最大主压应力及应力 S_{33} 数据并进行相关数据的处理（图 3.1.5）。

图中正弯矩表示底板底面受拉，负弯矩表示底板表面受拉。岩基深度越大，底板跨中正弯矩越大，闸墩处底板负弯矩越小。当岩基深度大于 8.5m 时，岩基深度的变化对底板跨中弯矩值的影响在减小。当岩基深度小于 8.5m 时，岩基深度的变化对底板跨中弯矩值的影响较大。近闸墩处地基反力较大，最大值达到 270kPa。随着岩基深度的增大，底板下地基反力在减小，但是地基反力相差不大。

2. 岩基弹模与底板弹模比值 E/E_c 的影响

岩基单孔水闸模型中底板的混凝土弹性模量 E_c 取 2.30×10^4 MPa，岩基采用非线性材料，假设岩基的弹性模量 E 分别取 5GPa、10GPa、15GPa、20GPa、23GPa、25GPa、

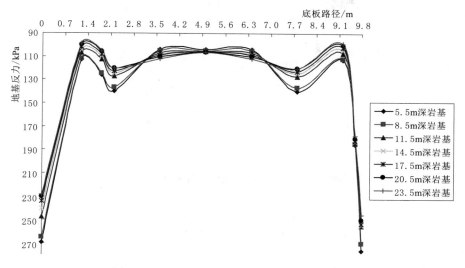

图 3.1.5　不同岩基深度情况下水闸地基反力

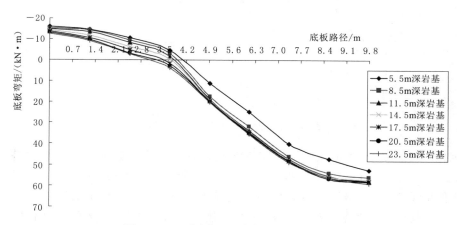

图 3.1.6　不同岩基深度情况下底板弯矩

30GPa 来进行计算。

当岩基弹性模量与底板弹性模量的比值 E/E_c 由 0.22 增大到 1.30 时，底板跨中底面受拉区域变小，而边侧底板顶面的受拉区相对变大。底板跨中弯矩值是随着岩基弹性模量的增加而减小的，但是岩基弹性模量的变化对闸墩处底板负弯矩的影响不大。当岩基弹模与底板弹模比值 E/E_c 从 1.3 变化到 0.87 时，底板跨中弯矩由 7.5kN·m 变化到 8.21kN·m，当岩基弹模与底板弹模比值 E/E_c 从 0.87 变化到 0.43 时，底板跨中弯矩由 8.21kN·m 变化到 12.62kN·m，当岩基弹模与底板弹模比值 E/E_c 从 0.43 变化到 0.22 时，底板跨中弯矩由 12.62kN·m 变化到 23kN·m，随着岩基弹模与底板弹模比值的增大，底板的跨中弯矩在减小，但当两者比值接近于 1.0 时底板跨中弯矩的变化幅度较小，这说明了岩基弹性模量与底板弹性模量的比值对底板弯矩的变化具有一定的影响（图 3.1.7 和图 3.1.8）。

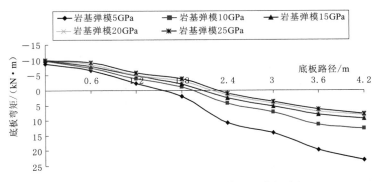

图 3.1.7　不同岩基弹性模量情况下底板弯矩

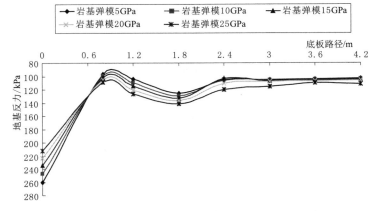

图 3.1.8　不同岩基弹性模量情况下水闸地基反力

水闸地基反力的变化范围在 96～260kPa 之间，中间底板处的地基反力维持在 103～142kPa 之间。垂直于水流方向的底板地基反力在近闸墩处大致呈马鞍形分布，中间底板处地基反力近似呈线性分布。随着岩基弹模与底板弹模比值的增大，近闸墩处地基反力略有减小，中间底板处地基反力在增大，但当两者比值接近于 1.0 时地基反力的变化不太明显。

3. 底板厚度的影响

单孔水闸模型中假设闸室底板采用不同的厚度，底板厚度分别取 0.6m、0.8m、1.0m、1.2m、1.4m 来进行计算（图 3.1.9 和图 3.1.10）。

对于岩基上单孔水闸模型来说，闸室底板厚度在 0.6～1.4m 的变化范围内，底板弯矩图的趋势基本相同。随着底板厚度的增加，底板跨中弯矩在减小，其变化范围为 23.0～14.4kN·m，而闸墩处底板弯矩在增加，其变化范围为 8.8～15.3kN·m。近闸墩处的地基反力较大，中间底板处的地基反力分布较均匀。底板厚度每增加 0.2m，地基反力相应增加 5～8kPa。随着底板厚度的增加，地基反力也在增加，但近闸墩处的地基反力出现集中现象，故底板厚度的变化对底板弯矩和地基反力的影响较显著。

4. 闸墩厚度的影响

单孔水闸模型中假设闸墩采用不同的厚度，闸墩的厚度分别取 1.0m、1.1m、1.2m、1.3m、1.4m 来进行计算（图 3.1.11 和图 3.1.12）。

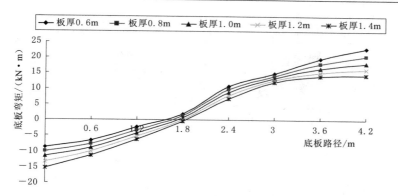

图 3.1.9　不同底板厚度情况下底板弯矩

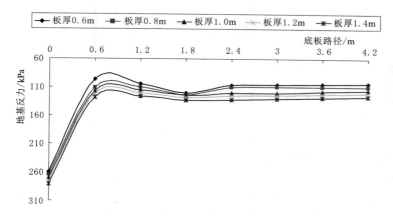

图 3.1.10　不同底板厚度情况下水闸地基反力

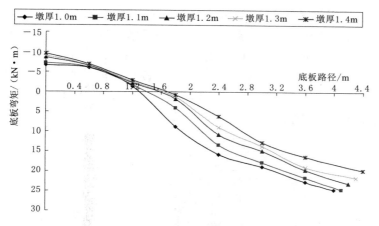

图 3.1.11　不同闸墩厚度情况下底板弯矩

在闸墩厚度 1.0～1.4m 的变化范围内，底板跨中的最大弯矩由 24.6 减小到 19.8kN・m，底板跨中弯矩与闸墩厚度成反比关系，而闸墩处底板弯矩与闸墩厚度成正比，但是闸墩处底板弯矩变化不明显。地基反力的趋势大致相同，中间底板处的地基反力分布相当均匀，

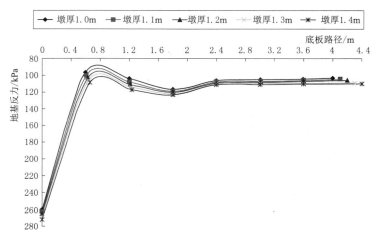

图 3.1.12　不同闸墩厚度情况下水闸地基反力

可见闸墩厚度对地基反力的影响不显著。

3.1.2　岩基上水闸空间结构静力分析

3.1.2.1　基本资料

江苏省某岩基上水闸，工程等别为 Ⅱ 等，闸室、翼墙等主要建筑物为 2 级。该闸主要功能为挡潮和排涝，共 6 孔，单孔净宽 8m，闸总长 14m，总宽 69.0m。闸上游为烧香河，下游与善后新闸、车轴河闸一并入海，设计最大流量 586m³/s。1956 年 10 月开工，1957 年 6 月竣工。该闸系重力式钢筋混凝土建筑物，闸门为钢桁架结构，1974 年将原木面板更换为钢丝网水泥面板，1989 年又将其更换钢面板并喷锌防腐。20 世纪 70 年代增建启闭机房和交通桥。90 年代将胸墙上部两根横梁和便桥进行喷砂浆修补。

主要结构尺寸：单孔净宽 8m，闸室顺水流方向长度为 14.0m，垂直水流方向长度为 69.0m，边墩厚度为 2.5m，中墩厚度为 3.2m，底板厚度为 0.5m。闸底板高程为 1.5m，上游段闸墩顶高程为 5.0m，下游段闸墩顶高程为 5.4m，胸墙底高程为 2.5m，闸孔净高为 4.5m，闸门为 "π" 型桁架式弧形钢闸门。闸顶设公路桥、工作桥，工作便桥各一座。桥面高程分别为 6.0m、8.7m、6.0m。工作桥顶设 21T 卷扬式启闭机 6 台套。两岸边墩兼作岸墙，上下游翼墙均为扭曲面浆砌石挡土墙（图 3.1.13）。

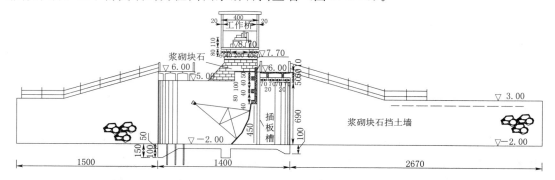

图 3.1.13　岩基上水闸纵剖面图（高程以 m 计，长度以 cm 计）

1. 材料性质和力学参数

根据相关资料，闸室结构混凝土采用线弹性材料模拟，岩基采用 Drucker - Prager 弹塑性模型，岩基弹性模量为 $5.0 \times 10^3 \, \text{MPa}$，泊松比为 0.2，密度为 2000kg/m^3，倾角为 $40.6°$，流应力比为 0.778，初始膨胀角为 $0°$（表 3.1.1）。

表 3.1.1　　　　　　　　　　　　闸室结构材料计算参数

部位	材料名	弹性模量/MPa	泊松比	重度/(kN/m³)
底板	150 号混凝土	2.20 万	0.167	25.0
闸墩	150 号混凝土	2.20 万	0.167	25.0
胸墙	200 号混凝土	2.55 万	0.167	25.0
排架	M15 砂浆浆砌石	0.80 万	0.25	22.0
（工作、交通）桥	250 号混凝土	2.80 万	0.167	25.0

2. 计算工况和基本荷载

岩基上水闸结构计算主要考虑四种工况，分别为正向设计、正向校核、反向设计、反向校核（表 3.1.2）。

表 3.1.2　　　　　　　　　水　位　组　合　　　　　　　　单位：m

计算工况	水　闸		
	$H_上$	$H_下$	ΔH
设计正向	1.30	5.14	3.84
设计反向	1.70	−1.00	2.70
校核正向	1.30	5.32	4.02
校核反向	1.70	−2.00	3.70

计算考虑的荷载为结构自重、水重、水压力、扬压力、土压力、边荷载等。

扬压力为渗透压力和浮托力之和，浮托力考虑下游水位的影响。由于本水闸为岩石基础，所以不考虑渗透压力，扬压力以浮托力来计算。

3.1.2.2　底板型式

分别建立两种闸室空间结构模型：分离式底板闸室结构模型和整体式底板闸室结构模型。分离式底板闸室结构的每孔均于闸墩与底板交接处设置施工缝。整体式底板闸室结构于中墩处设置施工缝，分缝后的闸室结构型式为两孔一联，共有三联。

3.1.2.3　分离式底板闸室结构有限元分析研究

1. 有限元模型

以六孔闸室段为研究对象。建立岩基、底板、闸墩、胸墙、排架、闸门等整体有限元模型，在岩基和底板间设置接触单元。模拟过程中，岩基上底板、闸墩的内力是关注的重点，所以对水闸结构作出适当的简化。为了获得较好的收敛结果，对模型的接触面以及结构的尖角予以优化，原先工程改造前的闸门槽不予考虑，胸墙与闸墩采用合并方式（图 3.1.14 和图 3.1.15）。

2. 位移计算结果分析

根据闸室结构三维有限元模型计算成果，选取闸室模型具有不同特征的位置进行位移

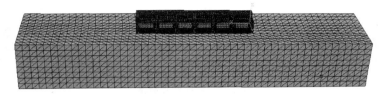

图 3.1.14　岩基水闸模型有限元网格

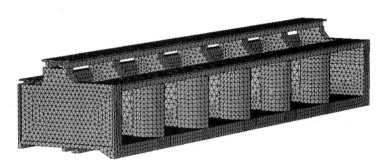

图 3.1.15　岩基上水闸模型有限元网格

分析。边孔底板纵向中心线 $A-A$、水闸边孔和相邻孔的上游段底板中心线 $B-B$，如图 3.1.16 所示。

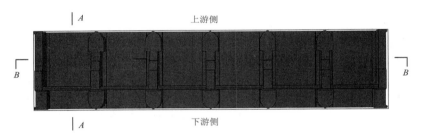

图 3.1.16　路径位置

（1）沉降计算结果分析。从 4 种工况下水闸闸室整体结构的竖向位移云图来看，闸室结构的沉降普遍较小，各工况下同一特征位置处沉降相差不大。这是由于实际工程中的地基为岩基，岩基的抗变形能力较强，导致闸室结构的沉降较小。图 3.1.17 中不同位置编号的沉降值见表 3.1.3。

表 3.1.3　　　　　　　　　　　闸室结构特征位置的沉降值　　　　　　　　　　单位：mm

位置编号	计 算 工 况			
	设计正向	设计反向	校核正向	校核反向
①	0.44	0.43	0.42	0.44
②	0.33	0.36	0.33	0.36
③	0.37	0.35	0.37	0.35
④	0.20	0.21	0.20	0.21

位置编号	计 算 工 况			
	设计正向	设计反向	校核正向	校核反向
⑤	0.26	0.28	0.27	0.28
⑥	0.33	0.35	0.35	0.36
⑦	0.31	0.33	0.31	0.34
⑧	0.25	0.27	0.24	0.28
⑨	0.23	0.20	0.23	0.20

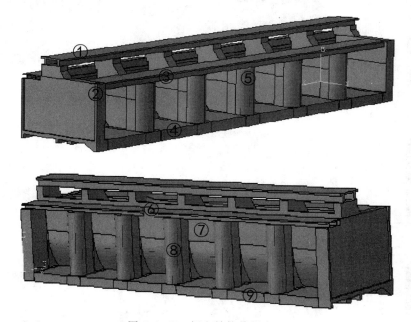

图 3.1.17 闸室结构特征布置

通过闸室结构同一构件不同位置的沉降比较,从中可以知道一些规律。正向工况下闸墩顶部的沉降量最大为 0.33mm,反向工况下闸墩顶部的沉降量最大为 0.36mm,且闸墩的沉降变化大致呈水平条带状分布,从闸墩顶部向下沉降逐渐变小,但沉降值减小幅度较小。这是由于闸室结构的沉降主要是由闸室结构自重和向下固定荷载所引起。此外,反向工况时的上下游水位普遍较低,向上的浮托力变小。所以闸室上下游水位越小,闸室结构的沉降量越大(图 3.1.18)。

岩基上分离式底板的上下游侧沉降差较小,高水位侧底板齿墙处的沉降略偏大,最大值为 0.23mm。底板的不均匀沉降较小,能有效保证弧形闸门的启闭及止水的严密。垂直于水流方向的沉降量基本一样,沉降值在 0.22~0.25mm 之间,其中闸墩基础沉降值偏大,其余底板的沉降值分布较均匀(图 3.1.19)。

在不同工况下,胸墙、交通桥、工作桥、便桥的最大沉降量均发生在结构部件的跨中处,这些结构的跨中沉降量比结构支承端的沉降要大些。这是由于水闸闸室结构是由许多复杂构件组成,同时受到不同荷载作用以及支承处的约束。胸墙的最大沉降位置位于胸墙

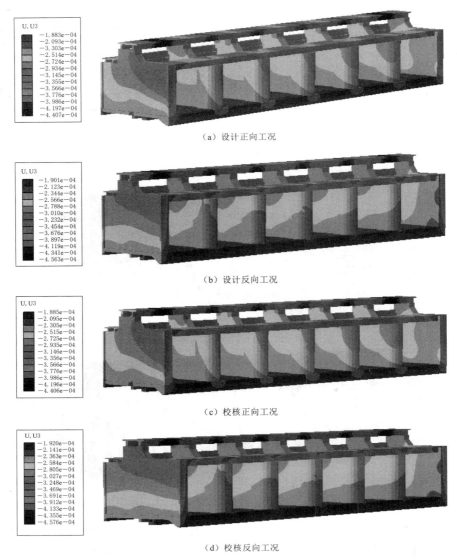

（a）设计正向工况

（b）设计反向工况

（c）校核正向工况

（d）校核反向工况

图 3.1.18　各工况下沉降位移云图（单位：m）

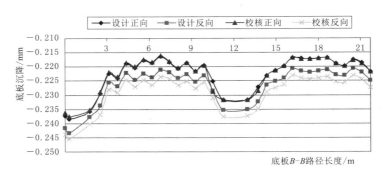

图 3.1.19　上游段底板沉降-路径 $B-B$ 关系

跨中底部，校核工况时沉降量达到 0.34mm，胸墙与闸墩连接处的沉降量偏小。交通桥、便桥的最大竖向位移发生在跨中，在桥梁支承处的竖向位移较小。

（2）水平位移计算结果分析。

图 3.1.20 为闸室结构特征布置图，其中不同位置编号的水平位移值见表 3.1.4。

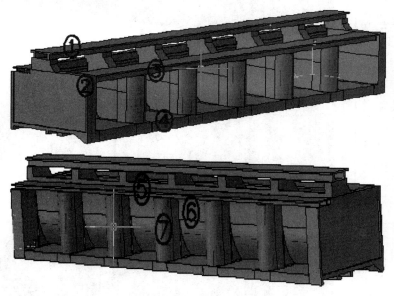

图 3.1.20 闸室结构特征布置

表 3.1.4　　　　　　　　　　　　闸室结构特征位置的水平位移值　　　　　　　　　　单位：mm

位置编号	计 算 工 况			
	设计正向	设计反向	校核正向	校核反向
①	0.09	−0.01	0.10	−0.01
②	0.07	−0.05	0.09	−0.04
③	0.06	−0.03	0.07	−0.04
④	0.02	−0.01	0.03	−0.02
⑤	0.05	−0.02	0.06	−0.04
⑥	0.43	−0.02	0.48	−0.03
⑦	0.05	−0.04	0.06	−0.05

各工况下水闸闸室结构不同特征位置沿 Y 方向的水平位移云图，如图 3.1.21 所示。

同种工况下水闸闸室结构在同等高度位置的 Y 方向（顺水流方向）水平位移变化基本相同，但是由于闸门与闸墩的相互作用，闸墩处水平位移略受影响。水平位移是随高度变化而变化，位移变化幅值控制在 0.1mm 范围以内，相对比较小。在正向工况下，闸室结构受到自重和水荷载的作用，闸室结构会出现向下游旋转的趋势，随着高度的增加水平位移变化越来越明显。在反向工况下，由于上下游水位较低且水位差较小，闸墩高度方向的水平位移变化不太明显，下游中墩水平位移随着高度的增加呈抛物线变化。边墩在两岸回

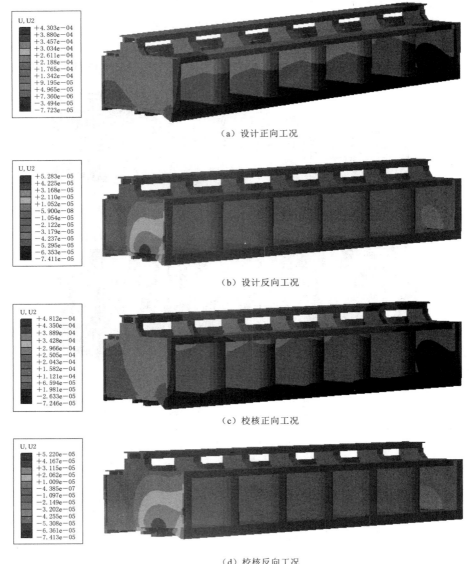

（a）设计正向工况

（b）设计反向工况

（c）校核正向工况

（d）校核反向工况

图 3.1.21　各工况下水平位移云图（单位：m）

填土和上下游水位差的作用下，从边墩顶部往底部方向，其水平位移越来越大。下游段底板纵向水平位移方向由下游指向上游，上游段底板纵向水平位移方向由上游指向下游，正向工况的上游水位小于下游水位，而反向工况的上游水位大于下游水位，所以正向工况下下游段底板水平位移偏大，反向工况下上游段底板水平位移偏大（图 3.1.22～图 3.1.24）。

在正向工况下，胸墙的最大水平位移达到 0.43mm，发生在胸墙的跨中位置，这是由于正向工况的下游水位远超过胸墙底梁的高程。在反向工况下，胸墙的水平位移较小，主要是上下游水位较低，胸墙没有挡水。

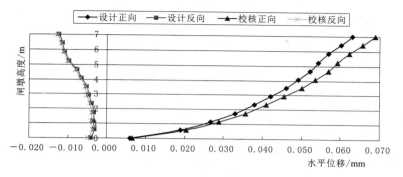

图 3.1.22　上游段闸墩高度-位移关系

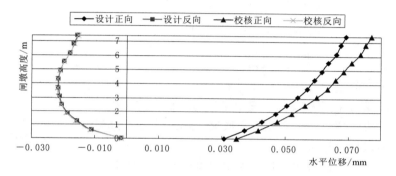

图 3.1.23　下游段闸墩高度-位移关系

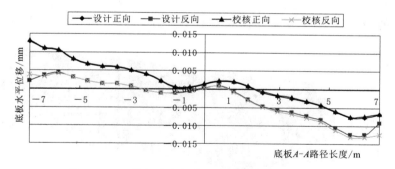

图 3.1.24　分离式底板水平位移-路径 A-A 关系

3. 应力计算结果分析

对于坐落于岩基上水闸分离式底板，闸墩、底板的强度是应力分析的主要内容，所以在有限元分析结果中主要看最大主拉应力和最大主压应力。

（1）最大主拉应力计算结果分析。

在各工况下，边墩的最大主拉应力主要位于上游侧边墩基础底层，最大值为 0.97MPa，发生在校核正向工况中齿坎与边墩基础连接处。在各工况下，中墩的最大主拉应力主要位于上游侧中墩基础底层，最大值为 0.40MPa，发生在校核正向工况靠近中齿坎与中墩基础连接处（表 3.1.5 和图 3.1.25）。

表 3.1.5　　　　　　　　　闸室结构各部件最大主拉应力计算结果　　　　　　　　单位：MPa

结构部件	计 算 工 况			
	设计正向	设计反向	校核正向	校核反向
边墩	0.93	0.47	0.97	0.50
中墩	0.35	0.24	0.40	0.25
边孔底板	0.30	0.42	0.35	0.45
中孔底板	0.37	0.36	0.43	0.36
胸墙	0.57	0.31	0.65	0.33
排架	0.16	0.15	0.16	0.15
工作桥	0.45	0.52	0.49	0.53
交通桥	0.32	0.31	0.35	0.31
检修便桥	0.36	0.37	0.40	0.39

在各工况下，闸室边孔底板的最大主拉应力主要位于闸孔中间附近的底板底层，最大值为 0.45MPa，发生在校核反向工况中齿坎与底板上游交接处。在各工况下，闸室中孔底板的最大主拉应力主要位于上游段底板底层，最大值为 0.43MPa，发生在校核正向工况靠近中齿坎与上游段底板连接处。

在各工况下，胸墙的最大主拉应力主要位于胸墙的底部位置，最大值为 0.65MPa，发生在校核正向工况胸墙底梁的上游侧。浆砌石排架的最大主拉应力主要位于边墩排架的顶部，最大值为 0.18MPa，发生在正向工况排架与工作桥纵梁交接的附近。工作桥、交通桥、检修便桥的最大主拉应力主要发生在校核工况，最大主拉应力分别为 0.49MPa、

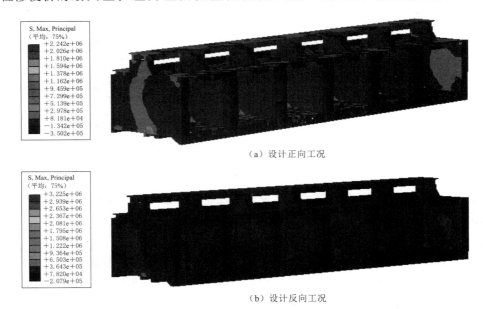

（a）设计正向工况

（b）设计反向工况

图 3.1.25（一）　各工况下闸室结构最大主拉应力云图（单位：MPa）

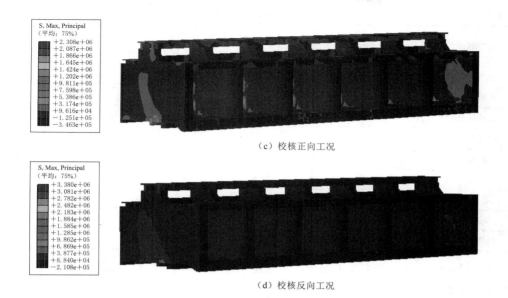

（c）校核正向工况

（d）校核反向工况

图 3.1.25（二） 各工况下闸室结构最大主拉应力云图（单位：MPa）

0.35MPa、0.40MPa，主要分布在边孔桥梁跨中部位的纵梁底面。

由上述分析可知：分离式底板的最大主拉应力主要分布在底板底层，位于中齿坎附近，最大值为 0.45MPa，超过了 150 号混凝土的允许拉应力。这是因为弧形闸门关闭后，闸门底部坐落于中齿坎处的底板上，该处底板底层会出现最大主拉应力，所以该处底板和中齿坎需加强配筋来提高构件抗拉强度。闸墩的最大主拉应力发生在闸墩基础底层，最大为 0.97MPa，上部结构的拉应力偏小。在正向工况时，由于胸墙的中下部结构承受下游高水位的荷载作用，胸墙底梁跨中部位的拉应力较大，超过 200 号混凝土的允许拉应力，需适当提高混凝土强度或配筋。工作桥、交通桥、检修便桥在自重和上部荷载的作用下，在边孔桥梁底部的跨中处出现最大拉应力。

（2）最大主压应力计算结果分析。

在各工况下，边墩的最大主压应力发生在设计正向工况，主要位于边墩基础齿墙的临土侧，最大值为 0.85MPa。在各工况下，中墩的最大主压应力主要位于中墩基础底层，靠近齿墙处，其中正向工况时发生在上游侧，最大值为 0.81MPa，反向工况时发生在下游侧，最大值为 0.48MPa。在各工况下，闸室边孔底板的最大主压应力主要位于底板面层靠近齿墙处，其中正向工况时发生在下游侧，最大值为 0.48MPa，反向工况时发生在上游侧，最大值为 0.50MPa。在各工况下，闸室中孔底板的最大主压应力分布规律与边孔的最大主压应力分布类似。在各工况下，胸墙的最大主压应力主要位于胸墙与闸墩连接处的底梁位置，最大值为 1.27MPa。浆砌石排架的最大主压应力主要位于边墩排架顶部，最大值为 0.62MPa，发生在校核正向工况排架的临水侧。工作桥、交通桥、检修便桥的最大主压应力主要分布在边孔各桥梁的纵梁底面，位于支承端附近，最大主压应力分别为 0.75MPa、1.45MPa、0.51MPa（表 3.1.6 和图 3.1.26）。

表 3.1.6　　　　　　　　　闸室结构各部件最大主压应力计算结果　　　　　单位：MPa

结构部件	计 算 工 况			
	设计正向	设计反向	校核正向	校核反向
边墩基础	0.85	0.67	0.83	0.68
中墩基础	0.79	0.46	0.81	0.48
边孔底板	0.47	0.44	0.48	0.50
中孔底板	0.37	0.36	0.37	0.37
胸墙	1.22	0.59	1.27	0.59
排架	0.59	0.62	0.58	0.62
工作桥	0.62	0.70	0.71	0.75
交通桥	1.45	1.30	1.42	1.30
检修便桥	0.45	0.50	0.45	0.51

由上述分析可知，在 4 种工况下，该水闸闸室的闸墩、底板、胸墙等结构的最大主压应力均没有超过相应材料的允许压应力。故闸室结构的 150 号、200 号、250 号混凝土及 M15 砂浆砌石的抗压强度满足要求。

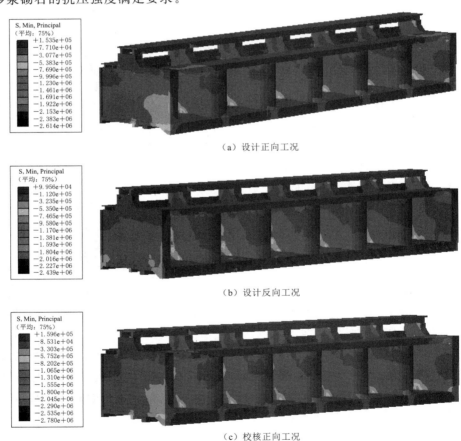

（a）设计正向工况

（b）设计反向工况

（c）校核正向工况

图 3.1.26（一）　各工况下闸室结构最大主压应力云图（单位：MPa）

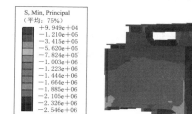

（d）校核反向工况

图 3.1.26（二） 各工况下闸室结构最大主压应力云图（单位：MPa）

3.1.2.4 整体式底板闸室结构有限元分析研究

1. 位移计算结果分析

（1）沉降计算结果分析。

闸室结构特征布置如图 3.1.27 所示，其中各位置编号的沉降值见表 3.1.7。

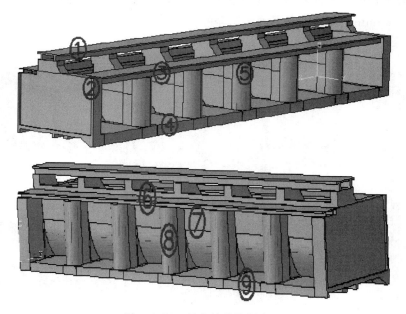

图 3.1.27 闸室结构特征布置

表 3.1.7　　　　　　　　　　　闸室结构特征位置的沉降值　　　　　　　　　单位：mm

位置编号	计 算 工 况			
	设计正向	设计反向	校核正向	校核反向
①	0.30	0.31	0.32	0.31
②	0.18	0.20	0.18	0.21
③	0.23	0.22	0.23	0.22
④	0.10	0.16	0.09	0.17

位置编号	计　算　工　况			
	设计正向	设计反向	校核正向	校核反向
⑤	0.16	0.14	0.16	0.15
⑥	0.24	0.26	0.24	0.26
⑦	0.19	0.21	0.19	0.22
⑧	0.14	0.16	0.14	0.16
⑨	0.11	0.17	0.10	0.18

从 4 种工况的整体式底板水闸闸室结构的竖向位移云图来看，由于实际工程中岩基的变形模量较大，岩基沉降较小，所以闸室结构的沉降普遍偏小，各工况下同一特征位置处沉降相差不大，竖向位移大小主要控制在 10^{-4} m 以内（图 3.1.28）。

通过闸室结构同一构件不同位置的竖向位移比较分析可知：正向工况下闸墩顶部的沉降量最大为 0.18mm，反向工况下闸墩顶部的沉降量最大为 0.21mm，正反向工况下闸墩

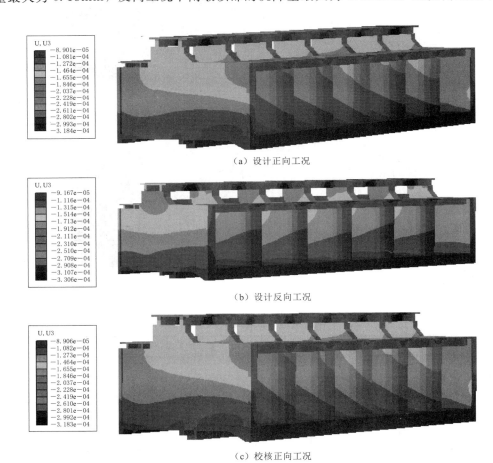

（a）设计正向工况

（b）设计反向工况

（c）校核正向工况

图 3.1.28（一）　各工况下沉降位移云图（单位：m）

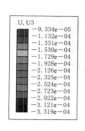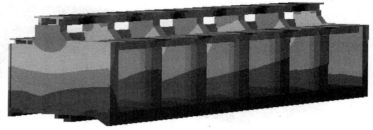

（d）校核反向工况

图 3.1.28（二） 各工况下沉降位移云图（单位：m）

顶部的最大沉降量发生的位置不一样，正向工况时上下游水位差较大导致最大沉降偏向上游边墩临土侧，反向工况时上下游水位差较小且闸墩受上部排架作用导致最大沉降量发生在闸墩与排架交接处。另外闸墩的沉降变化大致呈水平条带状分布，从闸墩顶部向下沉降逐渐变小。这是由于闸室结构的沉降主要是由闸室结构自重和向下固定荷载所引起。此外，反向工况时的上下游水位普遍较低，向上的浮托力变小。所以闸室上下游水位越小，闸室结构的沉降量越大（图 3.1.29）。

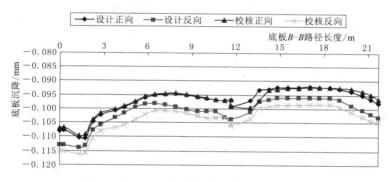

图 3.1.29 上游段底板沉降-路径 B-B 关系

岩基上整体式底板的上下游侧沉降差较小，高水位侧底板齿墙附近的沉降略偏大，最大值为 0.18mm。垂直于水流方向的沉降量大致相同，但是闸墩附近底板的沉降值偏大，底板的不均匀沉降较小。边孔底板的沉降值略大于中孔底板的沉降值，这是因为边墩所受荷载及边荷载对边孔底板的沉降量有一定影响。

在不同工况下，胸墙、交通桥、工作桥、检修便桥的最大沉降量均发生在结构部件的跨中处，这些结构的跨中沉降量比结构支承端的沉降要大些。这是由于水闸闸室结构是由许多复杂构件组成，同时受到不同荷载作用以及支承处的约束。胸墙的最大沉降位置位于胸墙跨中底部，校核工况时沉降量达到 0.22mm，胸墙与闸墩连接处的沉降量偏小。交通桥、便桥的最大竖向位移发生在跨中，在桥梁支承处的竖向位移较小。

（2）水平位移计算结果分析。

闸室结构特征布置如图 3.1.30 所示，其中位置编号的水平位移值见表 3.1.8。各工况下水平位移云图如图 3.1.31 所示。

图 3.1.30　闸室结构特征布置

表 3.1.8　　　　　　　　　　闸室结构特征位置的水平位移值　　　　　　　　单位：mm

位置编号	计　算　工　况			
	设计正向	设计反向	校核正向	校核反向
①	0.05	−0.04	0.05	−0.04
②	0.06	−0.02	0.06	−0.03
③	0.06	−0.02	0.06	−0.02
④	0.01	−0.01	0.01	−0.01
⑤	0.05	−0.01	0.06	−0.02
⑥	0.42	−0.02	0.45	−0.03
⑦	0.04	−0.01	0.05	−0.02

在正向工况下，水闸闸室结构在同等高度位置的 Y 方向（顺水流方向）水平位移变化基本相同，但是由于闸门与闸墩的相互作用，闸墩处水平位移略受影响。从边墩顶部到闸墩底部，水平位移逐渐减小，但位移变化范围相对比较小。

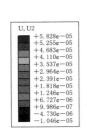
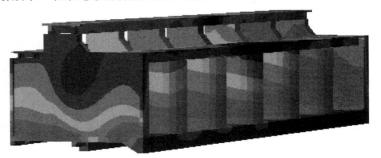

（a）设计正向工况

图 3.1.31（一）　各工况下水平位移云图（单位：m）

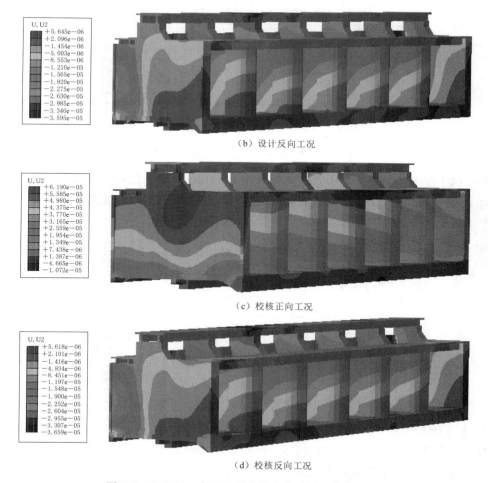

（b）设计反向工况

（c）校核正向工况

（d）校核反向工况

图 3.1.31（二） 各工况下水平位移云图（单位：m）

在反向工况下，闸室结构受到自重和水荷载的作用，闸室结构会出现向下游旋转的趋势。由于上游水位比下游水位高，闸室结构有向下游倾斜的趋势，造成上游闸墩顶部水平位移比底部位移偏大，闸墩高度方向的水平位移变化不太明显（图 3.1.32 和图 3.1.33）。

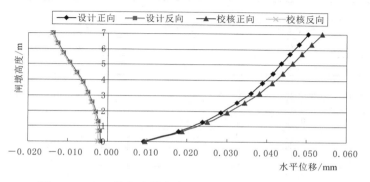

图 3.1.32 上游段中墩高度-水平位移关系（单位：m）

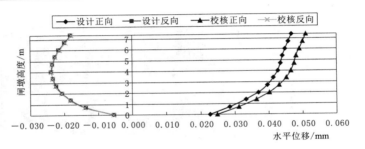

图 3.1.33　下游段中墩高度-水平位移关系（单位：m）

在正向工况下，胸墙的最大水平位移达到 0.45mm，发生在胸墙的跨中位置，这是由于正向工况的下游水位远超过胸墙底梁的高程。在反向工况下，胸墙的水平位移较小，主要是上下游水位较低，胸墙没有挡水（图 3.1.34）。

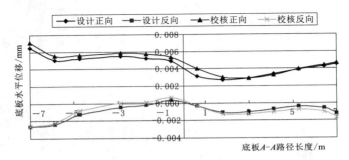

图 3.1.34　整体式底板水平位移-路径 A-A 关系（单位：m）

2. 应力计算结果分析

对于坐落于岩基上水闸整体式底板，闸墩、底板的强度是应力分析的主要内容，所以在有限元分析结果中主要看最大主拉应力和最大主压应力。

（1）最大主拉应力计算结果分析。

闸室结构各部件最大主拉应力结果见表 3.1.9，各设计工况最大主拉应力云图如图 3.1.35～图 3.1.38 所示。

表 3.1.9　　　　　　　　　闸室结构各部件最大主拉应力计算结果　　　　　　　　　单位：MPa

结构部件	计 算 工 况			
	设计正向	设计反向	校核正向	校核反向
边墩	0.73	0.31	0.76	0.29
中墩	0.35	0.24	0.37	0.27
边孔底板	0.59	0.54	0.68	0.52
中孔底板	0.44	0.36	0.55	0.37
胸墙	0.42	0.43	0.45	0.43
排架	0.11	0.10	0.11	0.11
工作桥	0.41	0.41	0.45	0.43
交通桥	0.34	0.35	0.36	0.35
检修便桥	0.35	0.33	0.36	0.34

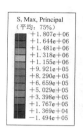

（a）设计正向工况闸室结构最大主拉应力

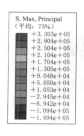

（b）设计正向工况底板截面（$Z=-0.5$m）

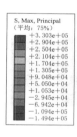

（c）设计正向工况底板截面（$Z=0$m）

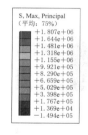

（d）设计正向工况截面（$Y=-6$m）

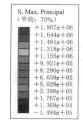

（e）设计正向工况截面（$Y=-10$m）

图 3.1.35　设计正向工况闸室结构最大主拉应力云图（单位：Pa）

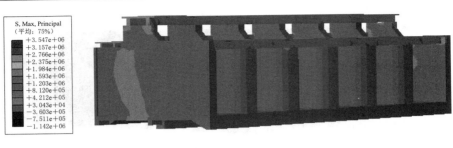

（a）设计反向工况闸室结构最大主拉应力

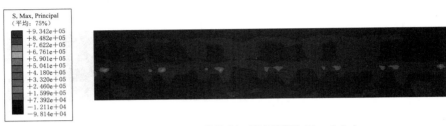

（b）设计反向工况底板截面（$Z=-0.5\text{m}$）

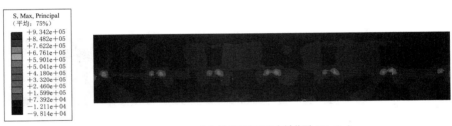

（c）设计反向工况底板截面（$Z=0\text{m}$）

（d）设计反向工况截面（$Y=-6\text{m}$）

（e）设计反向工况截面（$Y=-10\text{m}$）

图 3.1.36　设计反向工况闸室结构最大主拉应力云图（单位：Pa）

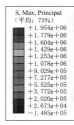

（a）校核正向工况闸室结构最大主拉应力

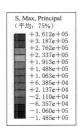

（b）校核正向工况底板截面（$Z=-0.5$m）

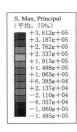

（c）校核正向工况底板截面（$Z=0$m）

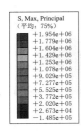
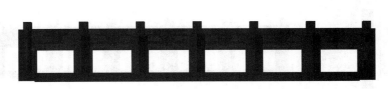

（d）校核正向工况截面（$Y=-6$m）

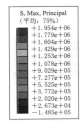

（e）校核正向工况截面（$Y=-10$m）

图 3.1.37　校核正向工况闸室结构最大主拉应力云图（单位：Pa）

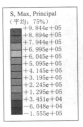

（a）校核反向工况闸室结构最大主拉应力

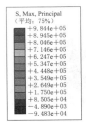

（b）校核反向工况底板截面（$Z=-0.5\text{m}$）

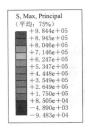

（c）校核反向工况底板截面（$Z=0\text{m}$）

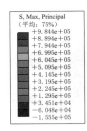
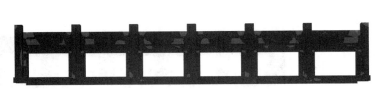

（d）设计反向工况截面（$Y=-6\text{m}$）

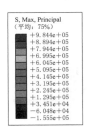

（e）校核反向工况截面（$Y=-10\text{m}$）

图 3.1.38　校核反向工况闸室结构最大主拉应力云图（单位：Pa）

在正向工况下，边墩的最大主拉应力主要位于上游侧边墩基础底层，最大值为0.76MPa，发生在校核正向工况下中齿坎的上游侧。在反向工况下，边墩的最大主拉应力主要位于中齿坎与边孔底板连接处，最大值为0.31MPa，发生在设计反向工况中齿坎的上游侧。在各工况下，中墩的最大主拉应力主要位于上游侧中墩基础底层，最大值为0.37MPa，发生在校核正向工况靠近中齿坎与中墩基础连接处。

在各工况下，闸室边孔底板的最大主拉应力主要位于边孔底板底层，最大值为0.68MPa，发生在校核正向工况下边墩与底板交接处。在各工况下，闸室中孔底板的最大主拉应力主要位于下游段底板面层，最大值为0.55MPa，发生在校核正向工况靠近中齿坎与上游段底板连接处。

在各工况下，胸墙的最大主拉应力主要位于胸墙的左上部，最大值为0.45MPa，发生在校核正向工况胸墙底梁的上游侧。浆砌石排架的最大主拉应力主要位于边墩排架的顶部中间位置，最大值为0.11MPa，发生在正向工况排架与工作桥纵梁交接的附近。工作桥、交通桥、检修便桥的最大主拉应力主要发生在校核工况，最大主拉应力分别为0.45MPa、0.36MPa、0.36MPa，主要分布在边孔桥梁跨中部位的纵梁底面。

由上述分析可：边孔底板的最大主拉应力主要在边孔底板底层的中齿坎附近，最大值为0.68MPa，中孔底板的最大主拉应力发生在下游段底板面层，最大为0.55MPa，二者均超过了150号混凝土的允许拉应力，主要是弧形闸门关闭后，闸门底梁支于中齿坎处的底板上，该处底板底层会出现最大主拉应力，故需要加强齿坎及底板配筋来提高混凝土构件抗拉能力。在校核正向工况时，由于胸墙的中下部结构承受下游高水位的荷载作用，胸墙混凝土面板左上部的拉应力较大，超过200号混凝土的允许拉应力，需适当提高混凝土强度或加强配筋计算。工作桥、交通桥、检修便桥在自重和上部荷载的作用下，在边孔纵梁底部的跨中处出现最大拉应力。

（2）最大主压应力计算结果分析。

闸室结构各部件最大主压应力结果见表3.1.10，不同设计工况最大主压应力云图如图3.1.39～图3.1.42所示。

表3.1.10　　　　　　　闸室结构各部件最大主压应力计算结果　　　　　　　单位：MPa

结构部件	计　算　工　况			
	设计正向	设计反向	校核正向	校核反向
边墩基础	0.82	0.48	0.82	0.47
中墩基础	0.33	0.44	0.35	0.42
边孔底板	0.67	0.61	0.70	0.60
中孔底板	0.65	0.58	0.66	0.56
胸墙	0.82	0.37	0.86	0.37
排架	0.44	0.45	0.49	0.46
工作桥	0.55	0.54	0.56	0.54
交通桥	1.12	0.97	1.11	0.97
检修便桥	0.47	0.57	0.48	0.57

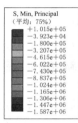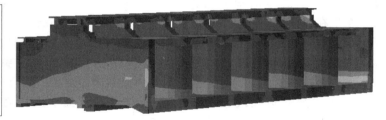

（a）设计正向工况闸室结构最大主压应力

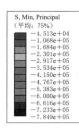

（b）设计正向工况底板截面（$Z=-0.5\text{m}$）

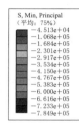

（c）设计正向工况底板截面（$Z=0\text{m}$）

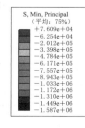

（d）设计正向工况截面（$Y=-6\text{m}$）

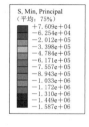

（e）设计正向工况截面（$Y=-10\text{m}$）

图 3.1.39 设计正向工况闸室结构最大主压应力云图（单位：Pa）

（a）设计反向工况闸室结构最大主压应力

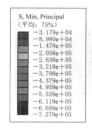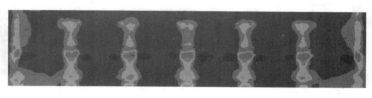

（b）设计反向工况底板截面（$Z=-0.5\mathrm{m}$）

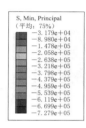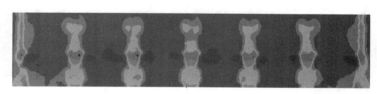

（c）设计反向工况底板截面（$Z=0\mathrm{m}$）

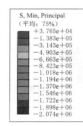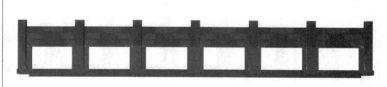

（d）设计反向工况截面（$Y=-6\mathrm{m}$）

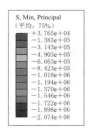

（e）设计反向工况截面（$Y=-10\mathrm{m}$）

图 3.1.40　设计反向工况闸室结构最大主压应力云图（单位：Pa）

（a）校核正向工况闸室结构最大主压应力

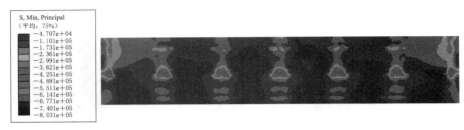

（b）校核正向工况底板截面（$Z=-0.5\text{m}$）

（c）校核正向工况底板截面（$Z=0\text{m}$）

（d）校核正向工况截面（$Y=-6\text{m}$）

（e）校核正向工况截面（$Y=-10\text{m}$）

图 3.1.41　校核正向工况闸室结构最大主压应力云图（单位：Pa）

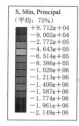

（a）校核反向工况闸室结构最大主压应力

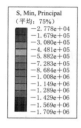

（b）校核反向工况底板截面（$Z=-0.5\text{m}$）

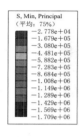

（c）校核反向工况底板截面（$Z=0\text{m}$）

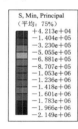

（d）校核反向工况截面（$Y=-6\text{m}$）

（e）校核反向工况截面（$Y=-10\text{m}$）

图 3.1.42　校核反向工况闸室结构最大主压应力云图（单位：Pa）

在各工况下，边墩的最大主压应力发生在正向工况，主要位于边墩与底板连接处，最大值为0.82MPa。在各工况下，中墩的最大主压应力主要位于中墩底部，靠近齿墙处，其中正向工况时发生在上游侧，最大值为0.35MPa，反向工况时发生在下游侧，最大值为0.44MPa。

在各工况下，闸室边孔底板的最大主压应力主要位于底板面层靠近齿墙处，其中正向工况时发生在下游侧，最大值为0.70MPa，反向工况时发生在上游侧，最大值为0.61MPa。在各工况下，闸室中孔底板的最大主压应力分布规律与边孔的最大主压应力分布类似。

在各工况下，胸墙的最大主压应力主要位于胸墙与闸墩连接处的底梁位置，最大值为0.86MPa。浆砌石排架的最大主压应力主要位于边墩排架顶部，最大值为0.49MPa，发生在校核正向工况排架的临水侧。工作桥、交通桥、检修便桥的最大主压应力主要分布在边孔各桥梁的纵梁底面，位于支承端附近，最大主压应力分别为0.56MPa、1.12MPa、0.57MPa。

由上述分析可知，在4种工况下，该水闸闸室的闸墩、底板、胸墙等结构的最大主压应力均没有超过相应材料的允许压应力。故闸室结构的150号、200号、250号混凝土及M15砂浆浆砌石的抗压强度满足要求。

3.1.2.5　水闸结构有限元静力计算结果分析

从位移和应力两方面对两种底板型式水闸的位移、应力进行对比分析，着重分析水闸的闸墩、底板的位移和应力。

（1）由于实际工程中的地基为岩基，岩基的抗变形能力较强，4种计算工况下闸室结构的沉降普遍较小，沉降大小控制在0.5mm以内，各工况下同一特征位置处沉降相差不大，均不超过0.1mm。闸墩沉降大致呈水平条带状分布，从闸墩顶部向下沉降逐渐变小，但沉降值减小幅度较小。这是由于闸室结构的沉降主要是由闸室结构自重和向下固定荷载所引起。

整体式水闸的闸墩和底板的沉降小于分离式水闸的闸墩和底板的沉降，且整体式水闸底板的沉降更均匀些，整体式底板的上下游不均匀沉降也小于分离式底板的上下游不均匀沉降，说明整体式底板的整体性较好，但由于岩基压缩性小，与分离式底板沉降相比整体式底板沉降减小的幅度较小。

（2）同种工况下，水闸闸室结构在同等高度位置的Y方向（顺水流方向）水平位移变化规律基本相同，但是由于闸门与闸墩的相互作用，闸墩处水平位移略受影响。从闸墩顶部到闸墩底部，水平位移逐渐减小，但位移变化范围相对比较小。在正向工况时，整体式水闸闸墩的水平位移小于分离式水闸闸墩的水平位移；在反向工况时，整体式和分离式水闸闸墩的水平位移大致相同。这是由于正向工况下水闸的上下游水位差较大。说明在上下游水位差较大时，整体式底板结构的水平位移明显小于分离式底板结构的水平位移。

（3）两种底板型式水闸结构的最大主应力经比较分析可知，分离式水闸结构的中墩最大主拉应力相差很小，其边墩的最大主拉应力较大，边墩的最大主拉应力分布在边墩的临土侧。闸墩的最大主压应力主要发生在闸墩基础上，采用分离式底板的水闸结构，其闸墩的最大主压应力较大，但不超过150号混凝土的允许压应力，能充分利用混凝土材料的抗压特性。

整体式底板的最大主拉应力大于分离式底板的最大主拉应力,最大主拉应力分布在底板底面靠近中齿坎处,分离式底板的最大主压应力只有整体式底板的最大主压应力的60%左右。整体式底板的最大主拉应力达到0.68MPa,分离式底板的最大主拉应力只有0.45MPa,两者均超过了底板150号混凝土材料的允许拉应力,故需加强配筋来提高构件抗拉强度,防止结构的破坏。这是由于采用分离式底板的水闸结构,在弧形闸门关闭后,闸门底梁支于中齿坎处的底板上,该处底板底层会出现最大主拉应力,而采用整体式底板的水闸结构,由于底板与闸墩共同承受水平水压力,齿坎处底板底层会出现最大主拉应力。

整体式底板的最大主压应力也大于分离式底板的最大主压应力,这是由于整体式底板与闸墩间存在直接相互作用,传递的力较大。

3.1.3 岩基上水闸空间结构动力分析
3.1.3.1 计算模型及计算参数

在动力分析时,动力计算采用的闸室结构和岩基相互作用模型与前述的静力计算相同,所以网格的划分、坐标系的选取、岩基的约束条件均与静力计算的相同。由于闸室结构在顺水流方向上为对称结构,顺水流向与垂直水流向地震耦合的影响较小,所以需分别研究顺水流方向和垂直水流方向的地震反应。

闸室结构动力分析的计算工况为设计正向水位加地震工况,采用附加质量法计算动水压力,将动水压力以附加质量的方式施加在闸墩面上,与闸墩本身的质量相叠加。

在动力分析时,为了反映地震荷载作用时材料弹性模量的增大现象,混凝土和岩基的动弹性模量均采用相应静弹性模量的1.25倍。

以某岩基上水闸为实例,该闸为2级水工建筑物。根据《中国地震动参数区划图》(GB 18306—2015),查得场区地震动峰值加速度为0.1g,对应地震基本烈度为Ⅶ度。在动力分析时,各阶振型的阻尼比取 $\zeta = 0.05$,根据《水工建筑物抗震设计规范》(DL 5073—2000),该水闸所处场地类别为第一组Ⅰ场,其特征周期 T_g 为0.2s,设计反应谱最大值的代表值取 $\beta_{max} = 2.25$。

3.1.3.2 基于反应谱法的动力计算

1. 模态计算成果

闸室结构的自振特性见表3.1.11。

表 3.1.11   闸室结构的自振特性

阶次	频率/(rad/s)	周期/s	阻尼比	反应谱谱值	邻阶谱值差
1	19.672	0.319	0.05	1.476	—
2	23.128	0.272	0.05	1.707	0.231
3	25.719	0.244	0.05	1.879	0.172
4	27.792	0.226	0.05	2.014	0.135
5	28.321	0.222	0.05	2.048	0.034
6	28.831	0.218	0.05	2.081	0.033
7	29.323	0.214	0.05	2.114	0.033

阶次	频率/(rad/s)	周期/s	阻尼比	反应谱谱值	邻阶谱值差
8	29.986	0.210	0.05	2.157	0.043
9	30.296	0.207	0.05	2.177	0.020
10	30.674	0.205	0.05	2.202	0.025
11	30.714	0.205	0.05	2.204	0.002
12	31.528	0.199	0.05	2.250	0.046

图 3.1.43～图 3.1.54 为闸室结构各阶模态的振型图，由图可知，从第 5 阶振动开始，相邻两阶振型的反应谱值之差相差较小，所以在地震荷载作用下闸室振动以前四阶振动为主。前四阶振动主要发生了闸室的横向弯曲以及闸墩的扭转。第一阶振型以垂直水流方向（X 方向）振动为主，由于下游侧闸墩与胸墙间的相互作用，下游侧闸墩横向弯曲程度偏小。从结构的动力特性角度分析，水闸闸墩在垂直水流方向结构刚度最小，因而在垂直水流向地震作用下，闸室的强度和刚度将备受考验，其频率为 19.672rad/s，周期为 0.319s，大于特征周期 T_g；第 2 阶振型以顺水流方向（Y 方向）振动为主，其频率为 23.128rad/s，周期为 0.272s，也大于特征周期 T_g；第 3 阶振型以竖直方向（Z 方向）振动为主，其频率为 25.719rad/s，周期为 0.244s，亦大于特征周期 T_g；当闸室振动出现第 12 阶振型时，其自振周期为 0.199s，小于特征周期 T_g，反应谱值为 2.250，达到设计反应谱的最大值 β_{max}。因此，水闸结构模态分析取前 12 阶振型，以保证后续动力学分析计算结果的精确性。

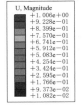

图 3.1.43　闸室第 1 阶振型图

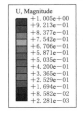

图 3.1.44　闸室第 2 阶振型图

ODB: Job-15-1.odb Abaqus/Standard 6.10-1 Thu Apr 21 12:35:00 GMT+08:00 2016
分析步: Step-3
Mode   3: Value= 26114. Frep= 25.719 (cycles/time)
主变量: U, Magnitude
变形变量: U 变形缩放系数: +6.900e+00

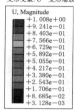

图 3.1.45 闸室第 3 阶振型图

ODB: Job-15-1.odb Abaqus/Standard 6.10-1 Thu Apr 21 12:35:00 GMT+08:00 2016
分析步: Step-3
Mode   4: Value= 30492. Frep= 27.792 (cycles/time)
主变量: U, Magnitude
变形变量: U 变形缩放系数: +6.900e+00

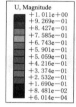

图 3.1.46 闸室第 4 阶振型图

ODB: Job-15-1.odb Abaqus/Standard 6.10-1 Thu Apr 21 12:35:00 GMT+08:00 2016
分析步: Step-3
Mode   5: Value= 31666. Frep= 28.321 (cycles/time)
主变量: U, Magnitude
变形变量: U 变形缩放系数: +6.900e+00

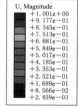

图 3.1.47 闸室第 5 阶振型图

ODB: Job-15-1.odb Abaqus/Standard 6.10-1 Thu Apr 21 12:35:00 GMT+08:00 2016
分析步: Step-3
Mode   6: Value= 32815. Frep= 28.831 (cycles/time)
主变量: U, Magnitude
变形变量: U 变形缩放系数: +6.900e+00

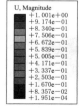

图 3.1.48 闸室第 6 阶振型图

ODB: Job-15-1.odb Abaqus/Standard 6.10-1 Thu Apr 21 12:35:00 GMT+08:00 2016
分析步: Step-3
Mode   7: Value= 33946. Frep= 29.323 （cycles/time）
主变量: U, Magnitude
变形变量: U 变形缩放系数: +6.900e+00

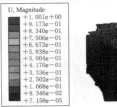

图 3.1.49　闸室第 7 阶振型图

ODB: Job-15-1.odb Abaqus/Standard 6.10-1 Thu Apr 21 12:35:00 GMT+08:00 2016
分析步: Step-3
Mode   8: Value= 35498. Frep= 29.986 （cycles/time）
主变量: U, Magnitude
变形变量: U 变形缩放系数: +6.900e+00

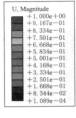

图 3.1.50　闸室第 8 阶振型图

ODB: Job-15-1.odb Abaqus/Standard 6.10-1 Thu Apr 21 12:35:00 GMT+08:00 2016
分析步: Step-3
Mode   9: Value= 36236. Frep= 30.296 （cycles/time）
主变量: U, Magnitude
变形变量: U 变形缩放系数: +6.900e+00

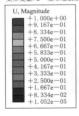

图 3.1.51　闸室第 9 阶振型图

ODB: Job-15-1.odb Abaqus/Standard 6.10-1 Thu Apr 21 12:35:00 GMT+08:00 2016
分析步: Step-3
Mode   10: Value= 37145. Frep= 30.674 （cycles/time）
主变量: U, Magnitude
变形变量: U 变形缩放系数: +6.900e+00

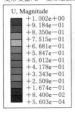

图 3.1.52　闸室第 10 阶振型图

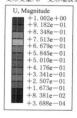

ODB: Job-15-1.odb　Abaqus/Standard 6.10-1　Thu Apr 21 12:35:00 GMT+08:00 2016
分析步: Step-3
Mode　11: Value= 37243.　Frep= 30.714　(cycles/time)
主变量: U, Magnitude
变形变量: U　变形缩放系数: +6.900e+00

图 3.1.53　闸室第 11 阶振型图

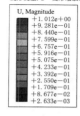

ODB: Job-15-1.odb　Abaqus/Standard 6.10-1　Thu Apr 21 12:35:00 GMT+08:00 2016
分析步: Step-3
Mode　12: Value= 39241.　Frep= 31.528　(cycles/time)
主变量: U, Magnitude
变形变量: U　变形缩放系数: +6.900e+00

图 3.1.54　闸室第 12 阶振型图

2. 水闸地震反应分析

根据该水闸的有限元模型及该闸所处地震带的地震反应谱，运用振型分解反应谱法进行水闸结构动力计算分析。在地震荷载作用下水闸的地震反应主要有位移反应、应力反应、速度反应和加速度反应等。下文重点计算分析在顺河向和横河向地震荷载作用下水闸的位移反应、应力反应。

闸室结构典型点如图 3.1.55 所示，其动位移见表 3.1.12。

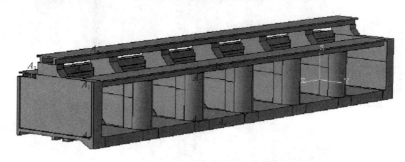

图 3.1.55　闸室结构典型点图

在横河向水平地震作用下，闸室各典型点的动位移主要发生在横河方向（X 方向），该方向的动位移 U_x 远大于其他方向的动位移（U_y、U_z），其中水闸闸墩顶部的动位移较大，也就是图 3.1.55 中的 A_1 点，其值达到 0.60mm。在顺河向水平地震作用下，闸室各典型点的动位移主要发生在顺河向（Y 方向），此方向的最大动位移发生在胸墙跨中顶部

表 3.1.12　　　　　　　　　　　　　　闸 室 结 构 动 位 移　　　　　　　　　　　单位：mm

振动方向	位移分量	典 型 点								
		A_1	A_2	A_3	A_4	A_5	A_6	A_7	A_8	A_9
顺河向	U_x	0.0537	0.0201	0.0020	0.0003	0.0316	0.0004	0.0543	0.0391	0.0320
	U_y	0.0130	0.0283	0.0013	0.0018	0.2589	0.0019	0.0502	0.0772	0.0451
	U_z	0.0153	0.0146	0.0046	0.0026	0.0089	0.0015	0.0262	0.0230	0.0221
横河向	U_x	0.5978	0.4125	0.0566	0.0592	0.1961	0.0634	0.2139	0.3846	0.5457
	U_y	0.0708	0.0225	0.0032	0.0011	0.1931	0.0010	0.0495	0.0781	0.0493
	U_z	0.0511	0.0122	0.0009	0.0022	0.0428	0.0007	0.0603	0.0753	0.1437

位置，其值最大为 0.26mm。比较两种方向地震荷载作用下的闸室动位移后可以发现，横河向振动产生的动位移普遍大于顺河向振动产生的动位移，这是由于横河向闸室结构刚度明显小于顺河向闸室结构的刚度。由于闸墩的横向刚度较小，在横河向地震作用下闸墩顶部的动位移较大，随着闸墩高度的增加，动位移在增加，闸墩顶部的动位移达到最大，这符合地震响应的规律（图 3.1.56～图 3.1.59）。

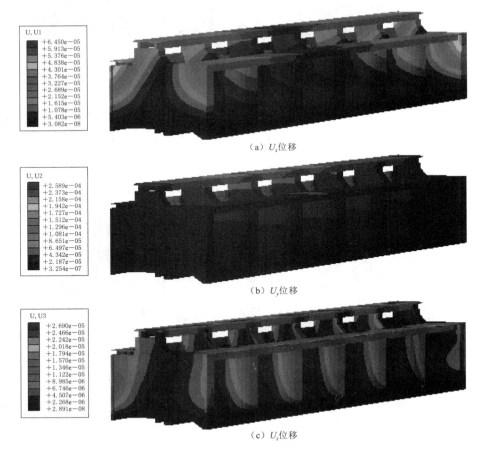

（a）U_x位移

（b）U_y位移

（c）U_z位移

图 3.1.56　顺河向地震作用下闸室动位移云图（单位：m）

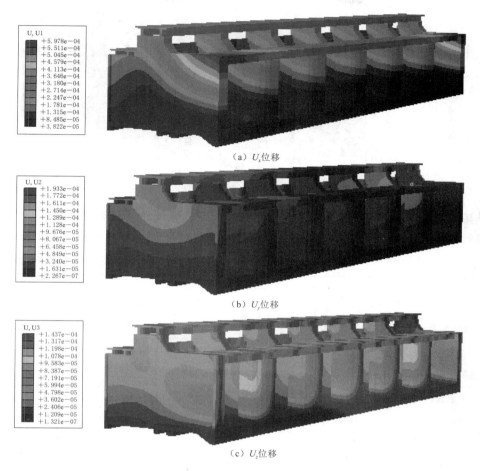

（a）U_x 位移

（b）U_y 位移

（c）U_z 位移

图 3.1.57 横河向地震作用下闸室动位移云图（单位：m）

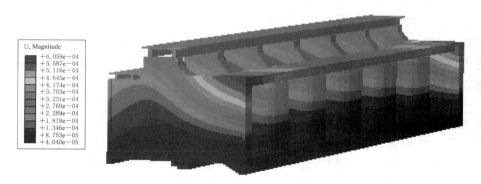

图 3.1.58 闸室动位移云图（单位：m）

　　闸室动位移和静动组合位移经比较分析后发现，动位移在静动组合位移中所占比例较大，因而对于地震监测，应加强闸室位移量的监测。

　　考虑设计正向工况与地震荷载的组合作用，将振型分解反应谱法计算出的动力结果与

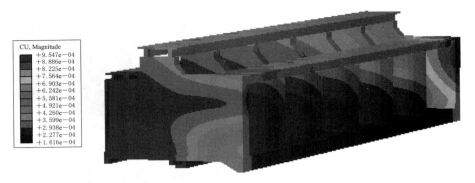

图 3.1.59　闸室静动组合位移云图（单位：m）

静力结果进行叠加，会得到闸室结构的静动组合反应。叠加静力和动力结果时，地震作用折减系数按 1/3 考虑（表 3.1.13）。

表 3.1.13　　　　　　　　　　　地震荷载作用下闸室应力　　　　　　　　　　　单位：MPa

闸室构件	动应力		静动组合应力	
	最大主拉应力	最大主压应力	最大主拉应力	最大主压应力
边墩	1.096	0.136	2.216	0.847
中墩	0.814	0.110	0.692	0.654
边孔底板	0.035	0.006	0.055	0.021
中孔底板	0.040	0.008	0.062	0.013
胸墙	1.134	0.164	1.164	0.629
工作桥	0.660	0.131	0.761	0.558
交通桥	1.035	0.322	1.181	0.920
工作便桥	0.433	0.110	0.753	0.535

　　在横河向地震荷载作用下闸墩的最大主拉应力为 0.882MPa，胸墙的最大主拉应力为 1.256MPa，而在顺河向地震荷载作用下闸墩的最大主拉应力仅有 0.194Mpa，胸墙的最大主拉应力仅有 0.242MPa，这说明了横河向地震作用下闸室的最大主拉应力相对较大，因而在地震工况下闸室结构承载力复核计算应该采用横河向水平地震的动力反应结果（图3.1.60～图 3.1.65）。

　　在顺河向和横河向水平地震荷载共同作用下，闸墩的最大主拉应力发生上游侧闸墩基础部位，由于边墩还受到较大土压力的作用，因而边墩的最大主拉应力偏大，其值为 2.216MPa。胸墙的最大主拉应力发生胸墙与闸墩交接处，其值最大为 1.164MPa。闸室中孔底板、边孔底板的最大主拉应力均较小。各桥梁的最大主拉应力主要发生在桥梁与闸墩交接处，位于各桥梁的主梁底部。闸墩、胸墙、各桥梁的最大主拉应力均超过了各自混凝土材料的允许拉应力，所以应增大这些结构关键部位的强度，而闸室各结构的最大主压应力均没有超过各自混凝土材料的允许压应力。

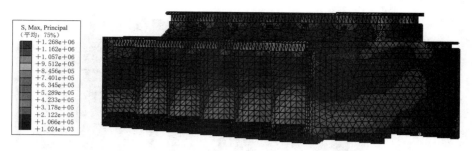

图 3.1.60 横河向地震荷载作用下闸室动应力（单位：MPa）

图 3.1.61 顺河向地震荷载作用下闸室动应力（单位：MPa）

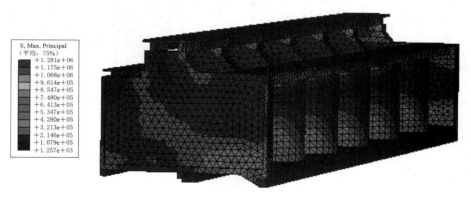

图 3.1.62 地震荷载作用下闸室动应力 σ_1（单位：MPa）

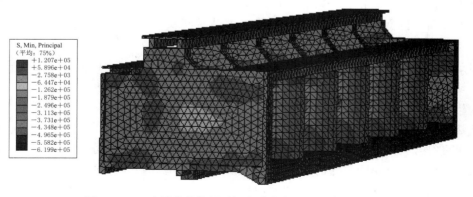

图 3.1.63 地震荷载作用下闸室动应力 σ_3（单位：MPa）

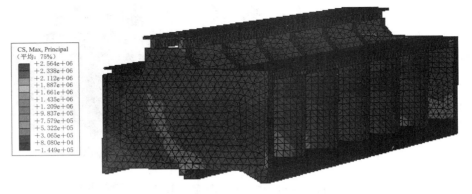

图 3.1.64　闸室静动组合应力 σ_1（单位：MPa）

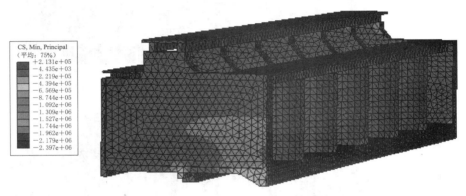

图 3.1.65　闸室静动组合应力 σ_3（单位：MPa）

3.2　软土地基上水闸工程渗流性态分析

3.2.1　天然软土闸基渗流分析研究

软土是指滨海、湖沼、谷地、河滩沉积的细粒土。具有天然含水率高、天然孔隙比大、压缩性高、抗剪强度低、固结系数小、固结时间长、灵敏度高、扰动性大、透水性差、土层层状分布复杂、各层之间物理力学性质相差较大等特点[3]。

由于软土具有高渗透性，需要对地基的抗渗性进行处理，本节利用焦土港闸闸基来进行软土地基渗流场的探讨。

3.2.1.1　计算模型及参数

在建立空间三维有限元模型时，地基模型尺寸的选取对计算结果有一定影响，为了使计算结果更符合实际，根据萨布尼斯等对水闸计算模型尺寸影响的分析结果，认为取地基单边尺寸为结构基础单边尺寸的 1～5 倍就可以反映地基对基础的作用[4]。计算模型在地基顺水流方向长度取 64m，垂直水流方向取 25m，深度以闸基基础渗流的有效深度来控制，取至 −23.60m。

1. 天然软土地基计算模型

焦土港闸天然闸基渗流计算三维模型如图 3.2.1 所示，地下轮廓线如图 3.2.2 所示。

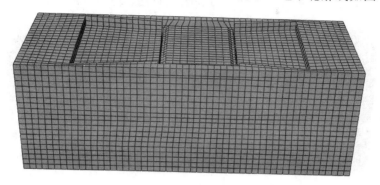

图 3.2.1　焦土港闸天然闸基渗流计算三维有限元模型

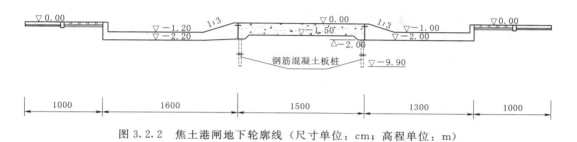

图 3.2.2　焦土港闸地下轮廓线（尺寸单位：cm；高程单位：m）

2. 天然软土地基计算参数

焦土港闸闸基服从摩尔-库仑屈服准则，由于土体自重产生的变形在成桩前已基本完成，故计算中不计入土体自重引起的应变（表 3.2.1）。

表 3.2.1　　　　　　　　　　　　　　　　材 料 计 算 参 数

项目	土　　质	重度 $\gamma/(N/m^3)$	变形模量 E/MPa	泊松比 ν	孔隙比 n	渗透系数 $k/(cm/s)$
土层 1	灰色淤质粉质黏土夹薄层粉砂	17900	4.7	0.30	0.83	1×10^{-4}
土层 2	灰色粉质黏土与粉砂互层	18000	6.8	0.30	0.79	3×10^{-4}
土层 3	灰色粉砂夹薄层粉质黏土	18300	10.7	0.30	0.75	5×10^{-4}
土层 4	灰色粉质黏土	19700	14.3	0.30	0.91	6×10^{-6}

焦土港闸天然软土闸基的渗流计算水位见表 3.2.2。

表 3.2.2　　　　　　　　　　　　　　　　防 渗 计 算 水 位　　　　　　　　　　　　　　　单位：m

计　算　工　况		上游（内河）	下游（长江）
正向	设计	2.50	0.51
	校核	3.00	0.74
反向	设计	2.20	6.24
	校核	2.20	6.47

3.2.1.2　天然软土地基闸基渗流分析

为了便于分析，选取闸基的 10 个特征位置进行比较分析（图 3.2.3）。

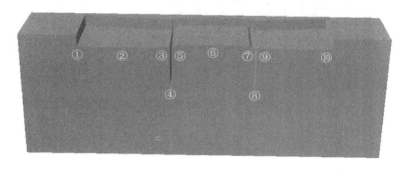

图 3.2.3　焦土港闸天然闸基特征位置布置

位置①：出渗点（入渗点）。

位置②：下游消力池护坦底部中心。

位置③：下游板桩的下游侧。

位置④：下游板桩的底部。

位置⑤：下游板桩的上游侧。

位置⑥：闸室底板中心。

位置⑦：上游板桩的下游侧。

位置⑧：上游板桩的底部。

位置⑨：上游板桩的上游侧。

位置⑩：入渗点（出渗点）。

1. 闸基位移分析

分别对焦土港闸天然软土地基在正向设计、反向设计、正向校核、反向校核 4 种工况下的垂直位移、顺水流方向位移进行空间有限元计算并分析研究，如图 3.2.4～图 3.2.7 所示。

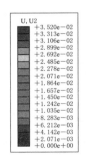
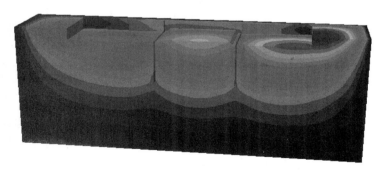

图 3.2.4　正向设计垂直位移分布（单位：m）

天然软土地基的闸基顺水流方向位移分布图如图 3.2.8～图 3.2.11 所示。

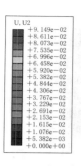
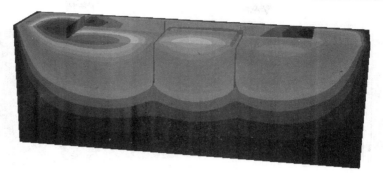

图 3.2.5　反向设计垂直位移分布（单位：m）

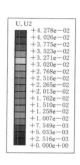
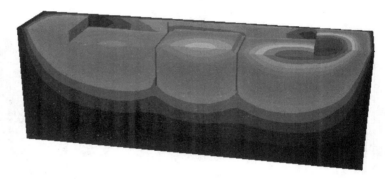

图 3.2.6　正向校核垂直位移分布（单位：m）

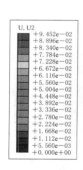
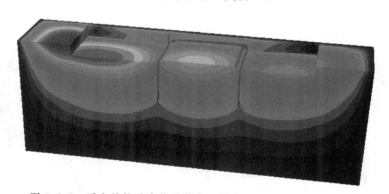

图 3.2.7　反向校核垂直位移分布（单位：m）

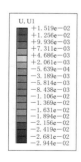
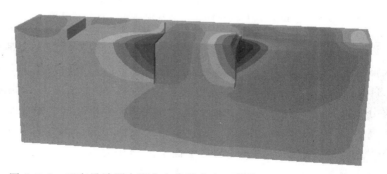

图 3.2.8　正向设计顺水流方向位移分布（单位：m）

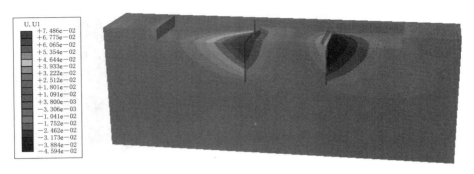

图 3.2.9　反向设计顺水流方向位移分布（单位：m）

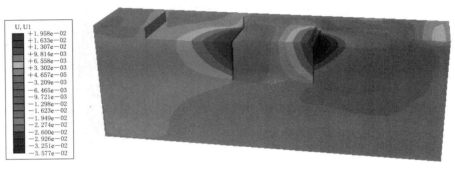

图 3.2.10　正向校核顺水流方向位移分布（单位：m）

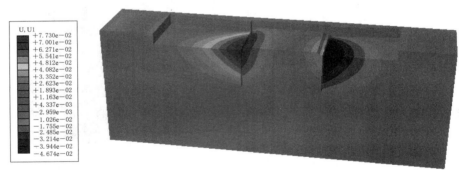

图 3.2.11　反向校核顺水流方向位移分布（单位：m）

　　由以上结果分析可知：该工程的持力层为灰色淤泥粉质黏土夹薄粉砂，在各计算工况下，天然软土地基的最大垂直位移均发生在高水位侧，其中在反向校核工况时达到最大值为 91.84mm。在渗流作用下，垂直位移差均较小，最大值为 26.56mm。在各工况下，垂直位移分布区都是以板桩为界，即板桩上下游侧和板桩之间的分布区域有明显区别。垂直位移由高水位侧向低水位侧递减。垂直位移为正值，即位移方向为正 y 方向，主要是因为渗流作用产生的渗透压力是表现为自下而上的顶托力（图 3.2.12）。

　　在各工况下，天然软土地基表面的最大水平位移 71.30mm，分布在反向校核工况下

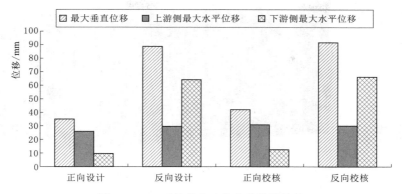

图 3.2.12 天然软土地基位移计算结果

的下游侧闸基,离闸室中心线越远,其水平位移越来越小;离闸室中心线越近,其水平位移越来越大。每个工况下的最大位移都发生在板桩的高水位侧,上、下游侧的位移都向板桩处逐渐减小,且在板桩两侧位移发生突变,两道板桩之间的土体发生的顺水流方向的位移都很小。

2. 闸基应力分析

对焦土港闸天然软土地基在正向设计、反向设计、正向校核、反向校核 4 种工况下的应力进行三维有限元计算。

在各工况下,土体的 Mises 应力分布不均匀,最大值主要分布在土体靠近底板边缘的位置。在 4 种工况中,最大 Mises 应力为 $13.51 \times 10^4 \, \mathrm{Pa}$,发生在反向校核工况下的板桩底部,因为产生了应力集中。从图 3.2.13~图 3.2.16 和表 3.2.3 中可以看出水位的变化对 Mises 应力大小的影响较大。

表 3.2.3   闸基结构特征位置 Mises 应力   单位:$10^4 \, \mathrm{Pa}$

计算工况	正向设计	反向设计	正向校核	反向校核
位置 1	0.45	2.40	0.58	2.48
位置 2	0.20	1.20	0.26	1.23
位置 3	0.23	0.54	0.28	0.55
位置 4	2.41	8.02	3.02	8.26
位置 5	0.27	1.28	0.35	1.33
位置 6	0.49	1.29	0.60	1.33
位置 7	0.52	0.78	0.63	0.79
位置 8	3.04	6.64	3.73	6.80
位置 9	0.14	0.43	0.19	0.42
位置 10	0.80	1.05	0.97	1.05

3. 闸基渗透水头分析

对焦土港闸天然软土地基在正向设计工况下的水头进行了空间有限元计算并进行分析研究(图 3.2.17)。

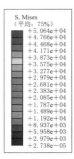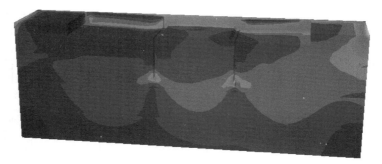

图 3.2.13　正向设计 Mises 应力分布（单位：Pa）

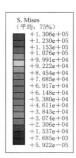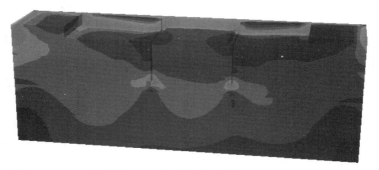

图 3.2.14　反向设计 Mises 应力分布（单位：Pa）

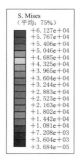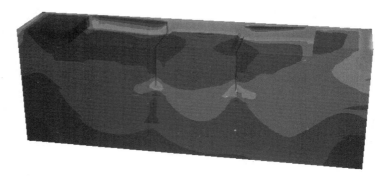

图 3.2.15　正向校核 Mises 应力分布（单位：Pa）

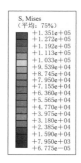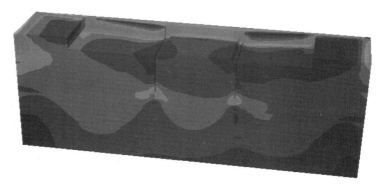

图 3.2.16　反向校核 Mises 应力分布（单位：Pa）

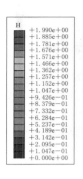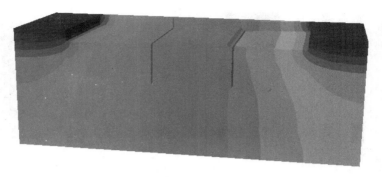

图 3.2.17 渗透水头三维分布（单位：m）

为了更客观地反映出渗透水头的空间三维分布变化，取 4 个垂直水流方向的二维水头分布图（图 3.2.18～图 3.2.21）。

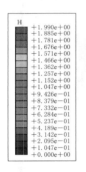

图 3.2.18 $z=12.5$m 剖面渗透水头分布（单位：m）

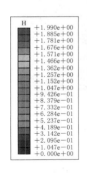

图 3.2.19 $z=15.0$m 剖面 II 渗透水头分布（单位：m）

渗透水头的分布主要还是反映水流方向水头的变化，即 x 轴的水头变化。水头由高水位逐渐向低水位递减，最大渗透水头为上下游水位差，分布在入土处，最低水头为 0，分布在出土处，且第一根和最后一根水头线为地下轮廓线以外的上游和下游地基表面。渗透水头在板桩处出现了以板桩为中心位置在 x 方向发散分布。

4. 闸基渗透坡降分析

对焦土港闸天然软土地基在水平方向（顺水流方向）渗透坡降进行计算并进行分析研究，如图 3.2.22～图 3.2.25 所示。

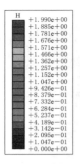

图 3.2.20　$z=17.5$m 剖面渗透水头分布（单位：m）

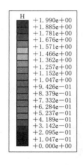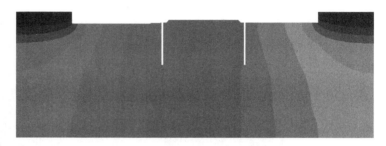

图 3.2.21　$z=20.0$m 剖面渗透水头分布（单位：m）

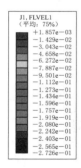

图 3.2.22　正向设计水平方向渗透坡降分布

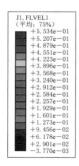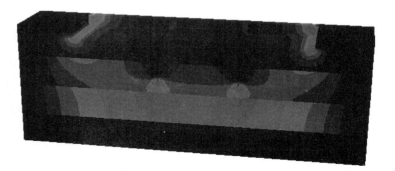

图 3.2.23　反向设计水平方向渗透坡降分布

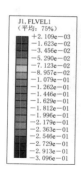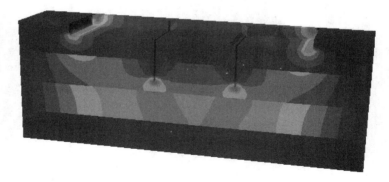

图 3.2.24 正向校核水平方向渗透坡降分布

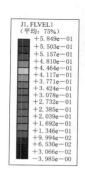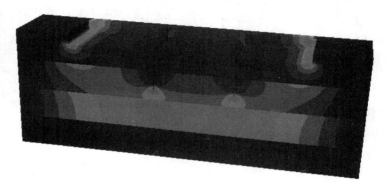

图 3.2.25 反向校核水平方向渗透坡降分布

利用三维有限元进行了天然软土地基在水平方向（顺水流方向）渗透坡降的计算并分析研究，如图 3.2.26～图 3.2.29 所示。

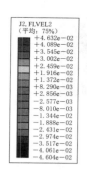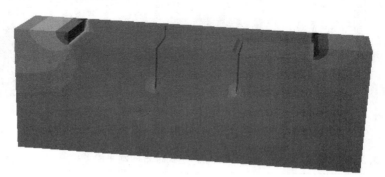

图 3.2.26 正向设计垂直方向渗透坡降分布

由图 3.2.30 和表 3.2.4 可知，特征位置的水平渗透坡降较小，主要是因为板桩增加了渗径长度；图表数据表明渗透坡降和上下游水位差相关，水位差越大，水平坡降越大，水位差越小，水平坡降越小。水平渗透坡降有明显的分层现象，主要是因为闸基为非均匀地基，渗透流速大小就不一样。

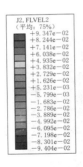 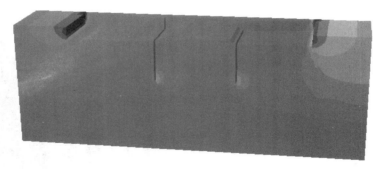

图 3.2.27　反向设计垂直方向渗透坡降分布

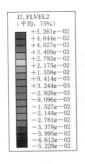 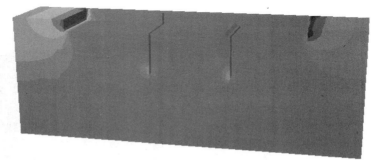

图 3.2.28　正向校核垂直方向渗透坡降分布

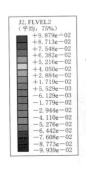 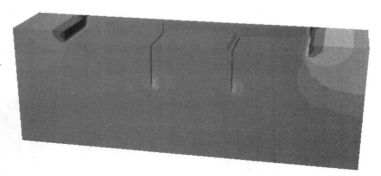

图 3.2.29　反向校核垂直方向渗透坡降分布

表 3.2.4　　　　　　　　　　　　闸基结构特征位置的水平渗透坡降

计算工况	正向设计	反向设计	正向校核	反向校核
位置 1	0.069	0.140	0.078	0.148
位置 2	0.019	0.039	0.022	0.041
位置 3	0.002	0.003	0.002	0.004
位置 4	0.102	0.207	0.116	0.219
位置 5	0.001	0.002	0.001	0.002

续表

计算工况	正向设计	反向设计	正向校核	反向校核
位置 6	0.009	0.019	0.011	0.020
位置 7	0.001	0.002	0.001	0.002
位置 8	0.103	0.209	0.117	0.221
位置 9	0.002	0.004	0.002	0.004
位置 10	0.068	0.138	0.077	0.146

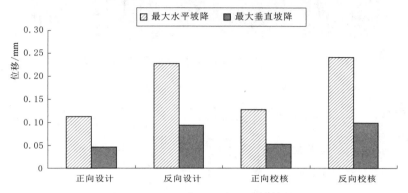

图 3.2.30 天然软土地基坡降计算结果

从渗透坡降分布图中可以看出：最大垂直渗透坡降分布在入渗点和出渗点，在板桩底部的垂直坡降比闸基的其他区域（除出渗点和入渗点）的坡降大。垂直渗透坡降主要和上下游水位差相关。水位差越大，垂直坡降越大，水位差越小，垂直坡降越小。

3.2.2 预制桩复合闸基渗流分析研究

在软土地基中，经常使用预制桩加固地基，预制桩属于挤土桩，由于大量桩体积的挤入，破坏了土体的相对平衡状态，土体的孔隙减小，渗透系数也相应地变小了[5]。

3.2.2.1 预制桩桩区渗透系数

在饱和软土层中，由于预制桩的挤入，渗透系数急剧变小，土体受挤压后，孔隙水压力增大，即产生了超静孔隙水压力，根据相关文献［6］的实验资料可知桩体的挤入能引起周围渗透系数减小，主要是因为桩体造成了土体孔隙的减小。

3.2.2.2 计算模型及参数

本次计算的模型在地基的顺水流方向长度取 64m，垂直水流方向取 25m，深度以闸基基础渗流的有效深度来控制，取至 −23.60m。

1. 预制桩复合闸基计算模型

在泰兴市焦土港闸的基础上建立预制桩复合闸基的渗流模型，采用钢筋混凝土 30cm×30cm 的预制方桩来处理地基。桩尖高程为 −12.00m，桩长 10.6m，共 285 根方桩，如图 3.2.31～图 3.2.33 所示。

2. 预制桩复合闸基计算参数

焦土港闸预制桩复合闸基的土体服从摩尔-库仑屈服准则，由于土体自重产生的变形在成桩前已基本完成，故计算中不计入土体自重引起的应变（表 3.2.5）。

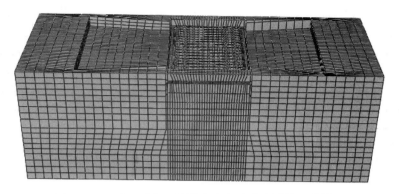

图 3.2.31　焦土港闸预制桩复合闸基渗流计算三维模型

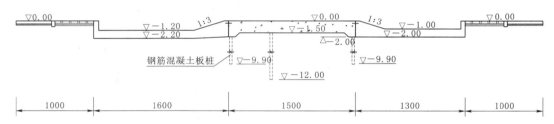

图 3.2.32　焦土港闸预制桩复合闸基地下轮廓线（尺寸单位：cm；高程单位：m）

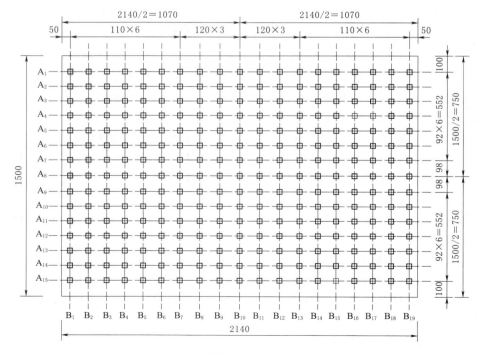

图 3.2.33　预制桩分布（单位：cm）

表 3.2.5　　　　　　　　　　　　桩区材料计算参数

项目	土 质	重度 $\gamma/(\text{N}/\text{m}^3)$	变形模量 E/MPa	泊松比 ν	孔隙比 n	渗透系数 $k/(\text{cm}/\text{s})$
土层 1	灰色淤质粉质黏土夹薄层粉砂	17900	5.2	0.30	0.83	1×10^{-5}
土层 2	灰色粉质黏土与粉砂互层	18000	7.6	0.30	0.79	3×10^{-5}
土层 3	灰色粉砂夹薄层粉质黏土	18300	11.9	0.30	0.75	5×10^{-5}
土层 4	灰色粉质黏土	19700	15.8	0.30	0.91	6×10^{-7}

焦土港闸预制桩复合闸基的渗流计算水位见表 3.2.6 所示。

表 3.2.6　　　　　　　　　　防 渗 计 算 水 位　　　　　　　　　单位：m

计 算 工 况		上游（内河）	下游（长江）
正向	设计	2.50	0.51
	校核	3.00	0.74
反向	设计	2.20	6.24
	校核	2.20	6.47

3.2.2.3　预制桩复合闸基渗流分析

本节对泰兴市焦土港闸下的预制桩复合闸基进行闸基渗流分析研究，对典型位置下的渗透水头和坡降进行比较，以及考虑桩基础对渗流的影响（图 3.2.34）。

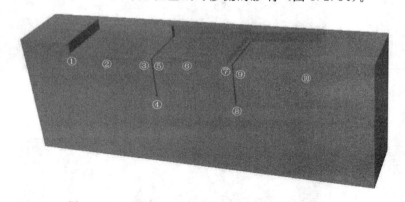

图 3.2.34　焦土港闸预制桩复合闸基特征位置布置

位置①：出渗点（入渗点）。

位置②：下游消力池护坦底部中心。

位置③：下游板桩的下游侧。

位置④：下游板桩的底部。

位置⑤：下游板桩的上游侧。

位置⑥：闸室底板中心。

位置⑦：上游板桩的下游侧。

位置⑧：上游板桩的底部。

位置⑨：上游板桩的上游侧。

位置⑩：入渗点（出渗点）。

1. 闸基位移分析

对焦土港闸预制桩复合闸基在正向设计、反向设计、正向校核、反向校核 4 种工况下的垂直位移、顺水流方向位移进行空间有限元计算并分析研究（图 3.2.35～图 3.2.42）。

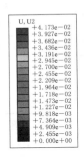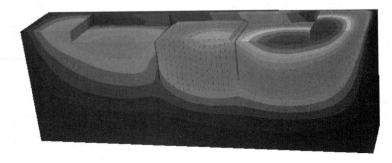

图 3.2.35　正向设计垂直位移分布（单位：m）

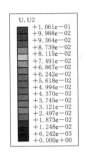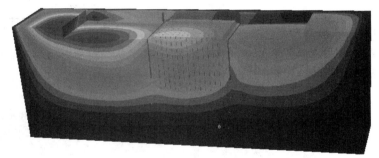

图 3.2.36　反向设计垂直位移分布（单位：m）

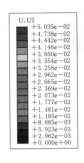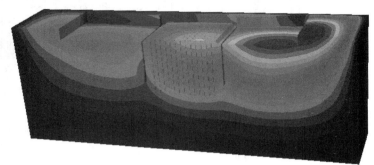

图 3.2.37　正向校核垂直位移分布（单位：m）

由以上结果可知：该工程的持力层为灰色淤泥粉质黏土夹薄粉砂，在各计算工况下，预制桩复合闸基的最大垂直位移均发生在高水位侧，其中在反向校核工况时达到最大，最大值为 47.67mm。在渗流作用下，垂直位移差均较小，最大值为 4.23mm。在各工况下，垂直位移分布区都是以板桩为界，即板桩上下游两侧和板桩之间的分布区域有明显的区

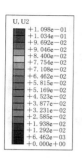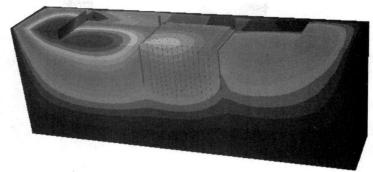

图 3.2.38　反向校核垂直位移分布（单位：m）

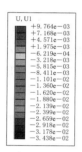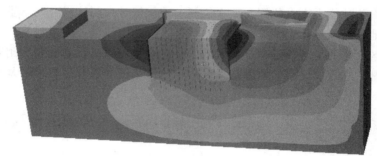

图 3.2.39　正向设计顺水流方向位移分布（单位：m）

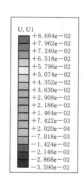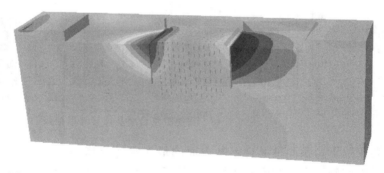

图 3.2.40　反向设计顺水流方向位移分布（单位：m）

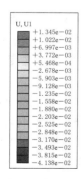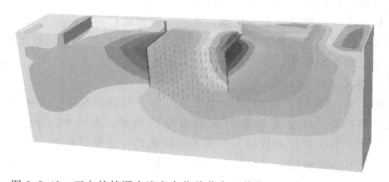

图 3.2.41　正向校核顺水流方向位移分布（单位：m）

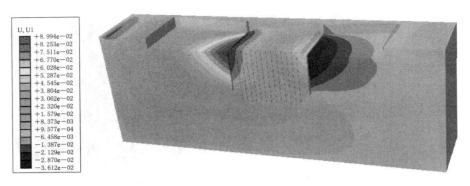

图 3.2.42　反向校核顺水流方向位移分布（单位：m）

别。垂直位移值由高水位侧向低水位侧递减，但是预制桩复合闸基垂直位移等值线没有天然软土地基的连贯，主要是因为预制桩挤入了软土地基，使得地基的孔隙减小，密实性增大，桩区土体的复合模量比其他区域的复合模量变大。预制桩复合闸基的垂直位移比天然软土地基的垂直位移小的原因是大量体积的预制桩的挤入必然导致复合地基的变形模量变大（图 3.2.43）。

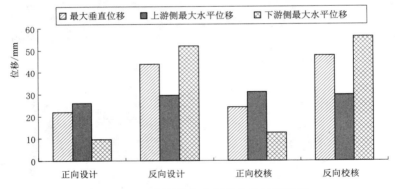

图 3.2.43　预制桩复合闸基位移计算结果

在各工况下，预制桩复合闸基表面的最大水平位移 56.21mm，分布在反向校核工况下的下游侧闸基，离水闸中心线越远，渗流引起的顺水流方向的位移越小；离水闸中心线越近，渗流引起的顺水流方向的位移越大，水平位移值大的分布区也越广。每个工况下的最大位移都发生在板桩的高水位侧，上、下游侧的位移都向板桩处逐渐减小，预制桩复合闸基的水平位移比天然软土地基的水平位移小，主要是因为大量体积的预制桩挤入闸基，使得土体孔隙体积减小，变形模量变大，因此在相同的水位差下，水平位移随之变小。

2. 闸基应力分析

由图 3.2.44～图 3.2.47 和表 3.2.7 可知：在各工况下，土体的 Mises 应力分布不均匀，最大值主要分布在土体靠近底板边缘的位置。在 4 种工况中，最大 Mises 应力为17.33 万 Pa，发生在反向校核工况下的板桩底部，主要是因为产生了应力集中。可以看出水位的变化对 Mises 应力大小的影响较大，其最大 Mises 应力比天然地基的最大 Mises 应力大。与天然软土地基各特征点的 Mises 应力相比：特征位置 1 在正向工况时增大了，在

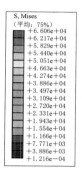
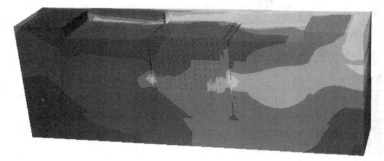

图 3.2.44　正向设计 Mises 应力分布（单位：Pa）

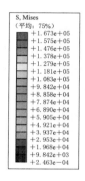
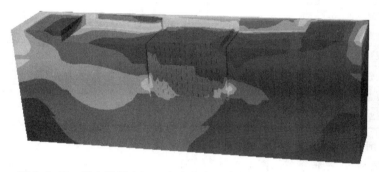

图 3.2.45　反向设计 Mises 应力分布（单位：Pa）

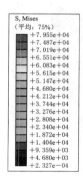
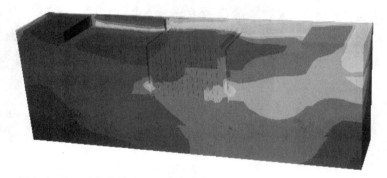

图 3.2.46　正向校核 Mises 应力分布（单位：Pa）

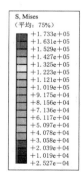
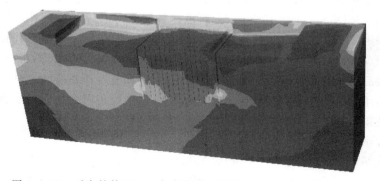

图 3.2.47　反向校核 Mises 应力分布（单位：Pa）

反向工况时减小了，特征位置 2、特征位置 3、特征位置 5、特征位置 6、特征位置 7、特征位置 9、特征位置 10 的 Mises 应力比天然软土地基的增大，特征位置 4、特征位置 8 的 Mises 应力比天然软土地基的减小。

表 3.2.7　　　　　　　　　　　闸基结构特征位置 Mises 应力　　　　　　　　单位：$\times 10^4$ Pa

计算工况	正向设计	反向设计	正向校核	反向校核
位置 1	0.33	2.68	0.45	2.78
位置 2	0.28	2.02	0.37	2.09
位置 3	0.25	1.33	0.33	1.37
位置 4	1.89	6.25	2.37	6.44
位置 5	0.26	1.94	0.35	2.01
位置 6	0.61	1.60	0.64	1.62
位置 7	0.77	0.91	0.93	0.92
位置 8	2.35	5.41	2.89	5.54
位置 9	0.44	0.66	0.53	0.67
位置 10	0.97	1.08	1.26	1.09

3. 闸基渗透水头分析

渗透水头三维分布如图 3.2.48 所示。

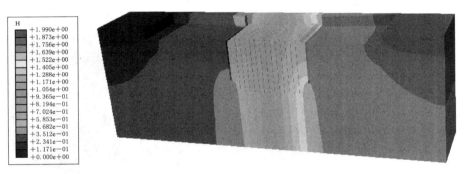

图 3.2.48　渗透水头三维分布（单位：m）

为了更客观地反映出渗透水头的空间三维分布变化，取四个垂直水流方向的二维水头分布图，如图 3.2.49～图 3.2.52 所示。各剖面为平行于水流方向垂直水面的剖面。

渗透水头的分布主要还是反映水流方向水头的变化，即 x 轴的水头变化。由图可知：水头由高水位逐渐向低水位递减，最大渗透水头为上下游水位差，分布在入土处，且第一根和最后一根水头线为地下轮廓线以外的上游和下游地基表面。从图中可以看出，消力池护坦所承担的防渗作用比天然软土地基的小，主要是因为大体积的预制桩挤入天然软土地基，使得桩区土体的孔隙减少，渗透系数变小，其渗透性减弱。

4. 闸基渗透坡降分析

从图 3.2.53～图 3.2.61 和表 3.2.8 可以看出，特征位置的水平渗透坡降比天然软土地基的小，主要原因是由于大量体积的预制桩挤入地基，使得闸基孔隙体积减小，渗透系

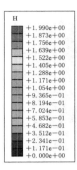

图 3.2.49 $z=12.5$m 剖面渗透水头分布（单位：m）

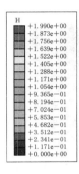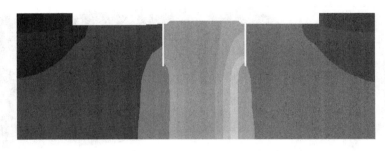

图 3.2.50 $z=15.0$m 剖面渗透水头分布（单位：m）

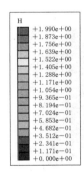

图 3.2.51 $z=17.5$m 剖面渗透水头分布（单位：m）

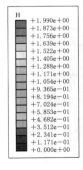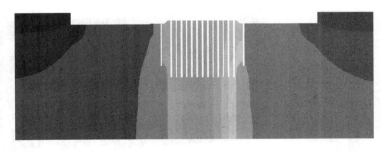

图 3.2.52 $z=20.0$m 剖面渗透水头分布（单位：m）

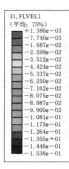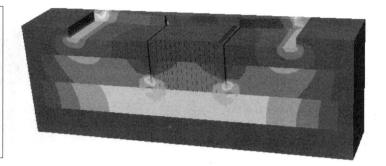

图 3.2.53　正向设计水平方向渗透坡降分布

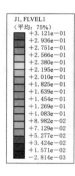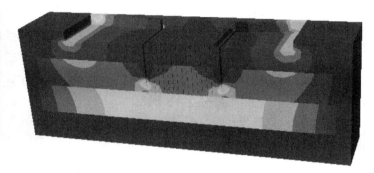

图 3.2.54　反向设计水平方向渗透坡降分布

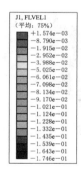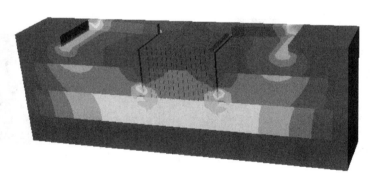

图 3.2.55　正向校核水平方向渗透坡降分布

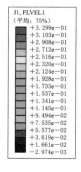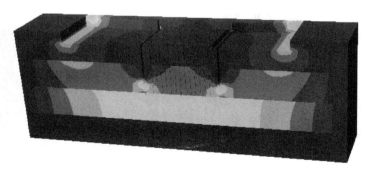

图 3.2.56　反向校核水平方向渗透坡降分布

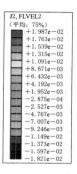
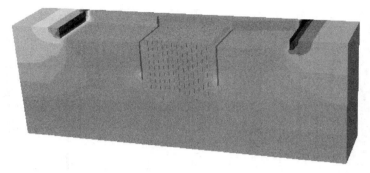

图 3.2.57 正向设计垂直方向渗透坡降分布

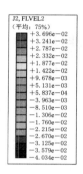
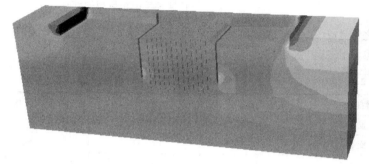

图 3.2.58 反向设计垂直方向渗透坡降分布

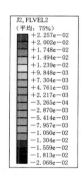
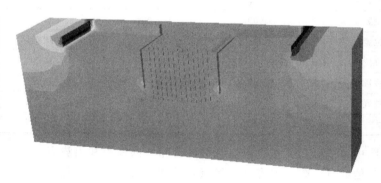

图 3.2.59 正向校核垂直方向渗透坡降分布

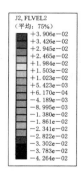
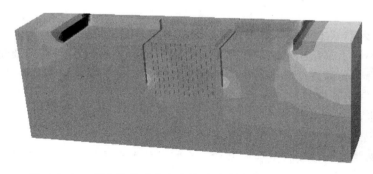

图 3.2.60 反向校核垂直方向渗透坡降分布

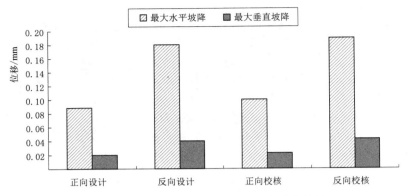

图 3.2.61　预制桩复合闸基渗透坡降计算结果

数也随之变小。水平渗透坡降有明显的分层现象，主要是因为闸基为非均匀地基，在入渗点、出渗点以及板桩底部渗透坡降较大。

表 3.2.8　　　　　　　　　　闸基结构特征位置的水平渗透坡降

计算工况	正向设计	反向设计	正向校核	反向校核
位置 1	0.024	0.049	0.027	0.052
位置 2	0.008	0.016	0.009	0.017
位置 3	0.001	0.002	0.001	0.002
位置 4	0.032	0.065	0.036	0.069
位置 5	0.000	0.001	0.000	0.001
位置 6	0.004	0.008	0.005	0.009
位置 7	0.000	0.001	0.000	0.001
位置 8	0.032	0.065	0.036	0.069
位置 9	0.001	0.002	0.001	0.002
位置 10	0.032	0.066	0.037	0.070

从图中可以看出：最大垂直渗坡降分布在入渗点和出渗点，在板桩底部的垂直坡降比闸基的其他区域（除出渗点和入渗点）的坡降大。预制桩复合闸基的垂直坡降比天然软土地基的垂直坡降小，主要是因为大量体积的预制桩挤入闸基，以至于闸基的渗透系数变小。

3.2.3　天然软土闸基与预制桩复合闸基渗流对比分析研究

在不同上部结构荷载的作用下，运用有限元分析天然闸基和预制桩复合闸基的应力、渗透坡降、位移随上部结构荷载的变化趋势，研究不同闸基下各防渗段所起的作用。

3.2.3.1　闸基应力对比分析

在上部结构荷载为 25kPa、50kPa、75kPa、100kPa、125kPa、150kPa 条件下，分析天然软土地基和预制桩复合闸基下的各特征点的应力变化。

天然闸基和预制桩复合闸基的 4 个特征位置在不同荷载下其 Mises 应力的分布曲线如图 3.2.62 和图 3.2.63 所示。

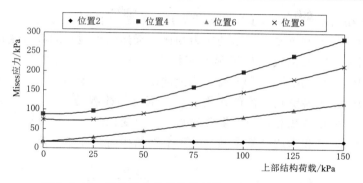

图 3.2.62 天然软土地基位特征位置 Mises 应力曲线

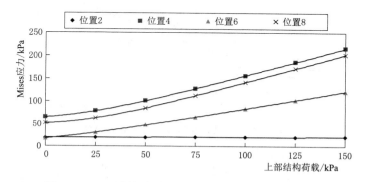

图 3.2.63 预制桩复合闸基特征位置 Mises 应力曲线

从图中可以看出，特征位置 4 和特征位置 8 随上部结构荷载的变化较大，此特征位置位于板桩底部，位于上部结构荷载作用区域。当上部结构荷载大于 25kPa 时，特征位置 4 和特征位置 8 所处区域的 Mises 应力变化主要受到上部结构荷载的作用；当上部结构荷载大于 25kPa 时，特征位置 4 和特征位置 8 所处区域的 Mises 应力变化主要受到上部结构荷载的作用。特征位置 6 随上部结构荷载的变化主要呈线性变化，此特征位置位于闸室底板中心下，特征位置 2 随上部结构荷载的变化较小，此位置位于消力池底板的中心位置下，因为其离上部结构荷载作用区域较远，其应力分布主要受到渗流作用主导。

从图 3.2.64～图 3.2.67 中可以看出，特征位置 2 在闸基为预制桩复合闸基的应力比天然软土地基的较大，但是在数值上接近，数值变化比较小，说明该区域渗流作用比较明

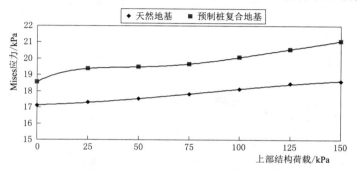

图 3.2.64 特征位置 2 Mises 应力曲线

显。特征位置 4 在闸基为天然软土地基的应力比预制桩复合闸基的应力大，当上部结构荷载大于 50kPa 时，和预制桩复合闸基的应力相比，天然软土地基的应力变化受上部结构荷载的作用比较明显。特征位置 6 处于闸室底板中心下，其变化曲线在两种地基下几乎重合，尤其是上部结构荷载小于 25kPa 时。当上部结构荷载小于 50kPa 时，天然软土地基特征位置 8 的应力变化主要受到渗流的作用，当上部结构荷载处于 50～100kPa 之间时，天然软土地基的应力变化曲线和预制桩复合闸基的应力变化曲线几乎重合。说明在这个荷载之间时，天然软土地基和预制桩复合闸基受到上部结构荷载和渗流荷载的差值相同。

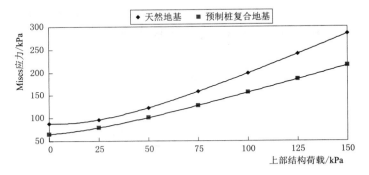

图 3.2.65　特征位置 4 Mises 应力曲线

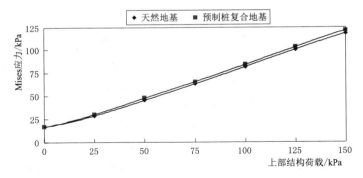

图 3.2.66　特征位置 6 Mises 应力曲线

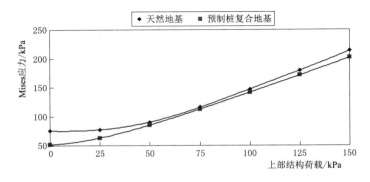

图 3.2.67　特征位置 8 Mises 应力曲线

从上述分析可知：远离上部结构荷载作用的区域，其应力随上部结构荷载的变化较小，主要是该区域渗流起主导作用。在上部结构荷载作用的区域，当上部结构荷载大于某个定值时，其应力变化随上部结构荷载的变化较为显著，说明此时上部结构荷载起主导作用。

3.2.3.2 闸基位移对比分析

在上部结构荷载为 25kPa、50kPa、75kPa、100kPa、125kPa、150kPa 时，分析天然软土地基和预制桩复合闸基下的各特征点的水平位移和垂直位移的变化。

从图 3.2.68 和图 3.2.69 中可以看出，上、下游最大水平位移随着上部结构荷载的增加而增加。当上部结构荷载小于 120kPa 时，天然闸基上游的最大位移比预制桩复合闸基的小，当上部结构荷载大于 120kPa 时，天然闸基上游的最大位移比预制桩复合闸基的大。而天然闸基下游的最大位移在整个加载过程中一直比预制桩复合闸基的大。

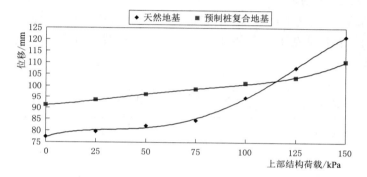

图 3.2.68　闸基上游最大水平位移曲线

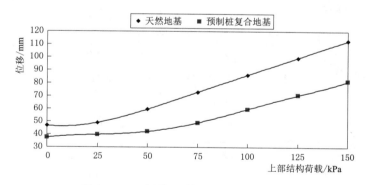

图 3.2.69　闸基下游最大水平位移曲线

从闸基垂直位移曲线图可以看出，当上部结构荷载小于 50kPa 时，天然闸基最大垂直位移比复合闸基的小，当上部结构荷载大于 50kPa 时，天然闸基的最大垂直位移比预制桩复合闸基的大。当上部结构荷载小于 36kPa 时，闸基的垂直位移主要表现为抬升，因为此时渗流起主导作用，渗流引起的渗透压力大于上部结构荷载。当上部结构荷载大于 36kPa 时，闸基的垂直位移主要表现为沉降，因为此时上部结构荷载起主导作用，上部结构荷载大于由渗流引起的渗透压力（图 3.2.70）。

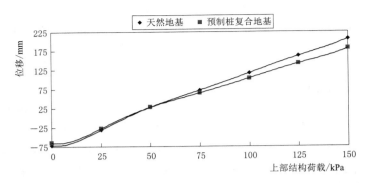

图 3.2.70　闸基最大位移曲线

3.2.3.3　渗透坡降对比分析

在上部结构荷载为 25kPa、50kPa、75kPa、100kPa、125kPa、150kPa 时，分析天然软土地基和预制桩复合闸基下的各特征点的水平渗透坡降移和垂直渗透坡降的变化（图 3.2.71～图 3.2.78）。

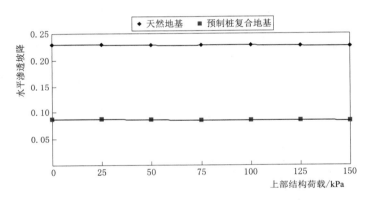

图 3.2.71　特征位置 1 水平渗透坡降曲线

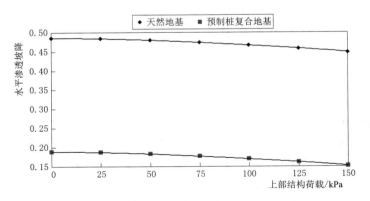

图 3.2.72　特征位置 4 水平渗透坡降曲线

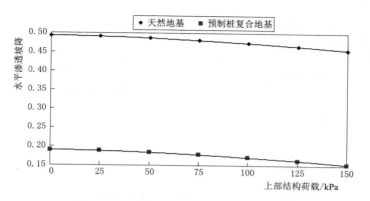

图 3.2.73　特征位置 8 水平渗透坡降曲线

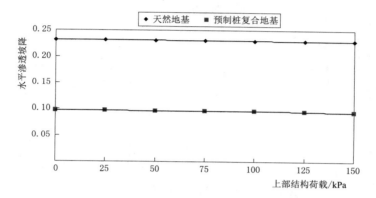

图 3.2.74　特征位置 10 水平渗透坡降曲线

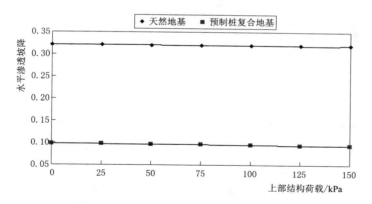

图 3.2.75　特征位置 1 水平渗透坡降曲线

　　特征位置 4、特征位置 8 的水平渗透坡降和垂直坡降随上部结构荷载的增大而减小，主要是因为特征位置 4 和特征位置 8 处在上部结构荷载作用下的区域，而上部结构荷载逐渐增大，土体的孔隙在其作用下会逐渐减小，土体水渗流的速度也会变慢。

　　特征位置 1、特征位置 10 的平渗透坡降和垂直坡降随上部结构荷载的增大而几乎不

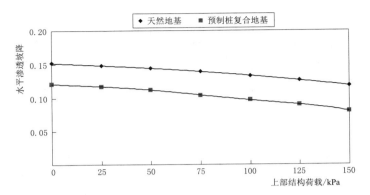

图 3.2.76 特征位置 4 水平渗透坡降曲线

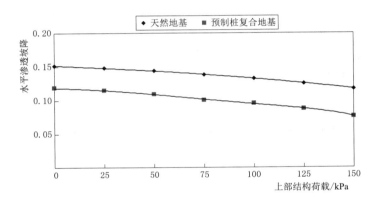

图 3.2.77 特征位置 8 水平渗透坡降曲线

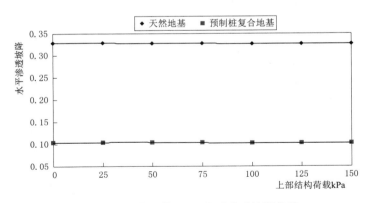

图 3.2.78 特征位置 10 水平渗透坡降曲线

变，主要是因为特征位置 1 和特征位置 10 处在入渗点和出渗点。即上部结构荷载不影响出渗点或入渗点的渗透坡降。

　　预制桩复合闸基的水平渗透坡降和垂直坡降比天然软土地基的小，主要是因为在预制桩复合闸基中，大量体积的预制桩挤入地基，使得桩区的地基防渗功能增强。因此其他防渗段所承受的防渗功能可以相应地降低。因此这 4 个特征位置在预制桩复合闸基的渗透坡降比天然闸基的渗透坡降得小。

3.2.3.4 护坦防渗功能对比分析

在焦土港闸中，上、下游各布置了消力池，其护坦未布设冒水孔，因此护坦可以作为防渗体，上游护坦长 13m，下游护坦长 16m，如图 3.2.79 所示。

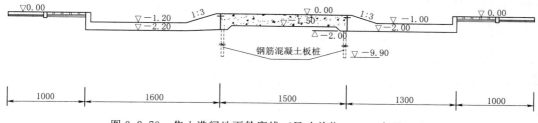

图 3.2.79 焦土港闸地下轮廓线（尺寸单位：cm；高程：m）

在各水位差为 1.0m、1.5m、2.0m、2.5m、3.0m、3.5m、4.0m，分析天然软土地基和预制桩复合闸基下的护坦防渗功能的变化，如图 3.2.80 和图 3.2.81 所示。

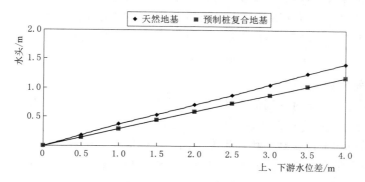

图 3.2.80 上游护坦防渗作用

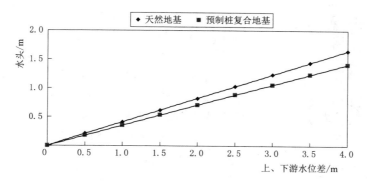

图 3.2.81 下游护坦防渗作用

上、下游护坦防渗作用随着上、下游水位差的变化成正比例变化，预制桩复合闸基的护坦防渗作用比天然软土地基的小。主要是因为大体积的预制桩挤入地基，使得桩区的孔隙减小，桩区地基的渗透系数变小，其渗透性减弱。

天然软土地基与预制桩复合闸基的上、下游消力池护坦所起的防渗作用在整个地下轮廊线防渗作用中所占的百分比见表3.2.9。

表 3.2.9　　　上、下游护坦防渗作用所占百分比

水位差/m	天然软土地基/%		预制桩复合闸基/%	
	上游护坦	下游护坦	上游护坦	下游护坦
0.5	35.22	41.20	29.42	35.30
1.0	35.32	41.18	29.41	35.29
1.5	35.29	41.17	29.47	35.29
2.0	35.30	41.18	29.41	35.30
2.5	35.28	41.16	29.41	35.30
3.0	35.30	41.17	29.41	35.30
3.5	35.60	41.17	29.40	35.29
4.0	35.30	41.18	29.40	35.30

从表中可以看出，天然软土地基的上、下游护坦所起的防渗作用在整个防渗中大约分别为35.3%和41.2%，而预制桩复合闸基的上、下游护坦所起的防渗作用在整个防渗中大约分别为29.4%和35.3%。预制桩复合闸基上、下游护坦所起的防渗作用比天然软土地基的都减小了5.9%。这表明了预制桩复合闸基使得土体的孔隙减小，防渗能力增强。

3.2.4　灌注桩闸基渗流分析研究

灌注桩桩体的施工会对周围的土体产生扰动作用，在考虑扰动作用时均假定扰动区土体的渗透系数是一个小于未扰动区土体渗透系数的常量。然而，Sharma 等[7] 的研究发现，由于桩体周边的土体受到的扰动程度不同，土体的渗透系数在扰动区是一个连续变化的量，而不是一个常量。针对这一点，Zhang 等[8] 以及 Xie 等[9] 给出了一种考虑土体水平渗透系数呈直线变化的复合地基固结解，Rohan 等[10] 则给出了一种考虑涂抹区水平渗透系数呈抛物线变化的砂井地基固结解。Xie 等[11] 还对传统的桩周流量连续假定。做了改进并得到了此类固结问题的控制方程及解答。

本节根据灌注桩闸基的特点，对这 3 种渗透系数分布变化模式进行相应的渗流研究。

3.2.4.1　灌注桩桩周渗透系数的分布

图 3.2.82 为桩体周围土体简化模型，r_e、r_s、r_c 分别为未扰动区、扰动区、桩体的半径。本次分析做了如下假定：

（1）等应变条件成立。

（2）土体中的渗流服从达西定律。

（3）桩体的径向渗流忽略不计，即桩体无渗透性。

图 3.2.83 为灌注桩闸基土体渗透系数的 3 种变化模式，第一种模式认为扰动区土体的渗透系数保持不

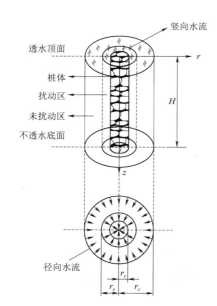

图 3.2.82　桩周土体简化模型

变；第二种模式认为扰动区土体的渗透系数随着 r 的增大而线性增大，未扰动区土体渗透系数保持不变；第三种模式认为扰动区土体的渗透系数随着 r 的增大而抛物线增大，未扰动区土体渗透系数保持不变，同时还得满足条件 $\dfrac{\mathrm{d}k(r_s)}{\mathrm{d}r}=0$。

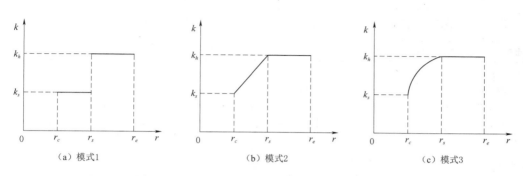

（a）模式1　　　　　　　（b）模式2　　　　　　　（c）模式3

图 3.2.83　扰动区土体渗透系数的 3 种变化模式

3.2.4.2　计算模型及参数

本次计算模型在地基的顺水流方向长度取 61m，垂直水流方向取 20m，深度以闸基基础渗流的有效深度来控制，取至高程 12.00m。

1. 灌注桩闸基计算模型

丁楼闸位于徐州市九里区丁楼村。该工程持力层为软弱地基，因此采用 D100 灌注桩来处理地基。桩尖高程为 22.30m，桩长 10.50m，闸室地基下共 8 根灌注桩。闸室底板面层高程为 34.00m，底板底高程为 32.80m，底板厚 1.2m，顺水流方向长 10m，上游铺盖长 28.0m，下游消力池底板作为防渗段长 3.8m。

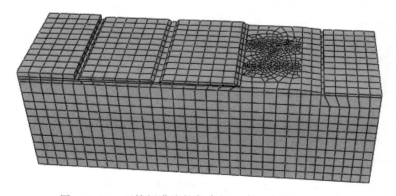

图 3.2.84　丁楼闸灌注桩复合闸基渗流计算三维模型

2. 灌注桩闸基计算参数

丁楼闸底板及灌注桩采用线弹性材料模拟，土体为弹塑性材料，服从摩尔-库仑屈服准则，由于土体自重产生的变形在成桩前已基本完成，故计算时不计入土体自重引起的应变（表 3.2.10、图 3.2.85）。

丁楼闸闸基渗流计算水位：上游水位 38.00m，下游水位 36.00m。

表 3.2.10　　　　　　　　　　　　　材 料 计 算 参 数

项目	土 质	层厚 /m	重度 $\gamma/(N/m^3)$	弹性模量 E/MPa	泊松比 ν	孔隙比 n	渗透系数 $k/(cm/s)$
土层 1	粉砂	4.5	19000	5.4	0.30	0.79	7.2×10^{-4}
土层 2	粉砂含流砂	2.0	19700	6.1	0.30	0.75	9.1×10^{-4}
土层 3	粉砂含壤土	8.0	19600	9.2	0.30	0.75	4.3×10^{-4}
土层 4	重粉质壤土	7.5	19500	10.3	0.30	0.83	1.2×10^{-4}

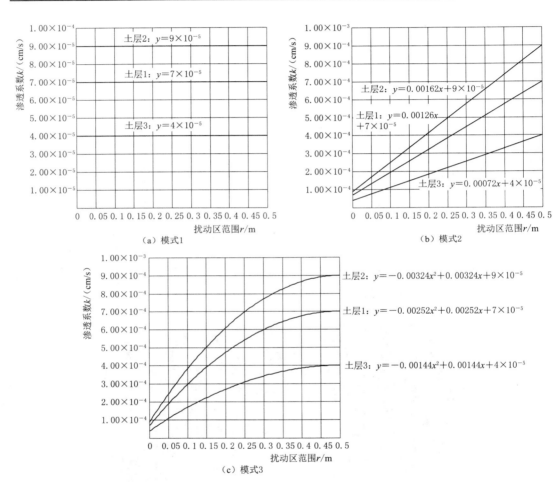

图 3.2.85　扰动区渗透系数分布曲线

3.2.4.3　灌注桩闸基渗流分析

本节对徐州市丁楼闸渗透系数分布的 3 种模式进行闸基渗流分析研究，对典型位置下的渗透水头和坡降进行比较，以及考虑桩基础对渗流的影响。为了便于分析，选取闸基的第三排桩体桩周的 9 个特征位置各进行比较分析（图 3.2.86）。

位置①：第三排桩桩顶下游侧。

位置②：第三排桩 1/3 桩长下游侧。

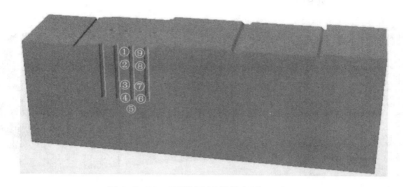

图 3.2.86　丁楼闸闸基特征位置布置

位置③：第三排桩 2/3 桩长下游侧。

位置④：第三排桩桩底下游侧。

位置⑤：第三排桩桩底。

位置⑥：第三排桩桩底上游侧。

位置⑦：第三排桩 2/3 桩长上游侧。

位置⑧：第三排桩 1/3 桩长上游侧。

位置⑨：第三排桩桩顶上游侧。

1. 闸基渗透水头分析

从三维分布图可以清楚知道，灌注桩闸基水头分布在整个闸基区域上几乎相同，但在扰动区范围分布的数值大小上有所差别（图 3.2.87～图 3.2.89）。这主要是因为扰动区范围比较小，不影响整个区域上的水头变化，同时渗流还可以绕过扰动区发生；扰动区范围内的水头大小的差别主要是因为扰动区渗透系数分布模式不一样。

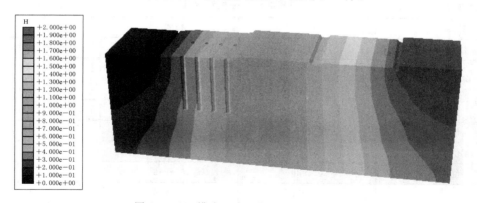

图 3.2.87　模式 1 渗透水头三维分布/m

扰动区内，模式 1 的水头在特征位置的水头数值小于模式 2 的数值，模式 2 的水头在特征位置的水头数值小于模式 3 的数值，这说明了模式 1 的前一排桩体比模式 2 和模式 3 的桩体起的防渗作用较大，同时 3 种模式下的位置 1 和位置 9 的水头差也能说明这一点。但是对于其他防渗体而言，其所起的防渗作用非常小。因为在实际中，渗流可以绕过桩体局部范围（扰动区）而发生（表 3.2.11）。

143

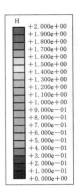

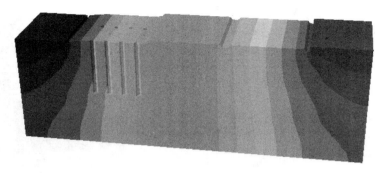

图 3.2.88　模式 2 渗透水头三维分布/m

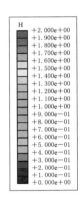

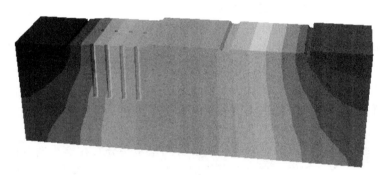

图 3.2.89　模式 3 渗透水头三维分布/m

表 3.2.11　　　　　　　　　　　　　　闸基结构特征位置水头　　　　　　　　　　　　　　单位：10^4 Pa

计算工况	模式 1	模式 2	模式 3
位置①	0.4752	0.4823	0.4912
位置②	0.4811	0.4845	0.4936
位置③	0.4824	0.4859	0.4951
位置④	0.4843	0.4878	0.4971
位置⑤	0.4853	0.4889	0.4982
位置⑥	0.4888	0.4925	0.5021
位置⑦	0.4928	0.4966	0.5064
位置⑧	0.4971	0.5010	0.5111
位置⑨	0.4989	0.5029	0.5131
水头差	0.0237	0.0218	0.0206

注　水头差为位置 1 和位置 9 的差值大小。

2. 闸基位移分析

分别对丁楼闸灌注桩闸基在模式 1、模式 2、模式 3 3 种模式下的垂直位移、顺水流方向位移进行了空间有限元计算并分析研究。

从图 3.2.90～图 3.2.95 中可以看出，扰动区的垂直位移等值线和水平位移等值线未产生突变，说明扰动区的垂直位移和水平位移与其他区域是一致的，同时 3 种模式的分布区域也一样，只是扰动区局部的位移大小有所区别。主要是因为在扰动区范围内，其渗透系数分布不同，因此由渗流作用引起的垂直位移也不相同。

由以上结果可知：该工程的持力层为粉砂层，在各种模式下，灌注桩闸基的最大垂直

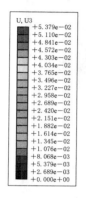
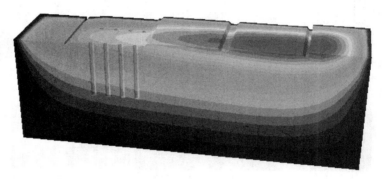

图 3.2.90 模式 1 垂直位移分布/m

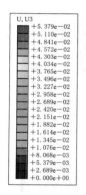

图 3.2.91 模式 2 垂直位移分布/m

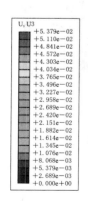
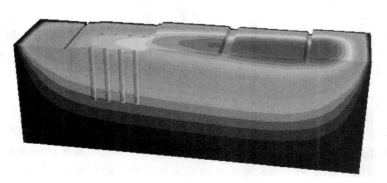

图 3.2.92 模式 3 垂直位移分布/m

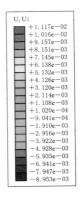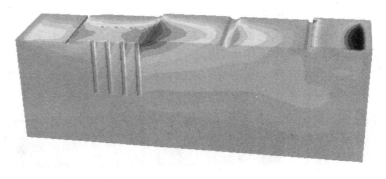

图 3.2.93 模式 1 水平位移分布/m

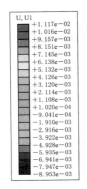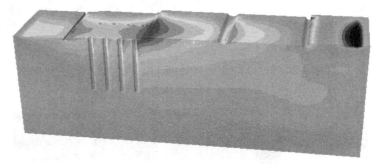

图 3.2.94 模式 2 水平位移分布/m

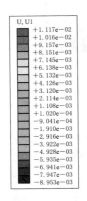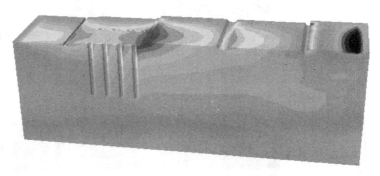

图 3.2.95 模式 3 水平位移分布/m

位移均发生在高水位侧,最大值为 45.21mm。在渗流作用下,垂直位移差均较小,最大值为 4.28mm。在 3 种模式下,垂直位移由高水位侧向低水位侧递减,垂直位移为正,主要是因为渗流作用产生的渗透压力表现为自下而上的顶托力。

3 种模式下,灌注桩闸基的水平位移越来越小,离闸室中心线越近,渗流引起的顺水流方向的位移越大;3 种模式下的最大位移都发生在铺盖和闸室底板下的闸基,上下游侧的位移都向此处逐渐减小。但是在进出口处时变大。

从表 3.2.12 中可以看出：扰动区特征位置在模式 1 的水平位移和垂直位移比模式 2 的大，模式 2 的水平位移和垂直位移比模式 3 的大。这主要是因为模式 1 的渗透系数在数值分布上比模式 2 的和模式 3 的小，因此其防渗作用大，所承担的水头也变大，扰动区整体所受的荷载（渗透压力）也大，因此其整体位移比其他两种模式的大。

表 3.2.12　　　　　　　　　　闸基结构特征位置的水平位移和垂直位移　　　　　　　　　　单位：m

计算工况	模　式　1		模　式　2		模　式　3	
	水平位移	垂直位移	水平位移	垂直位移	水平位移	垂直位移
位置①	0.0491	0.0424	0.0490	0.0423	0.0486	0.0420
位置②	0.0456	0.0422	0.0455	0.0421	0.0451	0.0418
位置③	0.0215	0.0206	0.0215	0.0206	0.0213	0.0204
位置④	0.0243	0.0238	0.0243	0.0238	0.0241	0.0236
位置⑤	0.0304	0.0300	0.0303	0.0299	0.0301	0.0297
位置⑥	0.0295	0.0287	0.0294	0.0286	0.0292	0.0284
位置⑦	0.0263	0.0255	0.0262	0.0254	0.0260	0.0252
位置⑧	0.0530	0.0507	0.0529	0.0506	0.0525	0.0502
位置⑨	0.0521	0.0511	0.0520	0.0510	0.0516	0.0506

3. 闸基应力分析

分别对丁楼闸灌注桩闸基在 3 种模式下的应力进行空间有限元计算并分析研究。

由图 3.2.96～图 3.2.98 可知：在各工况下，扰动区土体的 Mises 应力明显区别于其他闸基区域的 Mises 应力，主要是因为扰动区的渗透系数不一样，因此由渗流引起的应力大小也不一样，分布区域也有所区别。

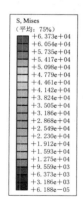
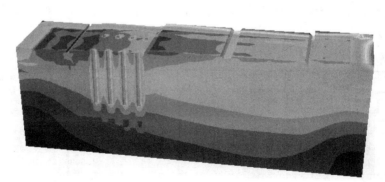

图 3.2.96　模式 1Mises 应力分布/Pa

3 种模式下扰动区的 Mises 应力分布虽然一样，但是其大小有所区别。这主要是因为扰动区渗透系数分布不一样，因此渗流作用也不相同，各单元所受的荷载大小也就不一样，因此引起的 Mises 应力也就不一样。

扰动区内，模式 1 的 Mises 应力大于模式 2 的 Mises 应力，模式 2 的 Mises 应力大于

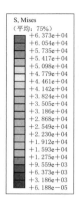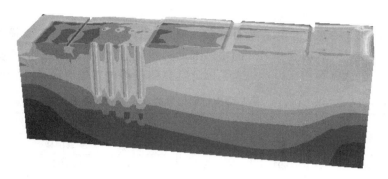

图 3.2.97　模式 2Mises 应力分布/Pa

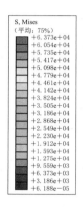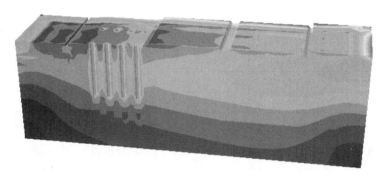

图 3.2.98　模式 3Mises 应力分布/Pa

模式 3 的 Mises 应力，这也说明了模式 1 所起的防渗作用最大，因为其 Mises 应力最大，其所受荷载也最大，荷载是由渗流作用下引起的，因此其承担的渗透水头也就越大（表 3.2.13）。

表 3.2.13	闸基结构特征位置 Mises 应力		单位：10^4 Pa
计算工况	模式 1	模式 2	模式 3
位置①	1.6407	1.6017	1.5626
位置②	2.1129	2.0626	2.0123
位置③	2.2613	2.2074	2.1536
位置④	1.5857	1.5480	1.5102
位置⑤	1.1278	1.1010	1.0741
位置⑥	1.5868	1.5490	1.5112
位置⑦	2.1155	2.0652	2.0148
位置⑧	2.4194	2.3618	2.3042
位置⑨	1.4244	1.3905	1.3566

4. 闸基渗透坡降分析

从图 3.2.99～图 3.2.104 和表 3.2.14 可以看出，特征位置的水平渗透坡降均较小，扰动区水平渗透坡降有明显的分层现象，主要是因为闸基为非均匀地基。

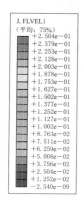

图 3.2.99　模式 1 水平方向渗透坡降分布

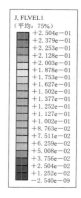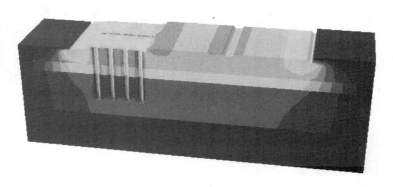

图 3.2.100　模式 2 水平方向渗透坡降分布

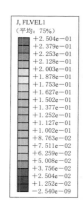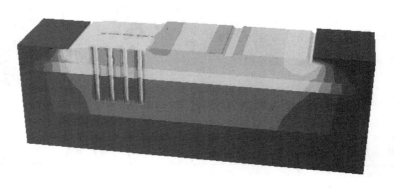

图 3.2.101　模式 3 水平方向渗透坡降分布

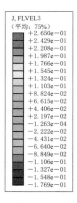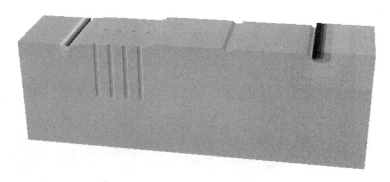

图 3.2.102　模式 1 垂直方向渗透坡降分布

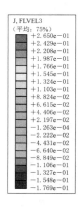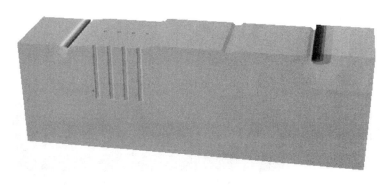

图 3.2.103　模式 2 垂直方向渗透坡降分布

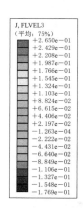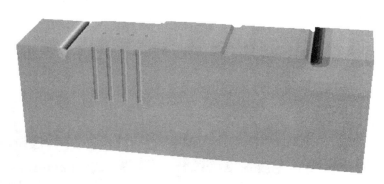

图 3.2.104　模式 3 垂直方向渗透坡降分布

表 3.2.14　　　　　　　　　　　　闸基结构特征位置的水平渗透坡降

计算工况	模式 1	模式 2	模式 3
位置①	0.0420	0.0424	0.0425
位置②	0.0418	0.0422	0.0423

计算工况	模式 1	模式 2	模式 3
位置③	0.0143	0.0144	0.0145
位置④	0.0236	0.0238	0.0239
位置⑤	0.0297	0.0300	0.0300
位置⑥	0.0267	0.0269	0.0270
位置⑦	0.0252	0.0254	0.0255
位置⑧	0.0438	0.0442	0.0443
位置⑨	0.0443	0.0447	0.0448

扰动区内，模式 1 的渗透坡降小于模式 2 的渗透坡降，模式 2 的渗透坡降小于模式 3 的渗透坡降。这主要是因为模式 3 下的渗透系数数值上小于其他两种模式下的 3 种数值，进一步说明了模式 1 下所起的防渗作用较大。

3.2.5 软土地基水闸渗流场与应力场耦合

目前，对渗流场与应力场的研究大都是分开进行的，即在进行渗流场分析时不考虑应力场对渗流场的影响，同样在进行应力场计算时，根据渗流有限元计算结果，仅考虑渗流影响土体重度的形式进行稳定及应力分析。这样，都没有切实反映渗流场与应力场耦合作用对边坡稳定性的影响。实际上，对于多孔介质来说，渗流场与应力场之间的相互作用可表述为渗流场水头分布的改变引起边坡内作用在岩土介质上的渗流体积力的改变，从而改变边坡内应力场和位移场的分布；边坡应力场的改变，使岩土介质产生压缩变形及形成固结，导致土体孔隙率发生变化，从而改变土体的渗透系数，最终导致整个边坡内渗流场的变化。渗流场与应力场之间的相互作用最终会达到耦合的平衡状态，即稳定渗流场和稳定应力场。

3.2.5.1 耦合的基本方法

目前，耦合场计算大致分为间接耦合和直接耦合[12]。间接耦合是将应力场和渗流场分开计算，然后通过应力场和渗流场的交叉迭代达到耦合的目的，而直接耦合是建立以应力场和渗流场为未知量的数学模型，通过求解析解达到完全耦合的目的。

3.2.5.2 耦合的土体模型

土体渗透系数随基质吸力的关系为

$$K_w = a_w K_{ws} / \{a_w + [b_w \times (u_a - u_w)]^{c_w}\} \qquad (3.2.1)$$

式中　　　K_{ws}——土体饱和渗透系数；

　　u_a、u_w——土体的气压和水压力；

a_w、b_w、c_w——土体的材料系数。

土体饱和度随基质吸力的关系为

$$S_r = S_i + (S_n - S_i) \times a_s / \{a_s + [b_s \times (u_a - u_w)]^{c_s}\} \qquad (3.2.2)$$

式中　S_r、S_i——土体的饱和度和残余饱和度；

u_a、u_w——土体的气压和水压力；

a_s、b_s、c_s——土体的材料系数。

采用此模型得到了计算中采用的曲线。图 3.2.105 为计算中采用的渗透系数随饱和度的变化曲线，图 3.2.106 为计算中采用的吸湿曲线。

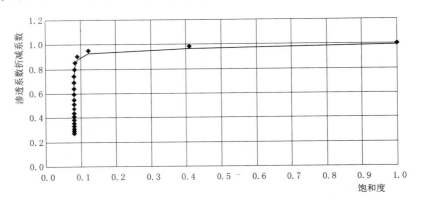

图 3.2.105　渗透系数随饱和度的变化曲线

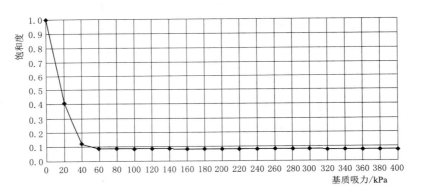

图 3.2.106　计算采用的吸湿曲线

3.2.5.3　耦合的有限元模型

某水闸位于软土地基地质区域。该工程持力层处于软弱地基，因此采用 D80 灌注桩来处理地基。桩尖高程为桩长 8.00m，闸室地基下共 4 根灌注桩。底板底高程为 0.00m，底顺水流方向长 10m，上游铺盖长 8.0m，下游消力池底板作为防渗段长 10.0m。假设降雨前水闸上、下游水位均在铺盖和护坦的表面。两岸土体高为 8.0m。翼墙采用八字形翼墙（图 3.2.107）。

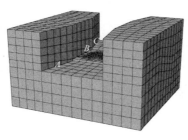

图 3.2.107　某水闸的两场耦合
有限元模型

土体为弹塑性材料，服从 Mohr - Coulomb 屈服准则，其莫尔-库仑性质为凝聚力 16kPa，摩擦角 13°。其弹性模量为 6MPa，泊松比为 0.3。在整个分析区域的顶面都受到降雨作用，入渗强度 20mm/h（5.56×10^{-6} m/s），时间持续 72h（表 3.2.15）。

表 3.2.15　　　　　　　　　　　　分析区域降雨量

时　　间/h	降雨量/(mm/h)	降雨幅度
0	0	0
24	20	1
48	20	1
72	0	0

3.2.5.4　初始状态结果分析

在降雨入渗前，需要知道初始应力分布、初始饱和度分布等一系列初始条件。因此首先得进行一个静水位作用的分析，以建立耦合分析的初始状态。

从图 3.2.108 中可以看出，降雨前水压力的分布几乎呈线性分布，闸基底部为 116.6kPa，而两岸土体顶部为 -77.2kPa，其表现为吸力，同时体现出了非饱和区的初始孔隙水压力在浸润面上初始孔隙水压力为 0，向上基质吸力逐渐增大。而且与孔压（包括吸力）随深度线性分布的假设相符合。

从图 3.2.109 中可以看出，闸基以下的饱和度为 1，在闸基两岸的土体，其为非饱和区，水位以上的饱和度快速地减小到 0.04。

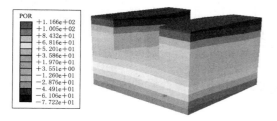

图 3.2.108　降雨前的孔压分布/Pa

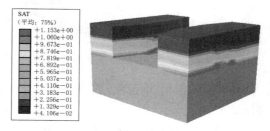

图 3.2.109　降雨前的饱和度分布

两岸土体顶部的竖向有效应力分布并不为零，这是因为 ABAQUS 中的有效应力反映了吸力的影响，另外，在两岸土体，竖向有效应力分布呈现出从高到低逐渐增加的特点。在闸基内，有效应力大于 0，是因为孔隙压力主要由水压力起主导作用，不再表现为吸力（图 3.2.110）。

3.2.5.5　降雨入渗瞬态结果分析

降雨 48h 和降雨 72h 后的孔压分布如图 3.2.111 和图 3.2.112 所示。

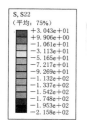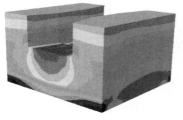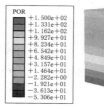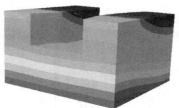

图 3.2.110　降雨前的竖向有效应力分布/Pa　　　图 3.2.111　降雨 48h 后的孔压分布/Pa

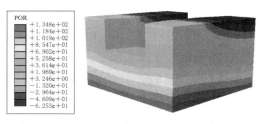

图 3.2.112 降雨 72h 后的孔压分布/Pa

考虑降雨入渗后,孔压分布图与初始状态有明显区别,两岸土体顶部以下的吸力区范围减小,基质吸力也就有所减小。对比 48h 和 72h 的图可以发现随着降雨时间的延长,饱和度增大,孔隙水压力增大,土体层的基质吸力则减小。在降雨减小或停止之后,随着时间的延长,饱和度逐渐减小,孔隙水压力逐渐减小。土体浅层的基质吸力又逐渐增大。

降雨 48h 后,最大垂直位移发生在两岸土体中部,为 1.83mm,降雨 72h 后,最大垂直位移发生在两岸土体中部,为 1.76mm。当降雨入渗后,吸力降低,即孔压增加,有效应力有所减小,因此降雨停止之后,出现了回弹;另一方面,随着降雨入渗的持续,土体含水率和重度会有所增加,导致垂直位移和应力的增加(图 3.2.113 和图 3.2.114)。

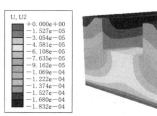
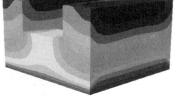

图 3.2.113 降雨 48h 后的垂直位移分布/m

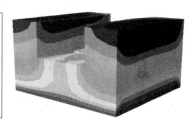

图 3.2.114 降雨 72h 后的垂直位移分布/m

在降雨入渗的作用下,闸基与两岸交界处的土体出现了塑性区的发展。沿着上、下游两侧扩展。

从图 3.2.115 中可以看出,$t = 20h$ 时,闸基与两岸交界处的土体出现了塑性区的发展,中部最先发展,上、下游两侧紧随其后,随着降雨时间的快速增加,大约 50h 后,由于降雨开始变弱,塑性区不再扩展,等效塑性应变也就不再增加。

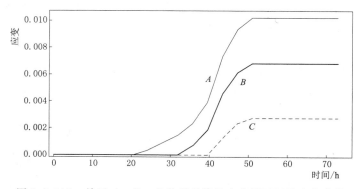

图 3.2.115 单元 A、B、C 的等效塑性应变随时间的变化曲线

从图 3.2.116 中可以看出,在降雨前,因为闸室水位在河道表面,3 个单元都没有达到饱和状态,在降雨入渗的作用下,单元 A、B、C 的饱和度逐渐增加;随着降雨减弱直至停止,单元 A、B、C 的饱和度逐渐增加。

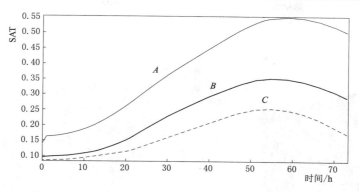

图 3.2.116 单元 A、B、C 的饱和区随时间的变化曲线

3.3 微桩群复合地基上水闸工程结构性态分析

3.3.1 微桩群复合地基水闸底板分析研究

3.3.1.1 计算模型及参数

1. 计算模型

泰兴市焦土港闸位于泰兴市虹桥镇三桥村，是泰兴市骨干河道焦土港的通江口门，也是通南地区重要的通江口门之一。该工程持力层处于软弱地基，因此采用钢筋混凝土 30cm×30cm 的预制方桩来处理地基。桩尖高程为 −12.00m，桩长 10.6m，共 285 根方桩。底板面层高程为 0.00m，底板厚 1.4m，顺水流方向长 15m，垂直水流方向长 21.4m（图 3.3.1）。

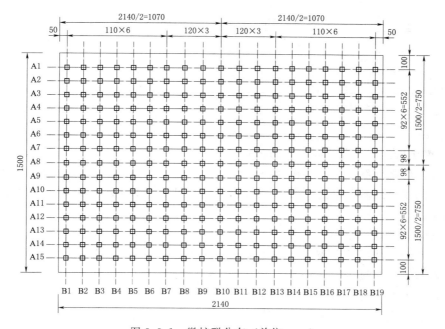

图 3.3.1 微桩群分布（单位：cm）

本次计算模型在地基的顺水流方向取闸室长度 15m，垂直水流方向取 64.2m，深度取至高程－20.00m[13]（图 3.3.2）。

（a）微桩群三维有限元模型

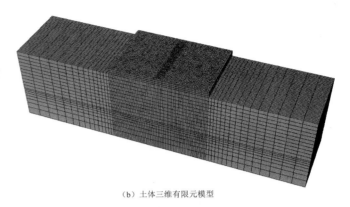

（b）土体三维有限元模型

图 3.3.2　本次计算模型

2．材料性质和力学参数

焦土港闸底板及预制方桩采用线弹性材料模拟[14]，土体为弹塑性材料，假定服从 Mohr - Coulomb 屈服准则，由于土体自重产生的变形在成桩前已基本完成，故计算中不计入土体自重引起的应变[15]。在底板底面与土体以及桩与桩周土体之间设置了滑动接触面，分别模拟底板与土以及桩与土的相互作用，其摩擦系数均取 $\mu = 0.25$[16]。底板与桩基的接触近似看作是固接的[17]（表 3.3.1）。

表 3.3.1　　　　　　　　　　　　　　　　　材 料 计 算 参 数 表

项　目	重度	弹性模量	泊松比	凝聚力	内摩擦角
	$\gamma /(\text{N/m}^3)$	E/MPa	ν	C/kPa	$A/(°)$
底板	25000	25500	0.167	—	—
预制方桩	25000	28000	0.167	—	—
土层 1	17900	16.5	0.30	10.0	4.6
土层 2	18000	23.8	0.30	9.5	32.2
土层 3	18300	30.1	0.30	8.7	33.8

3.3.1.2　微桩群复合地基垂直承载力分析研究

为了体现出微桩群复合地基在减小天然地基的沉降以及提高承载力等方面的优势，故对天然地基与复合地基分别进行了模拟分析。此次计算分析时，在底板表面加载 100kPa 的均布荷载。

1．微桩群复合地基位移分析研究

未经加固的天然地基压缩变形较明显，最大沉降值为 59.08mm，而经过微桩群加固后的复合地基沉降明显小于天然地基，其最大沉降值为 31.74mm，最大沉降值减小了约 46％。由此可见，微桩群对地基沉降的减小效果十分显著（图 3.3.3 和图 3.3.4）。

从土体沉降表面看，微桩群复合地基的沉降变化比较缓和，由中间向两边逐渐变化，而天然地基的沉降变化幅度较大，最大沉降主要集中在施加荷载的区域且形成了一个凹

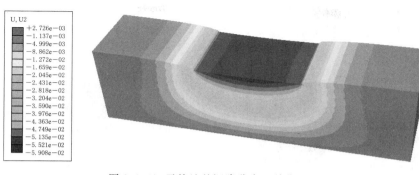

图 3.3.3 天然地基沉降分布（单位：m）

图 3.3.4 微桩群复合地基沉降分布（单位：m）

槽，而且微桩群复合地基的最大沉降区域明显要小于天然地基的最大沉降区域。

微桩群复合地基在荷载范围内地基沉降最大，其影响深度约为群桩的分布长度，桩身与桩周土存在沉降差，靠近桩顶的土体沉降大于靠近桩端的沉降，这是由于当桩顶荷载足够大时，桩周局部土体剪应力达到极限，此时可认为剪应力达到最大值后不再增大，这一处的桩身与桩周土之间就会产生滑移，造成桩身位移与桩周土位移的差异性，故在实际施工设计中应采取一定的措施改善桩体深度范围内的地基土体的不均匀沉降。另外，加固区的桩体和土体的位移变化趋势基本是一致的，说明了微桩群复合地基是共同作用协调变形的，改善了地基的变形特性[18]。

2. 微桩群复合地基应力分析研究

天然地基的最大应力主要分布在底板的两侧，天然地基在荷载施加的范围内沿地基深度的应力分布较均匀，荷载由整个土体承担，其地基 Mises 应力最大值为 1.200×10^5 Pa，微桩群复合地基中 Mises 应力最大值为 1.665×10^6 Pa，远远大于天然地基的应力值，可见微桩群复合地基极大地提高了地基的承载力，效果非常显著。桩体的 Mises 应力值约为 $7.710 \times 10^5 \sim 1.665 \times 10^6$ Pa，桩端附近的土体的 Mises 应力值约为 $6.462 \times 10^4 \sim 3.415 \times 10^5$ Pa，其余土体的 Mises 应力值约为 $7.229 \times 10^2 \sim 4.332 \times 10^4$ Pa，由此可见微桩群复合地基中桩体承担了大部分的荷载，这是由于桩体和地基土体是协调变形的，所以应力分配与地基材料弹性模量的大小有关，而钢筋混凝土桩体的弹性模量远远大于软土地基的变形模量，所以地基应力主要集中在桩体上，使得桩体承担大部分荷载，土体承担小部分荷载，这样充分发挥了钢筋混凝土的力学性能。同时，微桩群复合地基使得地基表面的大部分荷载通过桩体传递给下卧土层（图 3.3.5～图 3.3.8）。

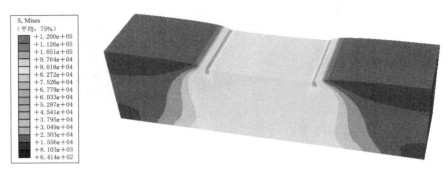

图 3.3.5　天然地基的 Mises 应力分布（单位：Pa）

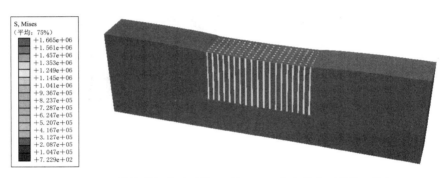

图 3.3.6　微桩群复合地基桩-土的 Mises 应力分布（单位：Pa）

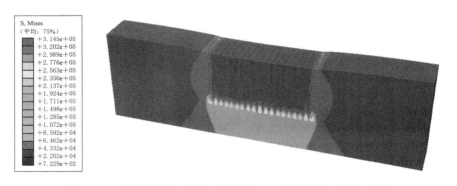

图 3.3.7　微桩群复合地基土体的 Mises 应力分布（单位：Pa）

3. 微桩群力学性能分析研究

微桩群沉降最大值为 29.89mm，主要分布在底板中部，沉降最小值为 24.01mm，主要分布在底板两侧，故微桩群的竖向位移是由中间向两边逐渐较小，其与桩间土的沉降变化趋势是一致的，体现了桩与土的协同作用。由于钢筋混凝土桩的刚度较大，其压缩变形较小，故单根桩的竖向位移沿着桩深变化较小（图 3.3.9）。

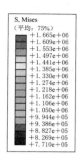

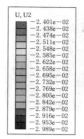
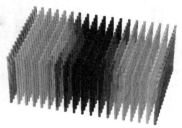

图 3.3.8　微桩群复合地基桩体的　　　　图 3.3.9　微桩群沉降分布（单位：m）
Mises 应力分布（单位：Pa）

微桩群桩身轴向应力最大值为 1.704×10^6 Pa，主要分布在桩顶的 4 个角点处，轴向应力最小值为 7.713×10^5 Pa，主要分布在桩底的底板中部位置，由此可见，边桩的轴向应力大于中间桩的轴向应力，尤其在 4 个角点处最大，可以考虑在施工中采用强度比较高的混凝土来制作这些位置的桩体。单根桩的轴向应力随着桩深逐渐减小，中间部分的桩的轴向应力变化幅度较小，角桩的轴向应力变化幅度较大，最大值主要发生在靠近桩顶的 1/2 处（图 3.3.10）。

4. 微桩群复合地基垂直荷载的分担比研究

由于微桩群复合地基的理论尚处于发展中，计算理论还不是太成熟，现有的资料还不够完全充分，无法合理地确定桩间土承担的荷载比例，因此，在实际的工程设计中，对于桩体的竖向承载力的计算，一般均按底板底面以上的荷载全部由桩承担的原则考虑，不计桩间土的承载能力，这是偏于安全的。事实上，桩和桩间土是同时共同承担上部荷载的。

底板底面与土体表面的接触状态较好，两个面在竖向荷载作用下是均匀接触的，接触面上基本不存在"脱空"现象，如图 3.3.11 所示。

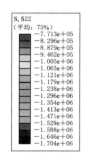

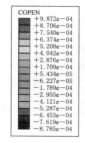
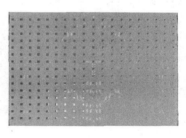

图 3.3.10　微桩群桩身轴向应力分布（单位：Pa）　图 3.3.11　底板与土体的接触状态分布（单位：m）

底板底面与土体的接触压强最大值为 1.574×10^5 Pa，主要分布在底板两侧，中间大部分的接触压强值在 $8.709 \times 10^2 \sim 6.610 \times 10^4$ Pa 之间，可见桩间土与桩是共同承担上部荷载的。经过后处理，桩间土承担的竖向荷载为 4743.14kN，而总的竖向荷载为 32100kN，故土体承担的竖向荷载分担比为 14.78%，桩基承担的竖向荷载分担比为 85.22%（图 3.3.12）。

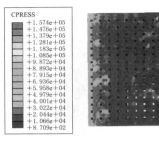

图 3.3.12　底板与土体的竖向接触压强
分布（单位：Pa）

3.3.1.3　微桩群复合地基水平承载力分析研究

为了研究微桩群复合地基的水平承载力，在底板的顺水流方向加载 100kPa 的水平荷载，在底板的垂直方向加载 100kPa 的竖向荷载。

1. 微桩群复合地基位移分析

竖向荷载不变，加载水平力后最大沉降值为 32.55mm，沉降最大的区域主要分布在加载方向的下游侧，比未加水平力时的最大沉降值增大了 0.81mm，变化较小（图 3.3.13）。

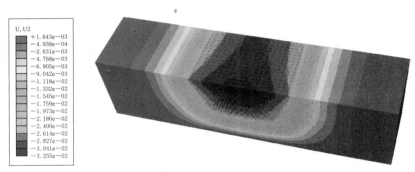

图 3.3.13　微桩群复合地基沉降分布（单位：m）

微桩群复合地基表面的水平位移最大值为 3.542mm，水平位移最大的区域主要分布在接触面的中部，接触面边上的水平位移约为 2.053～2.946mm，位移值相应减小了。接触面周围土体的水平位移均较小。土体的水平位移基本是协调一致的，体现了土体的协调变形特性（图 3.3.14）。

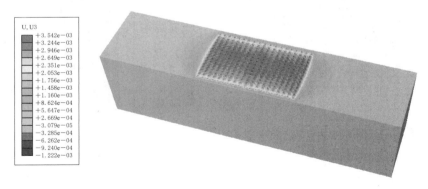

图 3.3.14　微桩群复合地基水平位移分布（单位：m）

2. 微桩群复合地基应力分析

竖向荷载不变，加载水平荷载后微桩群复合地基土体的 Mises 应力最大值为 $3.574 \times$

10^5Pa，未加水平力时，土体的 Mises 应力最大值为 3.415×10^5Pa，土体的 Mises 应力最大值变化较小。加载水平力后桩体的 Mises 应力最大值为 3.364×10^6Pa，而未加水平力时，桩体的 Mises 应力最大值为 1.665×10^6Pa，故考虑水平力后，桩基的 Mises 应力最大值变化较大，微桩群复合地基中桩体的集中应力现象更为明显。底板的 Mises 应力值变化较大，最大值主要分布在底板中部位置。由此可见，考虑水平荷载后，微桩群复合地基土体的应力变化较小，微桩群复合地基桩基的应力变化较大，约为未考虑水平荷载时的 2 倍。因此，在实际的设计施工时应重点关注桩基的强度及性能的发挥（图 3.3.15～图 3.3.17）。

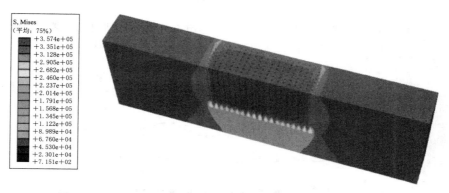

图 3.3.15　微桩群复合地基土体的 Mises 应力分布（单位：Pa）

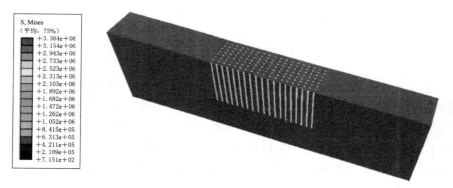

图 3.3.16　微桩群复合地基桩-土的 Mises 应力分布（单位：Pa）

3. 微桩群力学性能分析研究

微桩群各桩的水平位移变化趋势基本相同，微桩群最大水平位移为 3.307mm，分布在桩顶，而土体的最大水平位移为 3.542mm，略大于桩顶的水平位移，这是由于微桩群与桩周土的刚度差异较大，同时相互作用效应导致各自的水平抗力分布不均匀，故微桩群各桩的水平位移存在差异性。对于单根桩，桩基的水平位移随着桩深逐渐减小（图 3.3.18）。

微桩群桩顶剪应力并不是均匀分布的，这是由于底板、微桩群、土体相互作用效应导致微桩群各桩的水平抗力分布不均匀造成的。各排桩的桩顶剪应力分布规律基本一致，边桩及角桩的桩顶剪应力较大，越往群桩内侧，桩顶剪应力越小。因此，在实际的工程设计或桩基检测时，要重点关注角桩及边桩（图 3.3.19）。

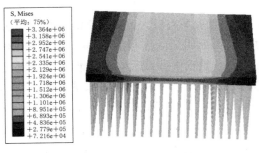

图 3.3.17 微桩群复合地基桩体的 Mises
应力分布（单位：Pa）

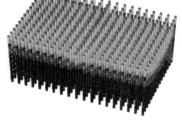

图 3.3.18 微桩群水平位移（顺水流方向）
分布（单位：m）

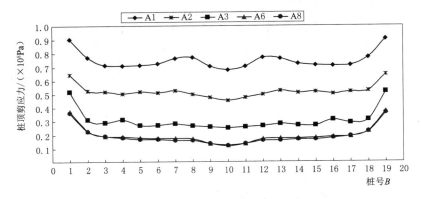

图 3.3.19 微桩群桩顶剪应力分布曲线

微桩群主要承受压应力，最大主压应力为 3.430×10^6 Pa，加载水平力后，在桩顶 2m 范围内微桩承受的拉应力较大，微桩群桩身下段主要承受竖向承载力，对水平承载力的影响较小，因此，过度加长微桩长度并不能显著提高微桩水平承载力。底板的最大主拉应力为 1.319×10^6 Pa，主要分布在底板底层的中部，最大主压应力为 1.424×10^6 Pa，主要分布在底板面层的中部，故底板底层主要是受拉的，面层是受压的（图 3.3.20 和图 3.3.21）。

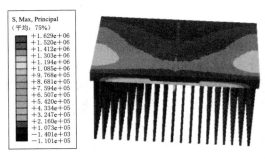

图 3.3.20 微桩群最大主拉应力分布（单位：Pa）

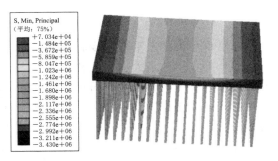

图 3.3.21 微桩群最大主压应力分布（单位：Pa）

4. 微桩群复合地基水平荷载的分担比研究

目前水闸桩基的布置方式较多,加之不少水闸还承受双向水头作用,水位组合情况较复杂,因此对桩基承受水平向荷载的分担比难以作出具体规定,目前在实际的工程设计中多数仍按全部水平向荷载由各桩平均承担的原则进行设计计算,这是偏于安全的。事实上,桩间土与桩体是共同直接承担水平向荷载的。

在垂直荷载和水平荷载共同作用下,底板底面与土体表面仍是均匀接触的,接触状态较好,进一步验证了有限元计算的可行性。

底板与土体的接触压强最大值为 1.579×10^5 Pa,主要分布在底板两侧,中间大部分的接触压强值在 $9.872 \times 10^3 \sim 6.910 \times 10^4$ Pa 之间。经过后处理,桩间土承担的竖向荷载为 4671kN,而总的竖向荷载为 32100kN,故土体承担的竖向荷载分担比为 14.55%,微桩群承担的竖向荷载分担比为 85.45%。由此可知,考虑水平荷载后,土体承担的竖向荷载分担比减小,但减小幅度较小(图 3.3.22 和图 3.3.23)。

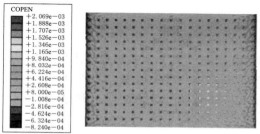

图 3.3.22 底板与土体的接触状态分布(单位:m)

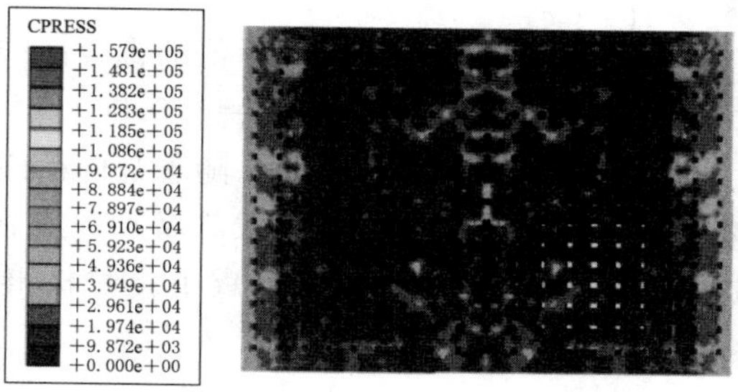

图 3.3.23 底板与土体的竖向接触压强
分布(单位:Pa)

由于底板与土体之间存在摩擦,故土体能够承担部分水平荷载。土体表面顺水流方向的剪应力最大值为 1.003×10^4 Pa,主要分布在底板两侧,中间大部分的剪应力值在 $3.880 \times 10^2 \sim 6.324 \times 10^3$ Pa 之间。经过后处理,桩间土承担的水平荷载为 367.42kN,而总的水平荷载为 2996kN,故土体承担的水平荷载分担比为 12.26%,微桩群承担的水平荷载分担比为 87.74%(图 3.3.24)。

3.3.1.4 微桩群复合地基参数分析研究

通过对微桩群复合地基不同影响参数的计算,主要分析研究微桩群复合地基的沉降、桩顶位移以及桩、土荷载分担比,同时借助 Matlab 对影响较大的参数进行函数拟合。

3.3.1.5 荷载的影响

1. 竖向荷载的影响

加载时主要考虑竖向荷载的变化,在底板的顺水流方向加载 100kPa 的水平荷载。

在一定竖向荷载范围内,随着竖向荷载的增加,微桩群复合地基的最大沉降值逐渐增大,基本呈直线分布,说明微桩群与桩周

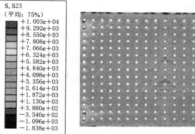

图 3.3.24 土体表面顺水流方向的剪应力
分布(单位:Pa)

土的协调变形较好，所加荷载未超过桩周土的极限承载力，桩体未发生破坏。微桩群复合地基最大沉降值受竖向荷载的影响较大（图 3.3.25）。

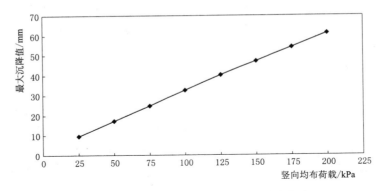

图 3.3.25 微桩群复合地基最大沉降值曲线

微桩群复合地基最大沉降值的拟合曲线如下：

$$y = -0.0001x^2 + 0.3209x + 1.6015 \tag{3.3.1}$$

在一定竖向荷载范围内，随着竖向荷载的增加，微桩群复合地基桩顶的水平位移逐渐减小，这是由于随着竖向荷载的增加，底板与桩周土的接触压强增大，摩擦力逐渐增加，微桩群承担的水平荷载有所减小。微桩群复合地基桩顶水平位移受竖向荷载的影响较小（图 3.3.26）。

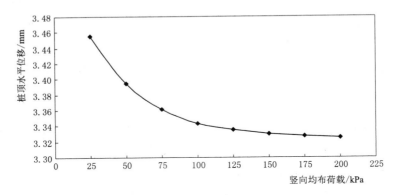

图 3.3.26 微桩群复合地基桩顶水平位移曲线

在一定竖向荷载范围内，随着竖向荷载的增加，微桩群复合地基土体竖向荷载分担比逐渐减小。这是由于加荷初期，桩周土承担较大的竖向荷载，微桩群承担的竖向荷载相对较小，桩基还有较大的发挥余地，桩土位移的调节没有稳定，因此土体竖向荷载分担比也不会稳定。随着荷载的增加，桩体承担的竖向荷载比例逐渐加大而土体承担的竖向荷载比例减小，桩的作用得到较为完全的发挥，故土体竖向荷载分担比随荷载增加逐渐减小。

在一定竖向荷载范围内，随着竖向荷载的增加，微桩群复合地基土体水平向荷载分担比逐渐增大。这是由于随着竖向荷载的增加，底板与桩周土的接触压强增大，摩擦力逐渐增加，桩周土承担的水平荷载增大，而桩本身的抗剪能力没有明显的变化。微桩群复合地基土体水平荷载分担比受竖向荷载的影响较大（图 3.3.27）。

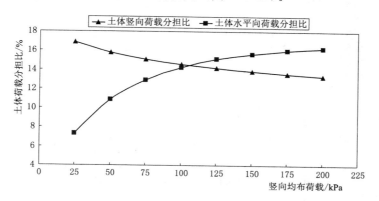

图 3.3.27　微桩群复合地基土体荷载分担比曲线

微桩群复合地基土体竖向及水平向荷载分担比的拟合曲线如下。

竖向荷载分担比

$$y_1 = 0.0001x^2 - 0.042x + 17.7539 \tag{3.3.2}$$

水平荷载分担比

$$y_2 = -0.0004x^2 + 0.1327x + 4.7169 \tag{3.3.3}$$

（1）水平荷载的影响。

加载时主要考虑水平荷载的变化，在底板的竖直方向加载 100kPa 的竖向均布荷载。

在一定水平荷载范围内，随着水平荷载的增加，微桩群复合地基的最大沉降值逐渐增大，但变化幅度较小。由此可见，水平荷载对微桩群复合地基的最大沉降值有影响，但是影响不大（图 3.3.28）。

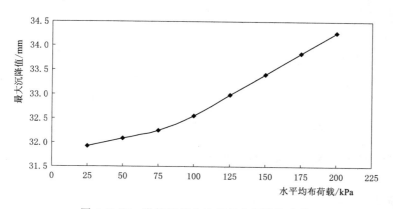

图 3.3.28　微桩群复合地基最大沉降值曲线

在一定水平荷载范围内，随着水平荷载的增加，微桩群复合地基桩顶水平位移逐渐增大，基本呈直线分布，变化幅度较大。以上可见，水平荷载未超过微桩群复合地基的允许水平荷载值，故桩土共同作用未发生破坏。微桩的水平承载力主要由桩的抗弯能力和容许的最大变形来控制的（图 3.3.29）。

微桩群复合地基桩顶水平位移的拟合曲线如下：

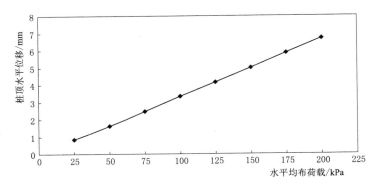

图 3.3.29　微桩群复合地基桩顶水平位移曲线

$$y = 0.0335x - 0.0281 \tag{3.3.4}$$

在一定水平荷载范围内，随着水平荷载的增加，微桩群复合地基土体竖向荷载分担比逐渐减小，但减小幅度较小。

在一定水平荷载范围内，随着水平荷载的增加，微桩群复合地基土体水平向荷载分担比逐渐减小，减小幅度较大。这是由于竖向荷载是不变的，从而土体能承担的极限水平力基本不变，当水平荷载增加到一定程度时，微桩承担的荷载比例逐渐增加，从而土体承担的荷载比例会相应减小（图 3.3.30）。

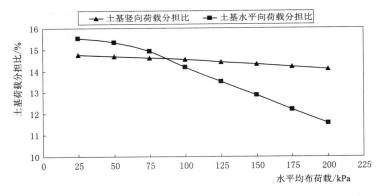

图 3.3.30　微桩群复合地基土体荷载分担比曲线

微桩群复合地基土体水平向荷载分担比的拟合曲线如下：

$$y = -0.0003x^2 + 0.0089x + 15.4919 \tag{3.3.5}$$

（2）边荷载的影响。

边荷载是指计算闸段的底板两侧的闸室或边闸墩（岸墙）以及墩（墙）后回填土作用于地基上的荷载[19]。根据试验研究结果，边荷载对底板及闸室结构的应力应变等的影响较大，因此有必要进行研究分析。

随着边荷载的增大，微桩群复合地基最大沉降值有所减小，但是减小的幅度较小（图3.3.31）。

随着边荷载的增大，微桩群复合地基桩顶水平位移基本不变，几乎可以忽略不计。故

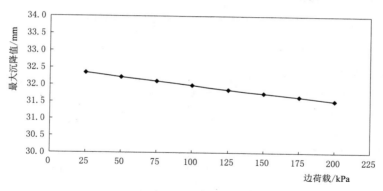

图 3.3.31 微桩群复合地基最大沉降值曲线

边荷载对微桩群复合地基桩顶水平位移的影响很小,在实际的工程设计中可以不作为重点考虑对象(图 3.3.32)。

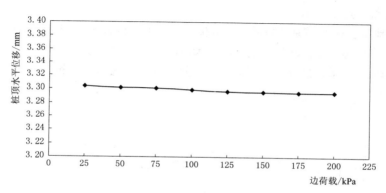

图 3.3.32 微桩群复合地基桩顶水平位移曲线

随着闸室两侧边荷载的增大,微桩群复合地基土体竖向荷载分担比逐渐减小。这是由于边荷载的增大,桩间土体受挤压,使得微桩与桩间土的侧向接触压强增大,微桩的竖向抗变形能力增强,从而微桩承担的竖向荷载比例增大,土体承担的竖向荷载比例减小(图 3.3.33)。

随着闸室两侧边荷载的增大,微桩群复合地基土体水平向荷载分担比逐渐减小。这是由于边荷载的增大,桩间土体受挤压,使得微桩与桩间土的侧向接触压强增大,微桩的水平抗剪能力增强,从而微桩承担的水平向荷载比例增大,土体承担的水平向荷载比例减小。

微桩群复合地基土体竖向及水平向荷载分担比的拟合曲线如下。

竖向荷载分担比

$$y_1 = 0.001x^2 - 0.021x + 14.4955 \qquad (3.3.6)$$

水平荷载分担比

$$y_2 = -0.0076x + 13.6178 \qquad (3.3.7)$$

2. 桩周土参数的影响

(1) 土体变形模量的影响。

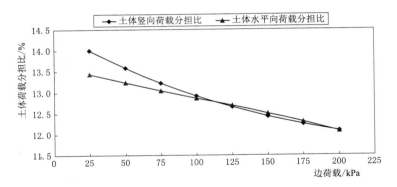

图 3.3.33　微桩群复合地基土体荷载分担比曲线

在 ABAQUS 软件材料参数定义中，模量采用弹性模量。弹性模量 E 的数值随材料而异，是通过实验测定的，其值表征材料抵抗弹性变形的能力。土的变形模量 E_0 是在无侧限条件下的应力与应变的比值。

随着复合地基土体变形模量的增大，微桩群复合地基的最大沉降值逐渐减小。当土体变形模量小于 15MPa 时，微桩群复合地基的最大沉降值变化曲线较陡，变化显著。当土体变形模量大于 15MPa 时，微桩群复合地基的最大沉降值变化曲线趋于缓和（图 3.3.34）。

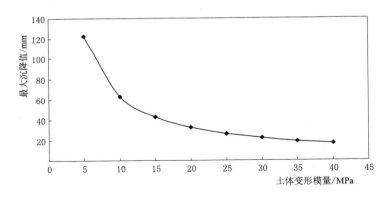

图 3.3.34　微桩群复合地基最大沉降值曲线

微桩群复合地基最大沉降值的拟合曲线如下：

$$y = 0.0004x^4 - 0.0403x^3 + 1.6216x^2 - 29.2793x + 232.4286 \qquad (3.3.8)$$

随着复合地基土体变形模量的增大，微桩群复合地基桩顶水平位移逐渐减小。当土体变形模量小于 15MPa 时，微桩群复合地基桩顶水平位移变化曲线较陡，变化显著。当土体变形模量大于 15MPa 时，微桩群复合地基桩顶水平位移变化曲线较缓和（图 3.3.35）。

微桩群复合地基桩顶水平位移的拟合曲线如下：

$$y = -0.0006x^3 + 0.0522x^2 - 1.517x + 17.2177 \qquad (3.3.9)$$

随着复合地基土体变形模量的增大，微桩群复合地基土体竖向荷载分担比逐渐增大，变化较显著。随着复合地基土体变形模量的增大，微桩群复合地基土体水平向荷载分担比逐渐减小，但减小幅度较小（图 3.3.36）。

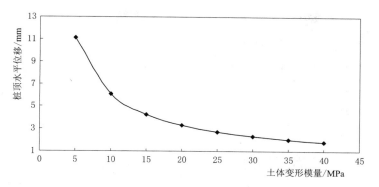

图 3.3.35 微桩群复合地基桩顶水平位移曲线

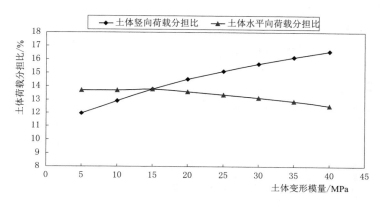

图 3.3.36 微桩群复合地基土体荷载分担比曲线

微桩群复合地基土体竖向及水平向荷载分担比的拟合曲线如下。

竖向荷载分担比

$$y_1 = -0.0018x^2 + 0.2121x + 10.9717 \tag{3.3.10}$$

水平荷载分担比

$$y_2 = -0.0012x^2 + 0.0192x + 13.6562 \tag{3.3.11}$$

（2）土体泊松比的影响。

土的泊松比是指土体在无侧限条件下单向压缩时侧向膨胀的应变与竖向压缩的应变之比，变化范围不大，一般在 0.2～0.4 之间，饱和黏土在不排水条件下的泊松比可能接近 0.5[20]。在进行材料定义时，需要定义材料的泊松比，对该参数进行研究，可知其对沉降、桩顶位移及荷载分担比的影响规律，对工程设计具有一定的指导意义。

随着复合地基土体泊松比的增大，微桩群复合地基的最大沉降值逐渐减小，变化幅度较明显（图 3.3.37）。

微桩群复合地基最大沉降值的拟合曲线如下：

$$y = -168.0952x^2 + 48.7286x + 31.9767 \tag{3.3.12}$$

随着复合地基土体泊松比的增大，微桩群复合地基桩顶水平位移逐渐减小（图 3.3.38）。

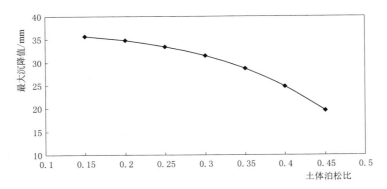

图 3.3.37　微桩群复合地基最大沉降值曲线

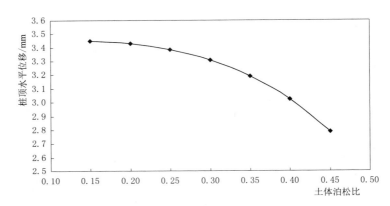

图 3.3.38　微桩群复合地基桩顶水平位移曲线

微桩群复合地基桩顶水平位移的拟合曲线如下：

$$y = -8.3476x^2 + 2.8721x + 3.1983 \qquad (3.3.13)$$

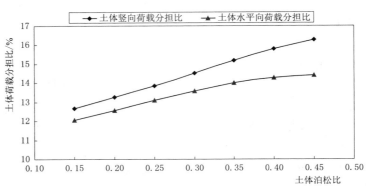

图 3.3.39　微桩群复合地基土体荷载分担比曲线

随着复合地基土体泊松比的增大，微桩群复合地基土体竖向荷载分担比及水平向荷载分担比均逐渐增大，变化幅度均较大。

微桩群复合地基土体竖向及水平向荷载分担比的拟合曲线如下。

竖向荷载分担比

$$y_1 = -1.7333x^2 + 13.3286x + 10.6796 \qquad (3.3.14)$$

水平荷载分担比

$$y_2 = -56.2222x^3 + 34.6619x^2 + 3.5646x + 10.9181 \qquad (3.3.15)$$

3. 底板与土的接触摩擦系数的影响

计算时主要考虑底板与土的接触摩擦系数的变化,在底板的竖直方向及水平方向均加载 100kPa 的均布荷载。

随着底板与土的接触摩擦系数的增大,微桩群复合地基的最大沉降值逐渐减小,但减小幅度较小(图 3.3.40)。

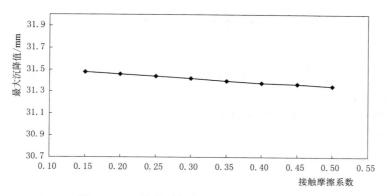

图 3.3.40　微桩群复合地基最大沉降值曲线

随着底板与土的接触摩擦系数的增大,微桩群复合地基桩顶水平位移逐渐减小,但减小幅度较小(图 3.3.41)。

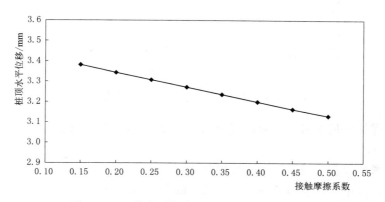

图 3.3.41　微桩群复合地基桩顶水平位移曲线

随着底板与土的接触摩擦系数的增大,微桩群复合地基土体竖向荷载分担比基本不变,而土体水平向荷载分担比逐渐增大且变化幅度较大(图 3.3.42)。

微桩群复合地基土体水平向荷载分担比的拟合曲线如下:

$$y = -21.6452x^2 + 58.9063x + 0.1984 \qquad (3.3.16)$$

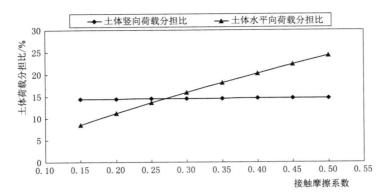

图 3.3.42　微桩群复合地基土体荷载分担比曲线

4. 桩基弹性模量的影响

计算时主要考虑桩基弹性模量的变化[21]，在底板的竖直方向及水平方向均加载 100kPa 的均布荷载。

随着桩基弹性模量的增大，微桩群复合地基的最大沉降值逐渐减小，但减小幅度较小（图 3.3.43）。

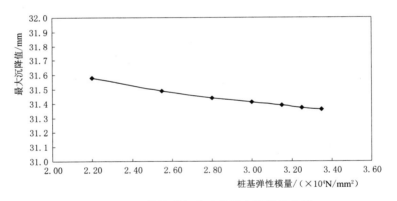

图 3.3.43　微桩群复合地基最大沉降值曲线

随着桩基弹性模量的增大，微桩群复合地基桩顶水平位移逐渐减小，但减小幅度较小（图 3.3.44）。

随着桩基弹性模量的增大，微桩群复合地基土体竖向荷载分担比以及水平向荷载分担比均逐渐减小，其中土体竖向荷载分担比减小幅度较小（图 3.3.45）。

微桩群复合地基土体水平向荷载分担比的拟合曲线如下：

$$y = 0.1968x^2 - 2.1156x + 17.9793 \qquad (3.3.17)$$

5. 底板弹性模量的影响

随着底板弹性模量的增大，微桩群复合地基的最大沉降值逐渐减小，但减小幅度较小（图 3.3.46）。

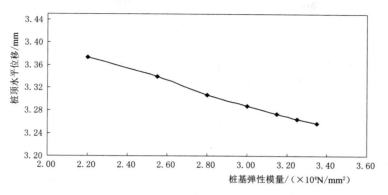

图 3.3.44　微桩群复合地基桩顶水平位移曲线

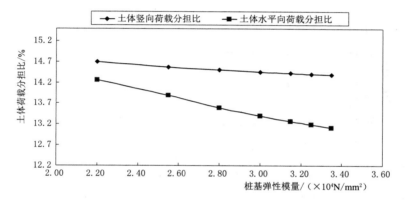

图 3.3.45　微桩群复合地基土体荷载分担比曲线

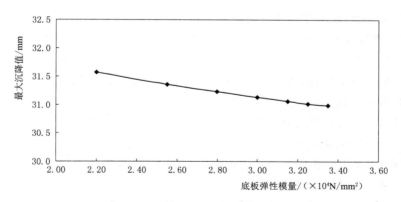

图 3.3.46　微桩群复合地基最大沉降值曲线

随着底板弹性模量的增大，微桩群复合地基桩顶水平位移逐渐减小，但减小幅度较小（图 3.3.47）。

随着底板弹性模量的增大，微桩群复合地基土体竖向荷载分担比以及水平向荷载分担比基本保持不变（图 3.3.48）。

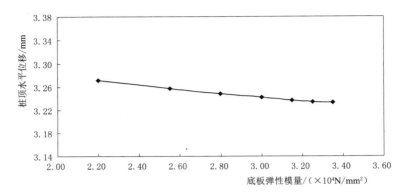

图 3.3.47　微桩群复合地基桩顶水平位移曲线

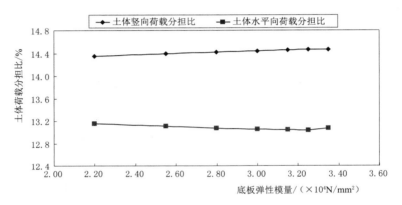

图 3.3.48　微桩群复合地基土体荷载分担比曲线

3.3.2　微桩群复合地基闸室结构分析研究

3.3.2.1　微桩群复合地基闸室结构的计算原理

上节的计算分析只考虑了桩、土及底板的共同作用，利用有限元分析了微桩群复合地基在竖向及水平向均布荷载下的工作性态，忽略了上部结构的作用。事实上，由于上部结构具有一定的刚度，其与桩、土及底板四者相互联系处于一个共同作用的完整系统中并且发生变形。对这个系统合理的分析称为上部结构与桩、土及底板的共同作用分析，共同作用就是把桩、土及底板及上部结构四者合为一体，考虑其协同受力变形情况。在分析微桩群复合地基时考虑上部结构刚度对其约束作用，必然影响微桩群复合地基的工作性状。由此可见，值得进一步分析研究。

1993 年，宰金珉、宰金璋在其专著《高层建筑基础分析与设计》中提出了一个运用简单的子结构处理方法，直接利用高斯消元法将上部结构的荷载与刚度凝聚到边界节点。子结构法能够明确地表达上部结构刚度与荷载的凝聚过程，解决桩土共同作用问题。

由虚功原理可得到平衡方程

$$([K_s]+[K_b]+[K_f]+[K_d])\{\delta\}-\{P\}=0 \qquad (3.3.18)$$

式中　$[K_s]$、$[K_b]$、$[K_f]$、$[K_d]$——底板的刚度矩阵，桩基的刚度矩阵，弹性地基的刚度矩阵，上部结构的刚度矩阵；

$\{\delta\}$——单元体节点位移；

$\{P\}$——总体等效节点力。

3.3.2.2 计算模型及参数

1. 计算模型

焦土港闸闸室结构三维有限元模型如图 3.3.49 所示。

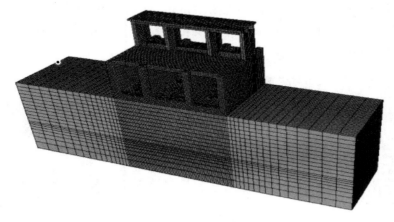

图 3.3.49 焦土港闸闸室结构三维有限元模型

2. 基本荷载和计算工况

闸室结构采用线弹性材料模拟，材料参数与底板相同。

固定荷载：主要考虑闸室结构自重。

回填土荷载：根据《水工建筑物荷载设计规范》（DL 5077—1997）[22]，墙后水平土压力按主动土压力计算，边荷载按垂直土重计算。

水荷载见表 3.3.2。

表 3.3.2　　　　　　　　　焦土港闸计算水位组合表　　　　　　　　单位：m

计 算 工 况		水 位		备　注
		上游	下游	
设计	正向	2.5	-0.51	上游为内河侧 下游为长江侧
	反向	2.2	6.24	
校核	正向	3.0	-0.74	
	反向	2.2	6.47	

车道荷载：按公路——Ⅱ级车道荷载加载[23]。

地震荷载[24]：根据《中国地震动参数区划图》（GB 18306—2015）[25] 附录 A 和附录 D，焦土港闸所处场地的地震动峰值加速度为 0.05g，相当于地震基本烈度 6 度，故不考虑地震影响。

3.3.2.3 微桩群复合地基闸室结构分析研究

按照上述计算模型和参数，分别对微桩群复合地基闸室结构的 4 种工况进行了空间有限元计算并进行分析研究。

1. 微桩群复合地基分析研究

由以上计算结果可知：该工程持力层为软弱地基，若直接在该持力层上建水闸，很难满足地基承载力的要求以及沉降的要求，然而经过微桩处理后，显著提高了地基的承载力，减小了地基的沉降且沉降变化较平缓。在各计算工况下，微桩群复合地基的最大沉降均发生在低水位侧，其中在正向校核工况时达到最大，最大值为 38.67mm。微桩群复合地基表面的沉降差均较小，最大沉降差为 6.49mm，地基沉降的最大值与最小值的比值约为 1.14～1.24。根据规范，地基最大沉降量不宜超过 150mm[26]，故地基沉降满足要求（图 3.3.50～图 3.3.53）。

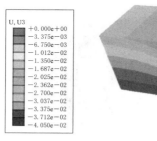

图 3.3.50　微桩群复合地基沉降分布（单位：m）

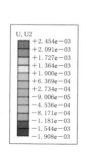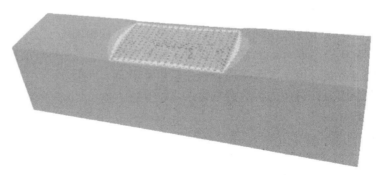

图 3.3.51　微桩群复合地基水平位移分布（单位：m）

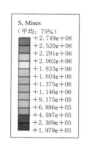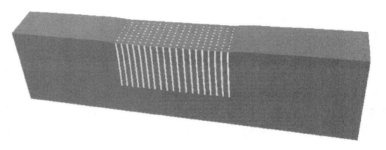

图 3.3.52　微桩群复合地基 Mises 应力分布（单位：Pa）

在设计正向工况下，微桩群复合地基表面的水平位移约为 1.727mm，主要分布在接

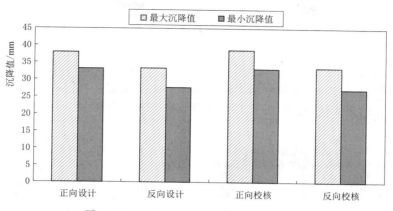

图 3.3.53　微桩群复合地基沉降计算结果

触面的中部，接触面边上的水平位移为 $1.000 \sim 1.364 \mathrm{mm}$，位移值相应减小了。桩间土整体水平位移均较小。土体的 Mises 应力值为 $1.979 \times 10^3 \sim 1.627 \times 10^5 \mathrm{Pa}$，桩体的 Mises 应力值为 $3.198 \times 10^5 \sim 2.749 \times 10^6 \mathrm{Pa}$，可见微桩群复合地基极大地提高了地基的承载力，效果十分显著。

在设计正向工况下，微桩群沉降最大值主要分布在闸室的下游侧，这是由于上游水位高于下游水位，从而上游的水压力大于下游的水压力，闸室底板的沉降偏向下游侧。这与底板表面只加均布荷载时的位移变化趋势是不同的。由于钢筋混凝土桩的刚度较大，其压缩变形较小，故单根桩的竖向位移沿着桩深变化较小（图 3.3.54）。

在设计正向工况下，微桩群各桩的水平位移变化趋势基本相同，微桩群最大水平位移为 $1.715 \mathrm{mm}$，最大值均分布在桩顶。在 4 种工况中，水平位移最大值为 $4.886 \mathrm{mm}$，发生在校核反向工况下，这是由于在该工况下，上、下游水位差最大，长江侧对内河侧的水压力最大，故产生的水平位移最大。根据规范，预制钢筋混凝土桩水平位移允许值为 $10 \mathrm{mm}$，最大水平位移小于允许值，故预制桩的水平位移满足要求。对于单根桩，桩基的水平位移随着桩深逐渐减小，桩基底部的位移值均为 $0.5 \mathrm{mm}$ 左右，位移值均较小，不影响下卧土层土体的力学性能（图 3.3.55）。

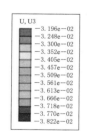 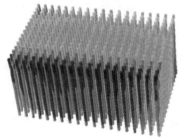　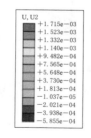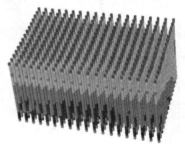

图 3.3.54　微桩群沉降分布（单位：m）　　图 3.3.55　微桩群水平位移分布（单位：m）

在设计正向工况下，各桩的 Mises 应力分布不均匀，最大值为 $2.749 \times 10^6 \mathrm{Pa}$，主要分布在底板的四周位置，最小值为 $3.198 \times 10^5 \mathrm{Pa}$，主要分布在底板中部的位置。在 4 种工况中，最大 Mises 应力为 5.893×10^6 Pa，发生在校核反向工况下，可见水位的变化对 Mises 应力大小的影响较大。同时与底板只加均布荷载时的应力分布相比，最大应力的分布情况基本相同的，主要分布在角桩及边桩位置（图 3.3.56）。

在设计正向工况下，各桩的轴向应力分布不均匀，在桩顶处轴向应力大于桩底部的轴向应力。在 4 种工况中，最大轴向应力为 5.939×10^6 Pa，发生在校核反向工况下。在各工况下，轴向应力的最大值均主要分布在角桩及边桩位置（图 3.3.57）。

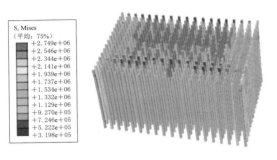
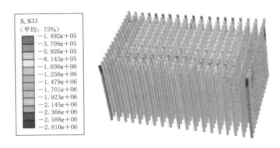

图 3.3.56　微桩群 Mises 应力分布图（单位：Pa）　　图 3.3.57　微桩群轴向应力分布图（单位：Pa）

2. 闸室结构分析研究

（1）闸室结构位移分析研究。

根据计算结果，选取闸室结构的 10 个特征位置进行比较分析（图 3.3.58）。

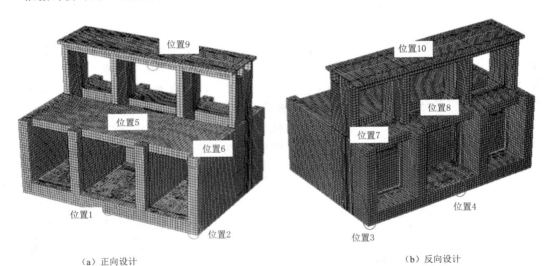

（a）正向设计　　　　　　　　　　　　　　　　（b）反向设计

图 3.3.58　闸室结构特征位置分布

在同一工况下，闸室结构的沉降是不均匀的，这是由于闸室结构复杂的受力特点所引起的，闸室受到不同的大小及方向的荷载，使得底板对地基各部位的压应力不同，从而整个闸室会产生不均匀沉降，但各个结构的不均匀沉降差值均较小。在不同工况下，闸室最大沉降值发生的位置有所不同，各结构沉降值主要在 $30 \sim 40$ mm 范围内，这主要是因为上、下游水位的变化，使得水平力的大小及方向发生了改变，在正向设计、正向校核工况下，由于内河侧的水位高于长江侧的水位，最大沉降值主要发生在长江侧，而在反向设计、反向校核工况下，情况正好相反。由于闸室是钢筋混凝土结构，其整体刚度较好，应变较小，各结构协调变形，故在同一竖直平面内，沉降变化较小，沉降值主要是随着顺水流方向逐渐变化[27]（表3.3.3和图3.3.59）。

表3.3.3　　　　　　　　　　　　闸室结构特征位置的竖向位移　　　　　　　　单位：mm

计算工况 位置编号	正向设计	反向设计	正向校核	反向校核
位置1	33.14	33.32	33.18	33.58
位置2	32.86	33.17	32.89	33.44
位置3	37.87	27.65	38.57	27.06
位置4	37.95	27.68	38.67	27.09
位置5	34.16	33.69	34.24	33.9
位置6	32.95	33.25	32.98	33.52
位置7	37.94	27.73	38.65	27.14
位置8	37.96	28.52	38.62	28.00
位置9	37.83	32.69	38.21	32.52
位置10	39.65	30.66	40.28	30.18

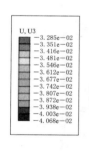
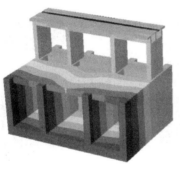
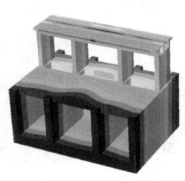

（a）正向设计　　　　　　　　　　　　　　　　　　（b）反向设计

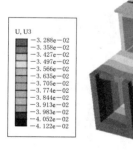
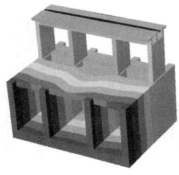
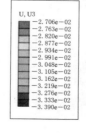

（c）正向校核　　　　　　　　　　　　　　　　　　（d）反向校核

图3.3.59　闸室结构竖向位移分布（单位：m）

在同一工况下，各结构的水平位移是不同的，但在同一水平面上，水平位移基本是相同的。在各工况下，底板的水平位移值在 1.6～5.0mm 之间，位移的大小及方向的变化与桩顶的变化是协调一致的，这是由于在模型建立的时候，把桩顶与底板底面固接起来，故两者是共同变形的。随着高程的增大，水平位移值逐渐变大。在工作桥顶部，水平位移值在 6.0～12.0mm 之间。在正向设计、正向校核工况下，闸室向长江侧移动，在反向设计、反向校核工况下，闸室向内河侧移动，这是由于上、下游水位变化所产生的（表 3.3.4 和图 3.3.60）。

表 3.3.4　　　　　　　　闸室结构特征位置的水平位移值（顺水流方向）　　　　　　单位：mm

计算工况 位置编号	正向设计	反向设计	正向校核	反向校核
位置 1	1.69	4.45	2.17	4.85
位置 2	1.66	4.45	2.13	4.85
位置 3	1.68	4.46	2.15	4.86
位置 4	1.71	4.46	2.18	4.86
位置 5	4.54	7.84	5.42	8.75
位置 6	4.61	7.77	5.49	8.69
位置 7	4.63	7.75	5.50	8.67
位置 8	4.57	7.82	5.45	8.73
位置 9	6.34	10.72	7.52	12.02
位置 10	7.18	9.89	8.35	11.19

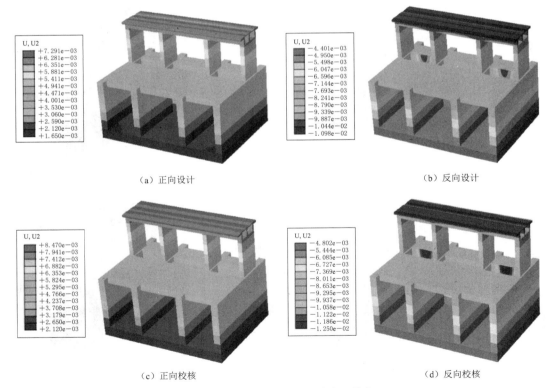

（a）正向设计　　　　　　　　　　　（b）反向设计

（c）正向校核　　　　　　　　　　　（d）反向校核

图 3.3.60　闸室结构水平位移分布（单位：m）

（2）闸室结构应力分析研究。

在各工况下闸室底板的最大主拉应力主要分布在中孔中部的面层以及与中墩、边墩连接处的底层，最大值为 0.962MPa。在各工况下边墩的最大主拉应力主要分布在边墩与底板、边墩与交通桥、边墩与人行便桥的连接处，最大值为 0.575MPa。在各工况下中墩的最大主拉应力主要分布在中墩与底板、中墩与交通桥、中墩与人行便桥的连接处，最大值为 0.923MPa。在各工况下交通桥的最大主拉应力主要分布在交通桥与中墩连接处的面层以及中孔中部的底层，最大值为 1.060MPa。在各工况下人行便桥的最大主拉应力主要分布在人行便桥与中墩的连接处的面层以及中孔中部的底层，最大值为 0.453MPa。在各工况下胸墙的最大主拉应力主要分布在胸墙的中部偏下方，最大值为 0.637MPa。在各工况下排架的最大主拉应力主要分布在排架与工作桥的连接处，最大值为 0.234MPa。在各工况下工作桥大梁的最大主拉应力主要分布在中跨工作桥大梁中部的底层，最大值为 0.824MPa[28]（表 3.3.5 和图 3.3.61）。

表 3.3.5　　　　　　　　　闸室结构的最大主拉应力值　　　　　　　　单位：MPa

计算工况 位置	正向设计	反向设计	正向校核	反向校核
底板（中孔）	0.358	0.393	0.345	0.401
底板（边孔）	0.365	0.959	0.361	0.962
边墩	0.569	0.510	0.575	0.513
中墩	0.951	0.801	0.923	0.806
交通桥	1.035	1.050	1.034	1.060
人行便桥	0.409	0.449	0.406	0.453
胸墙	0.626	0.573	0.637	0.575
排架	0.230	0.140	0.234	0.148
工作桥大梁	0.823	0.804	0.824	0.813

由于闸身上、下游的公路桥和人行便桥与闸室底板及闸墩一起浇铸成为三孔一联式的箱型涵洞结构，故大大提高了闸室整体的刚度[29]，因此，闸室各部位的最大主拉应力值均较小，均未超过混凝土的允许抗拉强度。

在各工况下闸室底板的最大主压应力主要分布在中孔中部的低层以及与中墩、边墩连接处的面层，最大值为 1.052MPa。在各工况下边墩的最大主压应力主要分布在边墩与底板、边墩与交通桥、边墩与人行便桥的连接处，最大值为 0.968MPa。在各工况下中墩的最大主压应力主要分布在中墩与底板、中墩与交通桥、中墩与人行便桥的连接处，最大值为 1.073MPa。在各工况下交通桥的最大主压应力主要分布在交通桥与中墩连接处的底层以及中孔中部的面层，最大值为 1.340MPa。在各工况下人行便桥的最大主压应力主要分布在人行便桥与中墩的连接处的底层以及中孔中部的面层，最大值为 0.959MPa。在各工况下胸墙的最大主压应力主要分布在胸墙的中部偏下方，最大值为 1.352MPa。在各工况下排架的最大主压应力主要分布在排架与工作桥的连接处，最大值为 1.428MPa。在各工况下工作桥大梁的最大主压应力主要分布在中跨工作桥大梁中部的面层，最大值为 1.236MPa（表 3.3.6 和图 3.3.62）。

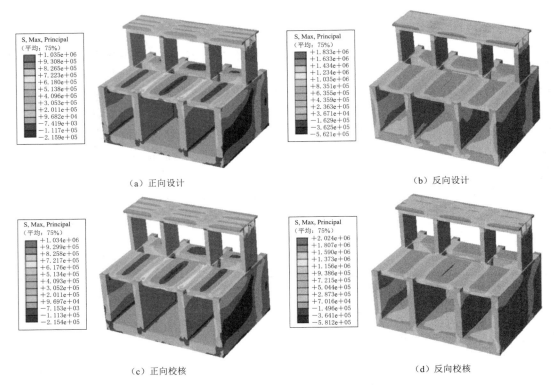

图 3.3.61　闸室结构最大主拉应力分布（单位：Pa）

表 3.3.6			闸室结构的最大主压应力值	单位：MPa
 位置　　計算工况	正向设计	反向设计	正向校核	反向校核
底板（中孔）	0.782	0.780	0.779	0.786
底板（边孔）	1.052	1.026	1.012	1.031
边墩	0.950	0.930	0.968	0.936
中墩	1.071	1.048	1.073	1.050
交通桥	1.338	1.300	1.340	1.303
人行便桥	0.957	0.936	0.959	0.942
胸墙	1.045	1.350	1.047	1.352
排架	1.421	1.391	1.428	1.393
工作桥大梁	1.198	1.233	1.192	1.236

同理，闸室各部位的最大主压应力值均较小，均未超过混凝土的允许抗压强度。因此，该闸闸室结构的强度及刚度均满足要求，该闸在较健康的状态下工作运行。

3. 微桩群复合地基桩土荷载分担比分析研究

根据各工况的计算结果可知：考虑上部结构后，在 4 种工况下，底板底面与土体表面的接触状态依然较好。在实际的工程中，由于水闸是在以水压力为主的水平向荷载作用下

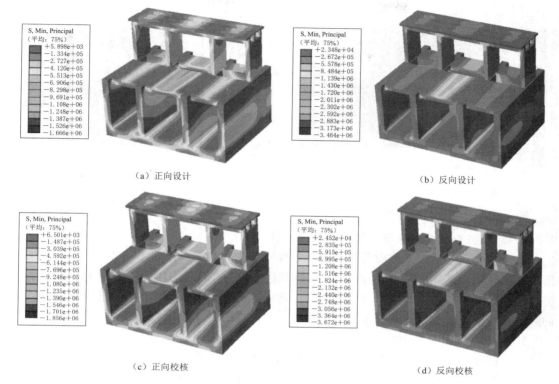

（a）正向设计　　　　　　　　　　　　　　　　（b）反向设计

（c）正向校核　　　　　　　　　　　　　　　　（d）反向校核

图 3.3.62　闸室结构最大主压应力分布（单位：Pa）

运行的，设计及施工时应保证闸室底板与桩间土紧密地接触，避免在接触面上出现"脱空"现象，以免形成渗流通道，危及闸身安全。因此，本次分析是建立在底板与桩间土接触状态良好的基础上。

在各计算工况下，土体竖向荷载分担比最小值为 16.78%，发生在正向校核工况下，桩基竖向荷载分担比最小值为 82.21%，发生在反向校核工况。在各计算工况下，土体水平向荷载分担比最小值为 9.79%，发生在反向校核工作，桩基水平向荷载分担比最小值为 86.28%，发生在正向设计工况下。根据黄河水利委员会勘测规划设计研究院和山东黄河河务局等单位的试验成果，桩间土能承担底板底面以上 10%～15% 的荷载[30]，因此计算结果与实际试验成果是基本相吻合的，同时印证了计算模型的合理性与有限元法的可行性（图 3.3.63、图 3.3.64 和表 3.3.7）。

表 3.3.7　　　　　　　　　　微桩群复合地基桩土荷载分担比　　　　　　　　　　　%

计算工况	竖向荷载分担比		水平向荷载分担比	
	土体荷载分担比	桩基荷载分担比	土体荷载分担比	桩基荷载分担比
正向设计	16.89	83.11	13.72	86.28
反向设计	17.78	82.22	10.03	89.97
正向校核	16.78	83.22	13.04	86.96
反向校核	17.79	82.21	9.79	90.21

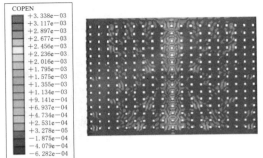

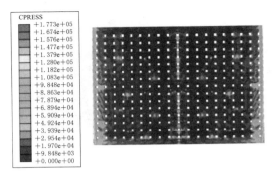

图 3.3.63　底板与土体的接触状态分布
（单位：m）

图 3.3.64　底板与土体的竖向接触压强
分布（单位：Pa）

3.3.2.4　微桩群复合地基闸室结构参数分析研究

由于复合地基与上部结构是不可分割的统一整体，在荷载作用下，各部分的性状相互影响。复合地基的变形与上部结构有关，同时上部结构的应力应变与复合地基的变形有关，因此，两者是相互影响，共同作用的。此处，在考虑上部结构的基础上研究相关参数的影响规律，了解复合地基性状及闸室结构应力应变的变化规律。

1. 闸室弹性模量的影响

在正向设计工况下，随着闸室弹性模量的增大，微桩群复合地基的最大沉降值变化很小，变化范围不超过 0.05mm，可以忽略不计。因此，闸室弹性模量的大小对微桩群复合地基的沉降影响很小（图 3.3.65）。

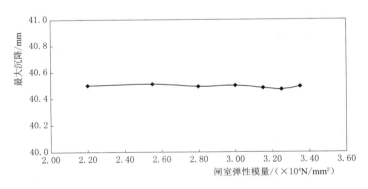

图 3.3.65　微桩群复合地基最大沉降值曲线

在正向设计工况下，随着闸室弹性模量的增大，微桩群复合地基桩顶水平位移逐渐减小，但减小幅度较小，变化范围不超过 0.02mm，可以忽略不计。因此，闸室弹性模量的大小对微桩群复合地基桩顶水平位移影响很小（图 3.3.66）。

在正向设计工况下，随着闸室弹性模量的增大，微桩群复合地基土体竖向荷载分担比及水平向荷载分担比变化较小，土体竖向荷载分担比在 16.88% 左右，土体水平向荷载分担比在 13.70% 左右。因此，闸室弹性模量的大小对微桩群复合地基土体荷载分担比的影响较小（图 3.3.67）。

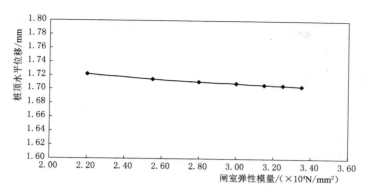

图 3.3.66 微桩群复合地基桩顶水平位移曲线

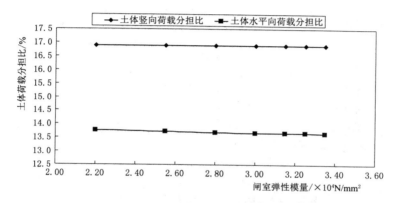

图 3.3.67 微桩群复合地基土体荷载分担比曲线

2. 荷载的影响

（1）水荷载的影响。

计算时只考虑下游侧水位的变化，上游侧无水。

随着闸室下游侧水位的增大，微桩群复合地基的最大沉降值先减小后增大，这是由于当上、下游侧无水的时候，闸室最大沉降是偏向下游侧，当下游侧水位增大后，闸室下游侧的沉降逐渐减小，上游侧的沉降逐渐增大，当下游水位增大到 5.0m 左右，最大沉降开始偏向上游侧，继续提高下游水位，则上游侧的最大沉降逐渐增大。闸室最大沉降值基本在 35～40mm 之间变化，变化幅度不大（图 3.3.68）。

随着闸室下游侧水位的增大，微桩群复合地基桩顶水平位移逐渐增大，变化幅度较大。当下游水位到达 8.20m 左右时，桩顶水平位移达到 10mm，正好是预制桩桩顶水平位移的允许值。继续提高下游水位，则认为桩顶水平位移不满足要求（图 3.3.69）。

微桩群复合地基桩顶水平位移的拟合曲线如下：

$$y = 0.1226x^2 + 0.1892x + 0.0907 \qquad (3.3.19)$$

随着闸室下游侧水位的增大，微桩群复合地基土体竖向荷载分担比逐渐减小，减小幅度较大。这是由于下游水位到达一定高度后，闸室主要是倾向于上游侧，则下游侧底板底

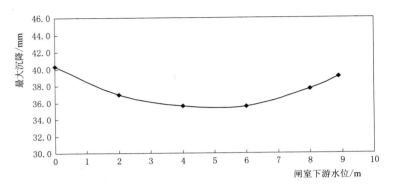

图 3.3.68 微桩群复合地基最大沉降曲线

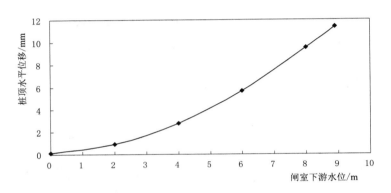

图 3.3.69 微桩群复合地基桩顶水平位移曲线

面与土体的接触状态较差，甚至可认为不接触，因此，土体承担的荷载比例就相应会减少（图 3.3.70 和图 3.3.71）。

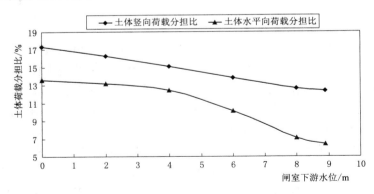

图 3.3.70 微桩群复合地基土体荷载分担比曲线

随着闸室下游侧水位的增大，微桩群复合地基土体水平向荷载分担比逐渐减小，减小幅度较大。同理，下游侧底板底面与土体的接触状态较差，使得桩间土承担水平荷载的比例减小。由此可见，水位的变化对土体荷载分担比的影响较大。

微桩群复合地基土体竖向及水平向荷载分担比的拟合曲线如下。

竖向荷载分担比

$$y_1 = 0.0047x^3 - 0.0605x^2 - 0.3966x + 17.3157 \tag{3.3.20}$$

水平荷载分担比

$$y_2 = 0.0062x^4 - 0.1027x^3 + 0.4074x^2 - 0.6752x + 13.6269 \tag{3.3.21}$$

（2）边荷载的影响。

在正向设计工况下，随着边荷载的增大，微桩群复合地基的最大沉降值逐渐减小，变化范围为 3.75mm，变化幅度较小。这是由于在微桩群复合地基中由于微桩的刚度较大，加固层的沉降很小，沉降主要是下卧土层产生的，边荷载对下卧土层的影响较小，因此，边荷载对微桩群复合地基沉降的影响较小（图 3.3.72）。

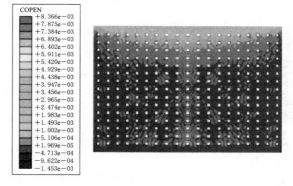

图 3.3.71　底板与土体的接触状态分布（单位：m）

在正向设计工况下，随着边荷载的增大，微桩群复合地基的桩顶水平位移逐渐减小，但减小幅度较小，可忽略不计（图 3.3.73）。

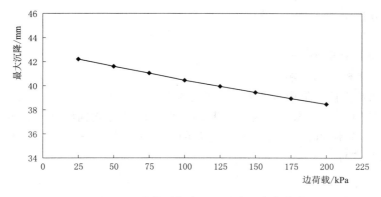

图 3.3.72　微桩群复合地基最大沉降值曲线

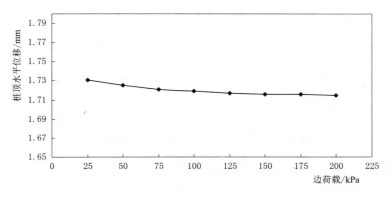

图 3.3.73　微桩群复合地基桩顶水平位移曲线

随着闸室两侧边荷载的增大，微桩群复合地基土体竖向荷载分担比逐渐减小，减小幅度趋于平缓。随着闸室两侧边荷载的增大，微桩群复合地基土体水平向荷载分担比逐渐减小，但是变化幅度不大（图 3.3.74）。

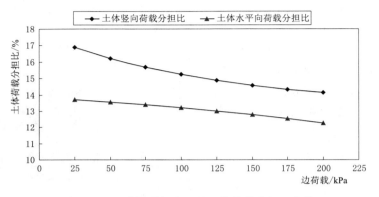

图 3.3.74　微桩群复合地基土体荷载分担比曲线

微桩群复合地基土体竖向及水平荷载分担比的拟合曲线如下。

竖向荷载分担比

$$y_1 = 0.0001x^2 - 0.0288x + 17.5375 \tag{3.3.22}$$

水平荷载分担比

$$y_2 = -0.0083x + 13.9857 \tag{3.3.23}$$

3. 桩周土参数的影响

（1）土体变形模量的影响。

随着复合地基土体变形模量的增大，微桩群复合地基的最大沉降值逐渐减小。当土体变形模量小于 15MPa 时，微桩群复合地基的最大沉降值变化曲线较陡，变化显著。当土体变形模量大于 15MPa 时，微桩群复合地基的最大沉降值变化曲线较缓和，变化幅度趋于缓和（图 3.3.75）。

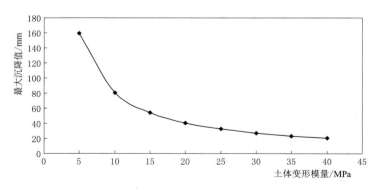

图 3.3.75　微桩群复合地基最大沉降值曲线

微桩群复合地基最大沉降值的拟合曲线如下：

$$y = 0.0005x^4 - 0.0543x^3 + 2.1811x^2 - 39.2107x + 306.5427 \tag{3.3.24}$$

随着复合地基土体变形模量的增大，微桩群复合地基桩顶水平位移逐渐减小。当土体变形模量小于 15MPa 时，微桩群复合地基桩顶水平位移变化曲线较陡，变化显著。当土体变形模量大于 15MPa 时，微桩群复合地基桩顶水平位移变化曲线较缓和（图 3.3.76）。

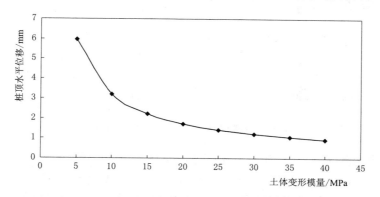

图 3.3.76　微桩群复合地基桩顶水平位移曲线

微桩群复合地基桩顶水平位移的拟合曲线如下：

$$y = -0.0003x^3 + 0.0288x^2 - 0.8310x + 9.2874 \tag{3.3.25}$$

随着复合地基土体变形模量的增大，微桩群复合地基土体竖向荷载分担比逐渐增大，变化较显著。随着复合地基土体变形模量的增大，微桩群复合地基土体水平向荷载分担比逐渐减小，但减小幅度较小（图 3.3.77）。

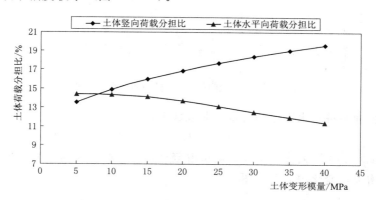

图 3.3.77　微桩群复合地基土体荷载分担比曲线

微桩群复合地基土体竖向及水平向荷载分担比的拟合曲线如下。

竖向荷载分担比

$$y_1 = -0.0023x^2 + 0.2736x + 12.3241 \tag{3.3.26}$$

水平荷载分担比

$$y_2 = 0.0001x^3 - 0.0077x^2 + 0.0989x + 14.0902 \tag{3.3.27}$$

（2）土体泊松比的影响。

随着复合地基土体泊松比的增大，微桩群复合地基的最大沉降值逐渐减小，变化幅度较大（图 3.3.78）。

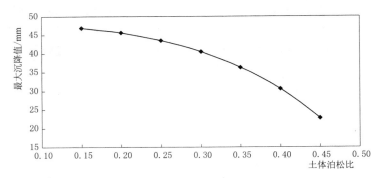

图 3.3.78 微桩群复合地基最大沉降值曲线

微桩群复合地基最大沉降值的拟合曲线如下：

$$y = -417.7778x^3 + 124.1905x^2 - 32.8032x + 50.4905 \tag{3.3.28}$$

随着复合地基土体泊松比的增大，微桩群复合地基桩顶水平位移减小（图 3.3.79）。

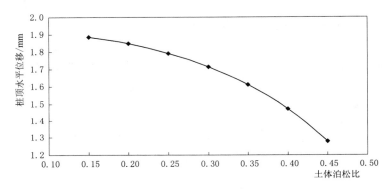

图 3.3.79 微桩群复合地基桩顶水平位移曲线

微桩群复合地基桩顶水平位移的拟合曲线如下：

$$y = -11.5556x^3 + 4.3810x^2 - 1.2778x + 2.0182 \tag{3.3.29}$$

随着复合地基土体泊松比的增大，微桩群复合地基土体竖向荷载分担比及水平向荷载分担比均逐渐增大，变化较显著（图 3.3.80）。

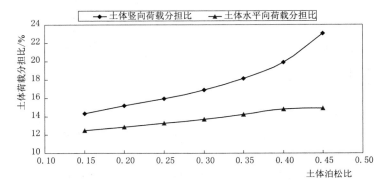

图 3.3.80 微桩群复合地基土体荷载分担比曲线

微桩群复合地基土体竖向及水平荷载分担比的拟合曲线如下。

竖向荷载分担比

$$y_1 = 398.8889x^3 - 277.7429x^2 + 78.9609x + 7.3567 \qquad (3.3.30)$$

水平荷载分担比

$$y_2 = -1.0079x^4 + 1.1123x^3 - 0.4343x^2 + 0.0794x + 0.0071 \qquad (3.3.31)$$

4. 桩基弹性模量的影响

随着桩基弹性模量的增大，微桩群复合地基的最大沉降值逐渐减小，但减小幅度较小（图 3.3.81）。

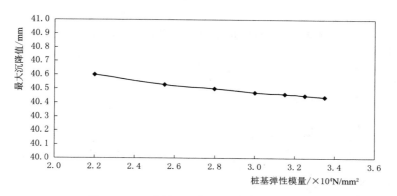

图 3.3.81　微桩群复合地基最大沉降曲线

随着桩基弹性模量的增大，微桩群复合地基桩顶水平位移逐渐减小，但减小幅度较小（图 3.3.82）。

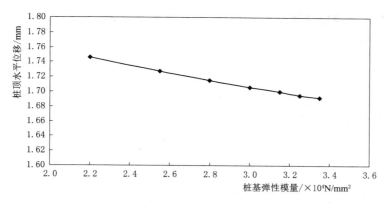

图 3.3.82　微桩群复合地基桩顶水平位移曲线

随着桩基弹性模量的增大，微桩群复合地基土体竖向荷载分担比以及水平向荷载分担比均逐渐减小，但变化幅度均较小（图 3.3.83）。

5. 接触摩擦系数的影响

（1）底板与土的接触摩擦系数的影响。

随着底板与土的接触摩擦系数的增大，微桩群复合地基的最大沉降值逐渐减小，但减小幅度较小，可忽略不计（图 3.3.84）。

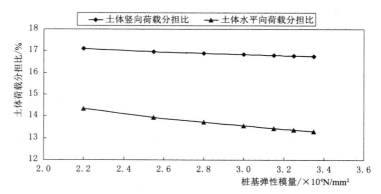

图 3.3.83　微桩群复合地基土体荷载分担比曲线

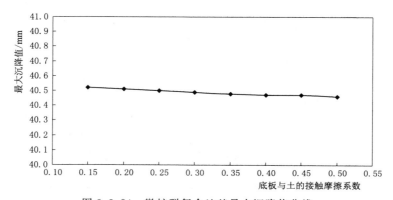

图 3.3.84　微桩群复合地基最大沉降值曲线

随着底板与土的接触摩擦系数的增大，微桩群复合地基桩顶水平位移逐渐减小，但减小幅度较小（图 3.3.85）。

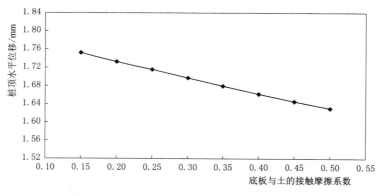

图 3.3.85　微桩群复合地基桩顶水平位移曲线

随着底板与土的接触摩擦系数的增大，微桩群复合地基土体竖向荷载分担比基本不变，而土体水平向荷载分担比逐渐增大且变化幅度较大。因此，在对微桩群复合地基土体水平向荷载分担比进行分析研究时，对底板与土的接触摩擦系数的定义应该慎重（图 3.3.86）。

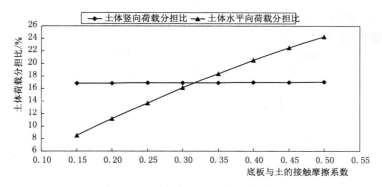

图 3.3.86　微桩群复合地基土体荷载分担比曲线

微桩群复合地基土体水平向荷载分担比的拟合曲线如下：

$$y = -26.55x^2 + 62.373x - 0.2013 \qquad (3.3.32)$$

（2）桩周与土的接触摩擦系数的影响。

随着桩周与土的接触摩擦系数的增大，微桩群复合地基的最大沉降值逐渐减小，但减小幅度较小（图 3.3.87）。

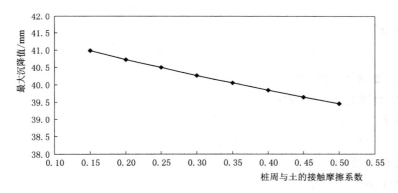

图 3.3.87　微桩群复合地基最大沉降值曲线

随着桩周与土的接触摩擦系数的增大，微桩群复合地基桩顶水位位移有所增大，但增大幅度较小（图 3.3.88）。

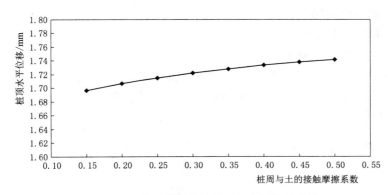

图 3.3.88　微桩群复合地基桩顶水平位移曲线

随着桩周与土的接触摩擦系数的增大，微桩群复合地基土体竖向荷载分担比及水平向荷载分担比均逐渐减小，变化较显著（图 3.3.89）。

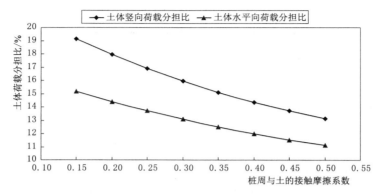

图 3.3.89　微桩群复合地基土体荷载分担比曲线

微桩群复合地基土体竖向及水平向荷载分担比的拟合曲线如下。

竖向荷载分担比

$$y_1 = 20.4381x^2 - 30.3905x + 23.2304 \tag{3.3.33}$$

水平荷载分担比

$$y_2 = 11.2524x^2 - 18.8298x + 17.7320 \tag{3.3.34}$$

3.3.3　微桩群复合地基复合模量及闸室结构分析研究

3.3.3.1　复合地基复合模量理论分析研究

复合模量表征的是复合土体抵抗变形的能力。由于复合地基是由土和增强体（桩）组成的，因此，复合模量与土的模量和桩的模量密切相关[31]。

目前，复合模量的确定方法主要有以下 4 种方法。

1. 面积加权法

面积加权法[32]是复合模量的传统求解方法，即在等应变假定的基础上求解复合模量。复合地基复合模量 E_{cs} 通常采用面积加权平均法计算，即

$$E_{cs} = m E_{ps} + (1 - m) E_{ss} \tag{3.3.35}$$

式中　E_{ps}——桩体压缩模量；

$\quad\quad E_{ss}$——桩间土压缩模量；

$\quad\quad m$——复合地基置换率。

桩基础复合地基的复合模量也可采用弹性理论求出解析解或数值解。张土乔（1992）采用弹性理论方法，根据复合地基总应变能与桩和桩间土应变能之和相等的原理推导出了复合土体的复合模量公式

$$E_{cs} = m E_p + (1 - m) E_s + \frac{4(\nu_p - \nu_s)^2 K_p K_s G_s (1 - m) m}{[m K_p + (1 - m) K_s] G_s + K_p K_s} \tag{3.3.36}$$

$$K_p = \frac{E_p}{2(1 + \nu_p)(1 - 2\nu_p)} \tag{3.3.37}$$

$$K_s = \frac{E_s}{2(1+\nu_s)(1-2\nu_s)} \tag{3.3.38}$$

$$G_s = \frac{E_s}{2(1+\nu_s)} \tag{3.3.39}$$

式中　E_p、E_s——桩体和土体的杨氏模量；

　　　ν_p、ν_s——桩体和土体的泊松比；

　　　m——复合地基置换率。

满足如下条件：

$$E_{cs} \geqslant mE_p + (1-m)E_s \tag{3.3.40}$$

2. 增大系数法

闫明礼、曲秀莉等[33] 推导出了以下方法计算复合模量

$$E_{sp} = \xi E_s = (f_{spk}/f_{ak})E_s \tag{3.3.41}$$

式中　f_{spk}——复合地基的承载力设计值；

　　　f_{ak}——天然地基承载力特征值；

　　　ξ——模量增大倍数。

该方法存在的主要问题：①复合地基承载力很难精确计算，其与承载力发挥系数密切相关，一般根据地区经验进行估算，而且设计时为了安全，复合地基承载力估算值相对保守，因此，模量增大倍数 ξ 的值可能偏大[34]；②该公式在推导时假定桩土应力比等于桩土刚度比，这与实际存在差异[35]；③该方法未考虑下卧土层土质的影响，也会存在一定的误差。

复合土体抵抗变形的能力主要与下面 5 个因素有关：①土的压缩模量 E_s；②桩体压缩模量 E_p；③桩的平面布置（置换率 m）；④桩的几何尺寸（桩长 L、桩径 D）；⑤桩周土、桩端土对桩的作用（侧阻力 q_s、端阻力 q_d）。

函数表达式

$$E_{sp} = f(E_s, E_p, m, L, D, q_s, q_d) \tag{3.3.42}$$

3. 参变量变分法

郑俊杰、区剑华等在对桩间土采用双折线弹塑性模型分析的前提下，利用参变量最小势能原理对多元复合地基的复合模量进行求解。这种方法考虑到了应力水平变化会引起复合模量的变化[36]。

4. 静荷载试验法

由复合地基荷载试验[37] 可以绘制压力 p 与沉降 s 的关系曲线，即 p-s 曲线，通过这条曲线可进一步求得复合地基的复合模量 E_0，计算公式如下：

$$E_0 = \frac{(1-\mu_{sp}^2)\pi d}{4} \cdot \frac{p}{s} \tag{3.3.43}$$

式中　d——圆形载荷板直径，如为矩形荷载板，则按照面积等效的原则换算得到等效直径；

　　　μ_{sp}——复合地基泊松比，$\mu_{sp} = m\mu_p + (1-m)\mu_s$，$\mu_p$ 和 μ_s 分别为桩和桩间土的泊松比。

由于 $p\text{-}s$ 曲线呈非线性，因此求得的 E_0 并非为一定值，会随着荷载的增大而减小。因此，在进行复合地基变形计算的时候要根据基础的实际情况（如荷载大小及基础尺寸）选用合理的复合模量（图3.3.90）。

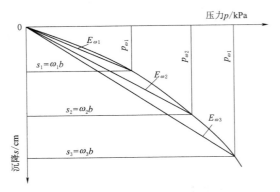

图3.3.90 按沉降比 ω 确定承载力和变形模量

3.3.3.2 微桩群复合地基复合模量分析研究

1. 微桩群复合地基复合模量与沉降分析研究

在对微桩群复合地基复合模量进行分析研究时，主要采用两种方法：方法1是根据面积加权法计算出相应的复合模量，采用三维有限元进行沉降计算，方法2是建立实际微桩群复合地基进行沉降计算[38]（表3.3.8）。

表3.3.8 复合地基复合模量计算结果

土层编号	土体变形模量/MPa	桩体弹性模量/MPa	复合地基置换率	复合模量/MPa
土层1	16.5	28000	0.08	2255.18
土层2	23.8	28000	0.08	2261.90
土层3	30.1	28000	0.08	2267.69

按照上述两种方法进行有限元计算，计算时，均在底板表面加载100kPa的竖向均布荷载。

方法1由于采用复合模量法，加固区视作一均质的复合土体，加固区的复合模量远远大于周边土体的变形模量，故加固区的沉降变化较小且把上部荷载均匀地传递给下卧土层，周边土体的沉降变化较大。方法2在加固区由于是桩土共同作用把上部荷载传递给下卧土层，加固区的沉降变化相对方法1来说有所增大，这是由于微桩桩端会刺入下卧土层，产生一定的沉降，此处体现出了两种方法在沉降机理上的差异性。方法1和方法2的最大沉降值分别为22.78mm、31.74mm，误差为8.96mm，误差较大。因此，对于刚性桩复合地基，在采用复合模量法进行沉降计算时，要合理准确地确定复合模量的大小且对计算结果进行修正（图3.3.91和图3.3.92）。

2. 微桩群复合地基复合模量参数分析研究

（1）荷载的影响。

采用两种方法分别进行有限元计算，加载时主要考虑竖向荷载的变化。

在一定荷载范围内，随着竖向荷载的变化，两种方法的沉降变化趋势相同且方法1的计算结果均小于方法2，但是随着荷载的增大，两者的误差越大。这是由于在方法2中，微桩的刚度远远大于下卧层土体的刚度，随着上部荷载的增大，微桩刺入下卧土层的现象越明显，所以误差就越大（图3.3.93）。

方法1与方法2的最大沉降值的拟合曲线如下。

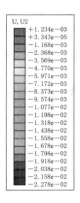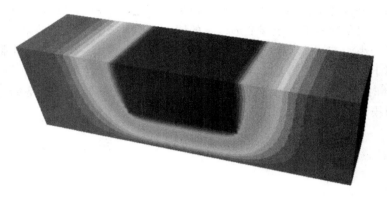

图 3.3.91 方法 1 沉降值分布（单位：m）

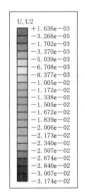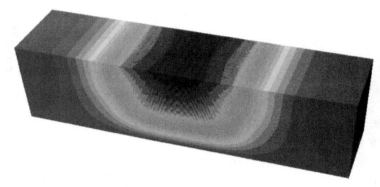

图 3.3.92 方法 2 沉降值分布（单位：m）

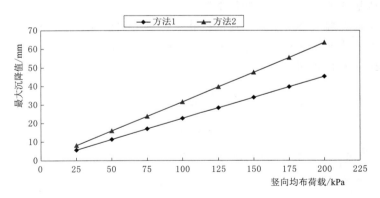

图 3.3.93 两种方法的最大沉降值曲线

方法 1

$$y_1 = 0.2275x + 0.0224 \tag{3.3.44}$$

方法 2

$$y_2 = 0.3167x + 0.0792 \tag{3.3.45}$$

（2）复合地基桩端下卧土层变形模量的影响。

随着复合地基桩端下卧土层变形模量的变化，两种方法的最大沉降值均减小，变化趋势相同，但是随着下卧土层变形模量的增大，两种方法的计算结果误差越小且方法 1 的计算结果均小于方法 2，这是由于下卧土层变形模量越大，微桩刺入下卧土层的现象越不明显。当下卧土层变形模量小于 15MPa 时，沉降变化幅度较大，当下卧土层变形模量大于15MPa 时，沉降变化幅度趋于平缓。由此可见，微桩群复合地基的沉降受桩端下卧层土的变形模量的影响较大（图 3.3.94）。

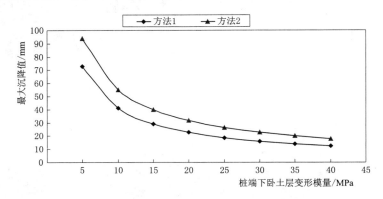

图 3.3.94　两种方法的最大沉降曲线

　　方法 1 与方法 2 的最大沉降值的拟合曲线如下。

　　方法 1

$$y_1 = 0.0002x^4 - 0.0201x^3 + 0.8207x^2 - 15.2255x + 130.5302 \qquad (3.3.46)$$

　　方法 2

$$y_2 = 0.0002x^4 - 0.0238x^3 + 0.9733x^2 - 18.2811x + 163.3852 \qquad (3.3.47)$$

　　（3）复合地基桩端下卧土层泊松比的影响。

　　随着复合地基桩端下卧土层泊松比的变化，两种方法的最大沉降值均减小，变化趋势相同，但是方法 1 的计算结果均小于方法 2，两种方法的计算误差基本不随下卧土层泊松比的变化而变化（图 3.3.95）。

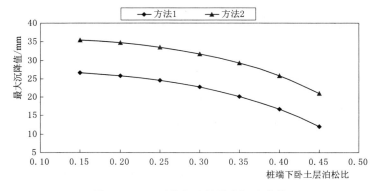

图 3.3.95　两种方法的最大沉降曲线

　　方法 1 与方法 2 的最大沉降值的拟合曲线如下。

方法 1

$$y_1 = -151.1905x^2 + 43.1643x + 23.4140 \tag{3.3.48}$$

方法 2

$$y_2 = -157.5714x^2 + 47.5786x + 31.6879 \tag{3.3.49}$$

（4）桩土模量比的影响。

随着桩土模量比的增大，两种方法的最大沉降值均减小且变化趋势相同，在同一桩土模量比下，方法 1 的最大沉降值均小于方法 2 的最大沉降值。当桩土模量比小于 20 时，两种方法计算所得的最大沉降误差较小，当桩土模量比大于 20 时，两种方法计算所得的最大沉降误差逐渐增大。这是由于当桩基与土体的刚度差越小时，桩基向下卧土层刺入的现象越不明显，两者的误差就越小。由此可见，在一定的桩土模量比范围内，采用方法 1 计算复合地基沉降时，计算结果是偏小的，并且随着桩土刚度比地增大，误差增大，所以方法 1 对柔性桩较适用[39]，这与规范所规定的适用条件是相吻合的（图 3.3.96）。

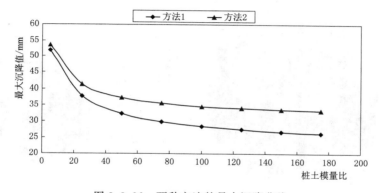

图 3.3.96　两种方法的最大沉降曲线

方法 1 与方法 2 的最大沉降值的拟合曲线如下。

方法 1

$$y_1 = 0.0014x^2 - 0.3716x + 49.8957 \tag{3.3.50}$$

方法 2

$$y_2 = 0.0012x^2 - 0.3044x + 51.6703 \tag{3.3.51}$$

3.3.3.3　桩群复合地基复合模量与闸室结构分析研究

1. 闸室结构位移分析

采用方法 1 对闸室结构进行三维有限元计算分析。

闸室各工况下的沉降较均匀，沉降差较小，与采用实际微桩群复合地基计算的结果相比误差偏大，这是由于方法 1 计算时，加固层采用复合模量进行计算，加固层的刚度较大，从而沉降值与沉降差均偏小，这与实际的微桩群复合地基在荷载传递机理上是有区别的。因此，对于刚性桩复合地基，采用方法 1 计算闸室结构的沉降是偏小的（表 3.3.9 和图 3.3.97）。

表 3.3.9　　　　　　　　　　　　闸室结构特征位置的竖向位移值　　　　　　　　单位：mm

计算工况 位置编号	正向设计	反向设计	正向校核	反向校核
位置 1	25.45	22.43	25.57	22.35
位置 2	25.33	22.36	25.46	22.28
位置 3	25.57	22.12	25.71	22.00
位置 4	25.63	22.15	25.77	22.04
位置 5	26.15	23.12	26.28	23.04
位置 6	25.43	22.46	25.55	22.38
位置 7	25.66	22.21	25.80	22.10
位置 8	25.98	22.56	26.12	22.45
位置 9	27.78	24.54	27.91	24.44
位置 10	27.84	24.43	27.98	24.32

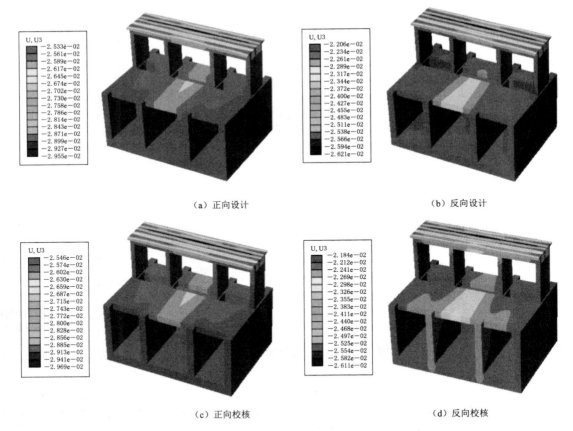

（a）正向设计　　　　　　　　　　　　　　（b）反向设计

（c）正向校核　　　　　　　　　　　　　　（d）反向校核

图 3.3.97　闸室结构竖向位移分布（单位：m）

2. 闸室结构应力分析

闸室结构应力见表 3.3.10、表 3.3.11、图 3.3.98 和图 3.3.99。

表 3.3.10　　　　　　　　　　　　　闸室结构的最大主拉应力值　　　　　　　　　　　　单位：MPa

位置＼计算工况	正向设计	反向设计	正向校核	反向校核
底板（中孔）	0.228	0.236	0.221	0.248
底板（边孔）	0.246	0.345	0.242	0.353
边墩	0.437	0.417	0.448	0.421
中墩	0.842	0.755	0.816	0.762
交通桥	0.979	0.990	0.978	1.010
人行便桥	0.414	0.402	0.411	0.411
胸墙	0.456	0.439	0.468	0.443
排架	0.219	0.209	0.222	0.213
工作桥大梁	0.785	0.786	0.787	0.791

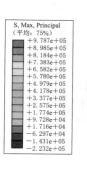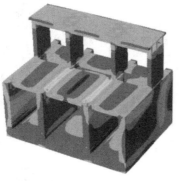

（a）正向设计　　　　　　　　　　　　　　　　　　　（b）反向设计

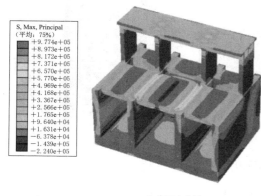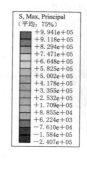

（c）正向校核　　　　　　　　　　　　　　　　　　　（d）反向校核

图 3.3.98　闸室结构最大主拉应力分布（单位：Pa）

表 3.3.11　　　　　　　　　　闸室结构的最大主压应力值　　　　　　　　　单位：MPa

计算工况 位置	正向设计	反向设计	正向校核	反向校核
底板（中孔）	0.688	0.683	0.682	0.690
底板（边孔）	0.857	0.832	0.818	0.841
边墩	0.740	0.729	0.751	0.737
中墩	1.017	1.002	1.019	1.005
交通桥	1.234	1.216	1.237	1.219
人行便桥	0.864	0.845	0.866	0.853
胸墙	0.957	1.308	0.959	1.312
排架	1.376	1.342	1.385	1.346
工作桥大梁	1.144	1.201	1.139	1.205

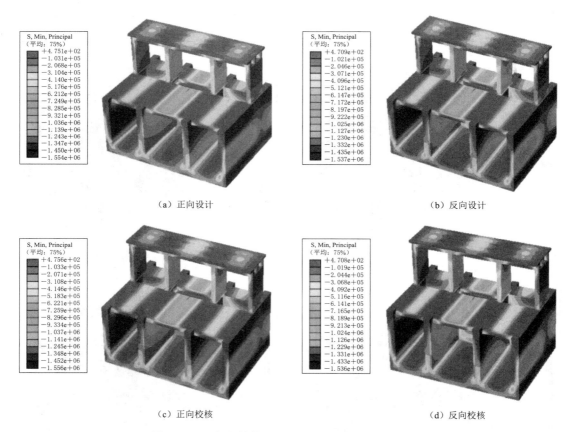

图 3.3.99　闸室结构最大主压应力分布（单位：Pa）

采用方法 1 计算闸室结构的应力与采用实际的微桩群复合地基进行计算的结果相比，两者是存在差异性的，但变化幅度较小。这是由于两种方法在地基的荷载传递机理上是不同的，从而对闸室结构的应力分布的影响也是不同的，计算结果有差异。由于闸身上、下游的公路桥和人行便桥与闸室底板及闸墩一起浇铸成为三孔一联式的箱型涵洞结构，闸室整体的刚度较大，闸室整体性较好且适用于各种地基条件。因此，各结构的应力值均较小且对地基的荷载传递机理的变化不敏感。

在实际的微桩群复合地基的工程设计中，一般采用方法 1 来对闸室结构进行计算分析，本节通过两种方法的比较可知方法 1 对闸室结构强度的计算基本是可行的，对计算结果的影响不大，但对闸室沉降计算的误差较大。对于一些大型工程则不能忽视两种方法的误差，对于误差应给予足够的重视，以此来保证工程设计的可靠性与安全性。对于方法 1，关键因素是复合模量的正确选用，因此，在今后除了理论分析研究外，还需要更多的工程实例，积累完整的沉降观测资料，不断对比完善，从而使设计计算更加符合实际。

3.4　地震区桩基式水闸工程结构性态分析

3.4.1　闸室结构静力有限元分析

3.4.1.1　计算模型

魏工分洪闸三维有限元模型和闸室三维有限元模型如图 3.4.1 和图 3.4.2 所示。

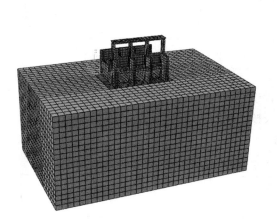

图 3.4.1　闸室与地基整体三维有限元模型

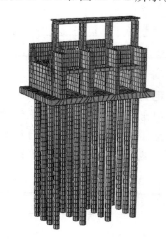

图 3.4.2　闸室三维有限元模型图

3.4.1.2　模型材料性质

模型采用线弹性材料模拟，土体为弹塑性材料，假定服从 Mohr - Coulomb 屈服准则，由于土体自重产生的变形已基本完成，故计算中不计入土体自重引起的应变。

在 ABAQUS 软件中进行接触定义时，一般选取刚度大的面作为主控面。因此，模型中选取桩群的侧面、底面和闸室底板与地基土的接触面作为主控接触面，地基土与桩群以及闸室地板的接触面作为从属接触面，从而获得最佳的接触分析结果。

在模拟桩间地基土与桩群之间的相互作用时，取两者之间的摩擦系数为 $\mu = 0.35$。

1. 结构材料

闸室构件材料性质见表 3.4.1。

表 3.4.1　　　　　　　　　　　　　　　　闸 室 构 件 材 料 性 质

构件名称	材料名	弹性模量/MPa	泊松比	重度/(kN/m³)
底板	C20	2.55×10^4	0.167	25.0
中墩	C20	2.55×10^4	0.167	25.0
排架	C20	2.55×10^4	0.167	25.0
工作桥	C20	2.55×10^4	0.167	25.0
边墩	C20	2.55×10^4	0.167	25.0
检修便桥	C20	2.55×10^4	0.167	25.0
撑梁	C20	2.55×10^4	0.167	25.0
下游段涵洞顶板	C20	2.55×10^4	0.167	25.0
桩	C20	2.55×10^4	0.167	25.0

2. 地基材料性质

根据该工程地质勘探报告可知，场地内土层主要分为粉砂层与重壤土，见表 3.4.2。

表 3.4.2　　　　　　　　　　　　　　　　地 基 材 料 性 质

构件名称	材料名	变形模量/MPa	泊松比
地基①	粉砂土	14.0	0.3
地基②	重壤土	12.2	0.3

3. 计算荷载

固定荷载：闸室结构自重。

回填土荷载：根据《水工建筑物荷载设计规范》（DL 5077—1997），墙后水平土压力按主动土压力和垂直土重进行计算，其余按边荷载考虑。

水荷载：计算水位组合见表 3.4.3。

表 3.4.3　　　　　　　　　　　　　　　　计 算 水 位 组 合 表

工　况	闸上水位/m	闸下水位/m
设计水位	26.50	19.0
校核水位	26.50	18.5
地震期水位	26.50	19.5

地震荷载：根据《中国地震动参数区划图》（GB 18306—2015）附录 A 和附录 D，魏工分洪闸工程所处场地地震基本烈度Ⅷ度，其地震动峰值加速度为 0.3g，需考虑计算地震荷载。在本章结构静力分析中，地震荷载采用拟静力法进行计算，拟静力法物理概念比较清楚，计算方法较为简单，计算工作量很小、参数易于确定，并积累了丰富的使用经验[40]。

采用拟静力法计算水闸地震作用效应时，沿建筑物高度作用于质点 i 的水平向地震惯性力代表值按下式计算：

$$F_i = a_h \xi G_{\varepsilon i} \alpha_i / g \tag{3.4.1}$$

式中　F_i——作用在质点 i 的水平向地震惯性力代表值；

　　　　a_h——水平向设计地震加速度代表值；

ξ——地震作用的效应折减系数，除另有规定外，取 $\xi=0.25$；

G_{ei}——集中在质点 i 的重力作用标准值；

α_i——质点 i 的动态颁布系数；

g——重力加速度。

3.4.1.3　水闸结构计算分析

根据提供的材料参数性质和所建立的模型，对魏工分洪闸结构分别进行 3 种工况下的三维有限元分析计算并对其进行结构位移和应力的研究。

1. 闸室地基位移分析研究

对所建立的模型分别进行设计情况、校核情况和地震情况（采用拟静力法计算地震荷载）3 种工况下的计算分析（图 3.4.3 和图 3.4.4）。

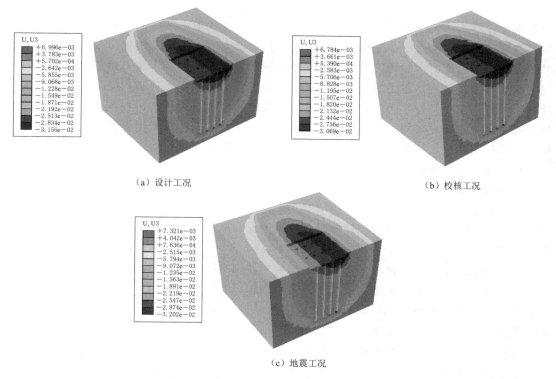

（a）设计工况　　　　　　　　　　　　　（b）校核工况

（c）地震工况

图 3.4.3　各工况下闸室地基沉降分布示意图

根据《徐州市睢宁魏工分洪闸地质勘测报告》可以得知：该工程地基持力层为粉砂层，地基性质较差。若直接在该地基上建立水闸，地基承载力以及沉降很难满足要求，因此该工程在闸室底板下设置了群桩来帮助地基承载闸室上部结构。

在各种工况下，闸室地基沉降最大值均发生在下游低水位侧，这主要是因为上、下游水位差产生了顺水流方向上的水平水压力，并且在地震工况下还会产生顺水流方向上的水平向的地震荷载，使得闸室向下游产生倾斜，从而导致闸室下游侧沉降大于上游侧沉降。同时从图 3.3.4 中能看出闸室地基沉降最大值出现在地震工况，为 32.02mm，闸室地基沉降最小值出现在校核，为 30.69mm，这是因为在魏工分洪闸是处于地震区，虽然上、

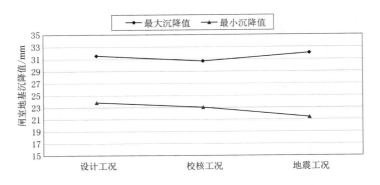

图 3.4.4　各工况下闸室地基沉降结果

下游水位差在 3 种工况中并不是最大的，但是地震产生的顺水流方向的水平地震荷载比较大，在顺水流方向的水平荷载中其主导作用，使得闸室向下游倾斜地更多，下游侧闸室地基沉降值最大。同时，校核工况相比于其他两种工况的上、下游水位差是最大的，从而闸室底板下竖直向上的扬压力是最大的，抵消了一部分的闸室竖向荷载，使得闸室总的竖向荷载在 3 种工况中是最小的，导致闸室地基最大沉降值也是最小的。在各种工况下，闸室地基的沉降分布都比较均匀，这是由于桩群协调地基变形。根据水闸设计规范，天然土质地基上水闸地基最大沉降量不宜超过 150mm[41]，相邻部位的最大沉降差不应超过 50mm，因此该水闸的地基沉降满足要求。

2. 闸室桩群分析研究

（1）闸室桩群位移研究分析。

对所建立的模型分别进行设计情况、校核情况和地震情况（采用拟静力法计算地震荷载）3 种工况下的计算分析（图 3.4.5 和图 3.4.6）。

在各种工况下，闸室桩群沉降最大值均发生在闸室下游低水位侧，这还是因为闸室结构在顺水流方向上产生了水平荷载，使得闸室绕着垂直于水流方向产生了顺时针方向的弯矩，从而闸室往下游侧倾斜，同时闸室底板与桩群是整体浇筑的，所以桩群也向下游倾斜。在地震工况时，桩群沉降最大，为 30.97mm。

闸室地基沉降的趋势与桩群沉降的趋势是相同的。虽然闸室地基沉降的最大值、最小值与桩群沉降的最大值、最小值之间存在差值，但这个差值在 2mm 之内，相对于沉降值来说可以忽略不计。因此，闸室地基与桩群是共同作用，沉降是协调变形的[42]。

对所建立的模型分别进行设计情况、校核情况和地震情况（采用拟静力法计算地震荷载）3 种工况下的计算分析。

在各种工况下，桩群顺水流方向的水平位移最大值均发生在桩顶，这是因为桩群的桩顶是与闸室底板直接浇筑在一起的，当水闸上部结构受到水平荷载作用时，桩顶首先会与闸室底板产生协调变形。在地震工况下，桩顶顺水流方向水平位移值最大，为 4.72mm，这是因为魏工分洪闸是处于高震区，虽然上、下游水位差在 3 种工况中并不是最大的，但是地震产生的顺水流方向的水平地震荷载比较大，使得总的顺水流方向的总水平荷载作用是 3 种工况中最大的，从而桩顶顺水流方向的水平位移值是最大的。根据水闸

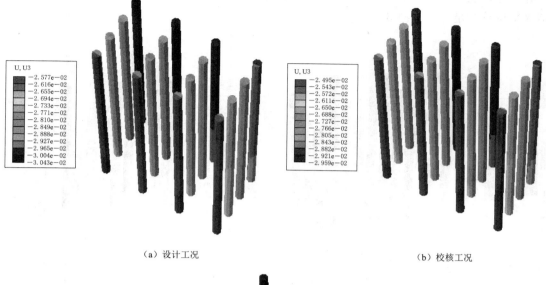

（a）设计工况 （b）校核工况

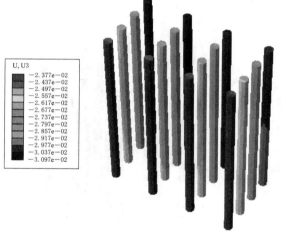

（c）地震工况

图 3.4.5 各工况下桩群的沉降分布

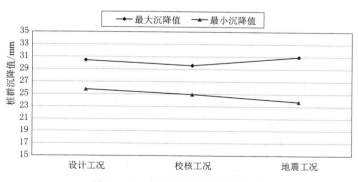

图 3.4.6 各工况下桩群沉降结果

设计规范，灌注桩桩顶不可恢复的水平位移值宜控制不超过 5.0mm。因此，该水闸的桩顶水平位移满足要求（图 3.4.7）。

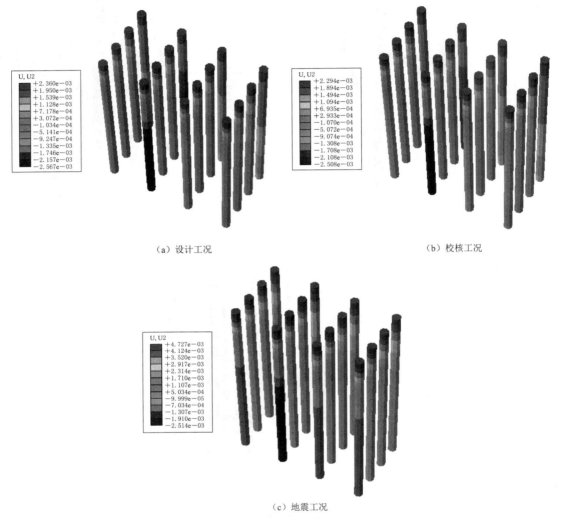

（a）设计工况　　　　　　　　　　　　（b）校核工况

（c）地震工况

图 3.4.7　各工况下桩群顺水流方向的水平位移分布

（2）闸室桩群轴向应力研究分析。

在各个工况下，闸室桩群的桩身轴向应力最大值为 2.114×10^6 Pa，并且该轴向应力为压应力，发生在地震工况下，主要分布在桩群最靠下游侧的一排桩的桩顶靠下游侧上。该工程闸室底板下的桩群的桩顶轴向应力分布在各个工况下均较为均匀，桩群的桩顶轴向反力并没有遵循刚性承台桩群的桩顶荷载分配规律[43][44]（一般情况下，中心桩桩顶荷载最小，角桩荷载最大，边桩荷载次之），这是因为该工程闸室底板仅设置了 16 根桩，桩的数量并不多，从而使得桩顶荷载分配较均匀，差异不大，所以不能很好地体现出该规律。同时，在各工况下，桩群的桩身上部靠上游侧部分主要分布的为轴向拉应力，桩身下部分基本均为轴向压应力，这是由于闸室在顺水流方向上受到水平荷载的作用，是闸室绕垂直水流方向产生了顺时针的弯矩，该弯矩对桩身上部分的影响较大，所以桩身上部分靠上游侧基本为拉应力，靠下游侧为压应力；但是随着桩身向下延伸，该弯矩的影响越来越小，桩身下部分主要还是承担上部分传来的竖向荷载，所以桩身下部分主要还是为轴向压应力为主（图 3.4.8）。

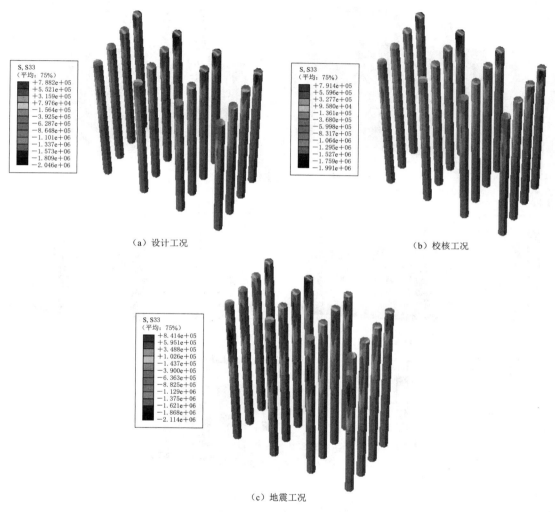

（a）设计工况

（b）校核工况

（c）地震工况

图 3.4.8　各工况下的桩群轴向应力分布

3. 闸室结构分析研究

（1）闸室结构位移研究分析。

由于闸室结构在垂直水流方向上受到的是对称荷载作用，所以闸室各构件的竖向沉降值在垂直水流方向上是对称分布的；同时，由于闸室结构在顺水流方向上受到由上、下游水位差产生的水平水压力、扬压力以及水平地震荷载的作用，闸室结构产生不均匀沉降，沉降值在 22～32mm 之间，而且对于同一高度的闸室结构，其下游侧沉降量总是大于上游侧沉降量，这是因为闸室在顺水流方向上受到了指向下游的水平荷载，使得闸室倾斜，偏向下游，从而下游沉降量大于上游沉降量。另外，闸室结构为钢筋混凝土箱式结构，其整体刚度较强，各构件之间协调变形[45]，故在同一个竖直平面内，各个构件的沉降值较为接近。在各工况下，闸室最大沉降值均发生在下游侧中孔箱式闸室顶板上，最大沉降量为 31.98mm（图 3.4.9、图 3.4.10 和表 3.4.4）。

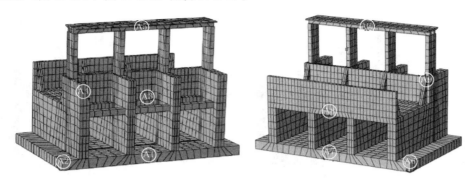

图 3.4.9　闸室特征位置

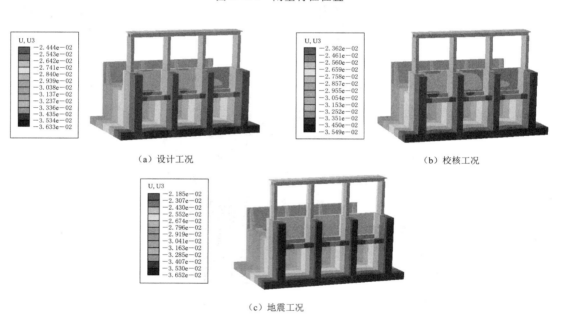

（a）设计工况　　　　　　　　　　（b）校核工况

（c）地震工况

图 3.4.10　闸室结构征位置的竖向沉降分布（单位：m）

表 3.4.4　　　　　　　　　各工况闸室结构特征位置的竖向沉降值　　　　　　　单位：mm

位置编号	计 算 工 况		
	设计工况	校核工况	地震工况
A1	24.86	24.43	22.14
A2	24.73	23.90	22.07
A3	26.30	25.44	24.66
A4	25.50	24.65	22.68

位置编号	计 算 工 况		
	设计工况	校核工况	地震工况
A5	27.19	26.33	24.86
A6	30.04	29.25	31.07
A7	30.05	29.22	31.06
A8	30.85	30.01	31.98
A9	27.64	26.79	26.27
A10	28.45	27.59	27.24

在各工况下，闸室各构件顺水流方向的水平位移是不相同的，但是同一水平面内上的顺水流水平位移是基本相同的，主要是由于闸室具有较强的刚度，在同一水平面上混凝土协调变形，使得同一水平面上的水平位移是基本相同的。然而随着高程的增大，闸室构件顺水流方向上的水平位移也随之增大，主要是因为各构件的转角位移是相同的，使得两者之间呈现一个相对线性的变化[46]。在各工况下，工作桥顺水流方向的水平位移均为最大。在地震工况下，该最大值为 16.26mm，主要是由于该工况下产生了较大的顺水流方向的水平地震荷载，使得指向下游的水平荷载增大（图 3.4.11 和表 3.4.5）。

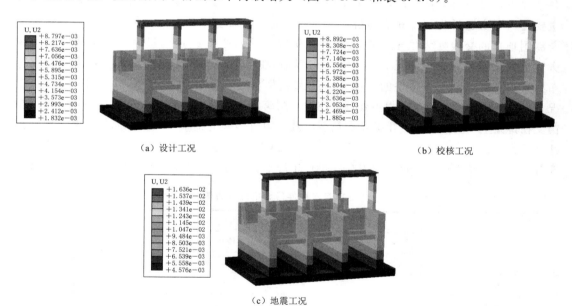

（a）设计工况　　　　　　　　　　　　　　（b）校核工况

（c）地震工况

图 3.4.11　闸室结构顺水流方向位移分布

（2）闸室结构应力研究分析。

在各工况下，闸室底板的最大主拉应力主要分布在闸室底板与中墩、边墩的连接部分的下游侧底板底层，这是因为闸墩将自身重力和其上部荷载传递给闸室底板，相当于在闸室底板上作用了集中荷载，从而导致闸室底板底面的弯矩到达最大，最大值发生在地震工况下，为 0.475MPa；在各工况下，中墩的最大主拉应力主要分布在下游侧中墩与闸室底

表 3.4.5　　　　　　　　各工况闸室结构特征位置的顺水流方向位移值　　　　　　单位：mm

位置编号	计 算 工 况		
	设计工况	校核工况	地震工况
A1	2.57	2.62	5.60
A2	2.61	2.65	5.62
A3	4.91	4.98	9.48
A4	6.08	6.16	11.63
A5	8.49	8.38	15.91
A6	2.30	2.36	5.33
A7	2.28	2.34	5.32
A8	4.91	4.99	9.28
A9	6.09	6.17	11.64
A10	8.65	8.73	16.26

板连接处，最大值发生在地震工况下，为 0.325MPa；在各工况下，边墩的最大主拉应力主要分布在下游侧中墩与闸室底板连接处，最大值发生在地震工况下，为 0.305MPa；在各工况下，交通桥侧挡墙的最大主拉应力主要分布在下游侧挡墙与涵闸顶板的交接处，这主要是由于交通桥为填土式交通桥，土体水平荷载随着土体深度的增加而变大，在侧挡墙与涵闸顶板的交接处为填土最深的地方，所以土体水平荷载达到最大，产生的弯矩也最大，最大值发生在校核工况下，为 0.509MPa；在各工况下，排架的最大主拉应力主要分布在边孔外侧排架与工作桥的交接处，最大值发生在地震工况下，为 0.298MPa；在各工况下，工作桥的最大主拉应力主要分布在边孔两跨的工作桥纵梁跨中底部，这是由于工作桥简支在排架上，受到自重产生的均布荷载以及启闭机传来的集中荷载，从而使得其跨中弯矩达到最大，最大值发生在地震工况下，为 0.452MPa；在各工况下，撑梁的最大主拉应力主要分布在撑梁跨中底面，最大值发生在设计工况下，为 0.037MPa（图 3.4.12 和表 3.4.6）。

表 3.4.6　　　　　　　　各工况闸室构件最大主拉应力值　　　　　　　　　单位：MPa

构件名称	计 算 工 况		
	设计工况	校核工况	地震工况
闸室底板	0.417	0.409	0.475
中墩	0.305	0.302	0.325
边墩	0.286	0.270	0.305
交通桥侧挡墙	0.462	0.509	0.461
排架	0.151	0.149	0.298
工作桥	0.427	0.418	0.452
撑梁	0.037	0.035	0.029

　　同时能够看出水闸构件中闸室底板、交通桥侧挡墙、工作桥的混凝土最大主拉应力值均大于混凝土允许拉应力值，需要对其进行结构计算配筋；而其他构件的混凝土最大主拉

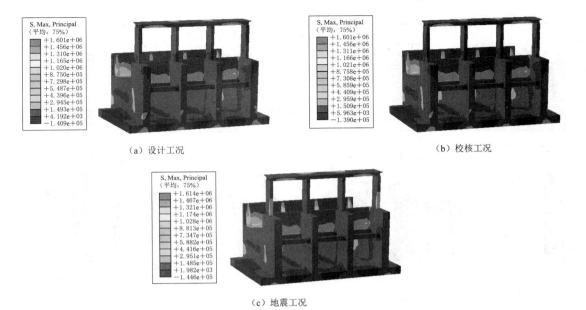

（a）设计工况　　　　　　　　　（b）校核工况

（c）地震工况

图 3.4.12　闸室结构最大主拉应力分布

应力值均小于混凝土允许拉应力值，只需按最小配筋率进行配筋，从而使得水闸能够正常安全运行。

在各工况下，闸室底板的最大主压应力主要分布在闸室底板与中墩、边墩的连接部分的下游侧底板面层，最大值发生在地震工况下，为 0.853MPa；在各工况下，中墩的最大主压应力主要分布在下游侧中墩与闸室底板连接处，最大值发生在地震工况下，为 0.924MPa；在各工况下，边墩的最大主压应力主要分布在下游侧中墩与闸室底板连接处，最大值发生在地震工况下，为 1.010MPa；在各工况下，交通桥侧挡墙的最大主压应力主要分布在下游侧挡墙与涵闸顶板的交接处，最大值发生在地震工况下，为 0.951MPa；在各工况下，排架的最大主压应力主要分布在排架下游侧与工作桥的交接处的根部，最大值发生在地震工况下，为 0.610MPa；在各工况下，工作桥的最大主压应力主要分布在边孔两跨的工作桥面层中部，最大值发生在地震工况下，为 0.308MPa；在各工况下，撑梁的最大主压应力主要分布在撑梁跨中底面，最大值发生在设计工况下，为 0.509MPa（图 3.4.13 和表 3.4.7）。

表 3.4.7　　　　　　　　　　各工况闸室结构特征位置最大主压应力值　　　　　　　　单位：MPa

构件名称	计 算 工 况		
	设计工况	校核工况	地震工况
闸室底板	0.790	0.776	0.853
中墩	0.860	0.863	0.924
边墩	0.989	0.930	1.010
交通桥侧挡墙	0.928	0.916	0.951

构件名称	计　算　工　况		
	设计工况	校核工况	地震工况
排架	0.312	0.315	0.610
工作桥	0.249	0.248	0.308
撑梁	0.509	0.504	0.501

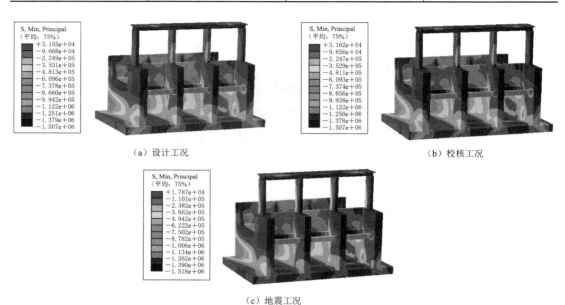

（a）设计工况　　　　　　　　　　　　　（b）校核工况

（c）地震工况

图 3.4.13　闸室结构最大主压应力分布

同时能够看出水闸各构件的混凝土最大主压应力值均小于混凝土允许压应力值，该水闸的抗压强度满足要求。

3.4.2　闸室结构动力有限元分析

一般在进行结构动力有限元分析时主要有时程分析法、振型分解时程分析法和振型分解反应谱法这三种方法[47]。在本节中开展水闸闸室结构动力有限元研究分析时，采用振型分解反应谱法。

3.4.2.1　计算模型及材料性质

计算模型与上节相同，且各构件的网格划分也相同，同样也考虑闸室、桩群和地基三者之间的相互作用。一般在动力荷载作用下，结构材料的弹性模量会增大[48]。因此，在本节动力计算中，闸室各构件、桩和地基的材料弹性模量较静力分析时所采用的材料弹性模量增大到 1.20 倍[49]。

3.4.2.2　模型地震类型

根据《中国地震动参数区划图》（GB 18306—2015）附录 A 和附录 D，魏工分洪闸工程所处场地地震基本烈度Ⅷ度，其地震动峰值加速度为 0.3g，地震为第一组二类场地，特征周期为 0.35s。

3.4.2.3 闸室结构振型分解反应谱法分析计算

1. 闸室结构振型计算

利用 ABAQUS 软件中的线性摄动的分析步对所建模型进行模态分析，利用 LANC-ZONS 法[50] 提取结构的前 6 阶振型来进行反应谱计算，分析中结构的阻尼比取 0.05（图 3.4.14 和表 3.4.8）。

表 3.4.8 闸室结构前六阶振型频率与周期

振型阶数	一阶	二阶	三阶	四阶	五阶	六阶
周期/s	6.898937105	6.700723077	6.46399177	6.42367856	6.400383025	6.382892264
频率/(rad/s)	0.91072	0.93766	0.97200	0.97810	0.98166	0.98435

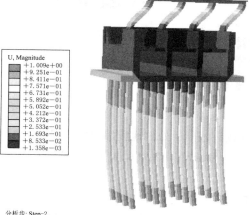

分析步：Step-2
Mode 1：Value= 32.744 Frep= 0.91072 （cycles/time）
基本变量：U, Magnitude
变形变量：U 变形缩放系数：+3.560e+00

（a）一阶

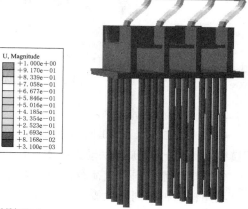

分析步：Step-2
Mode 2：Value= 34.710 Frep= 0.93766 （cycles/time）
基本变量：U, Magnitude
变形变量：U 变形缩放系数：+3.560e+00

（b）二阶

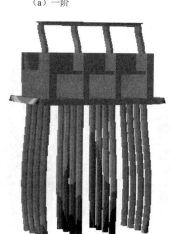

分析步：Step-2
Mode 3：Value= 37.299 Frep= 0.97200 （cycles/time）
基本变量：U, Magnitude
变形变量：U 变形缩放系数：+9.176e+00

（c）三阶

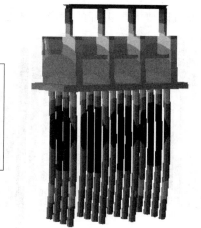

分析步：Step-2
Mode 4：Value= 37.768 Frep= 0.97810 （cycles/time）
基本变量：U, Magnitude
变形变量：U 变形缩放系数：+3.560e+00

（d）四阶

图 3.4.14（一） 闸室结构前六阶振型

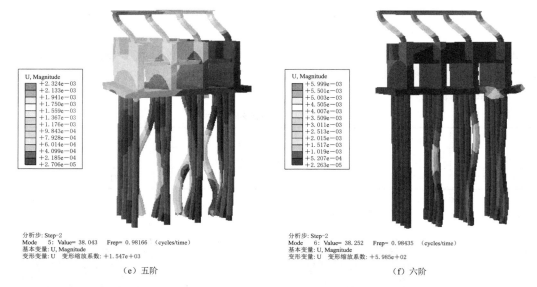

分析步: Step-2
Mode　5: Value= 38.043　Frep= 0.98166　（cycles/time）
基本变量: U, Magnitude
变形变量: U　变形缩放系数: +1.547e+03

（e）五阶

分析步: Step-2
Mode　6: Value= 38.252　Frep= 0.98435　（cycles/time）
基本变量: U, Magnitude
变形变量: U　变形缩放系数: +5.985e+02

（f）六阶

图 3.4.14（二）　闸室结构前六阶振型

2. 闸室结构计算结果

根据所建立的魏工分洪闸的模型以及计算得到的接近该闸所处的地震带的地震反应谱，进行模型的振型分解反应谱法动力计算分析，并且与拟静力法计算出来的结果进行比较分析。

（1）顺水流方向地震荷载作用结果对比分析。

利用该两种不同的地震作用分析方法得到的桩群沉降的分布趋势基本上是相同的，最小沉降发生在上游的一排桩，最大沉降发生在下游的一排桩，虽然两种方法计算得出的结果相差不大，最小沉降差值为 1.5mm，最大沉降差值为 0.97mm，但是反应谱法计算出来的桩群沉降结果较拟静力法要相对分布均匀一些。同时可以发现靠近上游侧的桩身下部的沉降要大于上部的沉降，靠近下游侧的桩身沉降分布则相反（图 3.4.15）。

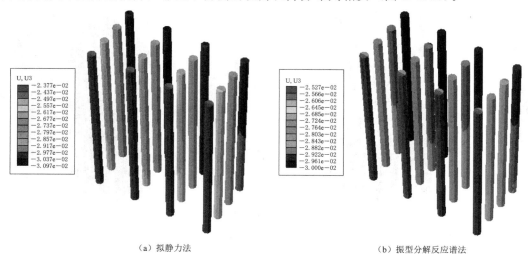

（a）拟静力法

（b）振型分解反应谱法

图 3.4.15　桩群沉降分布（单位: m）

拟静力法计算得出的桩顶顺水流方向的水平位移为 4.727mm，而反应谱法计算得出的桩顶顺水流方向的水平位移为 3.657mm，后者计算结果较前者减小了 22.64％，说明用拟静力法进行地震作用下的桩的设计时，桩的结构是偏安全的。同时也能看出，两种方法计算下，桩群的整体水平位移分布是有一定差别的，主要表现在靠上游的两排桩的桩身下部。振型分解反应谱法的结果中靠上游的两排桩的桩身下部位移是正值，即桩身是向下游偏移的，而拟静力法的结果则与之相反（图 3.4.16）。

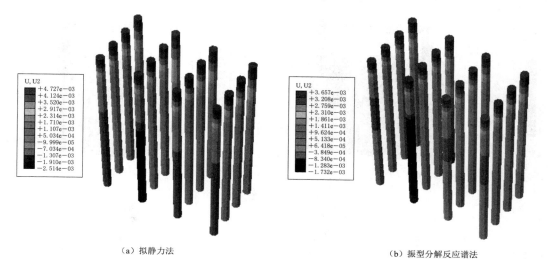

（a）拟静力法　　　　　　　　　　　　　（b）振型分解反应谱法

图 3.4.16　桩群水平向位移分布（单位：m）

利用该两种不同的地震作用分析方法得到的桩群轴向应力分布趋势基本上是相同的，但是振型分解反应谱法的计算结果是要小于拟静力法的计算结果（图 3.4.17）。

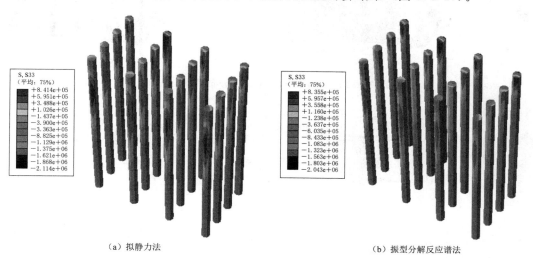

（a）拟静力法　　　　　　　　　　　　　（b）振型分解反应谱法

图 3.4.17　桩群轴向应力分布（单位：Pa）

采用振型分解反应谱法进行结构的动力分析时，由于考虑到了结构的自振特性和材料的阻尼比，使得靠上游处的闸室结构特征位置（A1、A2、A3、A4、A5、A9、A10）的沉降位移大于拟静力法计算的结果，下游处的闸室结构特征位置（A6、A7、A8）的沉降位移小于拟静力法计算的结果，闸室结构的各个特征位置水平位移均小于拟静力法的计算结果；两种方法计算的结果中，同一竖直平面内（A1、A2、A4；A6、A7、A8；A3、A5；A9、A10）的特征位置的沉降位移还是基本相同的；同一水平面内（A1、A2、A6、A7；A3、A8；A4、A9；A5、A10）的特征位置的顺水流方向的水平位移也是基本相同的（图 3.4.18～图 3.4.20 和表 3.4.9）。

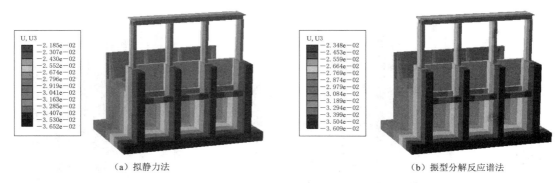

（a）拟静力法　　　　　　　　　　　　　（b）振型分解反应谱法

图 3.4.18　闸室结构沉降分布（单位：m）

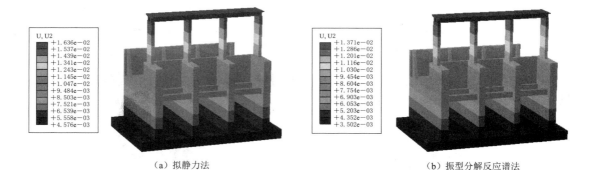

（a）拟静力法　　　　　　　　　　　　　（b）振型分解反应谱法

图 3.4.19　闸室结构水平位移分布（单位：m）

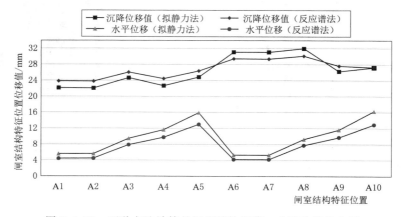

图 3.4.20　两种方法计算的闸室结构沉降、水平位移分布图

表 3.4.9 闸室结构沉降、水平位移值

特征位置	沉降位移值/mm			水平位移/mm		
	拟静力法	反应谱法	差值/%	拟静力法	反应谱法	差值/%
A1	22.14	23.84	7.68	5.60	4.43	20.89
A2	22.07	23.78	7.75	5.62	4.47	20.46
A3	24.66	26.05	5.64	9.48	7.89	16.77
A4	22.68	24.45	7.80	11.63	9.75	16.17
A5	24.86	26.38	6.11	15.91	12.98	18.42
A6	31.07	29.43	5.28	5.33	4.21	21.01
A7	31.06	29.36	5.47	5.32	4.20	21.05
A8	31.98	30.10	5.88	9.28	7.75	16.49
A9	26.27	27.63	5.18	11.64	9.75	16.24
A10	27.24	27.25	0.04	16.26	12.91	20.60

由此可得，该两种地震作用分析方法计算闸室位移的结果在趋势上是相同的，但是两种方法在闸室结构的沉降计算值最大差值为 7.8%，闸室结构的顺水流方向的水平位移计算值最大差值为 21.05%。

采用振型分解反应谱法进行结构的地震作用分析时，闸室各构件的最大拉应力及最大压应力的值均小于拟静力法计算的结果。其中，排架的最大拉应力值及最大压应力值均比拟静力法计算的结果小了 50% 左右，而其他闸室构件的压应力减小值均在 20% 以内（图 3.4.21、图 3.4.22 和表 3.4.10）。

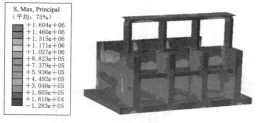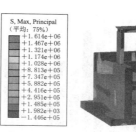

（a）拟静力法　　　　　　　　　　　（b）振型分解反应谱法

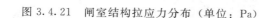

图 3.4.21 闸室结构拉应力分布（单位：Pa）

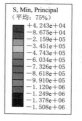

（a）拟静力法　　　　　　　　　　　（b）振型分解反应谱法

图 3.4.22 闸室结构压应力分布（单位：Pa）

表 3.4.10 闸 室 结 构 应 力

闸室构件	最大拉应力/kPa			最大压应力/kPa		
	拟静力法	反应谱法	相对差值/%	拟静力法	反应谱法	相对差值/%
闸室底板	0.475	0.381	19.79	0.853	0.713	16.41
中墩	0.325	0.292	10.15	0.924	0.814	11.90
边墩	0.305	0.253	17.05	1.010	0.902	10.69
交通桥侧挡墙	0.461	0.459	0.43	0.951	0.892	6.20
排架	0.298	0.152	48.99	0.610	0.281	53.93
工作桥	0.452	0.429	5.09	0.308	0.249	19.16
撑梁	0.029	0.025	13.79	0.501	0.497	0.80

由此能够得出，在进行闸室结构顺水流方向地震作用分析计算中，采用拟静力法进行计算相对于振型分解法是要偏安全的[51]，在一般情况下，用拟静力法进行震区水工建筑物的结构计算是能够很好地满足安全性的要求的，当工程设计需要时，可以再用振型分解反应谱法进行核对比较，达到节省震区水利工程的建设费用。

（2）垂直水流方向地震荷载作用结果对比分析。

利用该两种不同的地震作用分析方法得到的桩群沉降的分布趋势并不相同，拟静力法沉降结果中最小沉降发生在上游最左侧的一根桩上，最大沉降发生在下游最右侧的一根桩上，而振型分解反应谱法沉降结果中最小沉降发生在上游两侧的两根边桩上，最大沉降发生在下游两侧的两根边桩上，虽然两种方法计算得出的结果相差不大，最小沉降差值为1.49mm，最大沉降差值为0.25mm，但是反应谱法计算出来的桩群沉降结果较拟静力法要相对分布均匀一些（图3.4.23）。

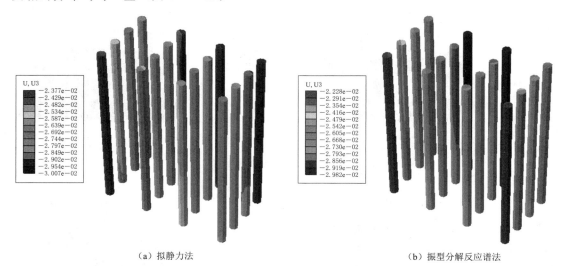

（a）拟静力法　　　　　　　　　　　　（b）振型分解反应谱法

图 3.4.23　桩群沉降分布（单位：m）

两种方法计算下，桩群的整体水平位移分布是基本相同的，但是反应谱法计算的结果要大于拟静力法的计算结果。拟静力法计算得出的桩顶顺水流方向的水平位移为2.252mm，而反应谱法计算得出的桩顶顺水流方向的水平位移为2.566mm，后者计算结果较前者增大了 13.94%；拟静力法计算得出的桩顶垂直水流方向的水平位移为 3.046mm，而反应谱法计算得出的桩顶顺水流方向的水平位移为 14.14mm，后者计算结果较前者增大了 3.64 倍，说明在作用垂直水流方向的地震荷载时，用拟静力法进行地震作用下的桩的设计时，桩的结构是偏不安全的，需要用振型分解法进一步补充考虑（图 3.4.24）。

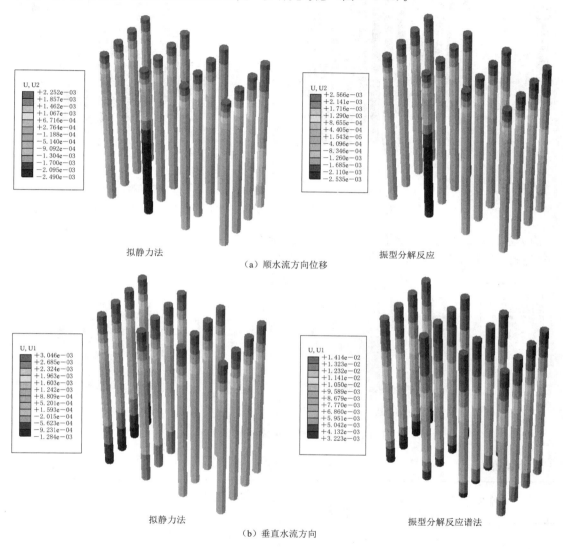

拟静力法　　　　　　　　　　　　　　　　振型分解反应

（a）顺水流方向位移

拟静力法　　　　　　　　　　　　　　　振型分解反应谱法

（b）垂直水流方向

图 3.4.24　桩群水平向位移分布（单位：m）

利用该两种不同的地震作用分析方法得到的桩群轴向应力分布趋势基本上是相同的，但是振型分解反应谱法的计算结果是要大于拟静力法的计算结果，最大轴向拉应力较拟静力法计算结果增加了 32.32%（图 3.4.25）。

采用振型分解反应谱法进行结构的动力分析时，由于考虑到了结构的自振特性和材料的阻尼比，同时输入的地震谱为波状形式，使得水闸中孔闸室结构特征位置（A1、A3、A5、A7、A8、A10，该 6 个位置处于中孔闸室中间的同一竖直平面上）的沉降位移大于

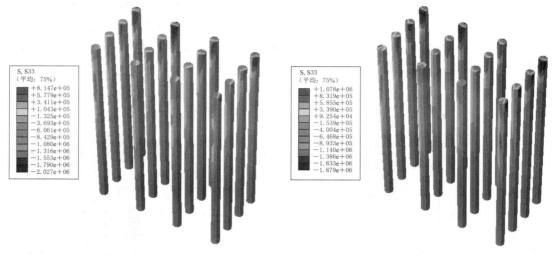

（a）拟静力法　　　　　　　　　　　　　（b）振型分解反应谱法

图 3.4.25　桩群轴向应力分布（单位：Pa）

拟静力法计算的结果，而水闸边孔闸室结构特征位置（A2、A4、A6、A9）的沉降位移小于拟静力法计算的结果（图 3.4.26 和图 3.4.27）。

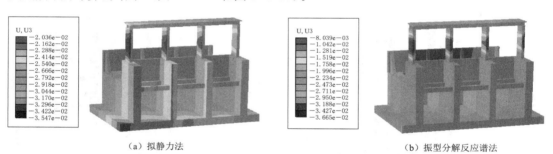

（a）拟静力法　　　　　　　　　　　　　（b）振型分解反应谱法

图 3.4.26　闸室结构沉降分布（单位：m）

表 3.4.11　　　　　　　　　　　　　闸 室 结 构 沉 降

特征位置	沉 降 位 移		
	拟静力法/mm	反应谱法/mm	相对差值/%
A1	23.99	25.09	4.59
A2	22.11	19.68	10.99
A3	25.65	26.36	2.77
A4	23.16	21.55	6.95
A5	26.26	27.21	3.62
A6	27.93	25.65	8.16
A7	29.16	30.56	4.80
A8	30.00	31.27	4.23
A9	25.54	24.01	5.99
A10	27.54	28.55	3.67

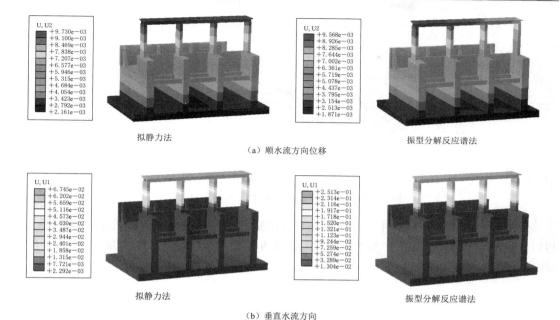

（a）顺水流方向位移

拟静力法   振型分解反应谱法

（b）垂直水流方向

拟静力法   振型分解反应谱法

图 3.4.27　闸室结构水平位移分布（单位：m）

表 3.4.12　　　　　　　　　　　　闸室结构水平向位移

特征位置	顺水流方向水平位移/mm			垂直水流方向水平位移/mm		
	拟静力法	反应谱法	相对差值/%	拟静力法	反应谱法	相对差值/%
A1	2.62	2.83	8.02	3.18	14.45	354.40
A2	2.70	3.20	18.52	3.55	14.73	314.93
A3	4.93	5.33	8.11	4.18	15.77	277.27
A4	6.58	6.67	1.37	4.75	17.20	262.11
A5	8.56	9.17	7.13	67.08	250.85	273.96
A6	2.44	2.91	19.26	3.92	14.63	273.21
A7	2.34	2.60	11.11	3.07	13.88	352.12
A8	4.98	5.32	6.83	4.38	15.60	256.16
A9	6.59	6.69	1.52	4.63	16.80	262.85
A10	8.43	9.02	7.00	67.39	251.05	272.53

　　由此可得，该两种地震作用分析方法计算闸室沉降位移的结果在趋势上是大致相同的，但是两种方法沉降计算值最大相对差值为 10.99%（图 3.4.28）。

　　采用振型分解反应谱法进行结构的动力分析时，由于考虑到了结构的自振特性和材料的阻尼比，使得闸室结构特征位置的顺水流方向水平位移值均大于拟静力法计算的结果，下游处的闸室结构特征位置（A6、A7、A8）的沉降位移小于拟静力法计算的结果，闸室结构的各个特征位置水平位移均小于拟静力法的计算结果；两种方法计算的结果中，同一水平面内（A1、A2、A6、A7；A3、A8；A4、A9；A5、A10）的特征位置的顺水流方向的水平位移也是基本相同的。

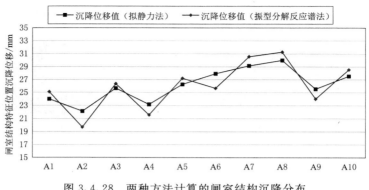

图 3.4.28　两种方法计算的闸室结构沉降分布

由此可得，该两种地震作用分析方法计算闸室顺水流方向水平位移的结果在趋势上是相同的，但是两种方法在闸室结构的顺水流方向的水平位移计算值最大相对差值为19.26%（图 3.4.29）。

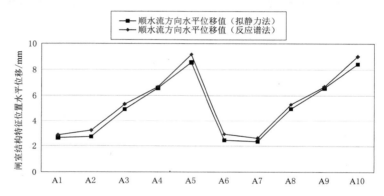

图 3.4.29　两种方法计算的闸室结构顺水流方向水平位移分布

采用振型分解反应谱法进行结构的动力分析时，闸室垂直水流方向的水平位移均要大于拟静力法的计算结果。其中，底板及闸墩的（A1、A2、A3、A4、A6、A7、A8、A9）垂直水流方向的水平位要大于拟静力法的计算结果，差值在 11mm 左右；工作桥（A5、A10）的垂直水流方向的水平位要远大于拟静力法的计算结果，差值在 184mm 左右（图 3.4.30）。

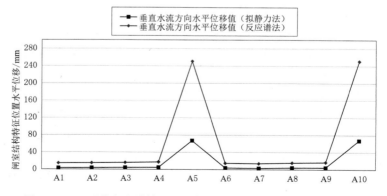

图 3.4.30　两种方法计算的闸室结构垂直水流方向水平位移分布

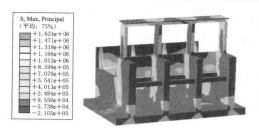 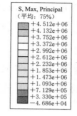 

（a）拟静力法 （b）振型分解反应谱法

图3.4.31 闸室结构拉应力分布（单位：Pa）

采用振型分解反应谱法进行结构的垂直水流方向地震作用分析时，闸室各构件的最大拉应力均大于拟静力法计算的结果；而闸室底板、中墩、边墩和交通桥侧挡墙的最大压应力要小于拟静力法计算的结果，排架、工作桥和撑梁的最大压应力要大于拟静力法（图3.4.31、图3.4.32和表3.4.13）。

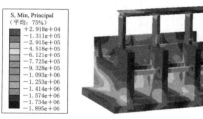 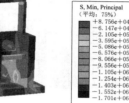 

（a）拟静力法 （b）振型分解反应谱法

图3.4.32 闸室结构压应力分布（单位：Pa）

表3.4.13 闸 室 结 构 应 力

闸室构件	最大拉应力/kPa			最大压应力/kPa		
	拟静力法	反应谱法	相对差值/%	拟静力法	反应谱法	相对差值/%
闸室底板	0.417	0.437	4.80	0.808	0.649	19.68
中墩	0.345	0.932	170.14	1.151	0.768	33.28
边墩	0.515	1.044	102.72	1.895	0.748	60.53
交通桥侧挡墙	0.589	0.671	13.92	1.249	0.733	41.31
排架	0.513	1.630	217.74	0.492	0.805	63.62
工作桥	0.917	4.512	392.04	0.492	1.701	245.73
撑梁	0.028	0.086	207.14	0.512	0.494	3.52

由此能够得出，在进行闸室结构垂直水流方向地震作用分析计算中，采用拟静力法进行计算相对于振型分解法是要偏不安全的。

3.5 箱框式底板水闸工程结构性态分析

3.5.1 箱框式底板水闸有限元分析

本节应用ABAQUS有限元软件，以二维箱框式底板水闸为研究对象建立有限元模型进行结构分析[52]。充分考虑在箱框式底板地基处理前后、地基处理换砂厚度等因素对箱框式底板内力和对闸室地基的影响，及考虑底板型式对闸室地基的影响。

3.5.1.1 有限元模型建立

为研究地基处理前后、地基换砂厚度对箱框式底板内力和地基反力的影响，及底板形式对地基反力的影响，将建立两种底板形式的模型，一种为箱框式底板水闸模型，另一种为平底板水闸模型。

模型一为某开敞式箱框式底板水闸，单孔净宽 6m，总净宽 18m，顺水流长度 21.25m，中墩厚度 1.0m，边墩厚 0.8m，闸墩高 8.8m，底板顶高程为－2.30m，底板底高程－4.80m；模型二为平底板水闸，水闸参数与模型一相同（图 3.5.1 和图 3.5.2）。

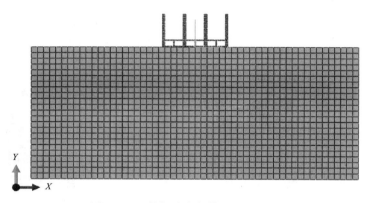

图 3.5.1 箱框式底板模型网格划分

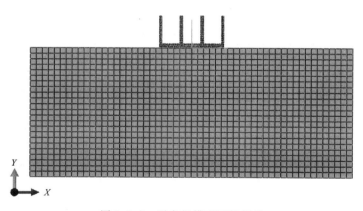

图 3.5.2 平底板模型网格划分

其中闸室材料为 C20 混凝土，弹性模量为 2.55×10^{10} Pa，泊松比为 0.167，质量密度为 2400kg/m³。地基采用 Morh-Coulomb 弹塑性模型，中砂层地基变形模量 42MPa，泊松比 0.35，重度 20.6kN/m³，黏聚力 6kPa，内摩擦角 27.5°，淤泥质土层地基变形模量 25MPa，泊松比 0.3，重度 19.6kN/m³，黏聚力 35kPa，内摩擦角 26°，计算工况为完建期、设计 1 水位 1.7m、设计 2 水位为 5.1m，荷载包括自重、水重、水压力、扬压力、上部结构自重等。

3.5.1.2 底板内力、地基反力的影响因素

1. 地基处理对底板内力、地基反力的影响

在箱框式底板计算模型中，原工程地基处理前的地基土为淤泥质土，土的力学强度指标偏小，地基处理后，将闸室底板下 2.5m 厚土层置换为中砂。利用 ABAQUS 建立有限元模型，计算分析各工况下箱框式底板内力及地基反力，并绘制箱框式底板顶板、底板及地基反力曲线图进行分析。

（1）最大主应力分析。

由最大主应力云图和地基处理前后应力对比图可明显发现，在各计算工况下箱框式底板顶板在地基处理前后最大主应力值均为正，表示其受拉应力，地基处理后应力值不同程度减小，尤其以框架顶板各跨中及顶板与闸墩连接处的应力减小较为明显。完建期最大减小值为 158.7kPa，发生在边墩与顶板交界处，最大减小百分比为 51.1%，发生在闸室中孔跨中部位，应力减小 71.9kPa；设计 1 工况最大减小值为 149.2kPa，发生在边墩与顶板交界处，最大减小百分比为 47.8%，发生在闸室边孔跨中部位，应力减小 115.8kPa；设计 2 工况最大减小值为 134.4kPa，发生在边墩与顶板交界处，最大减小百分比为 24.4%，发生在闸室边孔跨中部位，应力减小 105.7kPa。地基处理前后，顶板最大主应力值随水位的增加而普遍增大（图 3.5.3～图 3.5.13）。

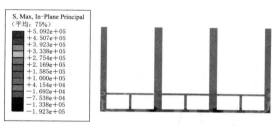

图 3.5.3 处理前完建期底板内力（单位：Pa）

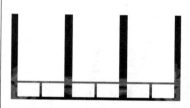

图 3.5.4 处理前设计 1 底板内力（单位：Pa）

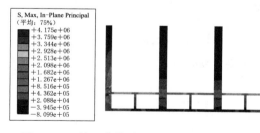

图 3.5.5 处理前设计 2 底板内力（单位：Pa）

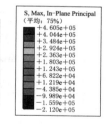

图 3.5.6 处理后完建期底板内力（单位：Pa）

在各计算工况下箱框式底板在地基处理前后最大主应力值较小，除完建期和设计 1、设计 2 工况下边墩与底板连接处，最大主应力值普遍为负值，表示其主要受压应力，而完建期底板最大主应力普遍为正值，表示其主要受拉应力，但应力值较顶板相比较小；地基处理后底板大部分应力值减小，最大减小值发生在完建期中墩与底板连接处，其值为 64.3kPa。随着水位的增加，箱框式底板的最大主应力值变为负值，说明底板有由拉应力状态向压应力状态发展的趋势。

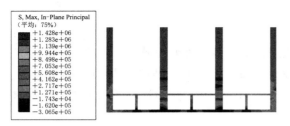
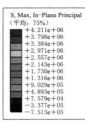
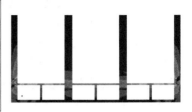

图 3.5.7　处理后设计 1 底板内力（单位：Pa）　　图 3.5.8　处理后设计 2 底板内力（单位：Pa）

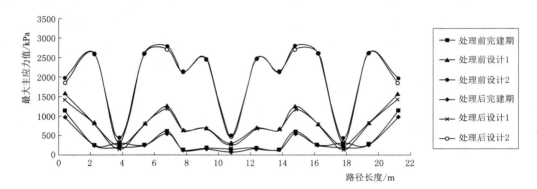

图 3.5.9　地基处理前后顶板最大主应力

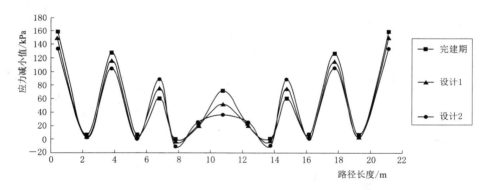

图 3.5.10　地基处理前后顶板应力减小值

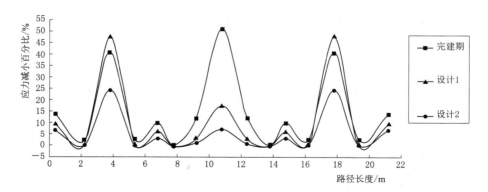

图 3.5.11　地基处理前后顶板应力减小百分比

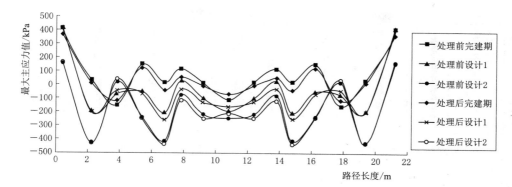

图 3.5.12 地基处理前后底板最大主应力

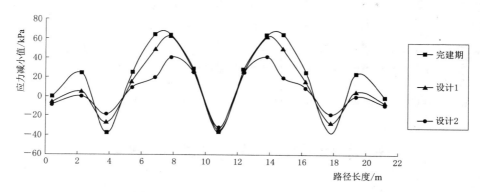

图 3.5.13 地基处理前后底板应力减小值

（2）最小主应力分析。

由最小主应力云图和地基处理前后应力对比图可明显发现，在各计算工况下箱框式底板顶板在地基处理前后最小主应力值较小，除设计1、设计2工况下闸室跨中出现局部较少的正值外，最小主应力值普遍为负值，表示其主要受压应力。地基处理后顶板大部分应力值变化较小，在 30kPa 范围内，最大变化值发生在边孔跨中处，其值为 108kPa（图3.5.14～图3.5.24）。

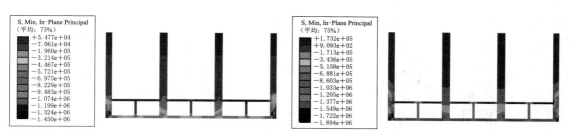

图 3.5.14　处理前完建期底板内力（单位：Pa）　　图 3.5.15　处理前设计1底板内力（单位：Pa）

在各计算工况下箱框式底板底板在地基处理前后除边墩处外最小主应力值均为负，表示其受压应力。地基处理后应力值不同程度增大，尤其以框架底板各跨中及底板与闸墩连接处的应力变化较为明显。完建期最大增加值为 77.5kPa，发生在中墩与底板交界处，增

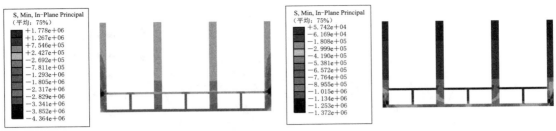

图 3.5.16 处理前设计 2 底板内力（单位：Pa）　　图 3.5.17 处理后完建期底板内力（单位：Pa）

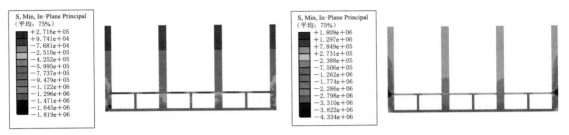

图 3.5.18 处理后设计 1 底板内力（单位：Pa）　　图 3.5.19 处理后设计 2 底板内力（单位：Pa）

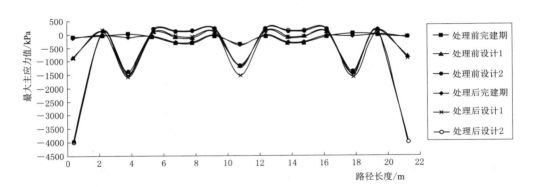

图 3.5.20 地基处理前后顶板最小主应力

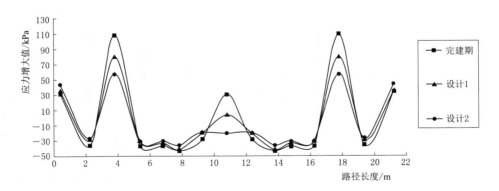

图 3.5.21 地基处理前后顶板应力增大值

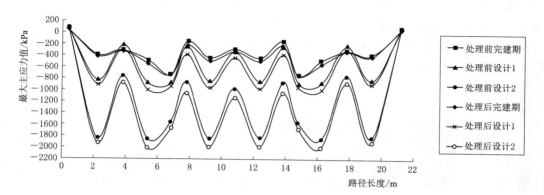

图 3.5.22 地基处理前后底板最小主应力

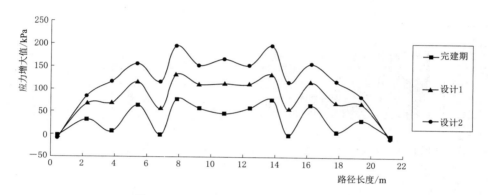

图 3.5.23 地基处理前后底板应力增大值

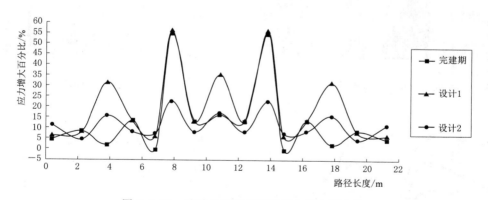

图 3.5.24 地基处理前后底板应力增大百分比

加百分比为 55.1%；设计 1 工况最大增加值为 132.9kPa，发生在中墩与底板交界处，增加百分比为 56.1%；设计 2 工况最大增加值为 196.2kPa，发生在中墩与底板交界处，增加百分比为 23.0%。地基处理前后，底板最小主应力值大小随水位的增加而普遍增大，且为负值，说明底板承受压应力。

（3）地基反力和位移分析。

地基反力随水位的增加而增大，地基处理后地基反力虽有减小，但变化值不大。地基处理前厚闸室底板最大沉降位移均发生在中墩底部底板处，分别为 63.8mm、99.5mm 和 130.3mm，地基处理后沉降位移分别为 60.2mm、90.6mm 和 120.0mm，闸室整体沉降得到部分缓解（图 3.5.25～图 3.5.31）。

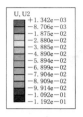
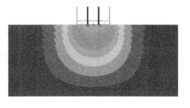

图 3.5.25　处理前完建期底板位移（单位：m）

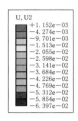
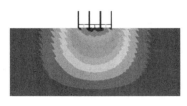

图 3.5.26　处理前设计 1 底板位移（单位：m）

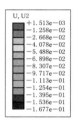
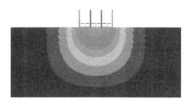

图 3.5.27　处理前设计 2 底板位移（单位：m）

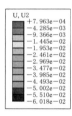
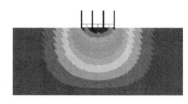

图 3.5.28　处理后完建期底板位移（单位：m）

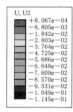
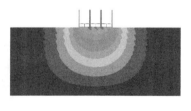

图 3.5.29　处理后设计 1 底板位移（单位：m）

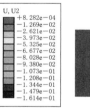
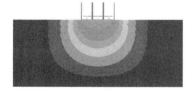

图 3.5.30　处理后设计 2 底板位移（单位：m）

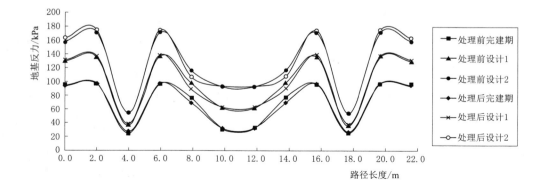

图 3.5.31　地基处理前后地基反力对比

2. 地基换砂厚度对底板内力、地基反力的影响

由上节可知，原工程地基土层换砂后箱框式底板应力状态改善较为明显，故本节以闸室底板下土层换砂厚度为变化因子，换砂厚度分别为 1.5m、2.5m、3.5m 和 4.5m，利用 ABAQUS 建立有限元模型，计算分析在某一工况水位下箱框式底板内力及地基反力，并绘制箱框式底板顶板、底板及地基反力曲线图，进而分析研究置换厚度对底板内力的影响。

（1）最大主应力分析。

在计算工况下箱框式底板顶板在换砂前后最大主应力值均为正，表示其受拉应力，底板在换砂前后最大主应力值为负值，表示其主要受压应力。随换砂厚度的增加，顶板拉应力、底板压应力逐渐减小，但变化速度较慢（图 3.5.32～图 3.5.38）。

图 3.5.32　未换砂底板内力（单位：Pa）

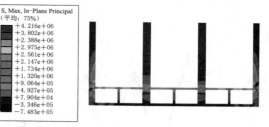

图 3.5.33　换砂 1.5m 底板内力（单位：Pa）

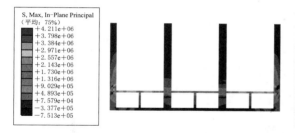

图 3.5.34　换砂 2.5m 底板内力（单位：Pa）

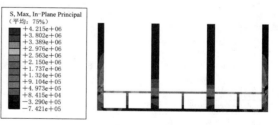

图 3.5.35　换砂 3.5m 底板内力（单位：Pa）

（2）最小主应力分析。

在计算工况下箱框式底板顶板应力值基本为正，顶板受拉应力，但数值较小；底板的应力值基本为负值，底板受压应力。随着换砂厚度的增加，顶板拉应力状态缓解，底板压应力逐渐增大，但变化较小，不会超过混凝土材料的允许抗压强度（图 3.5.39～图 3.5.45）。

（3）地基反力和位移分析。

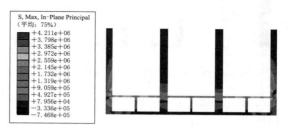

图 3.5.36　换砂 4.5m 底板内力（单位：Pa）

地基反力随换砂厚度的增加虽有减小，但变化值不大。闸室底板最大沉降位移均发生在中墩底部底板处，分别为 129.9mm、124.6mm、122.4mm、120.0mm 和 118.2mm，沉降随换砂厚度的增加而减小，但减小量不大，对箱框式底板而言影响不大（图 3.5.46～图 3.5.51）。

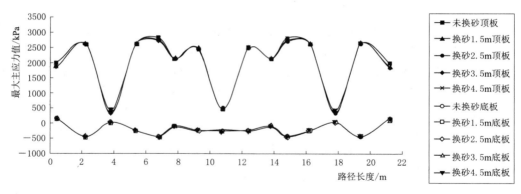

图 3.5.37　顶板、底板最大主应力

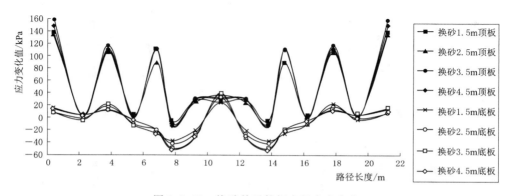

图 3.5.38　换砂前后箱框底板应力变化

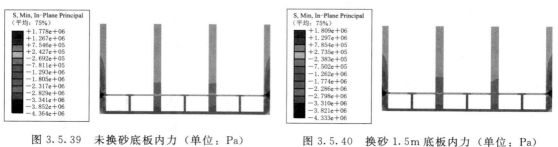

图 3.5.39　未换砂底板内力（单位：Pa）　　　图 3.5.40　换砂 1.5m 底板内力（单位：Pa）

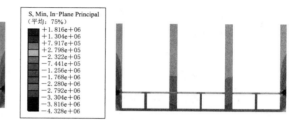

图 3.5.41　换砂 2.5m 底板内力（单位：Pa）　　　图 3.5.42　换砂 3.5m 底板内力（单位：Pa）

（4）底板类型对地基反力的影响[53]。

前述分析可知，原工程为箱框式底板，地基受力状态较好，且随换砂厚度增加，地基反力有所减小，但变化较小，故本节以闸室底板类型为变化因子，利用ABAQUS 建立有限元模型，计算分析在现有工程地基情况下，箱框式底板与平底板在各工况水位下的地基反力，并绘制地

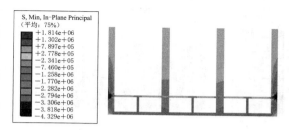

图 3.5.43　换砂 4.5m 底板内力（单位：Pa）

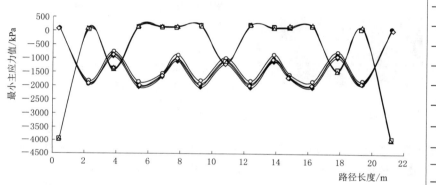
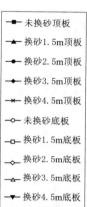

图 3.5.44　顶板、底板最小主应力

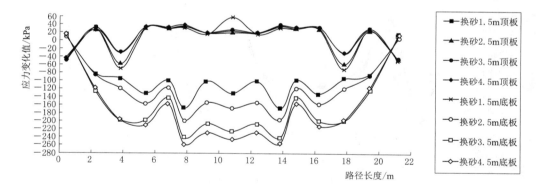

图 3.5.45　换砂前后箱框底板应力变化

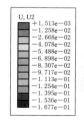

图 3.5.46　未换砂底板位移（单位：m）

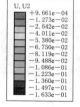
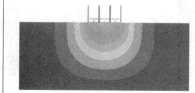

图 3.5.47　换砂 1.5m 底板位移（单位：m）

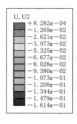
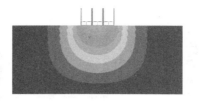

图 3.5.48　换砂 2.5m 底板位移（单位：m）

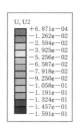
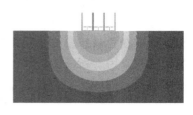

图 3.5.49　换砂 3.5m 底板位移（单位：m）

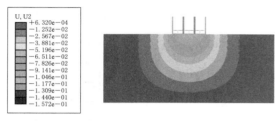

图 3.5.50　换砂 4.5m 底板位移（单位：m）

基反力曲线图，进而分析研究工程采用箱框式底板的合理性（图 3.5.52～图 3.5.58）。

两种型式的底板闸室地基反力随换水位的增大而增大，变化值较为明显。除底板中墩下面的地基反力外，箱框式底板地基反力在各计算工况下均小于平底板地基反力，且差异较大。完建期最大差值为 33.2kPa，发生在边孔跨中部位底板处；设计 1 最大差值为 62.0kPa，发生在边孔跨中部位底板处；设计 2 最大差值为 81.3kPa，发生在边孔跨中部位底板处。虽然平底板闸室地基反力曲线较均匀，但其数值较大，超过地基允许承载能力，相比较而言，平底板闸室地

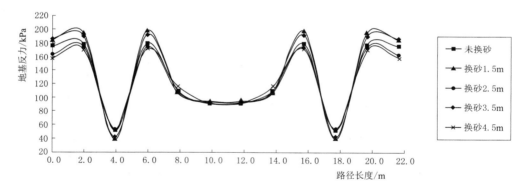

图 3.5.51　地基反力对比

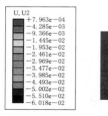
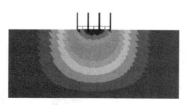

图 3.5.52　箱框底板完建期位移（单位：m）

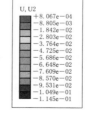
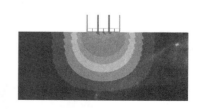

图 3.5.53　箱框底板设计 1 位移（单位：m）

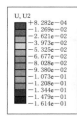 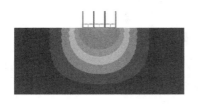

图 3.5.54　箱框底板设计 2 位移（单位：m）

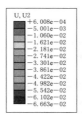 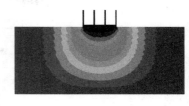

图 3.5.55　平底板完建期位移（单位：m）

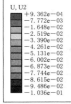 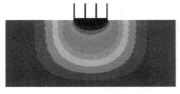

图 3.5.56　平底板设计 1 位移（单位：m）

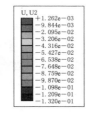 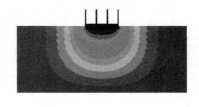

图 3.5.57　平底板设计 2 位移（单位：m）

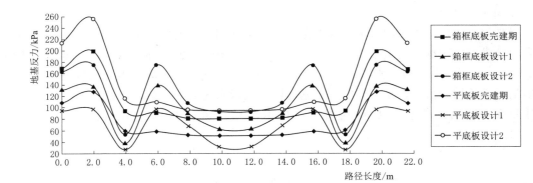

图 3.5.58　地基反力对比

基反力较小，更能适应工程地基条件。箱框式底板闸室底板最大沉降位移均发生在中墩底部底板处，分别为 60.1mm、93.3mm、122.4mm，平底板闸室底板最大沉降位移分别发生在底板跨中、底板跨中和边墩底板处，分别为 66.2mm、103.6mm、133.1mm，相对于平底板闸室而言，箱框式底板闸室整体沉降量较小。

3.5.2　箱框式底板水闸闸室整体有限元分析

3.5.2.1　基本资料

以某水闸工程为例，运用有限元软件 ABAQUS 建立模型进行三维有限元数值模拟分析，通过正向设计、正向校核、反向设计、反向校核、正向地震、反向地震 6 种工况对箱框式底板水闸闸室进行计算，从而分析箱框式水闸底板的受力情况，闸室布置如图 3.5.59所示。

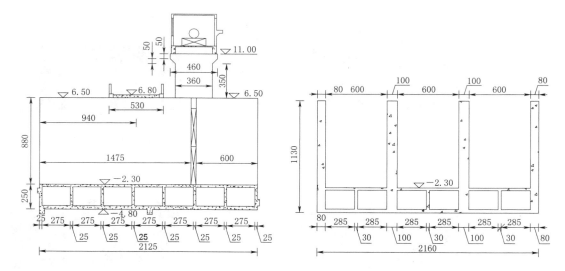

图 3.5.59 闸室布置（单位：cm）

3.5.2.2 闸室计算模型及参数

1. 计算模型

以某箱框式底板水闸闸室为研究对象，建立闸室底板、闸墩、工作桥及地基之间的三维有限元模型。根据水闸地基地质等条件，闸室地基土体为弹塑性材料，定义地基土体服从 Mohr - Coulomb 屈服准则，采用 ABAQUS 中 Mohr - Coulomb 模型，闸室的混凝土材料本构关系采用两折线模型。同时在土基与闸室底板之间设置接触，选择室底板表面作为主接触面，地基土体作为从属接触面，接触间的摩擦系数取 0.35（图 3.5.60 和图 3.5.61）。

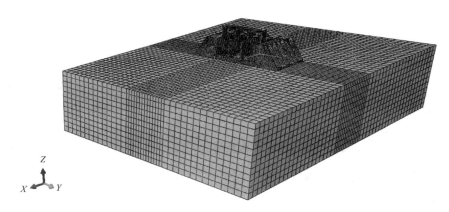

图 3.5.60 闸室整体三维有限元模型

2. 材料物理力学参数

根据已知资料，材料的物理力学参数取值见表 3.5.1。

图 3.5.61 箱框式底板水闸闸室三维有限元模型

表 3.5.1 材 料 物 理 力 学 参 数

土体/结构	弹性模量/压缩模量 E/MPa	泊松比	容重 γ/(kN/m^3)	黏聚力 c/kPa	内摩擦角 Ψ/($°$)
底板	2.60×10^4	0.167	25	—	—
闸墩	2.60×10^4	0.167	25	—	—
工作桥	2.85×10^4	0.167	25	—	—
交通桥	3.00×10^4	0.167	25	—	—
中砂	42	0.35	20.6	6	27.5
淤泥质黏土	25	0.30	19.6	35	26.0

3.5.2.3 闸室内力有限元分析

1. 基本荷载和计算工况

荷载组合及水位组合见表 3.5.2 和表 3.5.3。

表 3.5.2 荷 载 组 合

计算工况	荷 载				
	重力	静水压力	扬压力	浪压力	地震荷载
正向设计	√	√	√	√	
正向校核	√	√	√	√	
反向设计	√	√	√	√	
反向校核	√	√	√	√	
正向地震	√	√	√	√	√
反向地震	√	√	√	√	√

表 3.5.3 水 位 组 合 表

计算工况	上游水位/m	下游水位/m	备 注
正向设计	1.3	5.14	
正向校核	1.3	5.32	
反向设计	1.7	-2.53	

计算工况	上游水位/m	下游水位/m	备　注
反向校核	1.7	−2.60	
正向地震	1.3	5.14	0.3g
反向地震	1.7	−2.53	0.3g

场地地震动峰值加速度为 0.3g，地震动反应谱特征周期为 0.35s，场地基本地震烈度为 8 度，故需对室结构进行抗震计算，采用拟静力法进行地震荷载施加。

2. 计算结果分析

（1）位移分析，如图 3.5.62～图 3.5.73 所示。

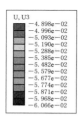

图 3.5.62　正向设计闸室竖向位移（单位：m）

图 3.5.63　正向校核闸室竖向位移（单位：m）

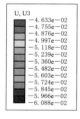

图 3.5.64　正向地震闸室竖向位移（单位：m）

图 3.5.65　反向校核闸室竖向位移（单位：m）

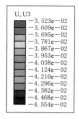

图 3.5.66　正向校核闸室竖向位移（单位：m）

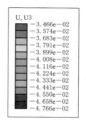
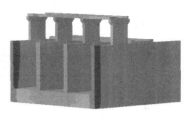

图 3.5.67　反向地震闸室竖向位移（单位：m）

定义闸室上游左脚点、右脚点，下游左脚点、右脚点分别为 1、2、3 和 4。

各工况下沉降比较均匀，闸室沿铅直方向整个结构发生向下的位移，最大值为 60.3mm，发生在正向地震工况上游左脚点处，最小沉降位移为 39.3mm，发生在反向地震工况下上游侧左脚点处；最大沉降差为 8.2mm，发生在反向地震工况。根据规范，地基最大沉降量不宜超过 150mm，故地基沉降满足要求（表 3.5.4）。

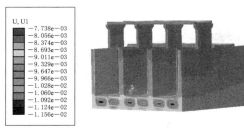

图 3.5.68　正向设计闸室水平位移（单位：m）

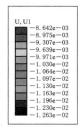

图 3.5.69　正向校核闸室水平位移（单位：m）

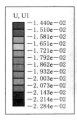

图 3.5.70　正向地震闸室水平位移（单位：m）

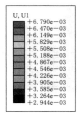

图 3.5.71　反向设计闸室水平位移（单位：m）

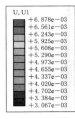

图 3.5.72　反向校核闸室水平位移（单位：m）

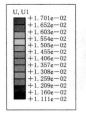

图 3.5.73　反向地震闸室水平位移（单位：m）

表 3.5.4　　　　　　　　　　　　闸室底板结构竖向位移计算结果

参考位置 计算工况	竖　向　位　移/mm			
	1	2	3	4
正向设计	−56.5	−56.7	−55.7	−55.8
正向校核	−55.3	−55.5	−54.1	−54.2
正向地震	−59.9	−60.3	−52.1	−52.2
反向设计	−42.9	−43.0	−41.1	−41.2
反向校核	−42.1	−42.3	−40.4	−40.5
反向地震	−39.3	−39.4	−44.7	−44.8

在正向水位工况荷载作用下，整体结构在水平方向的位移较小，闸室顺水流向水平位移的最大值发生在正向地震工况下工作桥上游侧翼缘，沿顺水流方向从下游向上游发生位移，最大值为 $U_{x\max}=22.8\text{mm}$；在反向水位工况荷载作用下，整体结构在水平方向的位移较小，闸室顺水流向水平位移的最大值发生在反向地震工况下工作桥下游侧翼缘，沿顺

241

水流方向从上游向下游发生位移，最大值为 $U_{x\max}=17.0\text{mm}$（表 3.5.5）。

表 3.5.5 闸室整体结构水平位移计算结果

计算工况	水平位移最大值/mm	计算工况	水平位移最大值/mm
正向设计	−11.7	反向设计	6.7
正向校核	−12.6	反向校核	6.9
正向地震	−22.8	反向地震	17.0

（2）最大主应力分析，如图 3.5.74～图 3.5.79 所示。

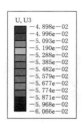

图 3.5.74 正向设计闸室内力（单位：MPa）

图 3.5.75 正向校核闸室内力（单位：MPa）

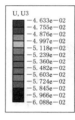

图 3.5.76 正向地震闸室内力（单位：MPa）

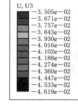

图 3.5.77 反向设计闸室内力（单位：MPa）

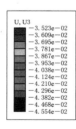

图 3.5.78 反向校核闸室内力（单位：MPa）

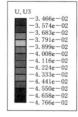

图 3.5.79 反向地震闸室内力（单位：MPa）

闸室 $A-A$ 断面在正向水位情况下顶板上游段的最大主应力较均匀，在 1450kPa 左右，顶板下游段应力变化较大，最大值出现在正向校核工况路径 19～21m 之间，其值为 2042.8kPa，最小值出现在正向地震工况路径 14～16m 之间，其值为 1176.7kPa；反向水位情况下最大主应力变化不大，在 1400kPa 左右。闸室 $A-A$ 断面底板最大主应力变化较大，但数值相对较小，部分区域出现压应力状况（图 3.5.80～图 3.5.82）。

闸室 $B-B$ 断面在正向水位情况下顶板上游段的最大主应力较均匀，在 1000kPa 左右，顶板下游段应力变化较大，最大值出现在正向校核工况路径 19～21m 之间，其值为

1598.5kPa，最小值出现在正向地震工况路径 14～16m 之间，其值为 676.3kPa；反向水位情况下最大主应力变化不大，在 900kPa 左右。闸室 $B-B$ 断面底板最大主应力数值相对较小，部分区域出现压应力状况（图 3.5.83 和图 3.5.84）。

闸室 $C-C$ 断面在正向水位情况下顶板上游段的最大主应力较小，在 600kPa 左右，顶板下游段应力变化较大，最大值出现在正向校核工况路径 19～21m 之间，其值为 2003.7kPa，最小值出现在正向地震工况路径 14～16m 之间，其值为 292.9kPa；反向水位情况下最大主应力变化不大且数值较小，在 400kPa 左右。闸室 $C-C$ 断面底板

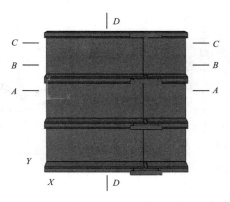

图 3.5.80　路径图

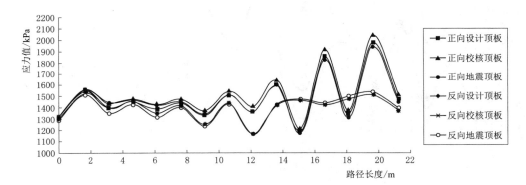

图 3.5.81　路径 $A-A$ 顶板应力曲线

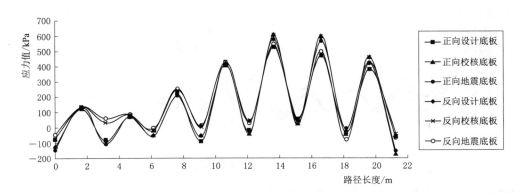

图 3.5.82　路径 $A-A$ 底板应力曲线

正向水位情况下最大主应力数值相对较小，部分区域出现压应力状况，反向水位较正向水位最大主应力值较大（图 3.5.85 和图 3.5.86）。

闸室 $D-D$ 断面在各水位情况下顶板上游侧与下游侧的最大主应力均较小，跨中附近最大主应力值较大，在 1600kPa 左右；闸室 $D-D$ 断面底板各水位情况下最大主应力数值

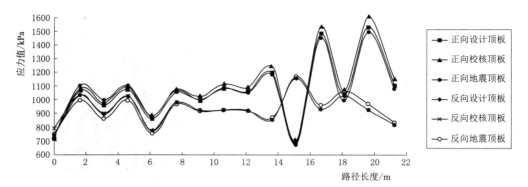

图 3.5.83　路径 B - B 顶板应力曲线

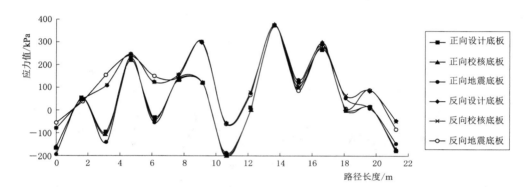

图 3.5.84　路径 B - B 底板应力曲线

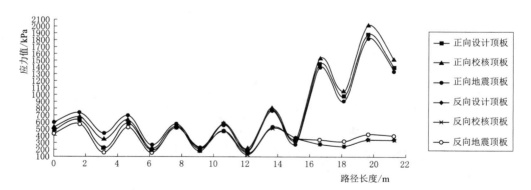

图 3.5.85　路径 C - C 顶板应力曲线

相对较小，部分区域出现压应力状况；D - D 断面中墩、边墩的最大主应力值均较小（图 3.5.87～图 3.5.90）。

（3）最小主应力分析。

不同计算工况内力如图 3.5.91～图 3.5.96 所示，不同路径应力曲线如图 3.5.97～图 3.5.106 所示。

闸室各断面在各水位情况下顶板、底板、中墩和边墩的最小主应力基本为负值，均处

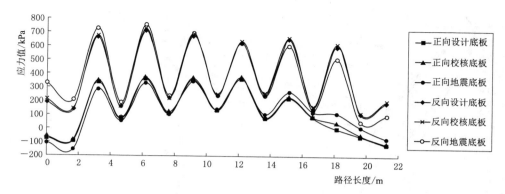

图 3.5.86　路径 C-C 底板应力曲线

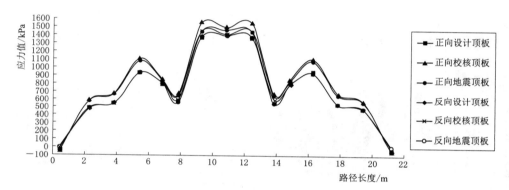

图 3.5.87　路径 D-D 顶板应力曲线

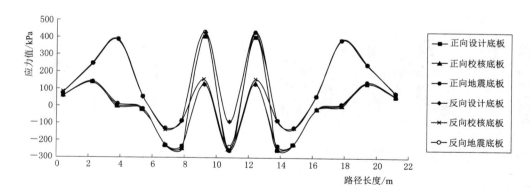

图 3.5.88　路径 D-D 底板应力曲线

于受压状态，最大值发生在 B-B 断面底板上游侧，最大值为 1859kPa，均未超过材料的允许抗压强度。

3.5.3　箱框式底板水闸闸室动力分析

本节考虑正向设计和反向设计两种工况下的地震响应，见表 3.5.6 和图 3.5.107～图 3.5.112。

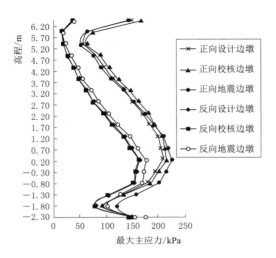

图 3.5.89　路径 D-D 边墩应力曲线

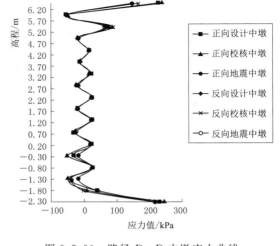

图 3.5.90　路径 D-D 中墩应力曲线

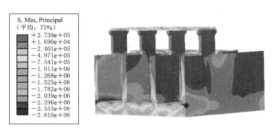

图 3.5.91　正向设计闸室内力（单位：MPa）

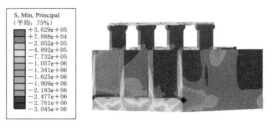

图 3.5.92　正向校核闸室内力（单位：MPa）

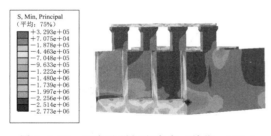

图 3.5.93　正向地震闸室内力（单位：MPa）

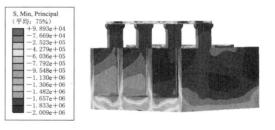

图 3.5.94　反向设计闸室内力（单位：MPa）

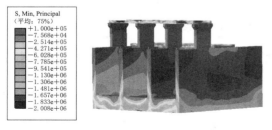

图 3.5.95　反向校核闸室内力（单位：MPa）

图 3.5.96　反向地震闸室内力（单位：MPa）

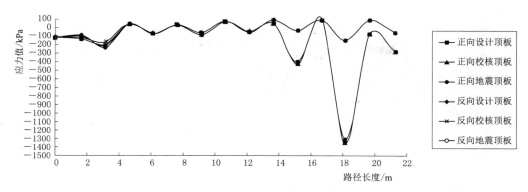

图 3.5.97　路径 A - A 顶板应力曲线

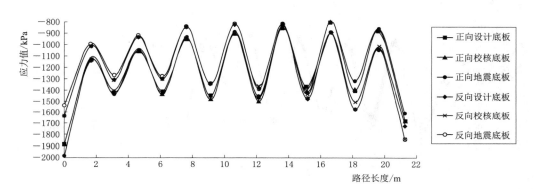

图 3.5.98　路径 A - A 底板应力曲线

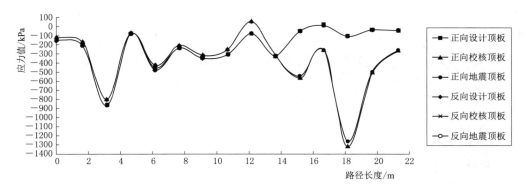

图 3.5.99　路径 B - B 顶板应力曲线

表 3.5.6　　　　　　　　　　　　　　闸室自振频率及周期

阶	频　率	周　期	阶	频　率	周　期
1	0.39677	6.2148	4	0.58267	13.403
2	0.41062	6.6565	5	0.62834	15.587
3	0.53105	11.134	6	0.69068	18.833

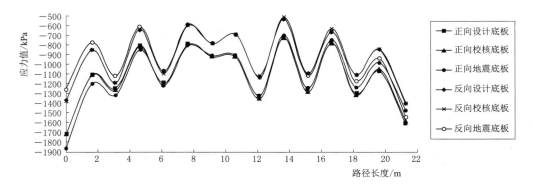

图 3.5.100　路径 *B-B* 底板应力曲线

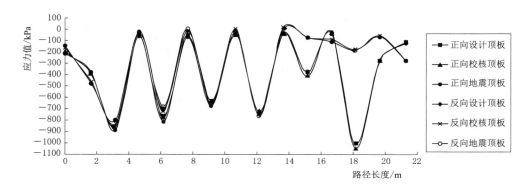

图 3.5.101　路径 *C-C* 顶板应力曲线

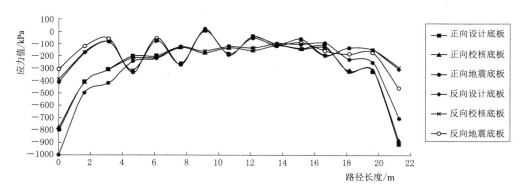

图 3.5.102　路径 *C-C* 底板应力曲线

3.5.3.1　闸室内力有限元动力分析

1. 位移分析

两种设计工况闸室位移如图 3.5.113～图 3.5.116 所示。

定义闸室上游左脚点、右脚点，下游左脚点、右脚点分别为 1、2、3 和 4，计算结果见表 3.5.7 和表 3.5.8。

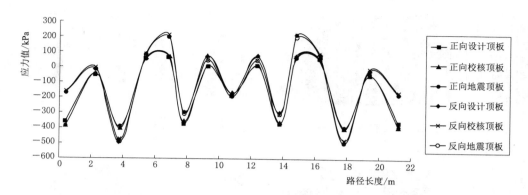

图 3.5.103 路径 D-D 顶板应力曲线

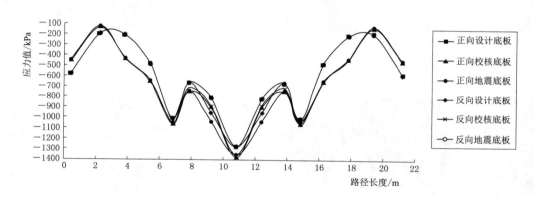

图 3.5.104 路径 D-D 底板应力曲线

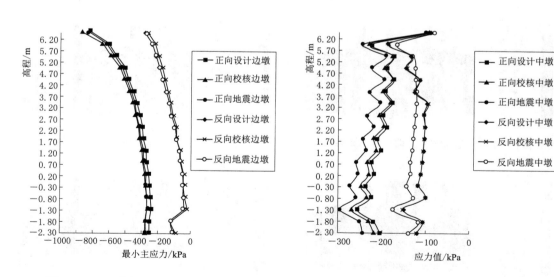

图 3.5.105 路径 D-D 边墩应力曲线   图 3.5.106 路径 D-D 中墩应力曲线

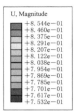
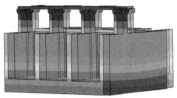

图 3.5.107　第 1 阶振型

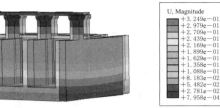

图 3.5.108　第 2 阶振型

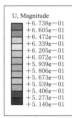
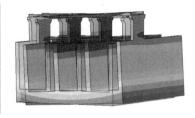

图 3.5.109　第 3 阶振型

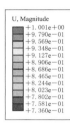
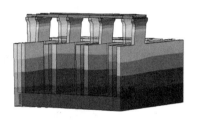

图 3.5.110　第 4 阶振型

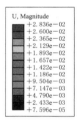
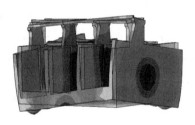

图 3.5.111　第 5 阶振型

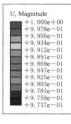
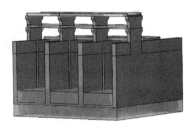

图 3.5.112　第 6 阶振型

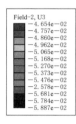

图 3.5.113　正向地震闸室竖向位移（单位：m）

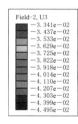

图 3.5.114　反向地震闸室竖向位移（单位：m）

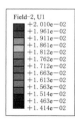

图 3.5.115　正向地震闸室水平位移（单位：m）

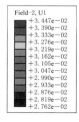

图 3.5.116　反向地震闸室水平位移（单位：m）

表 3.5.7 闸室底板结构竖向位移计算结果

计算工况 \ 参考位置	竖 向 位 移/mm			
	1	2	3	4
正向地震	−52.8	−53.0	−52.3	−52.0
反向地震	−39.2	−39.3	−37.4	−37.5

表 3.5.8 闸室整体结构水平位移计算结果

计算工况	水平位移最大值/mm	计算工况	水平位移最大值/mm
正向地震	−20.1	反向地震	34.5

地震工况下沉降比较均匀，闸室沿铅直方向整个结构发生向下的位移，最大值为53.0mm，发生在正向地震工况上游右脚点处，最小沉降位移为37.4mm，发生在反向地震工况下下游侧左脚点处；最大沉降差为1.9mm，发生在反向地震工况。根据规范，地基最大沉降量不宜超过150mm，故地基沉降满足要求。

在地震工况荷载作用下，整体结构在水平方向的位移较小，闸室顺水流向水平位移的最大值发生在反向地震工况下工作桥下游侧翼缘，沿顺水流方向从下游向上游发生位移，最大值为 $U_{x\max}=34.5\text{mm}$。

2. 最大主应力分析

正向及反向地震闸室内力如图 3.5.117 和图 3.5.118 所示。

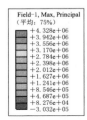

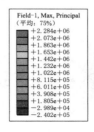

图 3.5.117 正向地震闸室内力（单位：MPa）　　图 3.5.118 反向地震闸室内力（单位：MPa）

闸室 A-A 断面在地震水位情况下顶板和底板的最大主应力较均匀，顶板最大主应力较大，在 1450kPa 左右，处于拉应力状态，底板最大主应力较小，在 100kPa 左右，主要受拉应力（图 3.5.119）。

闸室 B-B 断面在地震水位情况下顶板和底板的最大主应力较均匀，顶板最大主应力较大，在 1000kPa 左右，处于拉应力状态，底板最大主应力较小，在 100kPa 左右，主要受拉应力（图 3.5.120）。

闸室 C-C 断面顶板在正向地震水位下游侧变化较大，其他情况下顶板和底板的最大主应力较均匀，最大主应力较小，在 400kPa 左右，主要受拉应力（图 3.5.122）。

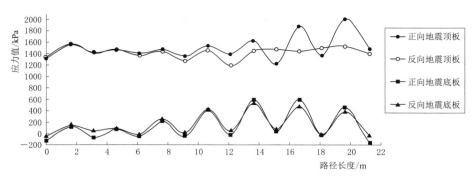

图 3.5.119　路径 A-A 应力曲线

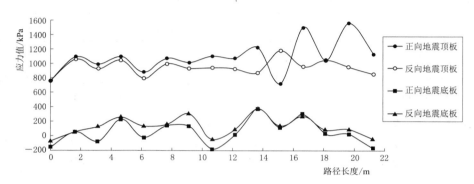

图 3.5.120　路径 B-B 应力曲线

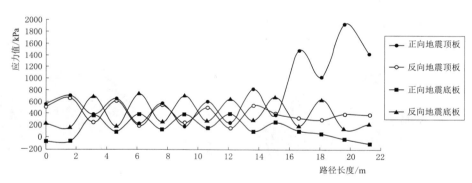

图 3.5.121　路径 C-C 应力曲线

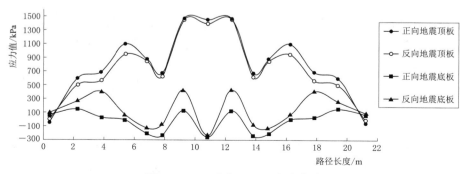

图 3.5.122　路径 D-D 应力曲线

闸室 D - D 断面在地震水位情况下顶板中部的最大主应力均较两端大，在 1100kPa 左右；闸室 D - D 断面底板在地震水位情况下最大主应力数值相对较小，部分区域出现压应力状况；D - D 断面中墩、边墩的最大主应力值均较小（图 3.5.123～图 3.5.125）。

3. 最小主应力分析

闸室各断面在地震水位情况下顶板、底板、中墩和边墩的最小主应力基本为负值，均处于受压状态，且底板压应力明显大于顶板所受的压应力，但均未超过材料的允许抗压强度（图 3.5.126～图 3.5.130）。

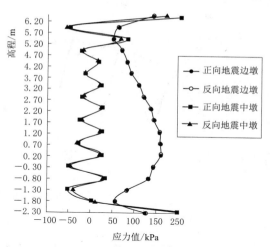

图 3.5.123　路径 D - D 闸墩应力曲线

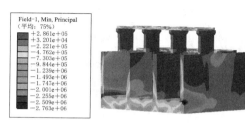

图 3.5.124　正向地震闸室内力（单位：MPa）　　图 3.5.125　反向地震闸室内力（单位：MPa）

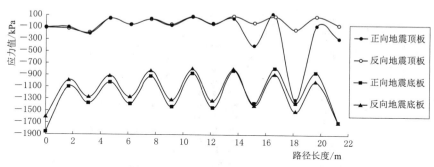

图 3.5.126　路径 A - A 应力曲线

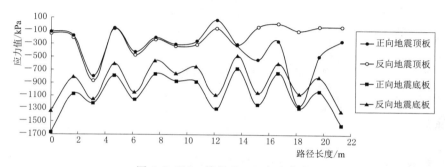

图 3.5.127　路径 B - B 应力曲线

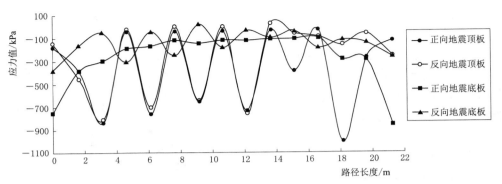

图 3.5.128　路径 C-C 应力曲线

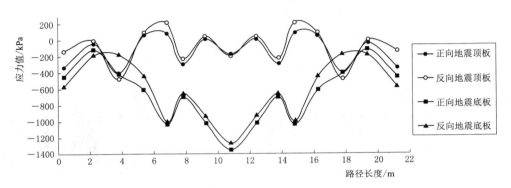

图 3.5.129　路径 D-D 应力曲线

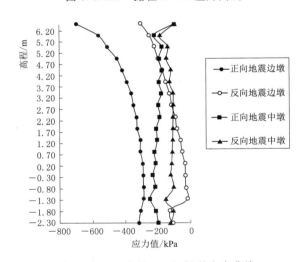

图 3.5.130　路径 D-D 闸墩应力曲线

参考文献

［1］　杨光华，黄宏伟. 岩土材料本构模型的建模理论问题［C］//首届全球华人岩土工程论坛. 2003.

［2］ Sabnis G M，Harris H G，White R N，et al. Structural Modeling and Experimental Techniques ［M］//Structural modeling and experimental techniques. CRC Press，1999：307.

［3］ 叶书鳞，叶观宝. 地基处理 ［M］. 北京：中国建筑工业出版社，2004.

［4］ 孟怡凯. 微桩群复合地基上水闸复杂闸室结构分析研究 ［D］. 扬州：扬州大学，2012.

［5］ 郭栋，贺可强. 软土地基静力压桩的挤土效应及其防治 ［J］. 烟台大学学报，2005.

［6］ 胡向前，焦志斌，李运辉. 打设排水板后饱和软黏土中打桩引起的孔隙水压力分布及消散规律 ［J］. 岩土力学，2011（12）：3733－3737.

［7］ SHARMA J S，XIAO D. Characterization of a smear zone around vertical drains by large － scale labo-ratory tests ［J］. Canadian Geotechnical Journal，2002，37（6）：1265－1271.

［8］ ZHANG Y G. XIE K H，WANG Z. Consolidation analysis of composite ground improved by granular columns considering variation of permeability coefficient of soil ［J］. Ground Modification and Seis-mic Mitigation，ASCE，Geotechnical Special Publication，2006，GSP152：135－142.

［9］ XIE K H，LU M M，HU A F，CHEN G H. A general theoretical solution for the consolidation of a composite foundation ［J］. Computers and Geotechnics，2009，36（1/2）：24－30.

［10］ WALKER Rohan，INDRARATNA Buddhima. Vertical drain consolidation with parabolic distribution of permeability in smear zone ［J］. Journal of Geotechnical and Geoenvironmental Engineering，2006，132（7）：937－941.

［11］ XIE K H，LU M M，LIU G B. Equal strain consolidation for stone － column reinforced foundation ［J］. International Journal for Numerical and Analytical Methods in Geomechanics，DOI：10.1002/nag. 790.

［12］ 李勇泉. 渗流场与应力场的耦合分析及其工程应用 ［D］. 武汉：武汉大学. 2007.

［13］ 王幼青，张克绪，朱腾明. 桩-承台-地基土相互作用试验研究 ［J］. 哈尔滨建筑大学学报，1998.

［14］ SL 191—2008，水工混凝土结构设计规范 ［S］. 北京：中国水利水电出版社，2009.

［15］ 陆微. 基于 ABAQUS 的桩基码头三维非线性有限元分析 ［J］. 沙洲职业工学院学报，2008.

［16］ 卢瑾，洪晓珍. 基于 ABAQUS 的桩基础优化分析 ［J］. 工程地质计算机应用，2009.

［17］ 戚玉亮，冯紫良，余俊. 泰州大桥北塔群桩基础三维动力非线性抗震计算研究 ［J］. 岩石力学与工程学报，2010（5）：3071－3081.

［18］ 王雁然，潘家军. 嵌岩桩竖向荷载-沉降特性的有限元分析 ［J］. 武汉大学学报，2006.

［19］ 陈德亮. 水工建筑物 ［M］. 北京：中国水利水电出版社，2005.

［20］ 卢廷浩. 土力学 ［M］. 南京：河海大学出版社，2010.

［21］ 林智勇，戴自航. 群桩竖向荷载-沉降特性影响因素的数值分析 ［J］. 福州大学学报，2009，10.

［22］ DL 5077—1997，水工建筑物荷载设计规范 ［S］. 北京：中国水利水电出版社，2001.

［23］ JTG D 60—2004，公路桥涵设计通用规范 ［S］. 北京：人民交通出版社，2004.

［24］ GB 50011—2001，建筑抗震设计规范 ［S］. 北京：中国建筑工业出版社，2008.

［25］ GB 18306，中国地震动参数区划图 ［S］. 北京：中国水利水电出版，2001.

［26］ JG J 94—2008，建筑桩基技术规范 ［S］. 北京：中国建筑工业出版社，2008.

［27］ 刘彦琦，张立勇. 覆盖层厚度对闸室结构影响分析 ［J］. 中国农村水利水电，2012.

［28］ 潘美元，郑英. 坞式船闸室结构受力生态有限元研究 ［J］. 中国水运，2008，1.

［29］ 江见鲸. 混凝土结构工程学 ［M］. 北京：中国建筑工业出版社，1998.

［30］ SL 265—2001，水闸设计规范 ［S］. 北京：中国水利水电出版社，2001.

［31］ 闫雪峰. 复合地基沉降计算的复合模量探讨 ［A］. 第六届地基处理学术讨论会论文集，2000.

［32］ 朱奎，魏纲. 刚-柔性状复合地基复合模量的一种解析解 ［J］. 岩石力学与工程学报，2008，6.

［33］ 闫明礼，王明山. 多桩型复合地基设计计算方法探讨 ［J］. 岩土工程学报，2003.

［34］ 池跃君，宋二祥. 刚性桩复合地基沉降计算方法的探讨及应用 ［J］. 土木工程学报，2003.

[35]　闫明礼，曲秀莉. 复合地基的复合模量分析 [J]. 建筑科学，2004.

[36]　郑俊杰，区剑华. 多元复合地基压缩模量参变量变分原理解析解 [J]. 岩土工程学报，2003.

[37]　王凤池，朱浮生，王晓初. 复合地基复合模量的理论修正 [J]. 东北大学学报，2003.

[38]　徐洋，谢康和. 三维复合模型及其在散体桩复合地基分析中的应用 [J]. 岩石力学与工程学报，004.

[39]　钱玉林. 水泥加固土复合模量的研究 [J]. 工业建筑，2001.

[40]　王成华，李腾. 等效拟静力法的发展与工程实践 [J]. 建筑科学. 2015 (03).

[41]　SL 265—2001，水闸设计规范 [S]. 北京：中国水利水电出版社，2001.

[42]　曹邱林，许文婷. 水闸工程桩基础水平位移计算分析 [J]. 人民长江. 2012 (11).

[43]　郑中. 多向荷载下高承台群桩基础分析方法及应用研究 [D]. 杭州：浙江大学. 2013.

[44]　Robb Eric S. Moss, Joseph A. Caliendo, Loren R. Anderson. Investigation of a cyclic laterally loaded model pile group [J]. Soil Dynamics and Earthquake Engineering. 1998 (7).

[45]　王丽军. 船闸结构内力的分析与研究 [D]. 合肥：合肥工业大学. 2006.

[46]　韩菲. 开敞式水闸结构非线性有限元分析 [D]. 杨凌：西北农林科技大学. 2009.

[47]　DEIERLEIN G G, KRAWINKLER H, CORNELL C A. A framework for performance - based earthquake engineering [J]. Pacific Conference on Earthquake Engineering. 2003.

[48]　陈学良. 土体动力特性、复杂场地非线性地震反应及其方法研究 [D]. 北京：中国地震局工程力学研究所. 2006.

[49]　王庆，郭德发. 水闸地基整体结构有限元分析 [J]. 中国水运（下半月）. 2009 (02).

[50]　武霞. 钢-混凝土组合框架抗震性能研究 [D]. 长沙：湖南科技大学. 2015.

[51]　胡聿贤. 地震工程学 [M]. 北京：地震出版社. 2006.

[52]　陶军. 水闸反拱底板的有限元分析 [D]. 扬州：扬州大学，2014.

[53]　陈德亮，等. 水工建筑物 [M]. 北京：中国水利水电出版社，2011.

第4章 水闸工程健康诊断体系

水闸工程的健康状况是一个综合性的评价结论。水闸工程的健康指标通常包括工程管理、工程施工质量、防洪安全、结构安全、渗流安全和抗震安全等。本章针对水闸工程，研究并建立了水闸工程的健康诊断体系，以辅助水闸工程的健康诊断工作。本章的主要内容包括水闸工程健康诊断的基本程序，水闸工程健康诊断的准则，水闸工程健康诊断的指标体系以及水闸工程健康诊断指标体系的权重分析。

4.1 水闸工程健康诊断基本程序

根据《水闸安全评价导则》（SL 214—2015），水闸安全鉴定的基本程序为：工程现状的调查分析、工程现场安全检测、工程复核计算、水闸安全评估以及水闸安全鉴定工作总结。水闸安全评价主要依赖于各种影响因素的调查和检测资料的归纳，资料越丰富越详细，则使得最后评价的结果越能反映工程实际情况。

4.1.1 水闸工程现状调查

水闸工程现状调查分析的内容应包括技术资料收集，工程现状全面检查和对工程安全状态初步分析。水闸技术资料包括设计资料、施工资料和技术管理资料；收集的资料应真实、完整，力求满足安全鉴定需要。工程现状调查分析报告应包括工程概括、设计施工情况及技术管理情况等基本情况分析，工程安全状态初步分析应特别注意检查工程的薄弱部位和隐蔽部位。根据初步分析结果，提出需进行现场安全检测和工程复核计算的项目及对工程大修或加固的初步建议。

4.1.1.1 工程运行情况分析

工程现状调查分析报告应包括工程运行情况。

（1）调查包括水闸建成时间，工程规模，主要结构和闸门、启闭机形式，工程设计效益及实际效益等在内的工程概况。

（2）调查包括建筑物级别，设计的工程特征值，地基情况及处理措施，施工中发生的主要质量问题及处理措施等在内的设计施工情况。

（3）调查包括技术管理制度执行情况，控制运行情况和运行期间遭遇洪水、风暴潮、强烈地震及重大工程事故造成的工程损坏情况及处理措施等在内的技术管理情况。

4.1.1.2 工程病害现状分析

工程安全状态指工程建筑及工程设施的状态，如工程建筑结构是否产生了不均匀沉降、老化病害等；工程设施是否完好，能否正常使用。对工程的各个部分要逐项详细描述，并对工程中存在的问题和缺陷的产生原因，进行初步分析。对工程现状进行调查后要作分析报告，为工程进一步的安全检测和复核计算等工作做充分的基础工作。

在整理了工程基本运行情况资料的基础上，需要对水闸工程进行一次全面的检查，检查分析工程病害现状，其内容如下。

（1）检查水闸的土方工程是否出现淋沟、浪窝、裂缝、蚁穴、冲刷坑、河床淤积等；检查岩石工程是否有存在不良地质条件，如断层破碎带，软弱夹层，溶洞，滑坡体，易风化、软化、膨胀、松动的岩体，有害矿物的岩脉，地下水活动较严重等，对这些情况当时采取过何种补救措施，如锚固与支护，描述其现状。

（2）检查混凝土（或钢筋混凝土）构件有无裂缝、倾斜、滑动、冲刷、渗水、风化、磨损、剥落、锈蚀等不正常现象。

（3）水下工程有无冲刷破坏；消力池、门槽内有无砂石堆积；伸缩缝止水有无损坏；门槽、门槛的预埋件有无损坏；上、下游引河有无淤积、冲刷等情况。

（4）检查闸门有无表面涂层剥落，门体有无锈蚀、变形、焊缝开裂或螺栓、铆钉松动；支承行走机构是否运转灵活等。

（5）检查启闭机械是否灵活、制动准确，有无腐蚀和异常声响；钢丝绳有无断丝、磨损、锈蚀、接头不牢、变形；油路是否通畅，油量、油质是否合乎规定要求等。

（6）机电设备及防雷设施的设备、线路是否正常，接头是否牢固，安全保护装置是否动作准确可靠，指示仪是否指示正确、接地可靠。

（7）止水设备：检查是否漏水。

（8）观测设施：沉降、位移观测，水位观测，专门观测，流量观测。

（9）水流形态，应注意水流是否平顺，水跃是否发生在消力池内，有无折冲水流、回流、漩涡等不良流态；引河水质有无污染。

（10）照明、通讯、安全防护设施及信号、标志是否完好。

4.1.2 水闸现场安全检测

通过现场安全检测，可以全面地了解和掌握水闸各部分结构的现状，及时发现和找出水闸存在的病害问题和安全隐患，为接下来的水闸安全鉴定的工程复核计算工作提供第一手资料，从而为下一步的加固改造提供依据。

4.1.2.1 水闸现场安全检测的主要依据

水闸的现场安全检测的主要依据为：

（1）《水闸安全评价导则》（SL 214—2015）。

（2）《回弹法检测混凝土抗压强度技术规程》（JGJ/T 23—2011）。

（3）《超声法检测混凝土缺陷技术规程》（CECS 21—2000）。

（4）《钻芯法检测混凝土强度技术规程》（JGJ/T 384—2016）。

（5）《水工混凝土试验规程》（SL/T 352—2020）。

（6）《超声回弹综合法检测混凝土强度技术规程》（T/CECS 02—2020）。

（7）《水工钢闸门和启闭机安全检测技术规程》（SL 101—2014）。

（8）《水工混凝土结构设计规范》（SL/T 191—2008）。

4.1.2.2 水闸现场安全检测的主要内容

水闸现场安全检测项目应根据工程情况、管理运用中存在的问题和具体条件等因素综合研究确定。一般包括地基土、填料土的基本工程性质；防渗、导渗和消能防冲设施的有效性和完整性；混凝土结构的强度、变形和耐久性；闸门、启闭机的安全性；电气设备的安全性；观测设施的有效性；其他有关专项测试。

水闸地基渗流异常或过闸水流流态异常的，应重点检测水下部位有无止水失效、结构断裂、基土流失、冲坑和塌陷等异常现象。

当闸室或岸墙、翼墙发生异常沉降、倾斜、滑移等情况，除应检测水下部位结构外，还应检测地基土和填料土的基本工程性质指标。因此，检查和检测的内容包括检查基础挤压、错动、松动和鼓出情况；结构与基础（或岸坡）结合处错动、开裂、脱离和渗漏水情况；建筑物两侧岸坡裂缝、滑坡、溶蚀及水土流失情况；基础积累沉降、当月平均沉降和不均匀沉降等沉降变形检测；地基土和填料土的基本工程性质指标检测等。

水闸现场安全检测以混凝土结构的检测为主，包括主要结构构件或有防渗要求的水闸结构，出现破坏结构整体性或影响工程安全运用的裂缝，应检测裂缝的分布、宽度、长度和深度，必要时应检测钢筋的锈蚀程度，分析裂缝产生的原因；水闸承重结构荷载超过原设计荷载标准而产生明显变形的，应检测结构的应力和变形值；水闸主要结构表面发生锈胀裂缝或剥蚀、磨损、保护层破坏较严重的，应检测钢筋的锈蚀程度，必要时应检测混凝土碳化深度和保护层厚度；受侵蚀性介质作用而发生腐蚀的结构，应测定侵蚀性介质的成分、含量、检测结构的腐蚀程度。

按照《水工钢闸门和启闭机安全检测技术》（SL 101—2014）的规定检测钢闸门和启闭机；混凝土闸门除应检测构件的裂缝和钢筋（或钢丝网）锈蚀程度外，还应检测零部件和埋件的锈损程度和可靠性。

水工钢闸门和启闭机现场检测的内容包括外观检测、材料检测、无损探伤、应力检测、闸门启闭力检测和启闭机考核等方面。

外观检测包括以下内容：①闸门门体的明显变形，构件的折断、损伤及局部明显变形；②焊缝及其热影响区表面的裂纹等危险缺陷及其异常变化；③闸门和启闭机零部件，如吊耳、吊钩、吊杆、连接螺栓、侧反向支承装置、充水阀、止水装置、滑轮组、制动器、锁定等装置的表面裂纹、损伤、变形和脱落；④闸门和移动式启闭机行走支承系统的变形损坏和偏斜、啃轨、卡阻现象，滚轮的变形损坏，转动灵活程度；⑤平面闸门轨道（弧形闸门轨板、铰座）、门楣（包括钢胸墙）、止水底板、钢衬砌等埋件的腐蚀和变形；⑥启闭机机架的损伤、裂纹和局部明显变形；⑦启闭机传动轴的裂纹、磨损及明显变形；⑧开式齿轮轮齿啮合状况，轮齿的断齿、崩角、磨损和压陷等；⑨卷扬式启闭机卷筒表面、卷筒幅板、轮缘的损伤和裂纹等；⑩螺杆式启闭机螺杆和螺母的裂纹、磨损，螺杆的弯曲。

闸门和启闭机的腐蚀检测内容包括：①腐蚀的部位及其分布状况；②严重腐蚀面积占闸门和启闭机或构件表面积的百分比；③遭受腐蚀损坏构件的蚀余截面尺寸；④蚀坑的深度、大小、分布和密度。

闸门主要受力焊缝，当外观检测有裂纹但难以确定时，应采用渗透或磁粉探伤方法进行表面或近表面裂纹检查；内部缺陷应进行射线探伤或超声波探伤。闸门的主梁、边梁、吊耳、支臂、面板，以及启闭机的门架结构、塔架结构、吊具等受力构件进行应力检测。现场试验主要是检查启闭系统的操控能力。

参照《电气装置安装工程电气设备交接试验标准》（GB 50150—2016）等有关规定完成水闸电气设备的安全检测。

电气设备的现场检测的内容为：①机电设备和防雷设施的设备、线路是否正常，接头是否牢固；②安全保护装置是否动作准确可靠，指示仪表是否正确、接地可靠，绝缘电阻值是否合乎规定，防雷设施是否安全可靠；③备用电源是否安全可靠。

按照《水闸技术管理章程》（SL 75—2014）及其他相关的现行标准中的有关规定完成水闸观测设施有效性检测。水闸观测设施检测包括测压管设施、沉降观测设施、位移观测设施以及上、下游水位观测设施的有效性检测。

上、下游导流设施的现场检测包括干砌石工程检测和浆砌石工程检测。

干砌石单元工程质量检查应符合以下规定：①面石用料要求大小均匀、质地坚硬，不得使用风化石料，单块质量不小于 25kg，最小边长不小于 20cm；②腹石砌筑要求排紧填严，无淤泥杂质；③面石砌筑要求禁止使用小石块，不得出现通缝、浮石和空洞；④缝宽要求无宽度在 1.5cm 以上，长度在 0.5m 以上的连续缝。

干砌石单元工程质量检测应符合下列规定：①砌石厚度允许偏差为设计厚度的 ±10%；②坡面平整度，用 2m 靠尺测量，凹凸不超过 5cm。

浆砌石单元工程质量检查内容和标准除应符合干砌石检查项目与标准外，浆砌、勾缝检查还应符合下列规定：①原材料要符合规范标准；②砂浆配合比符合设计要求；③勾缝要无裂缝、脱皮现象；④砌筑要求空隙用小石填塞不得用砂浆充填。

浆砌石单元工程质量检测数量应符合下列要求：浆砌石单元工程质量检测的项目、标准、检测数量除应满足干砌石的要求外，每单元工程还应进行砂浆抗压强度试验。

根据不同工程的需要，以满足水闸安全鉴定工作为目的，进行其他有关专项的测试。比较常见的有结构动力试验、结构现场荷载试验、材料特性试验、结构受力特征试验、启闭机启闭力试验、闸门应力测试、水质检测以及水下摄影等内容。

4.1.2.3　水闸混凝土结构的安全检测

混凝土是水闸的最主要的结构工程材料之一，混凝土材料的质量直接关系到结构的安全，因此，水闸混凝土结构的安全检测是水闸现场安全检测中的重中之重。水闸的混凝土结构安全检测包括混凝土强度检测、混凝土碳化深度检测、混凝土保护层厚度检测以及结构病害检测。

1. 混凝土强度检测

混凝土强度是体现混凝土结构安全状况的重要方面，目前水闸混凝土结构强度检测分为无损检测和半破损检测两类[1]，主要方法有回弹法[2-3]、超声法[4]、射钉法、钻芯法[5-7]、拔出法[8]、超声回弹综合法[9-10]等。

在进行水闸现场混凝土强度检测时，对于正在使用中的混凝土结构，所采用的混凝土材料的质量检测应尽量对原结构不产生损伤，以避免对原混凝土结构的正常使用产生不良影响，故应尽量使用混凝土无损检测的方法。混凝土结构无损检测方法不破坏构件或建筑物的结构，不影响其使用性能，且简便快速；在混凝土结构上全面的、非接触的检测，故能比较真实地反映混凝土的实际情况；能获得破坏试验不能获得的信息，如检测混凝土内部空洞、疏松、开裂、不均匀性、冻害以及化学腐蚀等；对在建和现役建筑物都能适用；

可进行连续测试和重复测试，使其结果有良好的可比性。

2. 混凝土碳化深度检测

混凝土碳化是空气中的二氧化碳与水泥石中的碱性物质相互作用的一种复杂的物理化学过程。影响混凝土碳化的大致有两方面因素：①外界的侵蚀，如空气中 CO_2 浓度、环境温度、湿度等；②混凝土本身对碳化侵蚀的抵抗能力，也就是混凝土的质量，包括混凝土的密实度、水泥的品种、用量以及施工质量等[11-13]。

混凝土碳化深度目前主要通过人工取点，现场测量来获取。检测混凝土碳化深度的方法有：酸碱指数剂（酚酞）测量、显微镜检查（切片分析）、热分析等。最简单、最常用的检测方法是酸碱指数剂（酚酞）测量，即采用 3% 酚酞酒精试剂喷在新鲜混凝土破损表面上，根据试剂的颜色变化一般发生在 pH 值 8.2～10.0 之间进行检测。

检测时采用适当的工具在测区表面形成深度大于混凝土碳化深度，直径约 15mm 的孔洞，将孔洞中的粉末和碎屑除净后，用砂纸及软布擦去孔壁粉末，然后用浓度为 1% 的酚酞酒精溶液均匀地喷洒在孔洞内壁的边缘处，待酚酞溶液变色后，用游标卡尺测量已碳化与未碳化交界处到混凝土表面的垂直距离，获得混凝土碳化深度。

3. 混凝土保护层厚度检测

钢筋混凝土结构的保护层厚度是影响混凝土结构受力的关键因素之一，对于结构耐久性的影响很大，在水闸工程的安全检测中对混凝土保护层厚度需要进行现场检测。

水闸钢筋保护层厚度检测主要有局部破损法和非破损法两种方法[14]。

局部破损法是通过凿除混凝土保护层直至露出钢筋，直接测量混凝土表面到钢筋外边缘的距离来得到。这种方法是最直接，也是最准确的，也能满足《混凝土结构施工质量验收规范》（GB 50204—2015）[15] 要求的精确度，但是对混凝土结构本身会造成局部损伤。

非破损法[16-17] 是通过钢筋混凝土保护层厚度测定仪来测量。测定仪通过传感器向被测结构内部范围发射电磁波，接收在发射电磁场内金属介质产生的感生电磁场，转换为电信号，主机系统分析处理数字化的电信号，进而可以判定钢筋位置、保护层厚度以及钢筋直径等值。这种方法方便而快捷，但是测量不准确。用测定仪进行单筋测量可以取得很高的精确度，但是实际结构中很少使用单筋配置的，当实际工程中纵向受力钢筋、分布筋和箍筋密集配置时，受电磁场的干扰，测量精度将严重受到影响，更甚至会有很大的偏差。采用这种方法时，按照《混凝土结构施工质量验收规范》（GB 50204—2015）的要求，必须用更准确的局部破损方法的结果进行修正；但实际工程检测中，也可以使用硬质无磁性材料制成的标准垫块来进行综合修正[18]。

在进行混凝土保护层厚度检测前，条件允许的情况下应查看相关的图纸资料，对钢筋的种类、直径、位置与走向等有个初步认识；在进行保护层厚度检测时，尽可能避免钢筋交叉位置测量，每个测点读取 2～3 次稳定读数，取其平均值，且精确至 1mm；对于缺少资料，无法确定钢筋直径的构件，应先进行钢筋直径的测量，采用 5～10 次测读，剔除异常数据后，取其平均值确定钢筋直径。

在使用测定仪检测保护层厚度时，应尽量避免加磁场的影响；混凝土若有磁性，测量值则应进行修正；通过对高强钢筋的修正来避免钢筋品种对测量值的影响；对不同的布筋状况，由于钢筋间距影响测量值，故当 $D/S < 3$ 时需要修正测量值（D 为钢筋净间距，即

钢筋边缘至边缘的间距；S 为保护层厚度，即钢筋边缘至保护层表面的最小距离）。

4. 混凝土结构病害检测

在全国大中型水闸的调查中发现，混凝土老化及损坏严重的占到 76.4%，从而可以看出进行水闸工程的混凝土结构病害检测是极其必要的。水闸钢筋混凝土结构病害检测主要是从混凝土的裂缝宽度、深度、长度、走向、位置和表面特征，混凝土是否膨胀、剥落，钢筋是否锈蚀等方面来进行检测并加以综合判断的。

（1）混凝土裂缝产生的原因。

混凝土在现代工程建设中占有重要地位，而混凝土的结构病害中混凝土裂缝是主要的病害，且最普遍，可以说是在实际工程中混凝土裂缝几乎无所不在。混凝土中产生裂缝有多种原因，主要是：温度和湿度的变化，混凝土的脆性和不均匀性，以及结构不合理，原材料不合格（如碱骨料反应），模板变形，基础不均匀沉降，钢筋锈蚀等。

混凝土硬化期间水泥放出大量水化热，内部温度不断上升，在表面引起拉应力。后期在降温过程中，由于受到基础或老混凝土的约束，又会在混凝土内部出现拉应力。气温的降低也会在混凝土表面引起很大的拉应力。当这些拉应力超出混凝土的抗裂能力时，即会出现温度裂缝。在水闸工程中，温度裂缝主要发生在工作桥、交通桥、胸墙、护坦、闸墩等结构与底板接触处。经常露出水面的护坦和底板，由于冬夏温差过大以及寒流而产生裂缝，表现为不规则的龟裂，逐渐由浅入深，最终成为贯穿裂缝，闸墩表面亦经常也会出现这种裂缝。

许多混凝土的内部湿度变化很小或变化较慢，但表面湿度可能变化较大或发生剧烈变化。如养护不周、时干时湿，表面干缩形变受到内部混凝土的约束，往往导致产生干缩裂缝。

混凝土中钢筋发生锈蚀后体积膨胀，对它周围的混凝土产生膨胀应力，当这种应力大于混凝土的抗拉强度后，混凝土就会产生顺筋裂缝，这种顺筋裂缝称为钢筋锈蚀裂缝。

当碱骨料反应产生一定数量吸水性较强的凝胶物质且有充足水时，就会在混凝土中产生较大的膨胀作用，导致混凝土产生裂缝。这种裂缝的形貌及分布与钢筋限制有关，当限制力很小时，常出现地图状裂缝，并在缝中伴有白色浸出物；当限制力强时则出现顺筋裂缝。这种裂缝称为碱骨料反应裂缝。

由于原材料不均匀，水灰比不稳定，模板变形，及运输和浇筑过程中的离析现象，在同一块混凝土中其抗拉强度又是不均匀的，存在着许多抗拉能力很低，易于出现施工裂缝。

如上所述，很多因素皆会导致混凝土结构产生裂缝，裂缝对水闸工程的危害很大，严重的裂缝不仅危害水闸工程的整体性和稳定性，还会产生大量的漏水，将严重威胁到水闸工程的安全运行。此外，裂缝往往还会引起其他的混凝土病害，如渗漏溶蚀、环境水侵蚀、冻融破坏及钢筋锈蚀等；这些病害与裂缝又形成恶性循环，会对水闸工程的可靠性产生极大危害；所以及时发现和修补混凝土结构上的裂缝，是水闸安全检测中的一项重要内容。

（2）混凝土结构病害检测技术。

水闸混凝土表面的病害，包括混凝土表面裂缝、表面蜂窝、麻面、表面冲磨和空蚀破坏以及表面冻融破坏等，只需使用常规的肉眼观察法就能很容易地进行现场检测。对于混凝土内部的病害，如孔洞、裂缝等，则采用钻孔取芯、超声波检测、钻孔摄影或钻孔电视等方法。

混凝土病害中的混凝土裂缝检测方法主要有肉眼观察法、常规工具测量法、专门仪器测量法等。首先通过肉眼观察法对裂缝表面特征如裂缝所在部位、走向、形态变化等进行检测；然后通过常规工具如米尺、读数放大镜、塞尺检测裂缝的缝宽、缝长；最后通过超声仪等专门仪器对重点裂缝的缝深进行检测。

超声波检测法是一种被广泛用于工程质量无损检测的技术方法。这种方法技术成熟、探测距离大、不破坏结构、仪器轻便、操作简便、检测成本低廉；适用于混凝土内部病害（孔洞、蜂窝等）、混凝土裂缝深度、混凝土强度等混凝土质量的检测；目前这种检测方法在工程上已经得到广泛应用。超声波检测法使用的仪器可分为模拟式超声仪和数字式超声仪两种。超声波法的原理为：超声仪产生超声波通过发射探头射入被测混凝土，声波经混凝土介质传播后被接收探头接收，当声波传播路径中存在孔洞、蜂窝等病害时，声波因病害的反射、绕射而使得接收信号的振幅 A 减少、传播时间 t 增大，根据所测得的混凝土声学参数值（声波 t 和振幅 A）的变化可判断混凝土的内部质量情况。

混凝土病害检测起步较晚，在水闸混凝土检测中应用较少，处于发展阶段，但日益受到水闸检测专家的重视，已经成为水闸现场安全检测中的一个重要项目。

美国垦务局认为，安全监测除了及时掌握建筑物的工作性态，确保其安全外，还有多方面的必要性，使用观测仪器和设备对建筑物及地基进行长期和系统的监测，是诊断、预测、法律和研究等 4 个方面的需要，对安全监测资料的分析，可以验证建筑物运行处于持续良好的正常状态，对不安全迹象和险情及时诊断并采取措施进行加固，同时运用长期积累的观测资料掌握变化规律，还可对建筑物的未来性态作出及时有效的预报。

4.1.3 水闸工程复核计算

水闸的工程复核计算分析是水闸工程安全鉴定的重要环节。水闸复核计算应以最新的规划数据、现状调查资料和安全检测成果为主要依据，按照现行《水闸设计规范》（SL 265）及其他相关标准进行。

进行水闸复核计算时应注意：水闸因规划数据的改变而影响安全运行的，应区别不同情况，进行闸室、岸墙和翼墙的整体稳定性、抗渗稳定性、水闸过水能力、消能防冲或结构强度等复核计算；水闸结构因荷载标准的提高而影响工程安全的，应复核其结构强度和变形；闸室或岸墙、翼墙发生异常沉降、倾斜、滑移，应以新测定的地基土和填料土的基本工程性质指标，核算闸室或岸墙、翼墙的稳定性与地基整体稳定性；闸室或岸墙、翼墙的地基出现异常渗流，应进行抗渗稳定性验算。

对于混凝土结构的复核计算应符合下列规定：需要限制裂缝宽度的结构构件，出现超出允许值的裂缝，应复核其结构强度和裂缝宽度；需要控制变形值的结构构件，出现超过允许值的变形，应进行结构强度和变形验算；对主要结构构件发生锈胀裂缝或表面剥蚀、磨损而导致钢筋保护层破坏和钢筋锈蚀的，应按实际截面进行结构构件强度复核。钢闸门结构发生严重锈蚀而导致截面削弱的，应进行结构强度、刚度和稳定性验算；混凝土闸门的梁、面板等受力构件发生严重腐蚀、剥蚀、裂缝导致钢筋（或钢丝网）锈蚀的，应按实际截面进行结构强度、刚度和稳定验算；闸门的零部件和埋件等发生严重锈蚀或磨损的，应按实际截面进行强度验算。水闸上、下游河道发生严重淤积或冲刷而引起上下游水位发生变化的，应进行水闸过水能力或消能防冲核算。地震设防区的水闸，原设计未考虑抗震设防或设计烈度偏低的，应按现行《水工建筑物抗震设计标准》（GB 51247—2018）和《水闸设计规范》（SL 265—2016）等有关规定进行复核计算。

在水闸的工程复核计算中，复核依据为：《水闸安全评价导则》（SL 214—2015）、《水利水电工程等级划分及洪水标准》（SL 252—2017）、《水利工程水利计算规范》（SL 104—2015）、《水利水电工程设计洪水计算规范》（SL 44—2006）、《水闸设计规范》（SL 265—2016）、《水工混凝土结构设计规范》（SL/T 191—2008）、《水工建筑物抗震设计标准》（GB 51247—2018）、《水闸技术管理规程》（SL 75—2014）、《水利水电工程钢闸门设计规范》（SL 74—2019）、《城市桥梁设计荷载标准》（CJJ 77—98）、《公路桥涵设计通用规范》（JTG D60—2015）等。

水闸复核计算一般主要包括：水闸过流能力复核、消能防冲复核、闸基防渗稳定性复核、水闸结构整体稳定性复核、水闸结构强度复核以及其他异常情况的复核等[19]。在地震烈度大于等于 7 时还需要进行结构抗震复核。

4.1.4　水闸安全评价

根据水闸工程现状的调查分析报告、工程现场安全检测报告和工程复核计算报告三项的审查内容，通过综合分析，组织水闸安全鉴定专家组进行水闸安全鉴定，提出水闸安全鉴定结论。按照《水闸安全评价导则》（SL 214—2015）中的水闸安全类别评定标准，评定水闸安全类别；对工程存在的主要问题，提出加固或改善运用的意见。

水闸安全鉴定专家组应根据工程等级、水闸级别和鉴定内容，由有关设计、施工、管理、科研或高等院校等方面的专家和水闸上级主管部门及管理单位的技术负责人组成。水闸安全鉴定专家组人数一般为 5～11 名，其中高级职称人数比例不少于 2/3。

4.1.5　水闸安全鉴定工作总结

水闸上级主管部门及管理单位应根据水闸安全鉴定结论，采取相应措施：对于三类闸，应尽快进行除险加固；对于四类闸，应逐级上报，申报降低标准运用或报废重建。在未除险加固或报废重建前，必须采取应急措施，确保工程安全。

4.2　水闸工程健康诊断准则

4.2.1　评价准则

开展水闸工程安全综合评价，一般是以评价水闸工程的可靠性为基本内容的。可靠性的评价准则即为对水闸工程结构的安全性、耐久性和适用性的要求。

要求水闸工程具有一定的安全性，即要求水闸的建筑物结构及其地基应具有足够的承载能力，要求结构构件及其连接部件不得因材料强度不足而破坏，或因过度的塑性变形而无法承载，结构不得转变为几何可变体系，结构或构件的整体和局部不得丧失稳定。

要求水闸工程具有一定的耐久性，即要求水闸工程结构构件的局部损伤（如裂缝、剥蚀等）不得影响水闸建筑物的承载能力，水闸建筑物和构件表面被侵蚀、磨损（如钢筋锈蚀、冻融损坏、冲磨等）的速度较缓慢，以保证建筑物规定的服务期限。

要求水闸工程具有一定的适用性，即要求水闸的建筑物总体及其构件的变形、建筑物地基不得产生影响正常使用的过大沉降或不均匀沉降、渗漏，不得影响运行操作，以满足规划、设计时预定的各项使用要求[20]。

4.2.2　评价依据

进行水闸工程安全综合评价分析时，可参照以下规范规定执行：《水闸安全评价导则》（SL 214—2015）、《水利水电工程等级划分及洪水标准》（SL 252—2017）、《水工建筑物荷载规范》（SL 744—2016）、《水闸设计规范》（SL 265—2016）、《水工混凝土结构设计规范》（SL/T 191—2008）、《水工混凝土试验规范》（SL 352—2020）、《建筑抗震鉴定标准》（GB 50023—2014）、《水工建筑物抗震设计标准》（GB 51247—2018）、《水闸技术管理规程》（SL 75—2014）、《水工钢闸门和启闭机安全检测技术规程》（DT/T 835—2016）、《水利水电工程闸门及启闭机、升船机设备管理等级评定标准》（SL 240—99）、《水利水电工程金属结构报废标准》（SL 226—98）等。

4.2.3　评价标准

水闸由上游连接段、闸室段和下游连接段等3个部分组成。水闸的闸室段是水闸的主体部分，起着挡水和调节水流的作用。闸室段包括底板、闸墩、闸门、工作桥、交通桥、启闭机、岸墙、胸墙等。

考虑到水闸安全鉴定的方便，按照《水闸安全评价导则》（SL 214—2015）附录 A 的"水闸安全鉴定报告"的要求所列出的水闸安全分析评价的内容，即水闸稳定性和抗渗稳定性、抗震能力、消能防冲、水闸过水能力、混凝土结构、闸门与启闭机、电气设备、观测设施及其他等项目来作为水闸工程的评价标准。

4.2.3.1　水闸稳定性和抗渗稳定性

以最新的规划数据，按照《水闸设计规范》（SL 265—2016）及其他相关标准开展水闸稳定性和抗渗稳定性分析。

工程建设标准强制性条文水利工程部分颁布和规划数据的改变，可能会对水闸结构稳定性和安全运行造成影响，因此，有必要对水闸结构整体稳定性进行复核，即对水闸在各种荷载（如设计水位、校核水位、地震荷载）组合下的闸室、岸墙和翼墙的整体稳定性进行复核。

1. 闸室稳定性

土基上的闸室稳定应满足：在各种复核计算工况下，闸室平均基底应力不大于地基承载力，最大基底应力不大于地基允许承载力的 1.2 倍；基底应力的最大值与最小值之比不大于 SL 265—2016 第 7.3.5 条规定的允许值；沿闸室基底面的抗滑安全系数不小于 SL 265—2016 第 7.3.13 条规定的允许值。

岩基上的闸室稳定应满足：在各种复核计算工况下，闸室最大基底应力不大于地基允许承载力；在非地震情况下，闸室基底不出现拉应力；在地震情况下，闸室基底拉应力不大于 100kPa；沿闸室基底面的抗滑稳定安全系数不小于 SL 265—2016 第 7.3.14 条规定的允许值。

如查得在复核计算报告中，闸室稳定性不满足要求或基底地基反力超过允许值，则可以直接判断为三类闸或四类闸。

2. 岸墙、翼墙稳定性

土基上的岸墙、翼墙稳定应满足：同土基上的闸室稳定性的要求。

岩基上的岸墙、翼墙稳定应满足：在各种复核计算工况下，岸墙、翼墙最大基底应力不大于地基允许承载力；岸墙、翼墙抗倾覆稳定安全系数不小于 SL 265—2016 第 7.4.8 条规定的允许值；沿岸墙、翼墙基底面的抗滑稳定安全系数不小于 SL 265 第 7.4.14 条规定的允许值。

3. 水闸抗渗稳定性

水闸挡水时，上、下游水位差较大，水会从上游经过水闸地基及绕过两岸向下游渗透，这种渗透水流对闸室底部产生的渗透压力减轻了水闸的有效重力，将降低闸室抗滑稳定性；两岸渗流对岸、翼墙产生的水平渗透压力有可能会推动岸、翼墙向河心方向滑动，影响到岸、翼墙的稳定和强度安全；并且在渗流作用下，地基及两岸土壤的细颗粒可能被带走，严重时会淘空地基及两岸，直接影响整个水闸的安全[21]。而当渗透坡降或渗透流速超过某一限度时，会引起闸基及两岸的渗透变形，若渗透变形不能终止而继续发展，将导致水闸的塌陷破坏[22]。实践也证明，渗透变形是水闸失事的主要原因。因此，防渗复核显得尤为重要。

水闸防渗复核计算包括：防渗长度复核和抗渗稳定性复核。

根据《水闸设计规范》（SL 265—2016）要求：岩基上的水闸基底渗透压力计算可采用全截面直线分布法，但应考虑设置防渗帷幕和排水孔时对降低渗透压力的作用和效果；土基上的水闸基底渗透压力计算可采用改进阻力系数法或流网法；复杂土质上的重要水闸，应采用数值计算法。

渗径长度大于《水闸设计规范》（SL 265—2016）4.3.2 公式计算的最小长度，渗透坡降小于允许渗透坡降。

4.2.3.2　水闸抗震能力

对于在地震设防区的水闸，应按《水工建筑物抗震设计标准》（GB 51247—2018）、《水闸设计规范》（SL 265—2016）和《建筑物抗震鉴定标准》（GB 50023—2014）等有关规定，进行水闸抗震能力的评价。

根据《建筑抗震鉴定标准》（GB 50023—2014），抗震的鉴定方法分为两级：第一级鉴定应以宏观控制和构造鉴定为主进行综合评价；第二级鉴定应以抗震验算为主结合构造影响进行综合评价。当符合第一级鉴定的各项要求时，建筑可评为满足抗震鉴定要求，不再进行第二级鉴定；当不符合第一级鉴定要求时，除本标准各章有明确规定的情况外，应由第二级鉴定做出判断。

水闸的抗震计算应包括抗震稳定和结构强度计算。对闸室和两岸连接建筑物及其地基，应进行抗震稳定计算；对各部位的结构构件，应进行抗震强度计算。水闸地震作用效应计算可采用动力法或拟静力法。设计烈度为Ⅷ度、Ⅸ度的 1 级、2 级水闸，或地基为可液化土的 1 级、2 级水闸，应从采用动力法进行抗震计算。具体抗震计算校核可按《水工建筑物抗震设计标准》（GB 51247—2018）或按照《水闸设计规范》（SL 265—2016）进行。抗震计算完成后可按水闸稳定性及混凝土结构强度的评价方法进行。

4.2.3.3　水闸消能防冲

水闸消能防冲复核包括设计水位、校核水位以及该闸其他一些特定水位下的消能防冲能力，验证消力池和海漫的实际结构尺寸是否满足设计和安全运行要求。

将水闸工程的结构实际尺寸与根据《水闸设计规范》（SL 265—2016）计算结果相比较作为评价指标；如果前者大于后者，则表示满足要求，否则为不满足要求。

水闸工程的冲刷破坏主要是由于闸后的消力池深度或长度不够，使闸后水跃冲出消力池形成远距式水跃，水流流速超过闸后渠道土或衬砌地不冲流速，造成渠道冲刷，冲刷坑的位置和深度随着闸的总流量及单宽流量而变化。当冲刷坑距闸室较远，深度又较小，对防止渠道冲刷的海漫无影响时，则对整个闸室的稳定安全性无影响；若冲刷坑距闸室较近，深度又较大，不仅造成海漫破坏，而且致使护坦破坏，或护坦下被淘刷，危及闸室的稳定安全性。因此，闸后消能防冲设施的安全性评价应根据不同情况区别对待。

4.2.3.4　水闸过水能力

当水闸过水时，在上、下游水位差的作用下，过闸水流往往具有较大的动能，以致流速较大，可能会严重地冲刷下游河床，当冲刷范围扩大到闸室地基时则会引起水闸失事。因此，在进行水闸工程复核计算分析时，水闸过流能力复核计算必不可少，复核计算根据《水闸设计规范》（SL 265—2016）附录 A、附录 B 进行。

水闸过水能力是水闸适用性评价的重要指标。过水能力计算按水闸设计规范提供的方法来计算，对实际过水能力和设计或规划指标进行比较；若实际过流能力大于设计或规划指标，则表明过流能力和挡水功能满足安全运行要求，否则不满足要求。

4.2.3.5　水闸混凝土结构

在水闸安全检测工程，以检测混凝土外观缺陷、混凝土强度、碳化深度、混凝土保护层厚度、钢筋锈蚀率和裂缝形态为主，辅以检查混凝土密实度、内部超声波探伤等，在沿海挡潮闸还需要检测混凝土中氯离子含量。下面结合水闸设计规范，列出混凝土质量评定标准。在检测的基础上，结合混凝土结构强度复核计算，推算结构强度储备，验证是否满足安全运行要求。

水工混凝土结构所处的环境分为下列 4 个类别：一类为室内正常环境；二类为露天环境，长期处于地下或水下的环境；三类为水位变动区或有侵蚀性地下水的地下环境；四类为海水浪溅区及盐雾作用区，潮湿并有严重侵蚀性介质作用的环境。

混凝土外观缺陷评定如今国内还没有现有规范规定可以依据。在实际工程中，混凝土外观完好程度通常由有经验的检测专家和管理人员完成，采用定性评定，以较好、一般、较严重和严重 4 个级别定性判断。

混凝土强度既要满足结构功能要求又在一定程度上满足耐久性要求。根据结构受力和所处的环境确定，水闸设计规范规定处于二类环境条件下的混凝土强度等级不宜低于C15，处于三类环境条件下的混凝土强度等级不宜低于C20，处于 4 类环境条件下的以及有抗冲耐磨要求的混凝土等级不宜低于C25。

混凝土保护层厚度不得小于《水工混凝土设计规范》（SL/T 191—2008）规定的混凝

土保护层最小厚度。

混凝土裂缝宽度不得大于《水闸设计规范》（SL 265—2016）和《水工混凝土设计规范》（SL/T 191—2008）规定的钢筋混凝土结构构件最大裂缝宽度允许值。

根据《水工混凝土设计规范》（SL/T 191—2008）和结构实际尺寸、配筋、钢筋腐蚀等情况，计算得到构件抗力，分析构件的荷载效应，如果结构抗力大于荷载效应，则结构强度满足安全运行要求，否则，就不满足安全运行要求。

混凝土内部钢筋锈蚀程度的评级，目前尚无统一和可靠的检测设备及检测方法，可根据外露钢筋状况并结合该部位混凝土的表面情况，进行评估。若钢筋无锈蚀，外露钢筋无锈斑，呈铁青色，混凝土表面无裂痕，则老化等级为一级；钢筋轻度锈蚀，外露钢筋有轻微锈斑，混凝土表面有微裂纹，无锈水，则老化等级为二级；钢筋锈蚀程度较严重，外露钢筋有明显锈坑，混凝土表面局部开裂，少量有锈水，则老化等级为三级；钢筋锈蚀程度严重，外露钢筋锈层明显，混凝土表面严重开裂，不少有锈水，则老化等级为四级。同时，根据有关研究成果表明，主筋直径不大于 10mm，发生全面腐蚀则影响结构的安全；主筋直径大于 10mm，钢筋锈蚀率小于或等于 5％时，可暂且不考虑对结构安全的影响；大于 10％则必须考虑对结构安全的影响。

水闸结构强度复核计算包括水闸底板强度复核、闸墩强度复核、交通桥强度复核、工作桥强度复核、排架强度复核、钢筋混凝土闸门强度复核、扶壁式挡土墙结构复核以及其他部位的结构强度复核等。根据建筑物实际尺寸、钢筋数量和直径（针对混凝土结构）、材料及其物理力学性能、作用荷载和运行环境、裂缝长度和深度进行结构应力计算，分析建筑物或构件的承载能力是否还能满足实际使用。

进行水闸结构强度复核计算分析时，可以根据公式自行使用 Excel 计算，也可以直接使用现成的计算小软件；而如果条件许可，对于一些重要的水闸，可以使用有限元软件（如 AutoBank、Marc、ANSYS 等）根据有限单元法来进行结构复核，这种计算成果将更直观更可靠。

4.2.3.6　水闸闸门与启闭机

闸门和启闭机是水闸的主要金属结构，也是传力机械和运动机构，因此闸门和启闭机的损伤不仅影响构件的安全性，而且还涉及能否正常运行。对闸门、启闭机安全检测依据《水工钢闸门和启闭机安全检测技术规程》（SL 101—2014），评定标准可采用《水利水电工程金属结构报废标准》（SL 226—98）和《水利水电工程闸门及启闭机、升船机设备管理等级评定标准》（SL 240—99）[23-24]。

4.2.3.7　水闸电气设备

水闸电气设备评定标准主要依据《水闸技术管理规程》（SL 75—2014）和电力行业相关标准，旨在检测有关电气设备是否满足安全运行要求和用电安全要求，在水闸安全鉴定中电气设备所占的比例较小。

4.2.3.8　水闸观测设施

根据水闸设计规范规定和观测项目布置情况，对观测设施的有效性进行相应的检测。主要包括垂直位移和水平位移观测的各项基点高程是否符合精度要求；测压管灵敏度是否合格；沉降观测设施、位移观测设施以及上下游水位观测设施是否有效；河床变形观测的断面桩和伸缩缝及裂缝观测的固定观测标点是否完好等。

4.3 水闸工程健康诊断指标体系

4.3.1 水闸健康诊断指标体系

当研究某个对象时，为了方便起见，需要拆分出多个子系统，而指标体系就是据此而建立的，它是由多个的指标群构成的[25-26]。一个指标体系中有很多指标，所以在建立时必须要考虑它们之间的联系，通盘把握，最终得到一个准确明朗的指标体系结构。一个指标体系构建得是否合理，最终会决定对象评价结果的准确与否，对水闸健康诊断，诊断指标的拟定主要从工程混凝土结构的特性和诊断方法的子项目确定的角度来考虑。诊断指标从层次性来看，有底层指标、多层中层指标和总目标。

4.3.1.1 指标拟定原则

由上述分析可知指标的拟定若不科学合理，很难得到准确的健康诊断结果。水闸工程是一个复杂的系统，因此影响水闸健康诊断的因素也很复杂，为了使拟定的指标全面、准确而又具有代表性，所以指标的拟定需要按一定的原则进行[27-29]。

（1）层次性原则。水闸工程是一个复杂的系统，对其进行健康诊断势必也是一个综合性的、系统性的分析过程，因此将其分解为几个具有子系统的多层次结构，然后对其按一定顺序，即从下往上地进行健康诊断，便可合理地完成这个过程。

（2）科学性原则。诊断指标的拟定直接会影响到最后的健康诊断结果，因此科学性原则是对指标拟定提出的必然要求。诊断指标的概念必须要明确，同时，在反映水闸健康状态上具有代表性，它需要按照现行的水闸安全评价规范经常拟定。目前，对于水闸健康诊断指标按照《水闸安全评价导则》进行拟定。

（3）简洁性原则。前面阐述了水闸工程的健康诊断是一个复杂综合的系统分析过程，影响水闸健康状态的因素也很多，不可能把所有的影响因素都罗列出来对其进行分析，一方面工作量会大大增加，另一方面有些对水闸健康状态影响很小的因素可以简化，甚至可以忽略。因此，在把影响水闸健康状态的主要因素考虑进来后，那些非主要、不具代表性的因素可以不予考虑。

（4）可操作性原则。在拟定健康诊断指标时，一般都会有定量和定性两种指标，定性指标往往需要通过一定的量化方法对其进行量化，因此量化方法、模型要具有科学合理的特点，并且要便于实际操作，同时水闸由于管理不当还可能造成某些资料的缺失，因此要选取合理的指标以充分利用现有的资料。

（5）相对独立性原则。某一指标能代表某一方面的特征而不会同时包含其他方面的特点。

4.3.1.2 健康诊断体系的构建

将指标按一定的层次结构建立起来就构成了健康诊断指标体系。根据上述所说指标体系构建的方法即《水闸安全评价导则》进行构建。根据规范，水闸健康状态作为总目标，工程管理、工程质量、防洪标准、渗流安全、结构安全、金属结构和抗震安全这7项作为一级指标，再将这7个一级指标往下划分为具有若干个子系统的多层次健康诊断体系结构。

水闸健康诊断指标体系如图4.3.1所示。

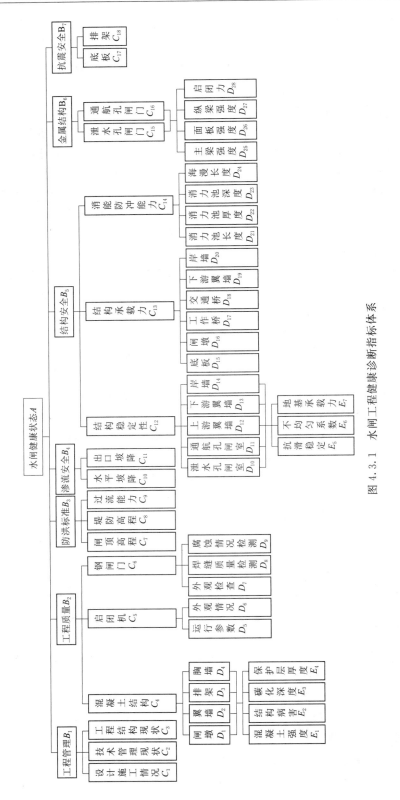

图 4.3.1　水闸工程健康诊断指标体系

4.3.2 水闸健康综合诊断结构体系

4.3.2.1 水闸健康诊断评价集

健康诊断健康评价集有多种划分，不同行业也有不同的划分方法，各层诊断指标和最终诊断目标也可能有不同的评价集。心理学和医学上将人的心理问题和人的健康状况划分成 4 级，分别为健康状态、不良状态、心理障碍、心理疾病和健康、基本健康、健康欠佳、健康状况差。坝工工程对大坝的安全状况划分有两种划分方法：一种将大坝安全评价等级划分成正常坝、病坝、险坝 3 级；另一种为正常、基本正常、轻度异常、重度异常、恶性异常 5 级。目前，水闸评估中大多将水闸划分成 4 级。《水闸安全评价导则》（SL 214—2015）将水闸划分为一类闸、二类闸、三类闸和 4 类闸 4 类情况，一类闸指运用指标能达到设计标准，无影响正常运行的缺陷，按常规维修养护即可保证正常运行；二类闸指运用指标基本达到实际标准，工程存在一定损坏，经大修后，可达到正常运行；三类闸指运用指标达不到设计标准，工程存在严重损坏，经除险加固后，才能达到正常运行；四类闸指运用指标无法达到设计标准，工程存在严重安全问题，需降低标准运用或报废重建。根据《水闸安全评价导则》（SL 214—2015），参照坝工工程上的"四级划分法"，借用心理学和医学上的专业术语，将水闸健康综合诊断各层诊断指标和最终诊断目标健康状况划分为"健康""亚健康""病变""病危" 4 个等级，分别用符号 V_1、V_2、V_3、V_4 表示，健康评价集的健康等级向量为：$V = [V_1, V_2, V_3, V_4] = [健康, 亚健康, 病变, 病危]$。

4.3.2.2 水闸健康综合诊断指标体系

要对水闸进行健康综合诊断，需建立一套完整的综合诊断指标体系。诊断指标的拟定是否恰当，直接关系到诊断结果是否准确、可靠。诊断指标不是越多越好，也不是越少越好，应将尽量少的、主要的、具有代表性的健康综合诊断指标用于健康综合诊断中。目前，确定水闸健康综合诊断指标多采用"专家调研法"，这是一种征求专家意见的调研方法，先根据某个水闸的具体情况，设计出一系列的诊断指标，分别征求参加水闸健康诊断专家对所设计的诊断指标的意见，然后进行统计处理，并将统计结果反馈给专家，经几轮咨询后，当专家的意见趋于集中，则确定出具体的诊断指标体系。"专家调研法"存在一定的主观性，所拟定的综合诊断指标易出现信息重叠、代表性不强等现象，因此，建立水闸综合诊断指标体系时，需遵循一定的原则。

1. 诊断指标的拟定原则

（1）层次性原则。

健康综合诊断是一个复杂的系统分析过程，应尽可能将复杂系统分解成若干小系统，形成包含多个子系统的层次结构，然后，自下而上对各层小系统逐层进行分析，完成水闸的健康状况的诊断。

（2）科学性原则。

诊断指标应具有一定的科学内涵，概念明确，满足现有规范、规定要求，能够反映水闸健康状况的主要特征。

（3）简洁性原则。

在保证影响水闸健康状况的重要因素不被遗漏的前提下，应尽可能选择主要的、具有代表性的诊断指标，对水闸健康影响较小的因素可暂且不予考虑，以减少诊断指标的数量，简化计算。

（4）可操作性原则。

所拟定的水闸健康综合诊断指标包含定量和定性指标，将定性指标定量化时，应能通过已有度量方法进行度量，或可采用新的度量方法进行度量。可采用一定的数学模型，依据所拟定的健康综合诊断指标层次结构进行健康诊断。

（5）相对独立性原则。

水闸健康综合诊断的指标应避免出现相互兼容性，所选诊断指标应能相对独立地反映水闸健康状况某一方面的特征。

2. 病险水闸健康性态特征

根据 1999 年的全国病险水闸除险加固专项规划调查统计[30]，24 个省（自治区、直辖市）、2 个计划单列市、4 个流域机构和新疆生产建设兵团等 31 个单位，共有大中型病险水闸 1782 座。经过审核和落实，列为规划重点的病险水闸共计 583 座。这些病险水闸存在的主要问题如下。

（1）防洪标准低，不满足现行规范要求的，占大中型水闸总数的 36.4%。

（2）闸室不稳定，抗滑稳定安全系数不满足要求的占 10.0%。

（3）渗流不稳定，闸基或墩墙后填土产生渗流破坏的占 22.3%。

（4）抗震不满足要求或震害后没有彻底修复的占 7.2%。

（5）闸室结构混凝土老化及损坏严重的占 76.4%。

（6）闸下游消能防冲设施严重损坏的占 42.3%。

（7）泥沙淤积问题严重的占 17.9%。

（8）闸门及机电设备老化失修或严重损坏的占 76.7%。

（9）观测设施缺少或损坏失效的水闸相当普遍。

（10）其他问题（如枢纽布置不合理；铺盖、翼墙、护坡损坏；管理房屋失修；防汛道路损坏；缺少备用电源；交通车辆和通信设施等）占 51%。

在所调查的病险水闸中，闸室结构混凝土老化及损坏，闸门及机电设备老化失修、严重损坏，闸下游消能防冲设施严重损坏以及防洪标准低是常见的健康问题。另外，渗流不稳定和泥沙淤积问题也是较常见的水闸健康问题，所建立的水闸健康综合诊断指标体系应包括这些项目。

3. 基于可靠性的水闸健康综合诊断指标层次结构

目前，水闸的健康综合诊断层次结构主要以结构可靠性作为诊断的总目标，以结构的安全性、适用性和耐久性为子目标，再将子目标细化成若干诊断单元。如以水闸可靠性作为健康诊断的总目标，以安全性、适用性、耐久性为子目标，各子目标下再按影响的主要因素划分出底层诊断指标，建立三层次的指标层次结构[31]。层次结构第一层"水闸可靠性"为水闸健康诊断的总目标，第二层"安全性""适用性"和"耐久性"为健康诊断的子目标，第三层为底层诊断单元；再如以水闸可靠性作为健康诊断的总目标，以安全性、适用性、耐久性作为子目标，各子目标按影响的主要因素分为一级和二级指标，建立四层次的指标层次结构[32]。层次结构的第一层"水闸可靠性"为水闸健康诊断的总目标，第二层"安全性、适用性和耐久性"为健康诊断的子目标，第三层为一级诊断指标，第四层为二级诊断指标。

4. 基于安全鉴定项目的水闸健康诊断指标层次结构

从水闸健康综合诊断指标的层次性特性来看，诊断指标包括顶层诊断指标、中间层诊断指标和底层诊断指标。《水闸安全评价导则》（SL 214）中列出了水闸稳定性，抗渗稳定性，抗震能力，消能防冲，水闸过水能力，混凝土结构，闸门、启闭机，电气设备，观测设备和其他等健康诊断项目，可以根据诊断对象的具体情况，运用专家调研法，遵照水闸健康综合诊断指标拟定原则，对这些项目进行筛选，将筛选后的项目作为水闸健康综合诊断顶层诊断指标。再遵照水闸健康综合诊断指标拟定原则，将反映各顶层诊断指标健康状况的因素作为一级指标，若上一级反映水闸健康状况的因素较多，再将影响上一级指标的主要因素细化，作为下一级指标，拟定出基于顶层指标的二层次、三层次，甚至更多层次的层次结构（图 4.3.2）。

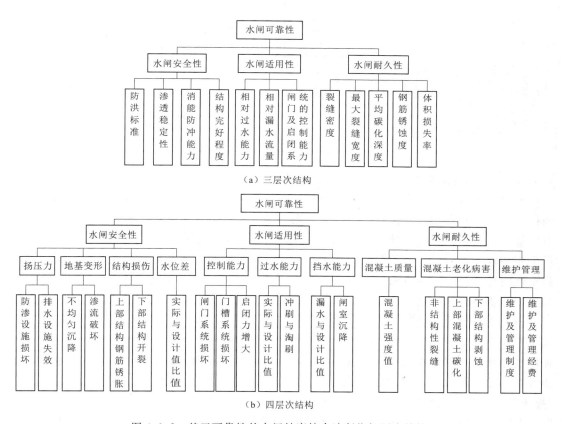

图 4.3.2 基于可靠性的水闸健康综合诊断指标层次结构

以建立顶层指标水闸稳定性层次结构为例，反映水闸稳定性健康状况的因素有岸墙稳定、闸室主体稳定、上游翼墙稳定、下游翼墙稳定，将以上 4 个指标作为顶层指标的一级指标；而岸墙稳定和闸室稳定健康状况又由抗滑稳定、不均匀系数和地基承载力反映，将其作为二级指标；上游翼墙稳定、下游翼墙稳定健康状况又由第一、二节翼墙稳定，第三节翼墙稳定和平台处翼墙稳定反映，各影响因素又可细化为抗滑稳定、不均匀系数和地基承载力。以上层次结构的第一层水闸稳定性为水闸健康诊断的顶层指标，第二层岸墙稳定、闸室主体稳定、上游翼墙稳定、下游翼墙稳定为一级诊断指标，第三层为二级诊断指标，第四层为三级诊断指标，将没有下级诊断指标的那一层指标称为底层指标。如果顶层诊断指标没有反映其健康状况的因素，那么顶层诊断诊断指标也称为底层诊断指标（图 4.3.3）。

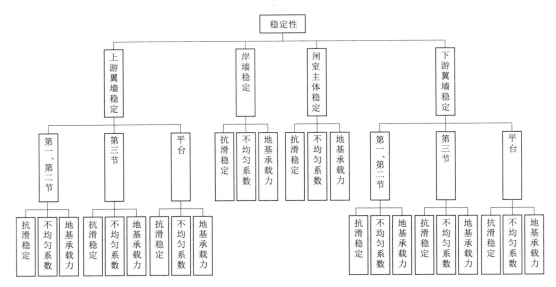

图 4.3.3　稳定性指标层次结构

4.3.2.3　水闸健康综合诊断底层指标的度量

　　水闸健康综合诊断底层指标既有定量诊断指标，又有定性诊断指标，这就导致同层诊断指标之间不具有相互可比性。解决此问题一般有两种方法：一种是通过一定的标准将所有定量诊断指标转化成定性诊断指标，采用定性语言描述水闸各诊断指标的健康状况，然后采用一定的数学模型进行分析，在分析基础上得到水闸整体的健康状况；另一种方法是将定性指标通过一定的方法转化成定量指标，然后运用数学模型进行数值计算，对计算结果进行分析得出水闸健康状况。

　　现有水闸健康综合诊断中，大多采用第一种方法，即将底层指标进行定性化的方法。其步骤如下：首先制定好判别各指标健康状况的具体标准，然后由专家根据水闸各底层指标的实际状况，对照事先制定的具体标准进行评判，在评判的基础上得出各底层指标的健康状况。第二种方法也较常见，即将底层指标进行定量化的方法。但水闸各诊断指标包括"极大型"指标、"极小型"指标、"居中型"指标和"区间型"指标等类型，指标类型不同，会导致健康综合诊断无法进行；各诊断指标之间单位和量级又不全相同，指标间会存在不可公度性。因此，运用以往的指标定量化方法[33-36]对水闸底层指标进行定量化，为使同层诊断指标具有可比性，不仅要将各类型指标作"类型一致化"处理，将"极大型""极小型""居中型"和"区间型"等不同类型指标转化成同一种类型的指标，还要对诊断指标初始数据作无量纲化处理，以排除指标间由于单位、数值数量级悬殊所带来的影响。

　　为简化定量化过程，可以考虑用"某一区间的数值"直接来描述底层指标的健康状况。将"某一区间的数值"称为"健康值"，健康值取值区间为［0，1］，同时规定数值越大，表示指标健康状况越好。水闸底层指标的健康值主要由专家根据水闸现状调查、现场安全检测和安全复核各阶段的信息，结合自身的知识和经验，并对照一定的评定标准，对水闸各底层指标（包括定性指标和定量指标）进行打分获得。采用灰色统计方法获取非底层指标的健康状况描述时，也采用了专家打分法，由于非底层指标影响其健康状况因素很多，虽然事先制定了评分标准，但由于各专家的打分侧重点不同，打分的范围不是很集中，而"健康值"针对的是底层指标，影响底层指标健康状况的因素难以再细化，因而专家的打分值范围较集中，具有较高的可信度。专家打分采取百分制，分值越大表示底层指标健康状况越好。设参与水闸健康诊断的专家有 n 位，各底层诊断指标的健康等级划分打分标准见下表，再由专家 $i(i=1,2,\cdots,n)$ 根据水闸底层指标的实际情况对诊断指标 $j(j=1,2,\cdots,m)$ 进行打分，记为 a_{ij}（表 4.3.1）。

表 4.3.1   指 标 量 化 标 准

级　　别	专家打分标准	健康值范围
健康	(75, 100]	(0.75, 1.00]
亚健康	(50, 75]	(0.50, 0.75]
病变	(25, 50]	(0.25, 0.50]
病危	[0, 25]	[0.00, 0.25]

诊断指标 j 的最终专家打分 a_j 可以通过对 n 位专家的打分进行综合而得到，常用的综合方法有完全平均法、中间平均法和加权平均法。最后，将由以上方法得出的专家打分值归一化到 [0，1] 区间上，得到水闸健康综合诊断底层指标的健康值（表 4.3.2）。

表 4.3.2   专 家 打 分 综 合 方 法

综合方法	数学模型	说　　明
完全平均法	$a_j = \dfrac{\sum\limits_{i=1}^{n} a_{ij}}{n}$	直接将所有专家的打分进行平均。该方法不考虑专家知识水平和权威性差异
中间平均法	$a_j = \dfrac{\sum\limits_{i=1}^{n} a_{ij} - \max a_{ij} - \min a_{ij}}{n-2}$	当参加水闸健康诊断专家人数较多，且打分之间出现较大分歧时可采用该方法，舍弃最大和最小值，取中间分值进行平均
加权平均法	$a_j = \sum\limits_{i=1}^{n} a_{ij}\omega_{ij}$	该方法认为知识水平越高、越有权威的专家的打分分值越能反映实际情况。该方法给各专家一个权重，权威专家给予较大的权系数，然后再进行加权平均

4.3.3　水闸安全综合评价指标体系

4.3.3.1　水闸评价指标体系的拟定原则

影响水闸工程安全的因素多而复杂，对评价指标的拟定原则是定量研究水闸工程安全状况的基础，其拟定得是否恰当，将直接关系到研究指标权重的意义和最终评价结论是否合理可靠。评价指标不是越多越好，也不是越少越好，应将尽量少的、主要的、具有代表性的安全综合评价指标用到水闸的安全综合评价中去[37]。因此，需要科学建立水闸工程安全综合评价指标体系，其拟定的指标应遵循以下的原则。

1. 系统全面性原则

应该尽可能地使评价指标能相对系统全面和完整地反映水闸工程安全状况各方面的重要特征和重要影响因素。

2. 简明科学性原则

评价指标体系必须概念明确、简便易行，具有一定的科学内涵，切忌复杂烦琐。即指标体系要结构简单明了，要抓住主要有代表性的因素，舍弃次要因素，尽可能地突出评价目标的本质。

3. 相对独立性原则

所设立的各评价指标应能相对独立地反映水闸工程安全状况某一方面的特征，各评价指标之间应尽量排除兼容性。

4. 层次性原则

将水闸工程安全综合评价这个复杂问题中的一系列评价指标分解为多个层次来考虑，形成一个包含多个子系统的多层次递阶分析系统，从而由粗到细、由表及里、由局部到全面地对水闸工程安全状况进行逐步深入的研究。

5. 可操作性原则

每个评价指标都必须具有实施的可行性，即每个指标都可以通过已有手段和方法或能在评价过程中经研究可获得的手段和方法进行度量和量化。

4.3.3.2　水闸评价指标体系的构建

目前，在进行水闸工程安全综合评价中，一般都是以水闸工程的可靠性作为评价总目标，以水闸工程结构的安全性、适用性和耐久性作为子目标；每个子目标又细分成若干一般指标和附加指标。

水闸安全性评价指标包括：抗滑稳定、抗渗稳定、抗震稳定、防洪能力、消能防冲能力和结构损伤几个方面。其中结构损伤又包含闸室、胸墙、闸门、排架柱等几个子项，这几项又包括混凝土强度和钢筋蚀后强度两个评价指标。

水闸适用性评价指标包括：过流能力、启闭系统控制能力、闸门挡水止水能力、观测设施有效性、电气设备可用性、上下游导流设施、附属设施（工作桥、交通桥）等。工作桥包括桥体适用性和栏杆完好性两个指标，交通桥包括桥头跳车、桥面平整度、排泄水设施完好性、伸缩缝异常变形、栏杆完好性等几个指标。

水闸耐久性评价指标包括闸室、胸墙、排架柱、（混凝土或钢）闸门几个子项，其中闸室、胸墙、排架柱、混凝土闸门等子项又包含保护层厚度、最大裂缝宽度、碳化深度、钢筋锈蚀等；钢闸门包括锈蚀程度、焊缝质量、涂层质量等。

以上这种基于可靠性的评价体系虽然比较科学比较完整，但由于与《水闸安全评价导则》（SL 214）要求的"水闸安全鉴定报告"所列出的水闸安全分析评价内容有一些的出入，用这种评价体系评价时，在工程现状调查、工程安全检测和工程复核计算报告的基础上，还需要对已有数据进行重新归纳整理才能安全评价，这势必会多浪费一定的人力物力。

本着水闸安全综合评价指标及其标准的制定要尽可能地以水工建筑物有关规范为主要依据，同时借鉴其他行业的规范规定，以便评价指标及其标准具有足够的权威性和可比性。为了具有可操作性，根据评价的要求，对已有的基于可靠性的指标的分级进行重新划定和调整，避免由现有规范直接引用到水闸工程的安全评价时，内容不够全面，标准不完全合适的状况。所以，本节建立一套与《水闸安全评价导则》（SL 214—2015）要求的"水闸安全鉴定报告"所列出的水闸安全分析评价内容相符的水闸安全评价指标体系。

水闸工程的评价指标以水闸安全状态为总目标，以工程现状调查、工程安全检测和工程复核计算为子目标。

工程现状调查子目标包括设计施工情况、技术管理现状和工程结构现状3个一级评价指标。

工程安全检测子目标包括混凝土结构、钢闸门、启闭机设备、电气设备、观测设施、上、下游导流设施等6个一级评价指标；混凝土结构一级评价指标又包括闸室底板、闸墩、胸墙、闸门、挡土墙、工作桥、检修便桥、交通桥等8个二级评价指标；闸室底板、闸墩、胸墙、闸门、挡土墙、工作桥、检修便桥、交通桥等8个二级评价指标又分别包括混凝土强度、碳化深度、保护层厚度、表面状况等4个三级评价指标；观测设施一级评价指标包括测压管、沉降观测设施、位移观测设施、上、下游水位观测设施等4个二级评价指标；上游导流设施一级评价指标包括干砌石工程和浆砌石工程两个二级评价指标。

工程复核计算子目标包括结构稳定性、抗渗稳定性、结构强度、过水能力、消能防冲能力、启闭机启门力等6个一级评价指标；结构稳定性一级评价指标包括闸室、岸墙、上游翼墙、下游翼墙等4个二级评价指标，而闸室、岸墙、上游翼墙、下游翼墙等二级评价指标又包括抗滑稳定性、地基不均匀系数、地基承载力等3个三级评价指标；抗渗稳定性一级评价指标包括抗渗长度、出逸坡降、最大水平坡降等3个二级评价指标；结构强度一级评价指标包括闸室底板、闸墩、胸墙、闸门、挡土墙、工作桥、检修便桥、交通桥等8个二级评价指标；消能防冲能力一级评价指标包括消力池和海漫两个二级评价指标，消力池二级评价指标又包括消力池深度、长度和厚度3个三级评价指标（图4.3.4）。

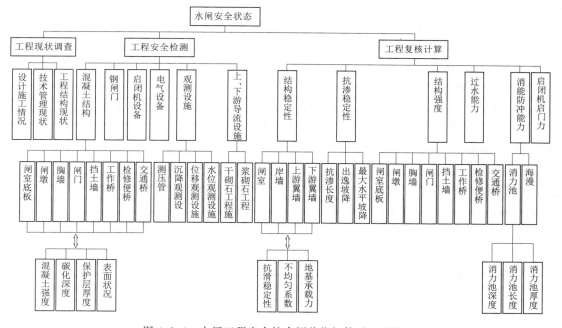

图 4.3.4　水闸工程安全综合评价指标体系层次结构

4.3.3.3　水闸评价指标等级及其标准

本节根据《水闸安全评价导则》（SL 214—2015）将最终评价得到的水闸安全类别分为正常水闸、可用水闸、病变水闸、病危水闸 4 个等级，分别用字母 A、B、C、D 来表示；并将各个评价指标分为良好、一般、差等和较差 4 个等级，分别用字母 a、b、c、d 来表示。它们各自的定义分别如下所示：

A（或 a）级：表示水闸安全类别或评价指标能达到国家现行规范规定或设计标准，无影响正常运行的缺陷，按常规维修养护即可保证正常运行，不必采取其他措施。

B（或 b）级：表示水闸安全类别或评价指标略低于国家现行规范规定或设计标准，工程局部存在较轻的损坏或缺陷，经大修后，可正常使用。

C（或 c）级：表示水闸安全类别或评价指标不满足国家现行规范规定或设计标准，工程存在严重损坏，经除险加固后，才能正常使用。

D（或 d）级：表示水闸安全类别或评价指标严重不满足国家现行规范规定或设计标准，工程存在严重安全问题，随时可能发生事故，需降低标准运用或报废重建。

4.3.3.4　水闸评价指标的度量方法

由于水闸工程的各个安全评价指标取值范围、度量方法和度量单位各不相同，既有定量评价信息，又有定性评价信息，这就直接导致各个评价指标之间不具有可比性。解决此类问题的方法一般有两种：一种方法是通过一定的标准将所有的定量评价指标转化成定性评价指标，采用定性语言描述水闸各评价指标的安全状况，这是一种纯粹的定性分析方法，其推理过程完全凭经验与逻辑思维；另一种方法是将定性评价指标通过一定的方法转化为定量指标，采用严密数值计算理论，运用数学模型进行分析，从而得出水闸工程整体的安全状况。显然前者将经验推断应用于安全综合评价全过程，评价标准模糊，人为影响因素相当大，并不是可靠的评价方法；而后者则可同时利用水闸安全评价专家组的知识经验、现场检测数据以及复核计算数值等对水闸工程安全进行合理评价，是一种较为科学而可靠的评价方法。本节采用第二种方法，将所有的评价指标进行定量化，即采用合理方法将原始评价信息转化到一定的数值范围内，并统一采用无量纲的数值表示。

1. 定性评价指标的量化方法

对于定性指标，其指标值具有模糊性和非定量化的特点，很难用精确的数学值来表示，只能采用模糊数学的方法对模糊信息进行量化处理。目前，较为实用的定性信息量量化方法有模糊统计法、带确信度的专家调查法、区间平均法[38] 等。

在工程界许多定性问题的处理中，专家打分法以其操作简单，适用性强等特点而得到了广泛的应用。当采用专家打分法处理时，如果专家选择合适，专家的经验较为丰富，对情况比较了解，则可取得较高的精度。其具体操作步骤如下。

请 n 位专家对给定的一组指标 $U_1, U_2, \cdots, U_m$（m 个因素）分别给出打分 $A_j(U_i)$（$i=1,2,\cdots,m, j=1,2,\cdots,n$），则指标 U_i 的评价值 r_i 可以由下式表示。

完全平均法

$$r_i = \frac{1}{n} \sum_{j=1}^{n} A_j(U_i) \tag{4.3.1}$$

中间平均法

$$r_i = \frac{1}{n-2}\Big[\sum_{j=1}^{n} A_j(U_i) - \max A_j(U_i) - \min A_j(U_i)\Big] \quad (4.3.2)$$

加权平均法

$$r_i = \frac{1}{n}\sum_{j=1}^{n} w_j A_j(U_i) \quad \Big(\sum_{j=1}^{n} w_j = 1 \text{ 且 } w_j > 0\Big) \quad (4.3.3)$$

完全平均法直接将所有专家的打分进行平均，该方法默认参加安全评价的所有与会专家具有平等的学术地位；中间平均法在与会专家打分之间出现较大分歧时采用，舍弃最大和最小值，取中间分值进行评价；加权平均法认为学术水平越高就越有权威，则其打分的分值准确度就越高，给予较大的权系数。最后，将由以上方法得出的评价值归一化到 [0，1] 区间上，得到水闸安全综合评价指标的安全值。

各个评价指标的专家打分标准为：A（或 a）级为（80，100]；B（或 b）级为（60，80]；C（或 c）级为（30，60]；D（或 d）级为 [0，30]。对应的各个安全值范围为：A（或 a）级为（0.80，1.00]；B（或 b）级为（0.60，0.80]；C（或 c）级为（0.30，0.60]；D（或 d）级为 [0.00，0.30]。

专家打分法充分利用专家知识，对一个定性问题给出数据判断，利于问题的量化处理，使用简单。如果专家选择合适，专家的经验较为丰富，则精度较高。针对水闸工程安全综合评价体系结构中，设计施工情况、技术管理现状、工程结构现状、混凝土结构表面状况、钢闸门现场检测、启闭机设备现场检测、电气设备现场检测、观测设施、上、下游导流设施、附属设施等定性指标因素先收集其现状资料，采用专家打分法，对各个定性指标进行量化分析，获取各个评价指标的安全值。

2. 定量评价指标的标准化方法

由于水闸工程安全综合评价指标体系中的定量指标量纲不相同，故不具有可比性，因此，在知道指标的实际值后，需要进行无量纲化处理。

无量纲化是通过数学变换来消除指标量纲影响的方法，是多指标综合评价中必不可少的一个步骤。从本质上讲，指标的无量纲化过程也是求隶属度的过程。由于指标隶属度的无量纲化方法多种多样，因此有必要根据各个指标本身的性质确定其隶属度函数的公式。为简单起见，可以选择直线型无量纲化方法解决指标的可综合性问题（图 4.3.5）。

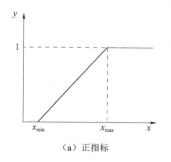

（a）正指标

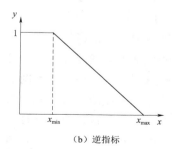

（b）逆指标

图 4.3.5　直线型隶属度函数

对于正指标，即指标值越大越好的指标

$$y = \frac{x - x_{\min}}{x_{\max} - x_{\min}} = \begin{cases} 1 & (x \geqslant x_{\max}) \\ \dfrac{x - x_{\min}}{x_{\max} - x_{\min}} & (x_{\min} < x < x_{\max}) \\ 0 & (x \leqslant x_{\min}) \end{cases} \tag{4.3.4}$$

对于逆指标，即指标越小越好的指标

$$y = \frac{x_{\max} - x}{x_{\max} - x_{\min}} = \begin{cases} 1 & (x \leqslant x_{\min}) \\ \dfrac{x_{\max} - x}{x_{\max} - x_{\min}} & (x_{\min} < x < x_{\max}) \\ 0 & (x \geqslant x_{\max}) \end{cases} \tag{4.3.5}$$

式中　y——指标的评价值；

x——有量纲指标的实际值；

$x_{\max}$——有量纲指标的最大值；

$x_{\min}$——有量纲指标的最小值。

由上述公式可知，要计算指标的安全值，除了需要确定指标的实际值外，还必须确定指标有量纲的优劣上、下限，亦即上述公式中各指标的最大值 $x_{\max}$ 和最小值 $x_{\min}$。

针对水闸工程安全综合评价体系结构中，混凝土强度、混凝土碳化深度、混凝土保护层厚度、结构稳定性、抗渗稳定性、结构强度、过水能力、消能防冲能力、启闭机启门力等定量指标因素先收集其实际值资料；根据对水闸工程安全综合评价指标的历史情况的调查，参照相关规定规范资料，拟定各个指标的最大最小值，得到各指标的上下限后，便可以利用公式计算指标的安全值。

4.3.4　风险分析指标体系

4.3.4.1　指标体系构建的原则

评价指标体系的构造十分关键，因为指标体系是综合评价的基础，没有科学合理的评价指标，指标结果就没有可信性。从一般意义上讲，综合评价指标体系构造时必须注意以下一些基本原则[39]：

（1）层次性原则：综合评价过程是一个复杂的系统分析过程，应尽可能将复杂系统分解成若干小系统，形成包含多个子系统的层次结构，然后，自下而上对各层小系统逐层进行分析，最终完成水闸工程的安全综合评价。

（2）科学性原则：评价指标应具有一定的科学内涵，概念明确，满足现有规范、规定要求，能够反映水闸安全状况的主要特征。

（3）简洁性原则：在保证影响水闸安全状况的重要因素不被遗漏的前提下，应尽可能选择主要的、具有代表性的评价指标，对水闸工程安全状况影响较小的因素可暂且不予考虑，以减少评价指标的数量，简化计算。

（4）可操作性原则：一个综合评价方案的真正价值只有在付诸现实才能够体现出来。这就要求指标体系中的每一个指标都必须是可操作的，必须能够及时搜集到准确的数据。水闸工程安全综合评价指标包含定量和定性指标，将定性指标定量化时，应能通过已有度量方法进行度量，或可采用新的度量方法进行度量。

（5）相对独立性原则：水闸工程安全综合评价指标应避免出现相互兼容性，所选评价指标应能相对独立地反映水闸工程安全状况某一方面的特征。

（6）定性与定量相结合的原则：在水闸风险分析中，评价指标主要有两种：一种是定性指标，其主要根据决策人对水闸的评判结果来评估；另一种是定量指标，其主要依据水闸原型资料，建立数学模型，通过计算来确定。这两类指标各有利弊，在对水闸服役性能评估时，应将两者结合起来考虑，这样才能得到科学、合理的水闸服役性能结果。

4.3.4.2 指标体系的建立

指标体系的构建，应该尽量遵循上述原则，同时指标的制定应尽量依据水闸工程的相关规范，并参考其他行业的相关经验。本节采用基于可靠性的评价指标体系，以结构的安全性、适用性和耐久性作为子目标，根据子目标的定义和特征，将子目标继续划分为若干指标，得到一个多层次的评价指标体系。

水闸的安全性要求其结构及地基能够满足防洪和抗震要求；地基具有足够的承载能力，构件具有足够的强度不发生损毁和变形；结构稳定，不得发生失稳现象。

水闸的适用性要求水闸具有一定的过水和挡水能力；地基不得产生过大沉降或不均匀沉降、渗漏以免影响正常使用，建筑物及其构件的变形不得超出正常范围，影响水闸运行；闸门和启闭机的控制能力能够达到正常标准。

水闸的耐久性要求构件的损伤程度随时间的延续不影响其满足预定功能标准的能力；构件表面锈蚀、磨损的发展缓慢，不影响建筑物各部件的使用寿命。

本节遵循上述的构建原则，参照文献和规范，建立水闸工程的风险分析指标体系，尽可能全面、系统地反映水闸的安全体系[40]。

4.3.4.3 水闸安全指标的度量方法

由于水闸工程的各个安全评价指标取值范围、度量方法和度量单位各不相同，既有定量评价信息，又有定性评价信息，这就直接导致各个评价指标之间不具有可比性。解决此类问题的方法一般有两种：一种是通过一定的标准将所有的定量评价指标转化成定性评价指标，采用定性语言描述水闸各评价指标的安全状况，这是一种纯粹的定性分析方法，其推理过程完全凭经验与逻辑思维；另一种方法是将定性评价指标通过一定的方法转化为定量指标，采用严密数值计算理论，运用数学模型进行分析，从而得出水闸工程整体的安全状况。显然前者将经验推断应用于安全综合评价全过程，评价标准模糊，人为影响因素相当大，并不是可靠的评价方法；而后者则可同时利用水闸安全评价专家组的知识经验、现场检测数据以及复核计算数值等对水闸工程安全进行合理评价，是一种较为科学而可靠的量化方法。本节采用第二种方法，将所有的评价指标进行定量化，即采用合理方法将原始评价信息转化到一定的数值范围内，并统一采用无量纲的数值表示（图4.3.6）。

1. 定性评价指标的量化方法

对于定性指标，其指标值具有模糊性和非定量化的特点，很难用精确的数学值来表示，只能采用模糊数学的方法对模糊信息进行量化处理。目前，较为实用的定性信息量量化方法有模糊统计法、带确信度的专家调查法、区间平均法等。

在工程界许多定性问题的处理中，专家打分法以其操作简单，适用性强等特点而得到了广泛的应用。当采用专家打分法处理时，如果专家选择合适，专家的经验较为丰富，对

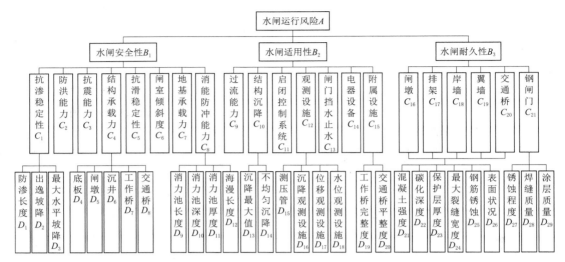

图 4.3.6　水闸运行风险评判指标体系

情况比较了解，则可取得较高的精度。其具体操作步骤如下。

请 n 位专家对给定的一组指标 $U_1, U_2, \cdots, U_m$（m 个因素）分别给出打分 A_j $(U_i)(i=1,2,\cdots,m, j=1,2,\cdots,n)$，则指标 U_i 的评价值 r_i 可以由下式表示。

完全平均法

$$r_i = \frac{1}{n} \sum_{j=1}^{n} A_j(U_i) \tag{4.3.6}$$

中间平均法

$$r_i = \frac{1}{n-2} \Big[\sum_{j=1}^{n} A_j(U_i) - \max A_j(U_i) - \min A_j(U_i) \Big] \tag{4.3.7}$$

加权平均法

$$r_i = \frac{1}{n} \sum_{j=1}^{n} w_j A_j(U_i) \quad \Big(\sum_{j=1}^{n} w_j = 1 \text{ 且 } w_j > 0 \Big) \tag{4.3.8}$$

式中　$A_j(U_i)$——第 j 位专家对 i 指标的评分；

w_j——第 j 位专家的权重系数。

完全平均法直接将所有专家的打分进行平均，该方法默认参加安全评价的所有与会专家具有平等的学术地位；中间平均法在与会专家打分之间出现较大分歧时采用，舍弃最大和最小值，取中间分值进行评价；加权平均法认为学术水平越高就越有权威，则其打分的分值准确度就越高，给予较大的权系数。最后，将由以上方法得出的评价值归一化到 [0, 1] 区间上，得到水闸安全状态评价指标的安全值。

专家打分法充分利用专家知识，对一个定性问题给出数据判断，利于问题的量化处理，使用简单。如果专家选择合适，专家的经验较为丰富，则精度较高。针对水闸安全状态评价指标体系中，工程现状调查一级指标下的设计施工情况、技术管理相状、工程结构现状，结构病害四级指标，钢闸门和启闭机一级指标下的运行参数和外观情况，观测设施指标下的测压管、沉降观测设施、位移观测设施、水位观测设施，消能防冲设施指标下的消力池、海漫、防冲槽都是定性指标。先收集它们的现状资料，采用专家打分法，对各个定性指标进行量化分析，获取各个评价指标的安全值。

2. 定量评价指标的量化方法

由于水闸安全状态评价指标体系中的定量指标量纲不相同，指标间会存在不可公度性。为使指标间具有可比性，不仅要将初始数据进行无量纲化处理，还要将个指标类型作"类型一致化"处理即将"极大型"指标、"极小型"指标、"居中型"指标、"区间型"指标转化成一种类型的指标，最终将指标实测值或计算值量化到 $[0，1]$ 之间进行比较。常用的方法有以下 6 种方法。水闸安全状态指标观测值记为 $\{x_{ij}|i=1,2,\cdots,n;j=1,2,\cdots,m\}$。

（1）标准化处理法。

$$x_{ij}^{*}=\frac{x_{ij}-\overline{x}_{j}}{s_{j}} \tag{4.3.9}$$

其中 $\overline{x}_{j}=\dfrac{1}{n}\displaystyle\sum_{i=1}^{n}x_{ij}$，$s_{j}=\dfrac{1}{n}\displaystyle\sum_{i=1}^{n}(x_{ij}-\overline{x}_{j})^{2}$ $(i=1,2,\cdots,n;j=1,2,\cdots,m)$

式中 $\overline{x}_{j}$——第 j 项指标值的平均值；

$\quad\quad s_{j}$——第 j 项指标值的均方差；

$\quad\quad x_{ij}^{*}$——标准指标值，x_{ij}^{*} 样本平均值为 0，方差为 1。

（2）线性比例法。

$$x_{ij}^{*}=\frac{x_{ij}}{x_{j}'} \quad (i=1,2,\cdots,n;j=1,2,\cdots,m) \tag{4.3.10}$$

式中 $x_{j}'(x_{j}'>0)$——一特殊点。

（3）极值处理法。

$$x_{ij}'=\frac{x_{ij}-m_{j}}{M_{j}-m_{j}} \quad (i=1,2,\cdots,n;j=1,2,\cdots,m) \tag{4.3.11}$$

式中 $M_{j}=\max\limits_{i}\{x_{ij}\}$；$m_{j}=\min\limits_{i}\{x_{ij}\}$。

对指标 x_{j} 为极小型的情况，式（4.3.11）变为

$$x_{ij}'=\frac{M_{j}-x_{ij}}{M_{j}-m_{j}} \quad (i=1,2,\cdots,n;j=1,2,\cdots,m) \tag{4.3.12}$$

极值处理后各指标的最大值为 1，最小值为 0；该法对指标值恒定的情况不适用。

（4）归一化处理法。

$$x_{ij}^{*}=\frac{x_{ij}}{\displaystyle\sum_{i=1}^{n}x_{ij}} \quad (i=1,2,\cdots,n;j=1,2,\cdots,m) \tag{4.3.13}$$

式中 $\displaystyle\sum_{i=1}^{n}x_{ij}>0$，$x_{ij}\geqslant0$ 时，$\displaystyle\sum_{i}x_{ij}^{*}=1(j=1,2,\cdots,m)$。

（5）向量规范法。

$$x_{ij}^{*}=\frac{x_{ij}}{\sqrt{\displaystyle\sum_{i=1}^{n}x_{ij}^{2}}} \quad (i=1,2,\cdots,n;j=1,2,\cdots,m) \tag{4.3.14}$$

式中　$x_{ij} \geqslant 0$ 时，$x_{ij}^* \in (0,1)$，$\sum_i (x_{ij}^*)^2 = 1$。

（6）功效系数法。

$$x_{ij}^* = c + \frac{x_{ij} - m_j'}{M_j' - m_j'} \times d \qquad (4.3.15)$$

式中　M_j'——指标 x_j 的满意值；

$\qquad m_j'$——指标 x_j 不容许值；

$\quad c$、d——已知正常数，c 的作用是对变换后的值进行"平移"，d 的作用是对变换后的值进行"放大"或者"缩小"，最大值及最小值分别为 $c+d$ 和 c。

上述 6 种方法中，标准化处理法对指标值恒定或要求指标 $x_{ij}' > 0$ 的情况不适用；极处理法对指标值恒定的情况不适用；线性比例法要求 $x_j > 0$；归一化处理法是线性比例法的一种特例，要求 $\sum_i^m x_{ij} > 0$；极值处理后各指标的最大值为 1，最小值为 0，对指标值恒定的情况不适用。功效系数法能够根据指标实际值在标准范围内所处位置计算评价得分，从不同侧面对评价对象进行计算评分且减少单一标准评价而造成的评价结果偏差。

4.4　水闸工程健康诊断指标权重分析

4.4.1　健康诊断指标量化

指标量化是指通过某种方式将工程最原始资料定量到一个值，该数值为无量纲化的。由于水闸健康诊断中的诊断指标不仅有定量指标，还有定性评价指标，这两种指标无法进行相互比较，因此必须将其转化为同类指标。为了能较好地解决该问题，本节将所有指标量化。指标标准化处理方法如下。

1. 指标一致化处理

在水闸健康诊断这个综合性的系统中，水闸健康状态由很多方面确定，因此指标的类型也是多种多样，主要可以概括为 4 种类型的指标，即极小型、极大型、区间型和居中型。由于指标类型多样，因此要将其作一致化处理，其处理方法如下。

（1）小型指标。

对于极小型指标 x

$$x^* = M - x, \quad \text{或者 } x^* = \frac{1}{x}, \quad x > 0 \qquad (4.4.1)$$

式中　M——指标 x 的一个上界。

（2）居中型指标。

对于居中型指标 x

$$x^* = \begin{cases} 2(x - m), & \text{若 } m < x \leqslant \dfrac{m+M}{2} \\ 2(M - x), & \text{若 } \dfrac{m+M}{2} < x \leqslant M \end{cases} \qquad (4.4.2)$$

式中　M——指标 x 的一个允许上界；

m——指标 x 的一个允许下界。

（3）区间型指标。

对于区间型指标 x

$$x^* = \begin{cases} 1.0 - \dfrac{a-x}{\max\{a-m, M-b\}}, & \text{若 } x \in (-\infty, a) \\ 1.0, & \text{若 } x \in [a, b] \\ 1.0 - \dfrac{x-b}{\max\{a-m, M-b\}}, & \text{若 } x \in (b, +\infty) \end{cases} \tag{4.4.3}$$

式中　$[a, b]$——指标 x 的稳定区间；

　　　M、m——x 的上、下界。

2. 指标无量纲化处理

由前所述相同类型的指标才能相互比较，在水闸健康诊断中由于诊断指标类型不同，因此它的量纲就不一样，这就需要对其进行处理，这里对这些指标都进行相应的无量纲化处理。无量纲化处理方法比较多，本节这里使用的量化方法为功效系数法，记综合评价指标值为 $\{x_{ij} | i = 1, 2, \cdots, m; j = 1, 2, \cdots, n\}$，则处理结果为

$$x_{ij}^* = c + \frac{x_{ij} - m_j'}{M_j' - m_j'} \cdot d \tag{4.4.4}$$

式中　x_{ij}——第 i 个指标的第 j 个数据的观测值；

　　　M_j'——指标 x_j 的满意值；

　　　m_j'——指标 x_j 不容许值；

　　　c、d——已知正常数，c 的作用是对变换后的值"平移"，d 的作用是对变换后的值"放大"或者"缩小"，最大值及最小值分别为 $c+d$ 和 c。

水闸健康诊断指标量化后的值本节定义为指标的健康值，该值在闭区间 $[0, 1]$ 内，并且健康值越大则表示该评价指标越健康。

定性评价指标要指定量化标准，邀请专家对这些指标进行打分，收集专家的打分，再通过有关处理得到标准化的值；定量指标要根据工程健康诊断各阶段收集、试验和计算得到的数据按上述公式进行量化计算。

4.4.2　水闸健康诊断指标赋权方法

水闸健康诊断是一个复杂综合的体系，它包含了很多指标，而每个指标在水闸健康综合诊断中所占据的地位是不一样的，那些重要的指标显然在这个诊断过程中占更多比例以突出该水闸健康状态的特点。所以如何科学地确定各评价指标的地位，即它在水闸健康诊断中占的权重就显得尤为重要了。指标的精确程度会直接影响水闸健康诊断的最后结果，因此本章将重点对指标的赋权方法进行研究。指标赋权方法可分为主观和客观赋权方法。一般评价一个事物，都需要从主观、客观两方面进行评价，这样才会科学合理，那么这里对水闸的健康状态进行评价和诊断也按照这个规则，从主观、客观两方面入手。主观赋权方法有层次分析法[41]、专家调研法[42]、唯一参照物比较判断法[43] 等，客观赋权方法主要有熵权法[44]、TOPSIS 法[45]、灰色关联法[46] 等。主观赋权法是专家根据自己的经验知识确定各指标的重要程度，以此来计算各指标的权重值，这在一定程度上反映了实际情

况，但该方法往往带有专家的主观性不能很好地反应客观实际。客观赋权法是将水闸健康诊断 3 个阶段获取的信息用数学处理的方法来计算权重，它考虑了数据之间的关系使得权重值的计算结果很客观，但忽视了各指标在水闸健康诊断中的地位。所以根据以上分析，主观、客观权重之间可以互补对方的不足，因此需要寻求一种方法将它们进行融合，即最终要计算主观、客观组合权重。本节将采用改进群组 G1 法、基尼系数赋权法和独立信息数据波动法进行权重计算，最后通过基于最小偏差的权重融合方法计算主客观组合权重值。

4.4.2.1 改进群组 G1 法

改进群组 G1 法是一种主观赋权方法，它是由传统的 G1 法改进而来，它与传统方法相比具有多方面的优势，通过改进使这种方法比其他方法更科学合理[47]。传统 G1 法是某一个专家来确定评价指标的权重，其科学性是由该专家知识与经验决定的。对传统 G1 法进行第一次改进，引入多位专家来确定指标权重从而形成群组 G1 法，但在计算权重时往往忽视了专家知识与经验的差异性，缺乏合理性。本节选用的改进群组 G1 法是再一次改进后的方法，既考虑每位专家对同一指标所赋权重的不同而综合多位专家的知识经验，又考虑各位专家之间知识经验的差异性，从而使确定的指标权重更为科学合理[48-49]。

1. m 位专家序关系一致情形

（1）计算专家权重。

设 m 位专家对评价指标 $x_k(k=1,2,\cdots,n)$（n 为评价指标个数）按重要程度的排序一致，不妨令 $x_1 > x_2 > \cdots > x_n$（"$>$"表示前一个指标的重要程度不低于后一个指标的关系）。设 r_{ik} 表示专家 i 对指标 x_{k-1} 与 x_k 两者重要程度之比的理性赋值，r_{ik} 值见表 4.4.1。

专家 i 对指标的理性赋值向量记为 r_i，$r_i=(r_{ik})$，$i=1,2,\cdots,n$；向量 r_i 和 r_j 的余弦值记为 $\cos(r_i,r_j)$；定义：第 i 个专家的理性赋权与其他专家的相似度记为 s_i，则

$$s_i = \sum_{j=1,i\neq j}^{m} \cos(r_i,r_j) \quad (i=1,2,\cdots,m) \tag{4.4.5}$$

表明专家 i 与其他专家判别信息的相似程度，若两个专家对信息的判断一致，即 $r_i = r_j$，则两个向量的余弦值为 1。

令第 i 位专家的权重为 a_i，a_i 的值可对 s_i 进行归一化处理求得

$$a_i = s_i \Big/ \sum_{i=1}^{m} s_i \quad (i=1,2,\cdots,m) \tag{4.4.6}$$

表 4.4.1 r_{ik} 值

r_{ik}	说　明	r_{ik}	说　明
1.0	指标 x_{k-1} 与指标 x_k 具有同样的重要性	1.6	指标 x_{k-1} 比指标 x_k 强烈重要
1.2	指标 x_{k-1} 比指标 x_k 稍微重要	1.8	指标 x_{k-1} 比指标 x_k 极端重要
1.4	指标 x_{k-1} 比指标 x_k 明显重要		

若某位专家所做的判断越能代表专家组的意见，则该位专家在专家组里越具有代表性，他的权重值就越大。该式充分体现了专家组大多数人的意见。

（2）计算指标权重。

令 r_l^* 为群组专家指标 x_{k-1} 与 x_k 两者重要程度之比的理性赋值，则专家组权重为

$$r_l^* = \sum_{i=1}^{m} a_i r_{ik} \quad (l=1,2,\cdots,k-1) \tag{4.4.7}$$

反映了各位专家知识经验的差异性。

第 k 个指标的权重 $\omega_k^* (k=1,2,\cdots,n)$ 为

$$\omega_k^* = \left(1 + \sum_{j=2}^{n} \prod_{l=j}^{n} r_l^*\right)^{-1} \tag{4.4.8}$$

$$\omega_{k-1}^* = r_l^* \omega_k^* \quad (k=2,3,\cdots,n; l=1,2,\cdots,n-1) \tag{4.4.9}$$

2. m 位专家序关系不一致

（1）计算专家权重。

专家权重计算步骤可简单归纳为以下几步：

1）首先邀请专家组成员对各评价指标进行排序。

2）然后根据序关系原则列出等价序关系。

3）按照选定成员组里某位专家的等价序关系作为参照序关系，对各序关系进行编号。

4）对每位专家作出的某个序关系，根据"以多胜少"的原则，给该序关系所对应的专家打分，"胜利"的专家得 3 分，"失利"的专家得 1 分，若所有专家对某一序关系意见一致，则每位专家均得 2 分。

5）对所有序关系评分完成后，定义：专家总得分称为专家序关系相似度 s_i。序关系相似度反映了专家的可信度以及在群组中的作用。因此可以根据以上定义计算专家权重

$$a_i = s_i / \sum_{i=1}^{m} s_i \quad (i=1,2,\cdots,m) \tag{4.4.10}$$

（2）计算指标权重。

根据 G1 法计算原则[50]，计算第 i 位专家关于原指标 $x_k (k=1,2,\cdots,n)$ 的权重 $\omega_{ik}^* (i=1,2,\cdots,m; k=1,2,\cdots,n)$，则指标权重为

$$\omega_k^* = \sum_{i=1}^{m} a_i \times \omega_{ik}^* \tag{4.4.11}$$

4.4.2.2 基尼系数赋权法

1. 定义

基尼系数（Gini Coefficient）最早出现在经济学领域，它是由意大利的基尼提出的一个概念，它用来测定收入分配的差异性[51-52]。基尼系数的原始公式[53] 如下：

$$\Delta = \frac{1}{n(n-1)} \sum_{i=1}^{n} \sum_{j=1}^{n} |Y_i - Y_j| \quad (0 < \Delta < 2\mu) \tag{4.4.12}$$

式中 Δ——基尼系数；

    n——样本量；

   Y_i——分组 i 的收入水平；

   μ——所有人收入的期望值。

该公式经改进后，现在常用的公式为相对基尼系数 G，其公式如下：

$$G = \sum_{i=1}^{n} \sum_{j=1}^{n} |Y_i - Y_j| / 2n^2 \mu \tag{4.4.13}$$

2. 赋权原理

先把所需评价指标的 n 个评价对象看成是不同等级收入人的收入状况，这样根据以上定义可以计算不同指标的基尼系数，基尼系数的大小刻画了评价对象之间的数据差异情况，然后将所要评价指标的基尼系数的值进行归一化处理，这样便得到每个指标的权重值了。

3. 计算方法

（1）计算基尼系数。

根据以上原理给出基尼系数赋权法基尼系数的计算公式

$$G_k = \sum_{i=1}^{n} \sum_{j=1}^{n} |Y_{ki} - Y_{kj}| / 2n^2 \mu_k \tag{4.4.14}$$

$$G_k = \sum_{i=1}^{n} \sum_{j=1}^{n} |Y_{ki} - Y_{kj}| / (n^2 - n) \tag{4.4.15}$$

式中　G_k——第 k 个评价指标的基尼系数；

　　　Y_{ki}——第 k 个评价指标第 i 个数据；

　　　μ_k——第 k 个评价指标所有数据的期望值。

说明：基尼系数改进式（4.4.15）适用于 μ_k 不为 0 的情况，基尼系数改进式（4.4.16）适用于 μ_k 为 0 的情况。通过以上两个公式可以充分体现所需评价对象数据之间的差异[54]。

（2）计算基尼系数权重。

有 n 个评价指标，将这些指标的基尼系数 G_k 计算出来后进行归一化处理，则指标 k 的基尼系数权重为

$$g_k = G_k / \sum_{i=1}^{n} G_i \tag{4.4.16}$$

式中　G_k——第 k 个评价指标的基尼系数；

　　　g_k——第 k 个指标的基尼系数权重；

　　　n——指标个数。

4.4.2.3　独立信息数据波动赋权法

1. 定义

客观赋权方法是一种根据指标自身提供的统计数据信息来进行权重计算，然后将其标准化后加权汇总，最终得到实际结果[55] 的方法。这里的统计数据信息包括两方面，一方面是"数据波动信息"和"其他信息"，另一方面是"独立信息"[56]。独立信息数据波动法就是利用这两方面的信息进行计算权重的。

2. 赋权原理

上述"数据波动信息"是指某一个指标的数据它会在其平均值附近进行上下波动，这个波动的程度可以用离差系数来衡量。指标 i 的离差系数可以用下式表达

$$V_i = \frac{\delta_i}{\overline{X}_i} \quad (i=1,2,\cdots,n) \tag{4.4.17}$$

式中　V_i——评价指标的离差系数；

　　　δ_i——评价指标的标准差；

　　　$\overline{X}$——评价指标的均值。

根据上式可知离差系数即为某指标自身数据的标准差与其平均值之比，当这组数据波动程度越大，它能提供的信息就越多，反之亦然。"其他信息"是指采用统计学理论获得的信息，如通过概率权法计算超过最优指标的概率。

在建立指标体系的时候要遵循独立性原则，但是在实际的工程中，如水闸工程健康诊断是一个复杂系统的过程，因此在建立指标体系的时候不可避免地会造成指标间不同程度的关联性，这种关联性会导致重复计算某些信息，这样最后结果的精度就会大大降低，那么如何较好地解决这个问题就显得尤为重要了。

有关学者[57]采用了综合回归调整法，该方法在一定程度上解决了该问题。由于本节需要得到一个定量的值，因此这里采用计算改进复相关系数的方法。该方法是先把某个指标看成是解释变量，而将其余的指标看作是被解释的变量，这样将它们进行回归后，得到了复相关系数 R。R 表示除某个指标之外的其他指标对这个指标的解释度，那么这个指标自身能提供的独立信息程度即为 $1-R$。令指标 i 的独立信息比率为 D_i，则

$$D_i = 1 - R_i \tag{4.4.18}$$

式中　D_i——指标 i 独立信息比率；

　　　R_i——指标 i 的复相关系数。

由上式可知，当复相关系数为 0 时，说明指标 i 能完全提供所需信息，当其为 1 时说明不能提供任何有效信息，因此可以将其剔除，所以这里称为改进复相关系数法。

将上述两方面的信息通过某种方法组合起来便得到了独立信息数据波动法。

3. 计算方法

其计算步骤可归纳为以下几步：

（1）计算各个评价指标 i 的离差系数 V_i。

（2）计算指标 i 独立信息比率 D_i。

（3）将以上两步计算的离差系数 V_i 和独立信息比率 D_i 分别进行标准化，得 V_j' 和 D_i' 并计算评价指标的纯信息量 I_i。

$$I_i = V_j' D_i' \quad (i=1,2,\cdots,n) \tag{4.4.19}$$

式中　I_i——评价指标 i 的纯信息量。

（4）计算权重

$$\omega_i = \frac{I_i}{\sum\limits_{i=1}^{n} I_i} \quad (i=1,2,\cdots,n) \tag{4.4.20}$$

式中　ω_i——评价指标 i 的权重。

4.4.2.4　权重融合方法

权重融合比较常用的方法是线性加权法，这种方法在合成权重时往往带有主观性或者

不能反映权重矩阵的特点，从而不能很好地将各方法的权重信息充分体现。例如线性加权法，设指标 j 的主观权重向量为 ω_j^m，客观权重向量为 ω_j^n，满足

$$0 \leqslant \omega_j \leqslant 1 \text{ 且 } \sum_{k=1}^{n} \omega_{jk} = 1$$

则其权重融合公式为

$$\omega_j = \alpha \omega_j^{(m)} + (1-\alpha) \omega_j^{(n)} \tag{4.4.21}$$

这里 α 为主观偏好系数，$\alpha \in [0,1]$；$1-\alpha$ 为客观偏好数。简单的线性加权法的 α 系数是专家根据自己的经验确定的，所以最终计算结果还是依赖于专家知识经验的丰富度。为了避免在权重融合时发生这些问题，并且为了能同时体现主客观权重的特性，本节使用基于最小偏差的权重融合方法[58-61]。

1. 定义

首先假设利用 s 种方法对指标进行权重计算，权重向量记为

$$\boldsymbol{\mu}_k = (\mu_{k1}, \mu_{k2}, \cdots, \mu_{km}) \tag{4.4.22}$$

式中　$k=1,2,\cdots,s$ 且 $\sum_{i=1}^{m} \mu_{ki} = 1$。

s 种赋权方法的权重记为 α_k，那么各方法的权重向量为

$$\boldsymbol{\alpha} = (\alpha_1, \alpha_2, \cdots, \alpha_s) \tag{4.4.23}$$

满足 $\sum_{k=1}^{s} \alpha_k = 1$。

科学合理的融合权重应尽可能反应主客观权重的信息，因此要使融合权重与主客观权重的总偏差最小，即各赋权方法的加权权重偏差越小越好。

2. 权重融合原理

在 s 种方法中主观权重有 l 种，则客观权重有 $s-l$ 种。这里利用偏差函数来对主客观权重综合计算，其计算原理是使各方法的权重偏差最小，设综合权重的向量为 $\omega = (\omega_1, \omega_2, \cdots, \omega_m)$。利用偏差函数来综合考虑主客观权重的信息，根据上述原理建立目标优化模型

$$\min P = \sum_{k=1}^{l} \sum_{j=1}^{n} \alpha_k f_j(\mu_k) + \sum_{k=l+1}^{s} \sum_{j=1}^{n} \alpha_k g_j(\mu_k)$$

$$s.t. \sum_{i=1}^{m} \omega_i = 1, \quad \omega_i \geqslant 0 \tag{4.4.24}$$

式中　　　　α_k——第 k 种赋权方法的权重系数；

$f_j(\mu_k)$、$g_j(\mu_k)$——主观、客观赋权方法的偏差函数。

因为各赋权方法的权重偏差越小，那么就越能体现各权重的信息，所以上述模型可以转化为

$$\min P = \sum_{j=1}^{n} \sum_{k=1}^{s} \sum_{i=1}^{m} (\alpha_k \mu_{ki} - \alpha_j \mu_{ij})^2$$

$$s.t. \begin{cases} \sum_{k=1}^{s} \alpha_k = 1 \\ \\ \alpha_k \geqslant 0, \quad k \in [1,s] \end{cases} \tag{4.4.25}$$

为了解决上述最优问题，这里利用拉格朗日乘子法来计算，构造如下拉格朗日函数

$$L(\alpha,\lambda) = \sum_{j=1}^{n} \sum_{k=1}^{s} \sum_{i=1}^{m} (\alpha_k \mu_{ki} - \alpha_j \mu_{ij})^2 + \lambda (\sum_{t=1}^{s} \alpha_t - 1) \tag{4.4.26}$$

式中 λ——构造函数所引入的参数。根据拉格朗日有极值的条件将 $L(\alpha,\lambda)$ 分别对 α 和 λ 求偏导，并令等式为 0。

求导结果为

$$\begin{cases} \dfrac{\partial L(\alpha,\lambda)}{\partial \alpha_k} = s\alpha_k \sum_{i=1}^{m} \mu_{ki}^2 - \alpha_1 \sum_{i=1}^{m} \mu_{1i}\mu_{ki} - \alpha_2 \sum_{i=1}^{m} \mu_{2i}\mu_{ki} - \cdots - \alpha_s \sum_{i=1}^{m} \mu_{si}\mu_{ki} + \dfrac{\lambda}{2} = 0 \\ \\ \dfrac{\partial L(\alpha,\lambda)}{\partial \lambda} = \sum_{t=1}^{s} \alpha_t - 1 = 0 \end{cases}$$

$$\tag{4.4.27}$$

其中 $k=1,2,\cdots,s$。方程组共有 $s+1$ 个未知数而方程组同样也有 $s+1$ 个，根据克莱姆法则，由于该方程组的系数矩阵不为 0，那么该方程组有且仅有一个非 0 解。

通过基于最小偏差的权重融合方法计算出各赋权方法的最优权重向量为

$$\boldsymbol{\alpha}^* = (\alpha_1, \alpha_2, \cdots, \alpha_s) \tag{4.4.28}$$

则指标 i 的组合权重为

$$\omega_i = \sum_{k=1}^{s} \alpha_k \omega_{ki} \tag{4.4.29}$$

3. 计算方法

(1) 用 3 种赋权方法计算指标权重。

(2) 本节利用 3 种赋权方法计算权重，$s=3$，代入式（4.4.28）中化简。

(3) 将 3 种方法计算的权重代入式（4.4.28）的赋权方法权重 $\boldsymbol{\alpha}^* = (\alpha_1, \alpha_2, \cdots, \alpha_s)$。

(4) 将赋权方法权重代入式（4.4.29）得到指标的融合权重。

4.4.3 实例分析

4.4.3.1 健康诊断指标体系的构建

本节以江苏省某水闸为例，对其进行相关研究（图 4.4.1）。

根据所建立指标体系的方法，建立其健康诊断指标体系，共分为 5 个等级。

一级指标：江苏某水闸健康状态 A。

二级指标：工程管理 B_1、工程质量 B_2、防洪标准 B_3、渗流安全 B_4、结构安全 B_5 和金属结构安全 B_6。

三级指标：C_1、C_2、$\cdots$、C_{16}（具体意义见图 4.4.1，下同）。

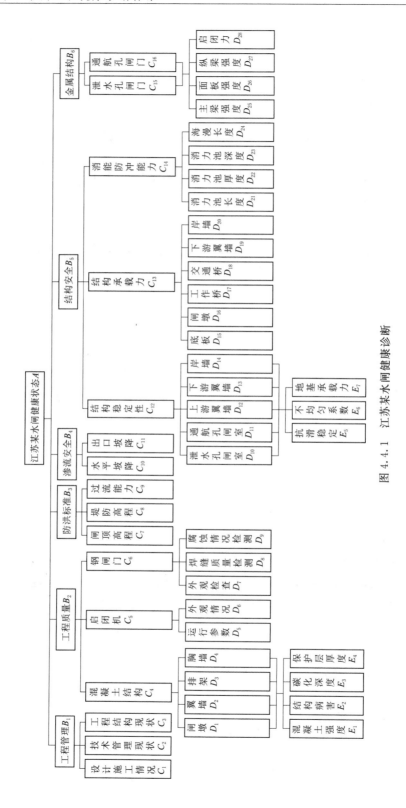

图 4.4.1　江苏某水闸健康诊断

四级指标：D_1、D_2、$\cdots$、D_{28}。

五级指标：E_1、E_2、$\cdots$、E_7。

4.4.3.2　改进群组 G1 法计算权重

根据上面建立的指标体系从底层指标开始计算权重值。

（1）首先邀请 8 位专家对所需评价的指标进行排序，这里以最底层指标 $E_1 \sim E_4$ 为例，8 位专家的排序结果如下：

1）$E_1 > E_3 > E_4 > E_2$；2）$E_1 > E_4 > E_3 > E_2$；

3）$E_1 > E_3 > E_2 > E_4$；4）$E_1 > E_3 > E_4 > E_2$；

5）$E_1 > E_3 > E_4 > E_2$；6）$E_1 > E_3 > E_2 > E_4$；

7）$E_1 > E_4 > E_2 > E_3$；8）$E_1 > E_2 > E_3 > E_4$。

（2）给出等价序关系。

1）$E_1 > E_3 > E_4 > E_2 \Leftrightarrow \begin{cases} E_1 > E_3,\ E_1 > E_4,\ E_1 > E_2 \\ \quad E_3 > E_4,\ E_3 > E_2 \\ \quad\quad E_4 > E_2 \end{cases}$ ；

2）$E_1 > E_4 > E_3 > E_2 \Leftrightarrow \begin{cases} E_1 > E_4,\ E_1 > E_3,\ E_1 > E_2 \\ \quad E_4 > E_3,\ E_4 > E_2 \\ \quad\quad E_3 > E_2 \end{cases}$ ；

3）$E_1 > E_3 > E_2 > E_4 \Leftrightarrow \begin{cases} E_1 > E_3,\ E_1 > E_2,\ E_1 > E_4 \\ \quad E_3 > E_2,\ E_3 > E_4 \\ \quad\quad E_2 > E_4 \end{cases}$ ；

4）$E_1 > E_3 > E_4 > E_2 \Leftrightarrow \begin{cases} E_1 > E_3,\ E_1 > E_4,\ E_1 > E_2 \\ \quad E_3 > E_4,\ E_3 > E_2 \\ \quad\quad E_4 > E_2 \end{cases}$ ；

5）$E_1 > E_3 > E_4 > E_2 \Leftrightarrow \begin{cases} E_1 > E_3,\ E_1 > E_4,\ E_1 > E_2 \\ \quad E_3 > E_4,\ E_3 > E_2 \\ \quad\quad E_4 > E_2 \end{cases}$ ；

6）$E_1 > E_3 > E_2 > E_4 \Leftrightarrow \begin{cases} E_1 > E_3,\ E_1 > E_2,\ E_1 > E_4 \\ \quad E_3 > E_2,\ E_3 > E_4 \\ \quad\quad E_2 > E_4 \end{cases}$ ；

7）$E_1 > E_4 > E_2 > E_3 \Leftrightarrow \begin{cases} E_1 > E_4,\ E_1 > E_2,\ E_1 > E_3 \\ \quad E_4 > E_2,\ E_4 > E_3 \\ \quad\quad E_2 > E_3 \end{cases}$ ；

8）$E_1 > E_2 > E_3 > E_4 \Leftrightarrow \begin{cases} E_1 > E_2,\ E_1 > E_3,\ E_1 > E_4 \\ \quad E_2 > E_3,\ E_2 > E_4 \\ \quad\quad E_3 > E_4 \end{cases}$ 。

（3）按某位专家的序关系进行编号（表 4.4.2）。

（4）为每位专家打分。

表 4.4.2　　　　　　　　　　　专 家 相 似 度 计 算

专家号	按专家 1 进行序关系编号						序关系相似度
	①	②	③	④	⑤	⑥	s_i
1	2	2	2	3	3	3	15
2	2	2	2	1	3	3	13
3	2	2	2	3	3	1	13
4	2	2	2	3	3	3	15
5	2	2	2	3	3	3	15
6	2	2	2	3	3	1	13
7	2	2	2	1	1	3	11
8	2	2	2	3	1	1	11

（5）计算专家权重。

专家 1：

$$a_1 = \frac{15}{15+13+13+15+15+13+11+11} = 0.1415$$

专家 2：

$$a_2 = \frac{13}{15+13+13+15+15+13+11+11} = 0.1226$$

专家 3：

$$a_3 = \frac{13}{15+13+13+15+15+13+11+11} = 0.1226$$

专家 4：

$$a_4 = \frac{15}{15+13+13+15+15+13+11+11} = 0.1415$$

专家 5：

$$a_5 = \frac{15}{15+13+13+15+15+13+11+11} = 0.1415$$

专家 6：

$$a_6 = \frac{13}{15+13+13+15+15+13+11+11} = 0.1226$$

专家 7：

$$a_7 = \frac{11}{15+13+13+15+15+13+11+11} = 0.1038$$

专家 8：

$$a_8 = \frac{11}{15+13+13+15+15+13+11+11} = 0.1038$$

所以各位专家的权重为：

$$\boldsymbol{a} = (0.1415, 0.1226, 0.1226, 0.1415, 0.1415, 0.1226, 0.1038, 0.1038)$$

（6）计算指标权重

首先根据 G1 法原则计算各位专家的指标权重，这里以计算专家 1 为例计算该位专家的指标权重。根据专家 1 作出的序关系，推得

$$E_1 > E_3 > E_4 > E_2 \Rightarrow x_1^* > x_2^* > x_3^* > x_4^* \tag{4.4.30}$$

指标间重要程度之比的理性赋值为

$$r_2 = \frac{\omega_1^*}{\omega_2^*} = 1.2, \quad r_3 = \frac{\omega_2^*}{\omega_3^*} = 1.2, \quad r_4 = \frac{\omega_3^*}{\omega_4^*} = 1.0$$

则

$$\omega_4^* = (1 + 1.2 \times 1.2 \times 1.0 + 1.2 \times 1.0 + 1.0)^{-1} = 0.2155; \quad \omega_3^* = 0.2155 \times 1.0 = 0.2155;$$

$$\omega_2^* = 0.2155 \times 1.2 = 0.2586; \quad \omega_1^* = 0.2586 \times 1.2 = 0.3104$$

根据式（4.4.30）的对应关系最终 $E_1 \sim E_4$ 的指标权重为

$$\boldsymbol{\omega} = (0.3104, 0.2155, 0.2586, 0.2155)$$

其他专家的指标权重计算方法跟上面相同，最后其他几位专家的权重值为

$$\begin{cases} \boldsymbol{\omega}_2 = (0.3218, 0.1863, 0.2236, 0.2683) \\ \boldsymbol{\omega}_3 = (0.2976, 0.2479, 0.2479, 0.2066) \\ \boldsymbol{\omega}_4 = (0.2976, 0.2066, 0.2479, 0.2479) \\ \boldsymbol{\omega}_5 = (0.3104, 0.2155, 0.2586, 0.2155) \\ \boldsymbol{\omega}_6 = (0.2857, 0.2381, 0.2381, 0.2381) \\ \boldsymbol{\omega}_7 = (0.3443, 0.2049, 0.2049, 0.2459) \\ \boldsymbol{\omega}_8 = (0.3104, 0.2586, 0.2155, 0.2155) \end{cases}$$

计算专家组的指标权重：$\boldsymbol{\omega} = (0.309, 0.221, 0.239, 0.231)$。

4.4.3.3 基尼系数赋权法计算权重

指标量化见表 4.4.3。

表 4.4.3　　　　　指 标 量 化 结 果

构　　件	混凝土强度	结构病害	碳化深度	保护层厚度
1 号孔左墩	0.82	0.88	0.85	0.90
1 号孔右墩	0.82	0.88	0.77	0.90
2 号孔左墩	0.73	0.84	0.77	1.00
2 号孔右墩	0.79	0.83	0.80	1.00
3 号孔左墩	0.82	0.86	0.84	1.00
3 号孔右墩	0.81	0.87	0.81	1.00
1 号孔左排架	0.82	0.89	0.80	1.00
1 号孔右排架	0.82	0.88	0.85	1.00
2 号孔左排架	0.82	0.87	0.78	1.00

构　件	混凝土强度	结构病害	碳化深度	保护层厚度
2 号孔右排架	0.81	0.88	0.74	1.00
3 号孔左排架	0.83	0.86	0.79	1.00
3 号孔右排架	0.75	0.85	0.80	1.00
1 号孔胸墙	0.78	0.86	0.73	1.00
2 号孔胸墙	0.77	0.87	0.74	1.00
下游第 1 节左翼墙	0.81	0.84	0.80	1.00
下游第 1 节右翼墙	0.81	0.84	0.80	1.00
下游第 2 节左翼墙	0.81	0.85	0.84	1.00
下游第 2 节右翼墙	0.81	0.84	0.80	1.00

计算结果如下：

各指标的基尼系数为 $G = (0.016, 0.012, 0.024, 0.012)$，

各指标的基尼权重为 $g = (0.255, 0.180, 0.383, 0.182)$。

4.4.3.4　独立信息数据波动赋权法计算权重

这里以最底层指标 $E_1 \sim E_4$ 为例计算权重。

1. 计算各个指标的离差系数

首先计算各评价指标的均值 $\overline{X} = (0.802, 0.861, 0.795, 0.989)$，接着计算各指标的标准差，这里可以利用 Excel 软件的 STDEVP 函数进行求解，求解得结果为 $\delta = (0.027, 0.017, 0.035, 0.031)$。

将上述数据代入公式（4.4.17）计算得各指标的离差系数 $V = (0.033, 0.020, 0.044, 0.032)$。

2. 计算指标的独立信息比率

首先计算指标的复相关系数。计算复相关系数时使用 Excel 的"数据分析工具"，在数据分析选项卡中找到"回归"选项，"Y 值输入区域"输入想要求负相关系数指标的数据，"X 值输入区域"输入其他几个指标的数据。具体操作可参考相关文献 [62]。计算结果为 $R = (0.591, 0.563, 0.478, 0.425)$。计算独立信息比率为 $D = (0.409, 0.437, 0.522, 0.575)$。

3. 计算纯信息量

将离差系数和独立信息比率标准化后代入式（4.4.19）计算得纯信息量为 $I = (0.054, 0.035, 0.092, 0.073)$。

4. 计算权重

得权重值为 $\omega = (0.212, 0.139, 0.362, 0.287)$。

4.4.3.5　融合权重计算

这里以指标 $E_1 \sim E_4$ 用上述 3 种方法计算的权重进行融合为例来说明（表 4.4.4）。

（1）上述 3 种主观、客观方法计算得出的权重分别为：$\mu_1 = (0.309, 0.221, 0.239, 0.231)$，$\mu_2 = (0.255, 0.180, 0.383, 0.182)$，$\mu_3 = (0.212, 0.139, 0.362, 0.287)$。

表 4.4.4　　　　　　　　　　　健康诊断指标权重计算结果

一级	二级	权重	三级	权重	四级	权重	五级	权重
江苏某水闸健康状态	工程管理	0.126	设计施工情况	0.392				
			技术管理现状	0.278				
			工程结构现状	0.330				
	工程质量	0.151	混凝土结构	0.392	闸墩	0.319	混凝土强度	0.258
					翼墙	0.223	结构病害	0.180
					排架	0.248	碳化深度	0.329
					胸墙	0.210	保护层厚度	0.233
			启闭机	0.288	运行参数	0.567		
					外观情况	0.433		
			钢闸门	0.320	外观检查	0.330		
					焊缝质量检测	0.230		
					腐蚀情况检测	0.440		
	防洪标准	0.175	闸顶高程	0.333				
			堤顶高程	0.333				
			过流能力	0.333				
	渗流安全	0.176	水平坡降	0.496				
			出口坡降	0.504				
	结构安全	0.235	结构稳定	0.354	泄水孔闸室	0.167		
					通航孔闸室	0.171	抗滑系数	0.306
					上游翼墙	0.212	不均匀系数	0.365
					下游翼墙	0.174	地基承载力	0.329
					岸墙	0.276		
			结构承载力	0.360	底板	0.184		
					闸墩	0.182		
					工作桥	0.163		
					交通桥	0.163		
					下游翼墙	0.150		
					岸墙	0.158		
			消能防冲能力	0.287	消力池长度	0.225		
					消力池厚度	0.241		
					消力池深度	0.337		
					海漫长度	0.197		
	金属结构	0.137	泄水孔闸门	0.609	主梁强度	0.310		
					面板强度	0.261		
			通航孔闸门	0.391	纵梁强度	0.238		
					启闭力	0.211		

(2) 计算3种方法的权重 $\boldsymbol{\alpha}=(0.3438,0.3288,0.3274)$，此时 $\lambda=-0.1967$。

(3) 将3种方法的权重 $\boldsymbol{\alpha}=(0.3438,0.3288,0.3274)$，计算综合权重为 $\boldsymbol{\omega}=(0.258,0.180,0.329,0.233)$。

参考文献

[1] 吴新璇. 混凝土无损检测技术手册 [M]. 北京：人民交通出版社，2003.

[2] 裴剑平，陈惠霞，蔡前进. "回弹法"与"钻芯法"检测结构混凝土强度的综合应用探讨 [J]. 平顶山工学院学报，2005，1.

[3] 吴植安，张旭红，梁建民. 早龄期碳化对回弹法测试混凝土强度的影响分析 [J]. 工程质量，2003，4.

[4] 王闯，苑志强. 超声法检测混凝土强度工程应用实践 [J]. 岩土工程，2005，6.

[5] 刘丽君. 钻芯法检测混凝土抗压强度在建设工程中的探讨和应用 [J]. 四川建筑科学研究，2001，12.

[6] 周峰，赵波. 超声-回弹法及钻芯法在石头河东干渠东滑峪渡槽检测中的应用 [J]. 西北水力发电，2003，19 (3).

[7] 阿不利孜·徐. 浅谈钻芯法检测混凝土强度的方法 [J]. 西部探矿工程，2002.

[8] 陈如桂，王宝勋，罗旭辉. 抗拔试验法测定结构混凝土强度的开发应用研究 [J]. 建筑科学，1995，4.

[9] 秦至谦，杨晓峰，贾非. 超声-回弹综合法检测混凝土强度的研究 [J]. 科技情报开发与经济，2004，14 (1).

[10] 解平. 混凝土超声-回弹检测法运用探讨 [J]. 云南大学学报（自然科学版），2000，22.

[11] 李海波. 混凝土梁表面碳化的检测与防治 [J]. 铁道建筑，1997，5.

[12] Lulu Basheer, Joerg Kropp, David J. Cleland. Assessment of the durability of concrete from its permeation properties: a review. Construction and Building Materials，2001，15.

[13] Part A. Study of carbonation induced corrosion [J]. Magazine of Concrete Research，1994，46 (2).

[14] 徐有邻，刘刚，程志军，等. 混凝土结构中钢筋保护层厚度的检验 [J]. 施工技术，2005，34 (4).

[15] GB 50204—2015，混凝土结构施工质量验收规范 [S]. 北京：中国建筑工业出版社，2015.

[16] 杨萍，刘康和. 混凝土非破损检测技术应用及探讨 [J]. 电力勘测，2003，2.

[17] Mario. S. Hoffman. Comparative Study of Selected Nondestuctive Testing Devices. Transportation Research Record，2000，8 (4).

[18] 贾珍. 结构混凝土钢筋保护层厚度检测技术的应用 [J]. 内蒙古公路与运输，2005，2.

[19] 吕剑栋. 水闸安全鉴定的组织与管理 [J]. 浙江水利科技，2005，139 (3).

[20] 金初阳，柯敏勇，洪晓林，等. 水闸病害检测与评估分析 [J]. 南京水利科学研究院水利水运科学研究，2000，1.

[21] 陈德亮. 水工建筑物 [M]. 北京：中国水利水电出版社，1995.

[22] 孙琪琦. 水闸安全检测与评价——综合评判法在水闸安全评价中的运用 [D]. 南京：河海大学，2006.

[23] SL 226—98，水利水电工程金属结构报废标准 [S]. 北京：中国水利水电出版社，1998.

[24] SL 240—99，水利水电工程闸门及启闭机、升船机设备管理等级评定标准 [S]. 北京：中国水利水电出版社，1999.

[25] 程会旗. 病险水闸服役状态分析研究 [D]. 扬州：扬州大学，2015.

［26］ 楼力律，王瑜，朱晗．水闸安全评价体系与模型构建［J］．山西建筑，2012，38（24）：238－239.

［27］ 童琳．教育信息化服务质量评价指标体系构建研究［D］．上海：华东师范大学，2019.

［28］ 胡塑．基于非概率可靠性的重力坝变形监控指标拟定方法与应用［D］．南昌：南昌工程学院，2019.

［29］ 董晶，许娟，刘佑琴，等．亚健康状态评价指标的拟定及其信度、效度检验［J］．中国慢性病预防与控制，2009，17（5）：522－524.

［30］ 袁庚尧，余伦创．全国病险水闸除险加固专项规划综述［J］．水利水电工程设计，2003，22（3），6－9.

［31］ 张志俊，崔德密，郑继．水闸老化的灰色评估法［J］．水利水运科学研究，1998，（3）.

［32］ 崔德密，乔润德．水闸老化病害指标分级综合评估法及应用［J］．人民长江，2001：39－41.

［33］ 王中兴，李桥兴．依据主观、客观权重集成最终权重的一种方法［J］．应用数学与计算数学学报，2006，20（1）：87－91.

［34］ Zhiping Fan，Jian Ma，Quan Zhang．An approach to multiple attrivbute decision making based on fuzzy preference information on alternatives［J］．Fuzzy Sets and Systems，2002，131（1）：101－106.

［35］ Jian Ma，Zhi－Ping Fan and Li－Hua Huang．A subjective and objective integrated approach to determine attribute weights［J］．European Journal of Operational Research，1999，112（2）：397－404.

［36］ 郭亚军．综合评价理论与方法［M］．北京：科学出版社，2002.

［37］ 刘立柱．概率与模糊信息论及其应用［M］．北京：国防工业出版社，2004.

［38］ 王中兴，李桥兴．依据主客观权重集成最终权重的一种方法［J］．应用数学与计算数学学报，2006，6.

［39］ 许文婷．基于遗传算法的大型泵站工程安全综合评价模型研究［D］．扬州：扬州大学，2012：18.

［40］ 李凯．基于物元可拓模型的水闸工程安全评价研究［D］．哈尔滨：东北农业大学，2013：12－13.

［41］ 范凤岩，柳群义．基于改进的熵权层次分析法的中国锡资源供应安全评价研究［J］．中国矿业，2019，28（10）：77－84.

［42］ 席晓宇，黄元楷，李文君，等．构建我国医院药学服务体系的评价指标体系［J］．中国医院药学杂志，2019，39（4）：321－326.

［43］ 张熠，王先甲．湖北省农业现代化评价指标体系构建及评价研究［J］．数学的实践与认识，2016，46（3）：154－159.

［44］ 包志强，胡啸天，赵媛媛，等．基于熵权法的Stacking算法［J］．计算机工程与设计，2019，40（10）：2885－2890.

［45］ 何文林．TOPSIS法在变压器绝缘状态评估中的应用［J］．浙江电力，2019，38（9）：69－73.

［46］ 官臣彬．基于灰色关联法的金属网布优质筛管冲蚀失效主控因素研究［J］．长江大学学报（自然科学版），2019（9）：7，54－57.

［47］ 吕金梅，高圣涛．学生发展导向的高校创新创业教育质量评价研究——基于群组G1法［J］．安徽理工大学学报（社会科学版），2018，20（4）：85－89.

［48］ 迟国泰，齐菲，李刚．改进群组G1组合赋权的省级科学发展评价模型及应用［J］．系统工程理论与实践，2013，33（6）：1448－1457.

［49］ 迟国泰，闫达文．基于改进群组G1赋权的生态评价模型及省份实证［J］．系统工程理论与实践，2012，32（7）：1464－1475.

［50］ 柳树玲，柳志．基于G1法下的高职院校办学效益评价指标权重分析［J］．中国国际财经，2018（6）：262－264.

［51］ 李刚，程砚秋，董霖哲，等．基尼系数客观赋权方法研究［J］．管理评论，2014，26（1）：12－22.

［52］ 张卢角，杜崇，邹德昊，等．基于基尼系数与信息熵权法的排污权分配评价与优化［J］．人民珠

江，2018，39 (10)：136 - 141.

[53]　刘颖，谢萌. 对基尼系数计算方法的比较与思考 [J]. 统计与决策，2004 (9)：15 - 16.

[54]　李刚，王忠东，张明，等. 基于基尼系数赋权的低碳经济评价模型及实证 [J]. 科学管理研究，2011 (21)：47 - 50.

[55]　俞立平，潘云涛，武夷山. 一种新的客观赋权科技评价方法——独立信息数据波动赋权法 DIDF [J]. 软科学，2010，24 (11)：32 - 37.

[56]　陈鹏宇，余宏明，刘勇，等. 基于独立信息数据波动赋权的泥石流危险度评价 [J]. 岩土力学，2013，34 (2)：449 - 454.

[57]　俞立平，潘云涛，武夷山. 学术期刊多属性评价中指标相关关系修正研究 [J]. 科学学研究，2009 (7)：989 - 993.

[58]　张秀菊，李嘉欢，丁凯森. 基于最小偏差的组合权重模型在水资源应急管理能力评价中的应用 [J]. 水电能源科学，2016，34 (6)：22 - 26.

[59]　郭亮. 基于最小偏差的组合权重模型在水资源应急管理能力评价中的应用 [J]. 水利规划与设计，2018 (11)：61 - 66.

[60]　刘强. 基于最小偏差的组合权重对区域循环经济发展的实证研究 [J]. 甘肃理论学刊，2017 (3)：144 - 147.

[61]　德海，于倩，马晓南，等. 基于最小偏差组合权重的突发事件应急能力评价模型 [J]. 中国管理科学，2014，22 (11)：79 - 86.

[62]　戴秋华. 庆安水库安全性态分析评价 [D]. 扬州：扬州大学，2018.

第 5 章　水闸工程健康诊断模型

水闸工程的健康诊断模型是进行水闸工程健康诊断的直接操作手段。本章在水闸健康诊断体系研究的基础上，针对水闸工程的复杂性以及水闸工程健康诊断的不确定性等特征，分别研究并提出了水闸工程健康诊断的物元模型、水闸工程健康诊断的灰色理论模型、水闸工程健康诊断的神经网络模型以及水闸工程健康诊断的综合模型。

5.1　水闸工程健康诊断的物元模型

5.1.1　物元模型

物元是描述事物的基本元，物元模型是解决具有确定性与不确定性问题的最基本模型之一[1-3]。物元模型是集合了数学、系统科学和思维科学的一种交叉学科[4-5]。物元是由事物、特征以及事物对应特征的量值组成的有序三元组[6]，用数学符号表示为 $\boldsymbol{R}=(M,C,V)$，其中 M 表示事物，C 表示事物的特征，V 表示事物对应特征的量值。

由于水闸健康诊断是一个复杂系统工程[7]，会涉及很多诊断指标，因此多个特征的事物需要用矩阵表示[8]

$$\boldsymbol{R}=(M,C,V)=\begin{bmatrix} M & C_1 & V_1 \\ & C_2 & V_2 \\ & \vdots & \vdots \\ & C_n & V_n \end{bmatrix}=\begin{bmatrix} R_1 \\ R_2 \\ \vdots \\ R_n \end{bmatrix} \tag{5.1.1}$$

式中　M——水闸健康状态；

C——诊断指标；

V——诊断指标量值；

n——诊断指标数量。

5.1.2　集对分析

5.1.2.1　基本定义

集对分析是通过对立统一的方法对两个集合进行分析，它是一种可以定量研究事物的确定与不确定系统的方法[9]。集对是指两个具有一定联系的集合可以组成一对子。集对分析是在一定条件下，对两个集合所具有的所有特点进行分析。描述两个集合的特性可以分为相同的、对立的和既不相同也不对立的 3 种情形[10]。集对分析将上述确定与不确定性作为一个系统来考虑，这种确定与不确定的内部存在着某种联系，在一定的条件下，两者之间可以相互转换[11]。上述这种不确定性可以通过联系度来表示，因此对于事物不确定性的认识便可以用联系度数学模型表述。

5.1.2.2　联系数

联系数[12-14]是集对分析的基础，其基本公式如下：

$$u = a' + b'i' + c'j' \tag{5.1.2}$$

式中　a'——两个集合的同一度；

　　　b'——两个集合的差异度；

　　　c'——两个集合的对立度；

　　　i'——差异度系数或符号；

　　　j'——对立度系数或符号；

　　　u——同异反联系数。

其中 a'、b' 和 c' 分别表示集对同一特性的数量、差异特性的数量以及对立特性的数量在总特性数量中所占的比，因此它们的取值范围均在 $[0, 1]$ 范围内，并且满足 $a' + b' + c' = 1$。i' 的取值范围为 $[-1, 1]$，j' 一般取 -1，特别说明的是 i' 和 j' 可以作为符号不取值。

5.1.2.3　联系势原理

假设有 n 元联系数 $u = a' + b'_1 i'_1 + b'_2 i'_2 + \cdots + b'_{n-2} i'_{n-2} + cj$，式中 a'、b' 和 c' 表现了事物之间同、异、反的联系度，它们一般大小不同，而 3 个数的大小差异反映了所讨论事物之间在某问题下的联系趋势。

定义：同一度 a' 与对立度 c' 的比值称为联系数在指定问题背景下的联系势 S，即

$$S = a'/c' \tag{5.1.3}$$

利用联系势的概念[15-16]可以用来表述事物的发展趋势，联系势可以分为同势、均势、反势、无穷大势和不确定势。

5.1.3　基于四元联系数的水闸健康诊断物元模型

5.1.3.1　四元联系数

根据现行的《水闸安全评价导则》（SL 214），水闸的安全类别划分为 4 类，即：一类、二类、三类和四类闸。可将上述水闸的 4 个等级分别与水闸的健康状态一一对应起来，即：健康、亚健康、病变和病危。据此，使用四元联系数来对水闸进行健康诊断。

四元联系数[17-19]是在联系数的基本公式上将 $b'i'$ 项进行细化，它是集对分析的一种扩展和延伸[20]，公式可以写成

$$u = a + bi + cj + dk \tag{5.1.4}$$

式中　a——同一度；

　　　b——偏同差异度；

　　　c——偏反差异度；

　　　d——对立度；

　　i, j——差异不确定系数或符号；

　　　k——对立系数或符号。

由前述定义可知：a、b、c 和 d 的取值范围为 $[0, 1]$ 且满足 $a + b + c + d = 1$。i 的取值范围为 $[0, 1]$，j 的取值范围为 $[-1, 0]$，k 一般取 -1；i、j 和 k 可作为符号不

取值。

在实际运用中，可以将 a 代表水闸的健康程度，b 代表水闸的亚健康程度，c 代表水闸的病变程度，d 代表水闸的病危程度，即 a、b、c 和 d 可以分别代表水闸健康诊断指标所属健康状态的测度。

5.1.3.2 联系势

当联系势运用到水闸中时，取对立度 $d \neq 0$，则简化为 3 种，即：同势、均势和反势。当联系势 $s > 1$ 时，表示水闸健康状态的发展趋势是同势，即水闸向病危方向发展的趋势较小而具有向健康状态发展的潜能，也就是采取适当的加固维修措施即可保证水闸处于健康的运行状态。当联系势 $s = 1$ 时，表示水闸的健康状态的发展趋势是均势，即表现出在特定条件下既不向健康状态也不向病危状态发展的这种临界状态，当外界环境变化时就会打破这种状态。因此，当水闸处于这种状态时，若外界环境发生恶化，水闸极有可能向病危这个方向发展，此时的水闸健康状态明显没有联系势 $s > 1$ 时的好，所以相应地需要采取较多的维修加固措施。当 $s < 1$ 时，表示水闸健康状态的发展趋势是反势，即水闸的健康状态向病危方向发展的可能性很大，水闸或已处于病危状态，需要大修或报废重建。

5.1.3.3 基于联系数的水闸健康诊断物元模型

将四元联系数引入到水闸健康诊断的物元模型中，将健康诊断指标的量值替换为四元联系数，即

$$\boldsymbol{R} = (M, C, V) = \begin{bmatrix} M & C_1 & u_1 \\ & C_2 & u_2 \\ & \vdots & \vdots \\ & C_n & u_n \end{bmatrix} = \begin{bmatrix} M & C_1 & a_1 + b_1 i + c_1 j + d_1 k \\ & C_2 & a_2 + b_2 i + c_2 j + d_2 k \\ & \vdots & \vdots \\ & C_n & a_n + b_n i + c_n j + d_n k \end{bmatrix} \quad (5.1.5)$$

式中 u——单健康诊断指标的联系数。

将水闸健康诊断指标量化后的值定义为指标的健康值，该值在闭区间 $[0, 1]$ 内，并且健康值越大则表示该评价指标越健康，因此这个值是效益型指标。这种指标其联系数 u 可以按以下方法求：当评价指标值落在某个等级对应的评价区间上时，那么跟这个等级对应的联系数取 1；相邻等级的联系数在 $[0, 1]$ 内，则通过线性插值获得；其余等级的联系数取 0。

根据上述计算准则，对所得的四元联系数进行归一化处理得

$$u = \begin{cases} 0 + 0i + \dfrac{x}{x + v_1}j + \dfrac{v_1}{x + v_1}k & , x \in [0, v_1) \\[3mm] 0 + \dfrac{x - v_1}{2(v_2 - v_1)}i + \dfrac{1}{2}j + \dfrac{v_2 - x}{2(v_2 - v_1)}k & , x \in [v_1, v_2) \\[3mm] \dfrac{x - v_2}{2(v_3 - v_2)} + \dfrac{1}{2}i + \dfrac{v_3 - x}{2(v_3 - v_2)}j + 0k & , x \in [v_2, v_3) \\[3mm] \dfrac{1 - v_3}{2 - v_3 - x} + \dfrac{1 - x}{2 - v_3 - x}i + 0j + 0k & , x \in [v_3, 1] \end{cases} \quad (5.1.6)$$

式中　　　x——各评价指标值；

v_1、v_2 和 v_3——水闸健康状态各等级临界值。

在考虑指标权重时，综合联系数的计算公式为

$$u=(\omega_1,\omega_2,\cdots,\omega_n)\begin{bmatrix} a_1 & b_1 & c_1 & d_1 \\ a_2 & b_2 & c_2 & d_2 \\ \vdots & \vdots & \vdots & \vdots \\ a_n & b_n & c_n & d_n \end{bmatrix}\begin{bmatrix} 1 \\ i \\ j \\ k \end{bmatrix}=a+bi+cj+dk \qquad (5.1.7)$$

再将联系数代入前式就得到了基于四元联系数的水闸健康诊断物元模型。

5.1.4　实例应用

以江苏某水闸为例，应用基于四元联系数的水闸健康诊断物元模型对该闸进行健康诊断。

5.1.4.1　水闸健康诊断指标分级

水闸的安全类别有一类、二类、三类和四类，与水闸的健康状态一一对应起即健康、亚健康、病变和病危，按照上述分类原则，具体的水闸健康诊断指标分级见表5.1.1。

表 5.1.1　　　　　　　　　　　　　水闸健康诊断指标分级

水闸安全类别	水闸健康状态	评价指标范围
一类	健康	(0.9, 1.0]
二类	亚健康	(0.8, 0.9]
三类	病变	(0.6, 0.8]
四类	病危	[0.0, 0.6]

5.1.4.2　计算过程

江苏某水闸的健康诊断，首先从该闸的底层评价指标进行诊断，逐级向上，最终得出该闸的总体健康状态。

D_1 指标下 $E_1 \sim E_4$ 的健康诊断物元模型

$$\boldsymbol{R}=\begin{bmatrix} E_1 \sim E_4 & E_1 & 0.000+0.495i+0.500j+0.005k \\ & E_2 & 0.300+0.500i+0.200j+0.000k \\ & E_3 & 0.035+0.500i+0.465j+0.000k \\ & E_4 & 0.752+0.248i+0.000j+0.000k \end{bmatrix}$$

D_1 的综合联系数

$$u_1=(0.258,0.180,0.329,0.233)\begin{bmatrix} 0.000 & 0.495 & 0.500 & 0.005 \\ 0.300 & 0.500 & 0.200 & 0.000 \\ 0.035 & 0.500 & 0.465 & 0.000 \\ 0.752 & 0.248 & 0.000 & 0.000 \end{bmatrix}\begin{bmatrix} 1 \\ i \\ j \\ k \end{bmatrix}$$

$$=0.241+0.440i+0.318j+0.001k$$

其他指标的计算方法一样，最终 $D_1 \sim D_4$ 的水闸健康诊断物元模型为

$$\mathbf{R}=\begin{bmatrix} D_1\sim D_4 & D_1 & 0.241+0.440i+0.318j+0.001k \\ & D_2 & 0.300+0.384i+0.316j+0.000k \\ & D_3 & 0.308+0.378i+0.308j+0.006k \\ & D_4 & 0.292+0.314i+0.324j+0.070k \end{bmatrix}$$

根据上述方法最终可得江苏某水闸的健康状态综合联系数为

$$u=(0.126,0.151,0.175,0.176,0.235,0.137)\begin{bmatrix} 0.089 & 0.500 & 0.411 & 0.000 \\ 0.273 & 0.407 & 0.285 & 0.035 \\ 0.248 & 0.500 & 0.252 & 0.000 \\ 0.366 & 0.488 & 0.146 & 0.000 \\ 0.705 & 0.201 & 0.075 & 0.019 \\ 0.428 & 0.417 & 0.155 & 0.000 \end{bmatrix}\begin{bmatrix} 1 \\ i \\ j \\ k \end{bmatrix}$$

$$=0.385+0.402i+0.203j+0.010k$$

其他各级指标的计算方法一样，最终结果见表 5.1.2～表 5.1.5。

表 5.1.2   四级指标综合联系数计算

四级指标	综合联系数	健康状态
D_1	$0.241+0.440i+0.318j+0.001k$	亚健康
D_2	$0.300+0.384i+0.316j+0.000k$	亚健康
D_3	$0.308+0.378i+0.308j+0.006k$	亚健康
D_4	$0.292+0.314i+0.324j+0.070k$	亚健康
D_5	$0.150+0.500i+0.350j+0.000k$	亚健康
D_6	$0.652+0.348i+0.000j+0.000k$	健康
D_7	$0.183+0.500i+0.317j+0.000k$	亚健康
D_8	$0.508+0.492i+0.000j+0.000k$	健康
D_9	$0.000+0.300i+0.500j+0.200k$	病变
D_{10}	$0.795+0.205i+0.000j+0.000k$	健康
D_{11}	$0.801+0.199i+0.000j+0.000k$	健康
D_{12}	$0.666+0.297i+0.037j+0.000k$	健康
D_{13}	$0.683+0.317i+0.000j+0.000k$	健康
D_{14}	$0.546+0.454i+0.000j+0.000k$	健康
D_{15}	$1.000+0.000i+0.000j+0.000k$	健康
D_{16}	$1.000+0.000i+0.000j+0.000k$	健康
D_{17}	$1.000+0.000i+0.000j+0.000k$	健康
D_{18}	$1.000+0.000i+0.000j+0.000k$	健康
D_{19}	$1.000+0.000i+0.000j+0.000k$	健康
D_{20}	$1.000+0.000i+0.000j+0.000k$	健康

四级指标	综合联系数	健康状态
D_{21}	$0.485+0.500i+0.015j+0.000k$	亚健康
D_{22}	$1.000+0.000i+0.000j+0.000k$	健康
D_{23}	$0.000+0.308i+0.500j+0.192k$	病变
D_{24}	$0.105+0.500i+0.395j+0.000k$	亚健康
D_{25}	$0.543+0.457i+0.000j+0.000k$	健康
D_{26}	$1.000+0.000i+0.000j+0.000k$	健康
D_{27}	$0.549+0.451i+0.000j+0.000k$	健康
D_{28}	$0.447+0.500i+0.053j+0.000k$	亚健康

表 5.1.3　　　　　　　　　三级指标综合联系数计算

三级指标	综合联系数	健康状态
C_1	$0.050+0.500i+0.450j+0.000k$	亚健康
C_2	$0.250+0.500i+0.250j+0.000k$	亚健康
C_3	$0.000+0.500i+0.500j+0.000k$	亚健康
C_4	$0.282+0.384i+0.317j+0.017k$	亚健康
C_5	$0.367+0.434i+0.199j+0.000k$	亚健康
C_6	$0.177+0.410i+0.325j+0.088k$	亚健康
C_7	$0.260+0.500i+0.240j+0.000k$	亚健康
C_8	$0.055+0.500i+0.445j+0.000k$	亚健康
C_9	$0.430+0.500i+0.070j+0.000k$	亚健康
C_{10}	$0.205+0.500i+0.295j+0.000k$	亚健康
C_{11}	$0.524+0.476i+0.000j+0.000k$	健康
C_{12}	$0.680+0.312i+0.008j+0.000k$	健康
C_{13}	$1.000+0.000i+0.000j+0.000k$	健康
C_{14}	$0.370+0.315i+0.250j+0.065k$	健康
C_{15}	$0.428+0.369i+0.203j+0.000k$	健康
C_{16}	$0.429+0.491i+0.080j+0.000k$	健康

表 5.1.4　　　　　　　　　二级指标综合联系数计算

二级指标	综合联系数	健康状态
B_1	$0.089+0.500i+0.411j+0.000k$	亚健康
B_2	$0.273+0.407i+0.285j+0.035k$	亚健康
B_3	$0.248+0.500i+0.252j+0.000k$	亚健康
B_4	$0.366+0.488i+0.146j+0.000k$	亚健康
B_5	$0.705+0.201i+0.075j+0.019k$	健康
B_6	$0.428+0.417i+0.155j+0.000k$	健康

表 5.1.5	一级指标综合联系数计算	
一级指标	综合联系数	健康状态
A	$0.385+0.402i+0.203j+0.010k$	亚健康

江苏某水闸的健康状态为亚健康，该闸的结构安全和金属结构指标都处于健康的运行状态，其他二级指标均为亚健康状态。实际工程中该闸被评为二类闸，对应健康状态为亚健康，因此计算结果与实际相符。根据《水闸安全评价导则》（SL 214—2015）二类闸的运用指标基本达到了设计标准，工程存在一定的损坏，经过维修后，可以正常运行。通过基于四元联系数的水闸健康诊断物元模型诊断出了水闸各指标的健康状态，因此可以着重对"病变"的指标进行修缮，对"亚健康"的指标加强观测，并适当采取加固措施。该闸的联系势 $s>1$，水闸健康状态的发展趋势是同势，所以该闸通过维修加固后可以朝着健康的运行状态发展。

通过基于四元联系数的水闸健康诊断物元模型准确地反映了水闸的健康状态，各诊断指标所属的健康状态也能较好地反映出来，因此可以为维修加固提供较好的依据，同时通过联系势可以得出水闸健康状态的发展趋势，综合联系势的计算结果也更直观地反应了水闸的健康状态。

5.1.5 基于"最大值准则"决策悖论的诊断结果后评价

诸如灰色聚类评估模型[21-23]，是将灰色聚类系数或综合联系数的系数向量对应的最大分量作为决策对象归属的依据，然而当各分量差距不大时，那么决策对象的归属问题就不容易解决了。

例如二级指标 B_5，它的综合联系数为 $0.705+0.201i+0.075j+0.019k$，其健康状态对应的系数分量为 0.705，亚健康对应的系数分量为 0.201，其他两个健康状态的分量很小，那么健康的这个分量与其他分量就有着显著差异，所以该指标被诊断为健康状态基本就无异议了。但是像二级指标 B_6 的综合联系数为：$0.428+0.417i+0.155j+0.000k$，其健康状态对应的系数分量为 0.428，亚健康对应的系数分量为 0.417，那么健康与亚健康状态的分量差异就很小了，况且病变的分量也有 0.155，所以从整体系数向量来判断，该指标属于健康状态还存在一定的问题，本节将采用基于"最大值准则"悖论来解决这个问题[24]。

5.1.5.1 基本定义

定义1：令 δ_i^k 为诊断指标 i 属于 k 类健康状态的综合联系数的分量，显然满足：

$$\sum_{i=1}^{s} \delta_i^k = 1 \quad (k=1,2,\cdots,s)$$

定义2：若 $\max\limits_{1\leqslant k\leqslant s}\{\delta_i^k\}=\delta_i^{k*}$，则称 δ_i^{k*} 为综合联系数向量 $\boldsymbol{\delta}_i$ 的最大分量。

若综合联系数向量 $\boldsymbol{\delta}_i$ 的最大分量与其他分量有明显差异时，根据准则是可以准确得出结论的；而当最大分量与其他分量的区分度较低时，若按照准则作出的结论与从整体系数向量决策得出的结果相违背时，就发生了"最大值准则"决策悖论。

"最大值准则"决策悖论的求解方法是用聚核权向量组将综合联系数向量 $\boldsymbol{\delta}_i$ 中 k 分量

δ_i^k 前后若干个分量所包含的支持对象 i 归入 k 类健康状态的信息聚集到分量 k 处，从而获得了一个组合了相邻分量支持因素的新的决策系数向量。

定义 3：设有 s 个不同的诊断类别，实数 $\omega_k \geqslant 0$，$k=1,2,\cdots,s$，令

$$\boldsymbol{\eta}_1 = \frac{1}{\sum_{k=1}^{s} \omega_k}(\omega_s, \omega_{s-1}, \omega_{s-2}, \cdots, \omega_1)$$

$$\boldsymbol{\eta}_2 = \frac{1}{\omega_{s-1} + \sum_{k=2}^{s} \omega_k}(\omega_{s-1}, \omega_s, \omega_{s-1}, \omega_{s-2}, \cdots, \omega_2)$$

$$\boldsymbol{\eta}_3 = \frac{1}{\omega_{s-1} + \omega_{s-2} + \sum_{k=3}^{s} \omega_k}(\omega_{s-2}, \omega_{s-1}, \omega_s, \omega_{s-1}, \cdots, \omega_3)$$

$$\cdots$$

$$\boldsymbol{\eta}_k = \frac{1}{\sum_{i=s-k+1}^{s-1} \omega_i + \sum_{i=k}^{s} \omega_i}(\omega_{s-k+1}, \omega_{s-k+2}, \cdots, \omega_{s-1}, \omega_s, \omega_{s-1}, \cdots, \omega_k)$$

$$\cdots$$

$$\boldsymbol{\eta}_{s-1} = \frac{1}{\omega_{s-1} + \sum_{k=2}^{s} \omega_k}(\omega_2, \omega_3, \cdots, \omega_{s-1}, \omega_s, \omega_{s-1})$$

$$\boldsymbol{\eta}_s = \frac{1}{\sum_{k=1}^{s} \omega_k}(\omega_1, \omega_2, \omega_3, \cdots, \omega_{s-1}, \omega_s)$$

称 $\boldsymbol{\eta}_k(k=1,2,\cdots,s)$ 为一个聚核权向量组，而 $\boldsymbol{\eta}_k$ 则称为关于 k 类状态的聚核权向量。

聚核权向量组是由 s 个聚核权向量组成的，而这 s 个聚核权向量都是由数乘向量组成的，其中的数乘因子是为了保证最后的聚核权向量都是归一化的向量。$\boldsymbol{\eta}_k$ 的数乘向量中最大分量是第 k 个分量 ω_s，这表示以 ω_s 为中心，它对诊断对象属于 k 类状态的支持度最大，所以它的权重最大，而相邻两侧的分量取值递减，这表示离中心分量 ω_s 越远，该分量对支持诊断对象归入 k 类状态的支持度就越小，所以它的权重显然就越小。

根据上述定义可知聚核权向量组的作用就是把综合联系数向量 $\boldsymbol{\delta}_i$ 中的核 δ_i^k 相邻的几个分量所具有的支持诊断对象归入到 k 类状态的信息聚集到 k 分量处，所以最终结果包含了第 k 个分量和其前后相邻分量对诊断对象归入 k 类状态支持信息，计算得新的决策系数向量对其进行整体评估得到的结论与根据"最大值准则"决策完全一样。

定义 4：设有 n 个诊断对象，共有 s 种诊断类别，$\boldsymbol{\delta}_i$ 为综合联系数向量，$\boldsymbol{\eta}_k(k=1,2,\cdots,s)$ 为关于 k 类状态的聚核权向量组，那么称 $w_i^k = \boldsymbol{\eta}_k \boldsymbol{\delta}_i^{\mathrm{T}}(k=1,2,\cdots,s)$ 为诊断对象 i 关于 k 类状态聚核加权决策系数，并称 $\boldsymbol{w}_i = (w_i^1, w_i^2, \cdots, w_i^s)(i=1,2,\cdots,n)$ 是对象 i 的聚核加权决策系数向量。

聚核加权决策系数不仅包含综合联系数向量 $\boldsymbol{\delta}_i$ 中分量 δ_i^k，还包含其相邻若干分量对

于支持诊断对象归入 k 类状态的信息，所以对聚核加权决策系数向量进行整体评估所得结论可以与按照"最大值准则"所做的决策一致。

5.1.5.2 "最大值准则"决策悖论模型求解步骤

"最大值准则"决策悖论模型的求解步骤可以大体分为两大步。

（1）根据规范或综合诊断要求划分出 s 个健康状态类别。

（2）确定指标 i 关于 k 类健康状态的综合联系数向量 $\boldsymbol{\delta}_i$。

（3）根据"最大值准则"即 $\max\limits_{1 \leqslant k \leqslant s}\{\delta_i^k\} = \delta_i^{k*}$，$\delta_i^{k*}$ 分量与其他分量有着明显的差异性，那么就可以判断出指标 i 能归入到 k^* 类健康状态，运算终止，否则转向（4）。

（4）若 δ_i^{k*} 分量与其他分量的差异不明显，根据"最大值准则"作出的结论与对决策系数向量进行整体评估后作出的决策冲突，那么就发生了"最大值准则"悖论，此时转入（5）。

（5）计算聚核权向量组 $(\boldsymbol{\eta}_1, \boldsymbol{\eta}_2, \cdots, \boldsymbol{\eta}_s)$。

（6）计算指标 i 关于 k 类健康状态聚核加权决策系数向量：

$$\boldsymbol{w}_i = (w_i^1, w_i^2, \cdots, w_i^s)(i = 1, 2, \cdots, n)$$

（7）根据 $\max\limits_{1 \leqslant k \leqslant s}\{w_i^k\} = w_i^{k*}$，判定指标 i 属于 k^* 类健康状态。

5.1.5.3 几种实用聚核权向量组的构造方法

1. 方法一

设

$$\boldsymbol{\eta}_1 = \frac{1}{\sum\limits_{k=1}^{s} \frac{1}{k}} \left(1, \frac{1}{2}, \frac{1}{3}, \cdots, \frac{1}{s-1}, \frac{1}{s}\right)$$

$$\boldsymbol{\eta}_2 = \frac{1}{\frac{1}{2} + \sum\limits_{k=1}^{s-1} \frac{1}{k}} \left(\frac{1}{2}, 1, \frac{1}{2}, \frac{1}{3}, \cdots, \frac{1}{s-1}\right)$$

$$\boldsymbol{\eta}_3 = \frac{1}{\frac{5}{6} + \sum\limits_{k=1}^{s-2} \frac{1}{k}} \left(\frac{1}{3}, \frac{1}{2}, 1, \frac{1}{2}, \cdots, \frac{1}{s-2}\right)$$

$$\cdots$$

$$\boldsymbol{\eta}_k = \frac{1}{\sum\limits_{i=2}^{s-1} \frac{1}{i} + \sum\limits_{i=1}^{s-k+1} \frac{1}{i}} \left(\frac{1}{k}, \frac{1}{k-1}, \cdots, \frac{1}{2}, 1, \frac{1}{2}, \cdots, \frac{1}{s-k+1}\right)$$

$$\cdots$$

$$\boldsymbol{\eta}_{s-1} = \frac{1}{\frac{1}{2} + \sum\limits_{k=1}^{s-1} \frac{1}{k}} \left(\frac{1}{s-1}, \frac{1}{s-2}, \cdots, \frac{1}{2}, 1, \frac{1}{2}\right)$$

$$\boldsymbol{\eta}_s = \frac{1}{\sum\limits_{k=1}^{s} \frac{1}{k}} \left(\frac{1}{s}, \frac{1}{s-1}, \cdots \frac{1}{3}, \frac{1}{2}, 1\right)$$

则称 $\boldsymbol{\eta}_k (k=1,2,\cdots,s)$ 为关于 k 类状态的一个聚核权向量组。

2. 方法二

设

$$\boldsymbol{\eta}_1 = \frac{2}{s(s+1)}(s,s-1,s-2,\cdots,1)$$

$$\boldsymbol{\eta}_2 = \frac{1}{\dfrac{s(s+1)}{2}+(s-2)}(s-1,s,s-1,s-2,\cdots,2)$$

$$\boldsymbol{\eta}_3 = \frac{1}{\dfrac{s(s+1)}{2}+(2s-6)}(s-2,s-1,s,s-1,\cdots,3)$$

$$\cdots$$

$$\boldsymbol{\eta}_k = \left\{\frac{1}{\dfrac{s(s+1)}{2}+\left[(k-1)s-\dfrac{k(k-1)}{2}\right]}\right\}(s-k+1,s-k+2,\cdots,s-1,s,s-1,\cdots,k)$$

$$\cdots$$

$$\boldsymbol{\eta}_{s-1} = \frac{2}{\dfrac{s(s+1)}{2}+(s-2)}(2,3,\cdots,s-1,s,s-1)$$

$$\boldsymbol{\eta}_s = \frac{2}{s(s+1)}(1,2,3,\cdots,s-1,s)$$

则称 $\boldsymbol{\eta}_k (k=1,2,\cdots,s)$ 为关于 k 类状态的一个聚核权向量组。

5.1.5.4　实例应用

本节分别对上节的二级指标和一级指标的综合联系数进行评估。

1. 二级指标

(1) B_1。

B_1 的综合联系数为 $u_1 = 0.089 + 0.500i + 0.411j + 0.000k$，所以它的综合联系数向量为：$\boldsymbol{\delta}_1 = (\delta_1^1, \delta_1^2, \delta_1^3, \delta_1^4) = (0.089, 0.500, 0.411, 0.000)$，其中 δ_1^2 比 δ_1^3 大，但它们的差异性不明显，但是分量 δ_1^1 是比 δ_1^4 大的，所以基本可以判断该指标可以归入亚健康状态，为了验证这个结论，所以这里应用上述理论对其评估。

这里应用方法二给出的聚核权向量组，$s=4$，所以得

$$\boldsymbol{\eta}_1 = \frac{2}{4\times 5}(4,3,2,1) = \frac{1}{10}(4,3,2,1)$$

$$\boldsymbol{\eta}_2 = \frac{1}{\dfrac{4\times 5}{2}+(4-2)}(3,4,3,2) = \frac{1}{12}(3,4,3,2)$$

$$\boldsymbol{\eta}_3 = \frac{1}{\dfrac{4\times 5}{2}+(2\times 4-6)}(2,3,4,3) = \frac{1}{12}(2,3,4,3)$$

$$\boldsymbol{\eta}_4 = \frac{2}{4\times 5}(1,2,3,4) = \frac{1}{10}(1,2,3,4)$$

再由 $w_i^k = \boldsymbol{\eta}_k \boldsymbol{\delta}_i^{\mathrm{T}} (k=1,2,\cdots,s)$ 可以计算得：

$$w_1^1 = \boldsymbol{\eta}_1 \boldsymbol{\delta}_1^{\mathrm{T}} = \frac{1}{10}(4,3,2,1)(0.089,0.500,0.411,0.000)^{\mathrm{T}} = 0.2678$$

$$w_1^2 = \boldsymbol{\eta}_2 \boldsymbol{\delta}_1^{\mathrm{T}} = \frac{1}{12}(3,4,3,2)(0.089,0.500,0.411,0.000)^{\mathrm{T}} = 0.2917$$

$$w_1^3 = \boldsymbol{\eta}_3 \boldsymbol{\delta}_1^{\mathrm{T}} = \frac{1}{12}(2,3,4,3)(0.089,0.500,0.411,0.000)^{\mathrm{T}} = 0.2768$$

$$w_1^4 = \boldsymbol{\eta}_4 \boldsymbol{\delta}_1^{\mathrm{T}} = \frac{1}{10}(1,2,3,4)(0.089,0.500,0.411,0.000)^{\mathrm{T}} = 0.2322$$

根据 $\max\limits_{1 \leqslant k \leqslant s}\{w_i^k\} = 0.2917 = \delta_1^2$，所以从整体上考察该指标依然是亚健康状态，与前述分析一致。

（2）B_2。

B_2 的综合联系数为 $u_2 = 0.273 + 0.407i + 0.285j + 0.035k$，所以它的综合联系数向量为：$\boldsymbol{\delta}_2 = (\delta_2^1, \delta_2^2, \delta_2^3, \delta_2^4) = (0.273, 0.407, 0.285, 0.035)$，由于分量 δ_2^2 比其他分量大，并且与其他分量具有明显的差异，因此由"最大值准则" $\max\limits_{1 \leqslant k \leqslant s}\{\delta_2^k\} = \delta_2^2$ 可知，该指标可以被确定为亚健康状态。

（3）B_3。

B_3 的综合联系数为 $u_3 = 0.248 + 0.500i + 0.252j + 0.000k$，所以它的综合联系数向量为：$\boldsymbol{\delta}_3 = (\delta_3^1, \delta_3^2, \delta_3^3, \delta_3^4) = (0.248, 0.500, 0.252, 0.000)$，由于分量 δ_3^2 比其他分量大，并且与其他分量具有明显的差异，因此由"最大值准则" $\max\limits_{1 \leqslant k \leqslant s}\{\delta_3^k\} = \delta_3^2$ 可知，该指标可以被确定为亚健康状态。

（4）B_4。

B_4 的综合联系数为 $u_4 = 0.366 + 0.488i + 0.146j + 0.000k$，所以它的综合联系数向量为：$\boldsymbol{\delta}_4 = (\delta_4^1, \delta_4^2, \delta_4^3, \delta_4^4) = (0.366, 0.488, 0.146, 0.000)$，由于分量 δ_4^2 比其他分量大，并且与其他分量具有明显的差异，因此由"最大值准则" $\max\limits_{1 \leqslant k \leqslant s}\{\delta_4^k\} = \delta_4^2$ 可知，该指标可以被确定为亚健康状态。

（5）B_5。

B_5 的综合联系数为 $u_5 = 0.705 + 0.201i + 0.075j + 0.019k$，所以它的综合联系数向量为：$\boldsymbol{\delta}_5 = (\delta_5^1, \delta_5^2, \delta_5^3, \delta_5^4) = (0.705, 0.201, 0.075, 0.019)$，由于分量 δ_5^1 比其他分量大，并且与其他分量具有明显的差异，因此由"最大值准则" $\max\limits_{1 \leqslant k \leqslant s}\{\delta_5^k\} = \delta_5^1$ 可知，该指标可以被确定为健康状态。

（6）B_6。

B_6 的综合联系数为 $u_6 = 0.428 + 0.417i + 0.155j + 0.000k$，所以它的综合联系数向量为：$\boldsymbol{\delta}_6 = (\delta_6^1, \delta_6^2, \delta_6^3, \delta_6^4) = (0.428, 0.417, 0.155, 0.000)$，虽然分量 δ_6^1 比 δ_6^2 大，但它们大小差异不明显，若根据综合联系数向量进行综合评估，那么将该指标归入健康状态可能存在不合理性，因此在评估该指标时产生了"最大值准则"悖论，所以这里可以应用上面几节提到的理论进行验证。

由 $w_i^k = \boldsymbol{\eta}_k \boldsymbol{\delta}_i^{\mathrm{T}} (k=1,2,\cdots,s)$ 可以计算得

$$w_6^1 = \boldsymbol{\eta}_1 \boldsymbol{\delta}_6^{\mathrm{T}} = \frac{1}{10}(4,3,2,1)(0.428,0.417,0.155,0.000)^{\mathrm{T}} = 0.3273$$

$$w_6^2 = \boldsymbol{\eta}_2 \boldsymbol{\delta}_6^{\mathrm{T}} = \frac{1}{12}(3,4,3,2)(0.428,0.417,0.155,0.000)^{\mathrm{T}} = 0.2848$$

$$w_6^3 = \boldsymbol{\eta}_3 \boldsymbol{\delta}_6^{\mathrm{T}} = \frac{1}{12}(2,3,4,3)(0.428,0.417,0.155,0.000)^{\mathrm{T}} = 0.2272$$

$$w_6^4 = \boldsymbol{\eta}_4 \boldsymbol{\delta}_6^{\mathrm{T}} = \frac{1}{10}(1,2,3,4)(0.428,0.417,0.155,0.000)^{\mathrm{T}} = 0.1727$$

根据计算结果，$\max\limits_{1 \leqslant k \leqslant s}\{w_i^k\} = 0.3273 = \delta_6^1$，所以指标 B_6 依然可以被评为健康状态，因此这里可以解决前文认为该指标归入健康状态不合理的问题了。

2. 一级指标

A 的综合联系数为 $u_A = 0.385 + 0.402i + 0.203j + 0.010k$，所以它的综合联系数向量为：$\boldsymbol{\delta}_A = (\delta_A^1, \delta_A^2, \delta_A^3, \delta_A^4) = (0.385, 0.402, 0.203, 0.010)$，这里分量 δ_A^2 比其他分量都大，并且它们的大小差异明显，由"最大值准则" $\max\limits_{1 \leqslant k \leqslant s}\{\delta_A^k\} = \delta_A^2$ 可知，该指标可以被确定为亚健康状态。

这里为了举例说明方法一给出的聚核权向量组的用法，这里仍然对其进行验证，$s=4$，所以得

$$\eta_1 = \frac{1}{1 + \frac{1}{2} + \frac{1}{3} + \frac{1}{4}}\left(1, \frac{1}{2}, \frac{1}{3}, \frac{1}{4}\right) = \frac{12}{25}\left(1, \frac{1}{2}, \frac{1}{3}, \frac{1}{4}\right)$$

$$\eta_2 = \frac{1}{\frac{1}{2} + 1 + \frac{1}{2} + \frac{1}{3}}\left(\frac{1}{2}, 1, \frac{1}{2}, \frac{1}{3}\right) = \frac{3}{7}\left(\frac{1}{2}, 1, \frac{1}{2}, \frac{1}{3}\right)$$

$$\eta_3 = \frac{1}{\frac{5}{6} + 1 + \frac{1}{2}}\left(\frac{1}{3}, \frac{1}{2}, 1, \frac{1}{2}\right) = \frac{3}{7}\left(\frac{1}{3}, \frac{1}{2}, 1, \frac{1}{2}\right)$$

$$\eta_4 = \frac{1}{1 + \frac{1}{2} + \frac{1}{3} + \frac{1}{4}}\left(\frac{1}{4}, \frac{1}{3}, \frac{1}{2}, 1\right) = \frac{12}{25}\left(\frac{1}{4}, \frac{1}{3}, \frac{1}{2}, 1\right)$$

再由 $w_i^k = \boldsymbol{\eta}_k \boldsymbol{\delta}_i^{\mathrm{T}} (k=1,2,\cdots,s)$ 可以计算得

$$w_A^1 = \boldsymbol{\eta}_1 \boldsymbol{\delta}_A^{\mathrm{T}} = \frac{12}{25}\left(1, \frac{1}{2}, \frac{1}{3}, \frac{1}{4}\right)(0.385, 0.402, 0.203, 0.010)^{\mathrm{T}} = 0.3150$$

$$w_A^2 = \boldsymbol{\eta}_2 \boldsymbol{\delta}_A^{\mathrm{T}} = \frac{3}{7}\left(\frac{1}{2}, 1, \frac{1}{2}, \frac{1}{3}\right)(0.385, 0.402, 0.203, 0.010)^{\mathrm{T}} = 0.2997$$

$$w_A^3 = \boldsymbol{\eta}_3 \boldsymbol{\delta}_A^{\mathrm{T}} = \frac{3}{7}\left(\frac{1}{3}, \frac{1}{2}, 1, \frac{1}{2}\right)(0.385, 0.402, 0.203, 0.010)^{\mathrm{T}} = 0.2303$$

$$w_A^4 = \boldsymbol{\eta}_4 \boldsymbol{\delta}_A^{\mathrm{T}} = \frac{12}{25}\left(\frac{1}{4}, \frac{1}{3}, \frac{1}{2}, 1\right)(0.385, 0.402, 0.203, 0.010)^{\mathrm{T}} = 0.1640$$

根据 $\max_{1\leqslant k\leqslant s}\{w_i^k\}=0.3148=\delta_A^1$，所以从整体上考察该指标依然是亚健康状态，与前述分析一致。

5.2 水闸工程健康诊断的灰色理论模型

目前，对水闸健康进行综合诊断是在完成工程现状分析、现场安全检测和工程复核计算后，通过召开专家会议，对工程现状分析、现场安全检测和工程复核计算的信息进行分析，从水闸稳定性、抗渗稳定性、抗震能力、消能防冲、水闸过水能力、混凝土结构、闸门及启闭机、电气设备、观测设施以及其他方面进行综合论证，从而确定水闸的健康状况。根据《水闸安全评价导则》（SL 214），参加水闸健康诊断会议的专家有5～11位，确定以上各诊断项目健康状况，需要专家依据工程现状分析、现场安全检测和工程复核计算的各种信息，分别对以上诊断项目作论证，诊断过程耗费时间较长。目前，还没有一种可以综合各专家的意见对水闸子目标指标进行健康状况分级的方法。灰色理论成功地应用于工程控制、经济管理、社会系统、生态系统等领域，在复杂多变的水利、气象、生物防治、农机决策、农业区划、农业经济等农业系统也取得了可喜的成就[25]。本节将灰色理论相关知识应用到水闸健康诊断中，并根据水闸健康诊断的具体情况，编制出操作简单，适用性较强的水闸健康诊断灰色统计计算程序。

5.2.1 基本原理及步骤

灰色统计是一种白数的灰化处理方法，它以灰数的白化函数生成为基础，将若干具体数据，按某种灰数所描述的类别进行归纳整理，进而判断统计指标所属灰类[26-28]。

反映水闸健康状况的灰数是一个整体数，各专家给出的值又是一个区间数，要将这些灰数进行白化，就要依靠白化权函数。

设 $f(x)\in[0,1]$，$\forall x$，如果满足：

(1) $f(x)=L(x)$，单调增，$x\in[a_2,b_1]$。

(2) $f(x)=R(x)$，单调减，$x\in[b_2,c_1]$。

(3) $f(x)=\max$（峰值），$x\in[b_1,b_2]$。

则 $f(x)$ 为典型白化权函数，简称白化函数。

图 5.2.1 中 $L(x)$ 称为左支函数，$R(x)$ 称为右支函数；$[b_1,b_2]$ 称为峰区，b_1，b_2 称为转折点；$x\in[b_1,b_2]$，$f(x)=f_{\max}(x)$，称为峰区白化值；$x\in[a_1,a_2]$，$f(x)\to 0$，称为起始区白化值；$x\in[c_1,c_2]$，$f(\dot{x})\to 0$，称为终止区白化值。

偏爱程度成比例增加的白化函数称为正常偏爱程度的白化函数，偏爱程度成指数增加的白化函数称为非正常偏爱程度的白化函数。为了使计算简单，编程方便，同时为了使白化函数更好地反映人们对某些事物的偏爱程度，通常将 $L(x)$、$R(x)$ 取直线。

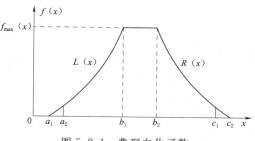

图 5.2.1 典型白化函数

$L(x)$ 起点值与 $R(x)$ 终点值是在一定的信息基础上，靠人的经验确定。常用的 3 种白化函数如图 5.2.2 所示。

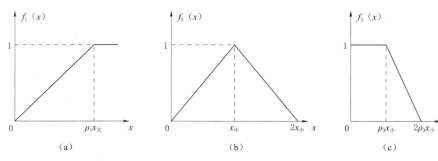

图 5.2.2　白化函数图

图中 ρ_1 和 ρ_3 称为权系数，一般取 $\rho_1=0.8$，取 $\rho_3=1.2$；白化函数转折点的值，称为阈值，阈值可以根据一定的准则或经验来获得；也可以从原样本按测度转换后的矩阵中，寻找最大、最小和中等值（记为 $x_大$、$x_小$ 和 $x_中$），分别作为上限、下限和中等的阈值。前一种方法获得的阈值称客观阈值，后一种方法获得的阈值称相对阈值。

记 I，II，III，$\cdots$，ω 为统计对象，1 号，2 号，3 号，$\cdots$，m 为统计指标，$1,2,3,\cdots,n$ 为统计灰类，d_{ij} 为第 i 各统计群体对第 j 个统计指标所提出的白化值。其中：$i\in\{I,II,III,\cdots\}$，$j\in\{1\text{号},2\text{号},3\text{号},\cdots\}$，水闸健康综合诊断灰色统计具体步骤如下：

（1）确定统计群体，划分统计灰类，确定统计方案。

（2）专家根据水闸各指标的评分标准，独立进行打分，根据专家评分结果，构造 **D** 矩阵。

$$\boldsymbol{D}=\begin{bmatrix} d_{11} & d_{12} & \cdots d_{1m} \\ d_{21} & d_{22} & \cdots d_{2m} \\ \vdots & \vdots & \vdots \\ d_{\omega 1} & d_{\omega 2} & \cdots d_{\omega m} \end{bmatrix} \tag{5.2.1}$$

（3）根据一定的准则或经验，即水闸灰类的评分标准，作出白化函数图。

（4）求评价决策系数 n_{jk}，评价决策系数计算公式如下：

$$n_{jk}=\sum_{i=1}^{N_b} f_k(d_{ij})N_i \tag{5.2.2}$$

式中　n_{jk}——第 j 个统计指标属于第 k 个灰类的系数；

N_i——第 i 个统计对象中统计者人数；

$f_k(d_{ij})$——第 i 个统计对象对第 j 个统计指标所提的决策量白化值，其中 $k=1,2,3,\cdots$，N_c；$j=1\text{号},2\text{号},3\text{号},\cdots,N_a$；$i=I,II,III,\cdots,N_b$。

（5）求决策权和决策权向量，决策权计算公式如下：

$$r_{jk} = \frac{\sum_{k=1}^{N_c} n_{jk}}{n_j} \tag{5.2.3}$$

决策权向量为

$$r_j = [r_{j1}, r_{j2}, \cdots, r_{jN_c}] \tag{5.2.4}$$

式中：r_j——第 j 个统计指标在不同统计灰类下的权。

（6）判断灰类，得到水闸指标的健康状况。若 r_j 中第 k^* 个权 r_{jk}^* 最大，即

$$r_{jk}^* > r_{ji} \quad (i=1,2,\cdots,N_c, i \neq k^*) \tag{5.2.5}$$

则第 j 个统计指标属于第 k^* 个灰类。

5.2.2 灰色理论在水闸健康诊断中的应用

根据《水闸安全评价导则》（SL 214），结合某水闸健康诊断实际情况，需要对其抗滑稳定性，抗渗稳定性，抗震能力，消能防冲，过水能力，混凝土结构，闸门、启闭机的健康状况进行诊断。参加该水闸健康诊断的专家有 6 人，每人为一组，则有Ⅰ，Ⅱ，Ⅲ，Ⅳ，Ⅴ，Ⅵ组（即 $i=1,2,3,4,5,6$），诊断因素为抗滑稳定性，抗渗稳定性，抗震能力，消能防冲，过水能力，混凝土结构，闸门、启闭机共 7 项（即 $j=1,2,3,4,5,6,7$）。依据第 3 章健康评价集的相关内容，将水闸诊断项目的健康状况按健康、亚健康、病变、病危划分成 4 类（表 5.2.1）。

表 5.2.1　　　　　　　　　灰色统计评分标准

评价灰类（$k=1\sim4$）	评价集	评价标准
第 1 类（$k=1$）	健康	100 分或 100 分以上
第 2 类（$k=2$）	亚健康	80 分左右
第 3 类（$k=3$）	病变	50 分左右
第 4 类（$k=4$）	病危	30 分或 30 分以下

表 5.2.2　　　　　　　　　专家评分数据

诊断因素 参加评估专家	1	2	3	4	5	6	7
Ⅰ	76	85	78	52	72	52	60
Ⅱ	82	80	75	56	75	60	70
Ⅲ	65	86	80	60	76	46	72
Ⅳ	82	88	70	48	82	55	60
Ⅵ	56	84	83	66	74	60	56
Ⅶ	74	86	74	70	70	52	56

根据灰色统计评分标准，6 位专家根据自己的专业知识和实际经验，对水闸抗滑稳定性，抗渗稳定性，抗震能力，消能防冲，过水能力，混凝土结构，闸门、启闭机 7 个诊断项目独立进行打分（表 5.2.2）。

则 **D** 矩阵

$$\boldsymbol{D} = \begin{bmatrix} d_{11} & d_{12} & d_{13} & d_{14} & d_{15} & d_{16} & d_{17} \\ d_{21} & d_{22} & d_{23} & d_{24} & d_{25} & d_{26} & d_{27} \\ d_{31} & d_{32} & d_{33} & d_{34} & d_{35} & d_{36} & d_{37} \\ d_{41} & d_{42} & d_{43} & d_{44} & d_{45} & d_{46} & d_{47} \\ d_{51} & d_{52} & d_{53} & d_{54} & d_{55} & d_{56} & d_{57} \\ d_{61} & d_{62} & d_{63} & d_{64} & d_{65} & d_{66} & d_{67} \end{bmatrix} = \begin{bmatrix} 76 & 85 & 78 & 52 & 72 & 52 & 60 \\ 82 & 80 & 75 & 56 & 75 & 60 & 70 \\ 65 & 86 & 80 & 60 & 76 & 46 & 72 \\ 82 & 88 & 70 & 48 & 82 & 55 & 60 \\ 56 & 84 & 83 & 66 & 74 & 60 & 56 \\ 74 & 86 & 74 & 70 & 70 & 52 & 56 \end{bmatrix}$$

根据灰类的评分标准，作出白化函数图，如图 5.2.3 所示。

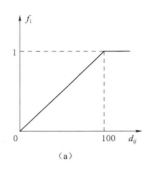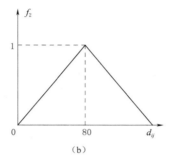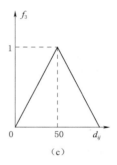

图 5.2.3　白化函数图

由于专家一人一组，$N_i (i=1,2,3,4,5,6,)=1$，则六组人对因素 1 评为健康的评价系数 n_{11} 为

$$n_{11} = \sum_{i=1}^{6} f_1(d_{ii1}) N_i = f_1(d_{11}) N_1 + f_1(d_{21}) N_2 + f_1(d_{31}) N_{36}$$
$$+ f_1(d_{41}) N_4 + f_1(d_{51}) N_5 + f_1(d_{61}) N$$
$$= 4.350$$

经计算 6 组人对因素 1 评为亚健康的评价系数 n_{12}、对因素 1 评为病变的评价系数 n_{13}、对因素 1 评为病危的评价系数 n_{14} 分别为

$$n_{11} = 4.350, \quad n_{12} = 5.338, \quad n_{13} = 3.300, \quad n_{14} = 0$$

六组专家对因素 1 的总评价系数 n_1 为

$$n_1 = \sum_{k=1}^{4} n_{1k} = n_{11} + n_{12} + n_{13} + n_{14} = 12.988$$

六组专家对因素 1 的评价权 r_{1k} 为

$$r_{11} = \frac{n_{11}}{n_1} = 0.3349, \quad r_{12} = \frac{n_{12}}{n_1} = 0.4110$$

$$r_{13} = \frac{n_{13}}{n_1} = 0.2541, \quad r_{14} = \frac{n_{14}}{n_1} = 0$$

六组评价者对因素 1 的评价权向量为

$$\boldsymbol{r}_1 = [r_{11}, r_{12}, r_{13}, r_{14}] = [0.3349, 0.4110, 0.2541, 0.0000]$$

同理求得六组评价者对因素 2～因素 7 的评价权向量

$$\boldsymbol{r}_2 = [r_{21}, r_{22}, r_{23}, r_{24}] = [0.4057, 0.4493, 0.1450, 0.0000]$$

$$\boldsymbol{r}_3 = [r_{31}, r_{32}, r_{33}, r_{34}] = [0.3518, 0.4340, 0.2141, 0.0000]$$

$$\boldsymbol{r}_4 = [r_{41}, r_{42}, r_{43}, r_{44}] = [0.2750, 0.3438, 0.3813, 0.0000]$$

$$\boldsymbol{r}_5 = [r_{51}, r_{52}, r_{53}, r_{54}] = [0.3435, 0.4255, 0.2310, 0.0000]$$

$$\boldsymbol{r}_6 = [r_{61}, r_{62}, r_{63}, r_{64}] = [0.2569, 0.3211, 0.4221, 0.0000]$$

$$\boldsymbol{r}_7 = [r_{71}, r_{72}, r_{73}, r_{74}] = [0.2891, 0.3614, 0.3494, 0.0000]$$

根据以上计算成果进行灰类判断，得出各指标的健康状况所属的灰类，判断结果见表 5.2.3。

表 5.2.3　　　　　　　　　　　灰 色 统 计 诊 断 成 果

灰　　类	$\max(r_{ij}^*)$	对应灰类
水闸稳定性	$r_{12}^* = 0.4110$	亚健康
水闸抗渗性	$r_{22}^* = 0.4493$	亚健康
水闸抗震能力	$r_{32}^* = 0.4340$	亚健康
水闸消能防冲能力	$r_{43}^* = 0.3813$	病变
水闸过水能力	$r_{52}^* = 0.4255$	亚健康
水闸混凝土结构	$r_{63}^* = 0.4221$	病变
闸门及启闭机	$r_{72}^* = 0.3614$	亚健康

水闸稳定性、水闸抗渗性、水闸抗震能力、水闸过水能力、闸门及启闭机的健康状况为亚健康，水闸消能防冲能力、水闸混凝土结构的健康状况为病变。

5.2.3　水闸健康诊断灰色统计计算程序的编制

灰色统计计算过程较为烦琐，手工计算效率较低，若能用适用性强、操作简单的方法将之程序化，召开专家健康诊断会议时，由专家根据相关评分标准对各诊断项目进行打分，将打分结果现场输入计算机中，通过计算机进行灰色统计程序化计算，可以快速得出计算成果，提高效率。

5.2.3.1　功能框图

程序通过 3 个 Excel 工作表实现，包含 4 个界面，工作表 1 为程序的主界面；工作表 2 中包含"数据输入"界面和"灰色统计计算"界面；工作表 3 为"计算结果输出"界面（图 5.2.4）。

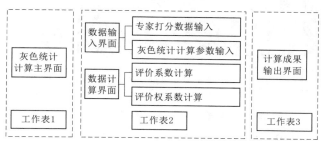

图 5.2.4　功能框图

5.2.3.2 界面设计

程序界面包括主界面、数据输入界面、数据计算界面和计算成果输出界面。界面中上部分区域是用户输入区，下部分区域是程序自动运算生成数据的区。主界面主要用来显示程序制作人和制作时间，表明程序已进入计算准备状态，含有"开始"和"退出"两个控件（图 5.2.5）。

图 5.2.5 主界面

由于参加水闸健康诊断的专家人数可能有 5~11 人，诊断的因素可能有若干个，专家给定的灰色白化函数不确定，需要设计一个专家人数和诊断因素及白化函数计算系数均可变的界面。综合考虑，将输入界面分为"专家打分数据输入"和"计算参数输入"两个部分。"专家打分数据输入"主要用来输入专家的打分分值，"计算参数输入"主要用来输入白化函数计算系数、参加水闸健康诊断的专家人数、诊断因素个数及其名称，界面含有 5 个控件（图 5.2.6）。

	A	B	C	D	E	F	G	H	I	J	K	L	M
					专家打分数据输入								
1													
2	专家评分评价因素	因素1	因素2	因素3	因素4	因素5	因素6	因素7	因素8	因素9	因素10	因素11	因素12
3	专家1	25	68	22	57	92	90						
4	专家2	22	70	18	69	85	85						
5	专家3	45	65	25	72	88	95						
6	专家4	30	63	30	76	86	97						
7	专家5	26	72	22	68	90	96						
8	专家6	32	74	24	72	95	88						
9	专家7												
10	专家8												
11	专家9												
12	专家10												
13	专家11												
14				灰色统计计算参数输入									
15	白化函数图计算系数：	a=	100	b=	80	c=	50	d=	30	e=	10		
16	实际专家人数：	6		健康状况：	健康	亚健康	病变	病危					
17	实际评分因素个数：	6											
18		5个专家	6个专家	7个专家	8个专家	9个专家	10个专家	11个专家	专家	因素名称			按钮
19		3	3	4	5	6	7	8	因素1	混凝土强度值			
20		0	0	1	2	3	4	5	因素2	非结构性裂缝			上一页
21		4	5	6	7	8	9	10	因素3	上部混凝土碳化			
22		0	0	1	2	3	4	5	因素4	下部结构剥蚀			下一页
23		0	0	1	2	3	4	5	因素5	维护及管理制度			
24	"病危"情况分项计算：	0	0	1	2	3	4	5	因素6	维护及管理经费			
25		5	6	7	8	9	10	11	因素7				计算
26		5	6	7	8	9	10	11	因素8				
27		5	6	7	8	9	10	11	因素9				显示结果
28		5	6	7	8	9	10	11	因素10				
29		5	6	7	8	9	10	11	因素11				退出
30		5	6	7	8	9	10	11	因素12				

图 5.2.6 数据输入界面

数据计算界面包含评价系数计算和评价权系数计算 2 个部分，主要用来计算评价系数和评价权系数以及进行灰类判别（图 5.2.7）。

计算结果输出界面主要输出所要诊断的项目结果，包含 2 个控件（图 5.2.8）。

灰色统计计算

一、评价系数计算

各专家对因素1评为"健康"的评价系数为：	1.800	
各专家对因素2评为"健康"的评价系数为：	4.120	
各专家对因素3评为"健康"的评价系数为：	1.410	
各专家对因素4评为"健康"的评价系数为：	4.140	
各专家对因素5评为"健康"的评价系数为：	5.380	
各专家对因素6评为"健康"的评价系数为：	5.510	
各专家对因素7评为"健康"的评价系数为：	0.000	
各专家对因素8评为"健康"的评价系数为：	0.000	
各专家对因素9评为"健康"的评价系数为：	0.000	
各专家对因素10评为"健康"的评价系数为：	0.000	
各专家对因素11评为"健康"的评价系数为：	0.000	
各专家对因素12评为"健康"的评价系数为：	0.000	

各专家对因素1评为"亚健康"的评价系数为：	2.250
各专家对因素2评为"亚健康"的评价系数为：	5.150
各专家对因素3评为"亚健康"的评价系数为：	1.763
各专家对因素4评为"亚健康"的评价系数为：	5.175
各专家对因素5评为"亚健康"的评价系数为：	5.300
各专家对因素6评为"亚健康"的评价系数为：	5.113
各专家对因素7评为"亚健康"的评价系数为：	0.000
各专家对因素8评为"亚健康"的评价系数为：	0.000
各专家对因素9评为"亚健康"的评价系数为：	0.000
各专家对因素10评为"亚健康"的评价系数为：	0.000
各专家对因素11评为"亚健康"的评价系数为：	0.000
各专家对因素12评为"亚健康"的评价系数为：	0.000

各专家对因素1评为"病变"的评价系数为：	3.600
各专家对因素2评为"病变"的评价系数为：	3.760
各专家对因素3评为"病变"的评价系数为：	2.820
各专家对因素4评为"病变"的评价系数为：	3.720
各专家对因素5评为"病变"的评价系数为：	1.280
各专家对因素6评为"病变"的评价系数为：	0.980
各专家对因素7评为"病变"的评价系数为：	0.000
各专家对因素8评为"病变"的评价系数为：	0.000
各专家对因素9评为"病变"的评价系数为：	0.000
各专家对因素10评为"病变"的评价系数为：	0.000
各专家对因素11评为"病变"的评价系数为：	0.000
各专家对因素12评为"病变"的评价系数为：	0.000

各专家对因素1评为"病危"的评价系数为：	3.000
各专家对因素2评为"病危"的评价系数为：	0.000
各专家对因素3评为"病危"的评价系数为：	5.000
各专家对因素4评为"病危"的评价系数为：	0.000
各专家对因素5评为"病危"的评价系数为：	0.000
各专家对因素6评为"病危"的评价系数为：	0.000
各专家对因素7评为"病危"的评价系数为：	6.000
各专家对因素8评为"病危"的评价系数为：	6.000
各专家对因素9评为"病危"的评价系数为：	6.000
各专家对因素10评为"病危"的评价系数为：	6.000
各专家对因素11评为"病危"的评价系数为：	6.000
各专家对因素12评为"病危"的评价系数为：	6.000

（a）评价系数计算

二、评价权计算

评价权\灰类	1	2	3	4	max	灰类	说明
各专家对因素1的评价权为：	0.1690	0.2113	0.3380	0.2817	0.3380	3	
各专家对因素2的评价权为：	0.3162	0.3952	0.2886	0.0000	0.3952	2	
各专家对因素3的评价权为：	0.1283	0.1603	0.2565	0.4549	0.4549	4	
各专家对因素4的评价权为：	0.3176	0.3970	0.2854	0.0000	0.3970	2	
各专家对因素5的评价权为：	0.4489	0.4439	0.1072	0.0000	0.4489	1	
各专家对因素6的评价权为：	0.4749	0.4406	0.0845	0.0000	0.4749	1	
各专家对因素7的评价权为：	0.0000	0.0000	0.0000	1.0000	1.0000	4	
各专家对因素8的评价权为：	0.0000	0.0000	0.0000	1.0000	1.0000	4	
各专家对因素9的评价权为：	0.0000	0.0000	0.0000	1.0000	1.0000	4	
各专家对因素10的评价权为：	0.0000	0.0000	0.0000	1.0000	1.0000	4	
各专家对因素11的评价权为：	0.0000	0.0000	0.0000	1.0000	1.0000	4	
各专家对因素12的评价权为：	0.0000	0.0000	0.0000	1.0000	1.0000	4	

（b）评价权计算

图 5.2.7　数据计算界面

5.2.3.3　程序代码编写

各界面设计成功后，需要运用 Excel 的内置函数库、数据链接功能以及 VBA 语言编写控件的程序代码，以实现各界面的相应的功能。主要的难点有 3 个，其一：专家的人数及诊断因素个数不确定；其二："病危"情况白化函数与其他情况白化函数不同类型，运用普通的 Excel 的内置函数及数据链接功能无法实现各界面应有功能；其三：如何实现工作表间相互

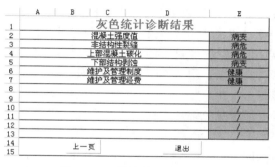

图 5.2.8　计算结果输出界面

转换。本系统主要通过以下方法进行解决。

（1）灵活运用 Excel 的内置函数库、数据链接功能，同时将 VBA 语言赋予"数据输入"界面的"计算"控件，互相协作完成灰色统计计算。

（2）在"数据输入"界面中增加"病危"情况分项计算流程，同时使用 IF 语句进行控制。

参加水闸健康综合诊断的专家可能有 5～11 人，为增强程序的适用性，需考虑到专家数目变化式，B19～H19 单元格的数值也随着变化情况。首先考虑参加水闸健康综合诊断的专家有 5 名的情况，"数据输入"界面的 B19 单元格的表达式为

"=IF(B3<I15,1,IF(B3≥K15,0,(K15-B3)/(K15-I15)))+IF(B4<I15,1,IF(B4≥K15,0,(K15-B4)/(K15-I15)))+IF(B5<I15,1,IF(B5≥K15,0,(K15-B5)/(K15-I15)))+IF(B6<I15,1,IF(B6≥K15,0,(K15-B6)/(K15-I15)))+IF(B7<I15,1,IF(B7≥K15,0,(K15-B7)/(K15-I15)))"

然后考虑 6～10 名专家的情况，B19～H19 之间单元格通过增加 IF 语句来进行控制，最后考虑 11 名专家的情况，"数据输入"界面 H19 单元格的表达式为

"=IF(B3<I15,1,IF(B3≥K15,0,(K15-B3)/(K15-I15)))+IF(B4<I15,1,IF(B4≥K15,0,(K15-B4)/(K15-I15)))+IF(B5<I15,1,IF(B5≥K15,0,(K15-B5)/(K15-I15)))+IF(B6<I15,1,IF(B6≥K15,0,(K15-B6)/(K15-I15)))+IF(B7<I15,1,IF(B7≥K15,0,(K15-B7)/(K15-I15)))+IF(B8<I15,1,IF(B8≥K15,0,(K15-B8)/(K15-I15)))+IF(B9<I15,1,IF(B9≥K15,0,(K15-B9)/(K15-I15)))+IF(B10<I15,1,IF(B10≥K15,0,(K15-B10)/(K15-I15)))+IF(B11<I15,1,IF(B11≥K15,0,(K15-B11)/(K15-I15)))+IF(B12<I15,1,IF(B12≥K15,0,(K15-B12)/(K15-I15)))+IF(B13<I15,1,IF(B13≥K15,0,(K15-B13)/(K15-I15)))"

（3）通过增加一些控件，将相关的 VBA 语言赋予控件，从而达到工作表间的灵活转换。

5.2.4　实例分析

南京武定门节制闸以可靠性作为健康诊断的总目标，以安全性、适用性、耐久性作为子目标，子目标按对水闸的健康状况影响的主要因素分为一级和二级指标。

现需确定该水闸的安全性、适用性、耐久性子目标二级诊断指标的健康状况。其中，安全性子目标的二级诊断指标有："防渗设施损坏""排水设施失效""不均匀沉陷""渗流破坏""上部结构钢筋锈胀""下部结构开裂""上、下游水位差 $\Delta H_{实}/\Delta H_{设}$"共 7 项（即 $j=1,2,3,4,5,6,7$）；适用性子目标的二级诊断指标有："闸门系统损坏""门槽系统损坏""启闭力增大""过水能力 $\Delta H_{实}/\Delta H_{设}$""冲刷与淘刷""漏水量与设计过流比值""闸室沉降"共 7 项；耐久性子目标的二级诊断指标有："混凝土强度值""非结构性裂缝""上部混凝土碳化""下部结构剥蚀""维护及管理制度""维护及管理经费"共 6 项。

运用灰色统计方法，按安全性、适用性、耐久性分别确定二级指标的健康状况。参加该水闸二级诊断指标健康诊断的专家有 6 人，每人为一组，则有 Ⅰ、Ⅱ、Ⅲ、Ⅳ、Ⅴ、Ⅵ 组（即 $i=1,2,3,4,5,6$），6 位专家根据自己专业知识和工作经验，对照安全性、适用性及耐久性等级标准[29]，按前述的打分标准对以上二级诊断指标进行打分，根据专家打分

情况构造如下 **D** 矩阵。

安全性子目标 **D** 矩阵

$$
\boldsymbol{D}_{安}=\begin{bmatrix}
90 & 68 & 68 & 71 & 32 & 50 & 62 \\
85 & 70 & 45 & 63 & 24 & 45 & 45 \\
86 & 65 & 55 & 65 & 17 & 46 & 35 \\
92 & 72 & 52 & 68 & 25 & 42 & 46 \\
95 & 60 & 65 & 70 & 20 & 35 & 56 \\
88 & 62 & 60 & 65 & 28 & 55 & 49
\end{bmatrix}
$$

适用性子目标 **D** 矩阵

$$
\boldsymbol{D}_{适}=\begin{bmatrix}
35 & 46 & 75 & 66 & 71 & 92 & 82 \\
25 & 52 & 78 & 62 & 63 & 88 & 78 \\
28 & 48 & 72 & 65 & 69 & 90 & 75 \\
32 & 56 & 68 & 60 & 66 & 95 & 88 \\
38 & 64 & 65 & 57 & 62 & 96 & 85 \\
40 & 53 & 82 & 69 & 73 & 85 & 76
\end{bmatrix}
$$

耐久性子目标 **D** 矩阵

$$
\boldsymbol{D}_{耐}=\begin{bmatrix}
25 & 68 & 22 & 57 & 92 & 90 \\
22 & 70 & 18 & 69 & 85 & 85 \\
45 & 65 & 25 & 72 & 88 & 95 \\
30 & 63 & 30 & 76 & 86 & 97 \\
26 & 72 & 22 & 68 & 90 & 96 \\
32 & 74 & 24 & 72 & 95 & 88
\end{bmatrix}
$$

作白化函数图，按灰色统计方法的步骤，计算各二级诊断指标的权系数，确定权向量。

经计算，安全性子目标的"防渗设施损坏""排水设施失效""不均匀沉陷""渗流破坏""上部结构钢筋锈胀""下部结构开裂""上、下游水位差 $\Delta H_{实}/\Delta H_{设}$"评价权向量分别为

$$
\boldsymbol{r}_1=[r_{11},r_{12},r_{13},r_{14}]=[0.4489,0.4439,0.1072,0.000]
$$

$$
\boldsymbol{r}_2=[r_{21},r_{22},r_{23},r_{24}]=[0.3056,0.3820,0.3125,0.000]
$$

$$
\boldsymbol{r}_3=[r_{31},r_{32},r_{33},r_{34}]=[0.2725,0.3406,0.3870,0.000]
$$

$$
\boldsymbol{r}_4=[r_{41},r_{42},r_{43},r_{44}]=[0.3091,0.3864,0.3045,0.000]
$$

$$
\boldsymbol{r}_5=[r_{51},r_{52},r_{53},r_{54}]=[0.1303,0.1629,0.2606,0.4462]
$$

$$
\boldsymbol{r}_6=[r_{61},r_{62},r_{63},r_{64}]=[0.2394,0.2993,0.4613,0.000]
$$

$$
\boldsymbol{r}_7=[r_{71},r_{72},r_{73},r_{74}]=[0.2497,0.3122,0.4381,0.0000]
$$

适用性子目标的"闸门系统损坏""门槽系统损坏""启闭力增大""过水能力 $\Delta H_{实}/$

$\Delta H_{设}$""冲刷与淘刷""漏水量与设计过流比值""闸室沉降"评价权向量分别为

$$r_1 = [r_{11}, r_{12}, r_{13}, r_{14}] = [0.1901, 0.2376, 0.3802, 0.1920]$$
$$r_2 = [r_{21}, r_{22}, r_{23}, r_{24}] = [0.2540, 0.3175, 0.4284, 0.000]$$
$$r_3 = [r_{31}, r_{32}, r_{33}, r_{34}] = [0.3372, 0.4176, 0.2452, 0.000]$$
$$r_4 = [r_{41}, r_{42}, r_{43}, r_{44}] = [0.2927, 0.3659, 0.3414, 0.000]$$
$$r_5 = [r_{51}, r_{52}, r_{53}, r_{54}] = [0.3105, 0.3882, 0.3013, 0.0000]$$
$$r_6 = [r_{61}, r_{62}, r_{63}, r_{64}] = [0.4661, 0.4417, 0.0922, 0.000]$$
$$r_7 = [r_{71}, r_{72}, r_{73}, r_{74}] = [0.3771, 0.4422, 0.1808, 0.000]$$

耐久性子目标的"混凝土强度值""非结构性裂缝""上部混凝土碳化""下部结构剥蚀""维护及管理制度""维护及管理经费"评价权向量分别为

$$r_1 = [r_{11}, r_{12}, r_{13}, r_{14}] = [0.1690, 0.2113, 0.3380, 0.2817]$$
$$r_2 = [r_{21}, r_{22}, r_{23}, r_{24}] = [0.3162, 0.3952, 0.2886, 0.0000]$$
$$r_3 = [r_{31}, r_{32}, r_{33}, r_{34}] = [0.1283, 0.1603, 0.2565, 0.4549]$$
$$r_4 = [r_{41}, r_{42}, r_{43}, r_{44}] = [0.3176, 0.3970, 0.2854, 0.000]$$
$$r_5 = [r_{51}, r_{52}, r_{53}, r_{54}] = [0.4489, 0.4439, 0.1072, 0.000]$$
$$r_6 = [r_{61}, r_{62}, r_{63}, r_{64}] = [0.4749, 0.4406, 0.0845, 0.000]$$

根据以上成果进行灰类判断，得出各二级指标的灰色统计诊断结果见表 5.2.4～表 5.2.6。

表 5.2.4　　　　　　　　安全性二级诊断指标诊断成果

灰　类	$\max(r_{ij}^*)$	诊断结果	灰　类	$\max(r_{ij}^*)$	诊断结果
防渗设施损坏	$r_{11}^* = 0.4489$	健康	上部结构钢筋锈胀	$r_{54}^* = 0.4462$	病危
排水设施失效	$r_{22}^* = 0.3820$	亚健康	下部结构开裂	$r_{63}^* = 0.4613$	病变
不均匀沉陷	$r_{33}^* = 0.3870$	病变	上、下游水位差 $\Delta H_{实}/\Delta H_{设}$	$r_{73}^* = 0.4381$	病变
渗流破坏	$r_{42}^* = 0.3864$	亚健康			

表 5.2.5　　　　　　　　适用性二级诊断指标诊断成果

灰　类	$\max(r_{ij}^*)$	诊断结果	灰　类	$\max(r_{ij}^*)$	诊断结果
闸门系统损坏	$r_{13}^* = 0.3802$	病变	冲刷与淘刷	$r_{52}^* = 0.3882$	亚健康
门槽系统损坏	$r_{23}^* = 0.4284$	病变	漏水量与设计过流比值	$r_{61}^* = 0.4661$	健康
启闭力增大	$r_{32}^* = 0.4176$	亚健康	闸室沉降	$r_{72}^* = 0.4422$	亚健康
过水能力 $\Delta H_{实}/\Delta H_{设}$	$r_{42}^* = 0.3659$	亚健康			

表 5.2.6　　　　　　　　耐久性二级诊断指标诊断成果

灰　类	$\max(r_{ij}^*)$	诊断结果	灰　类	$\max(r_{ij}^*)$	诊断结果
混凝土强度值	$r_{13}^* = 0.3380$	病变	下部结构剥蚀	$r_{42}^* = 0.3970$	病变
非结构性裂缝	$r_{22}^* = 0.3952$	病危	维护及管理制度	$r_{51}^* = 0.4489$	健康
上部混凝土碳化	$r_{34}^* = 0.4549$	病危	维护及管理经费	$r_{61}^* = 0.4749$	健康

5.3　水闸工程健康诊断的神经网络模型

人工神经网络技术具有较强的非线性映射能力、自适应能力、自学习能力，特别适用于解决因果关系复杂的非确定性推理、判断、预测和分类等问题。水闸安全评价系统由许多定性因素穿插交融，无法知道各因素之间以及各因素与结果之间的确切非线性关系。利用人工神经网络进行非线性建模，可以把复杂的水闸安全非线性系统看作是一个黑箱，以实测输入、输出数据为样本，输入神经网络，神经网络通过样本数据采用误差反馈机制来调整网络，让网络来记录各因素所包含的信息，相当于采用数据驱动式"黑箱"建模[30-31]，各影响因素在系统中包含的信息通过网络的训练过程，隐含在网络结构及输入输出的数据映射关系之中。因而降低了建模过程中人为因素的影响，较好地保证了模型计算结果的客观性和真实性。

5.3.1　人工神经网络

5.3.1.1　人工神经网络模型

神经元对信息的处理是非线性的，是一个多输入单输出的信息处理单元，这一点可从生物神经元信息处理与传递的功能中看出。根据生物神经元的这种特性和功能，工程上把神经元抽象为人工神经元。一般来讲，神经元模型应该具备以下 3 个要素（图 5.3.1）。

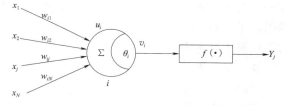

有一组突触或连接，常用 w_{ij} 表示神经元 i 和神经元 j 之间的连接强度，或称之为权值。与生物神经元不同，人工神经元权值的取值可在负值与正值之间。

图 5.3.1　人工神经网络模型

具有反映生物神经元时空整合功能的输入信号累加器。

具有一个激活函数用于限制神经元输出。激活函数将输出信号压缩（限制）在一个允许范围内，使其成为有限值，通常神经元输出的扩充范围在 $[0,1]$ 或 $[-1,1]$ 闭区间。

其中 $x_j(j=1,2,\cdots,N)$ 为神经元 i 的输入信号，w_{ij} 为突触强度或连接权。u_i 是由输入信号线性组合后的输出，是神经元 i 的净输入。θ_i 为神经元的阈值或称为偏差用 b_i 表示，v_i 为经偏差调整后的值，也称为神经元的局部感应区。

$$u_i = \sum_j w_{ij} x_j \tag{5.3.1}$$

$$v_i = u_i + b_i \tag{5.3.2}$$

$$y_i = f\left(\sum_j w_{ij} + b_i\right) \tag{5.3.3}$$

$f(\cdot)$ 是激活函数，y_i 是神经元 i 的输出。

$f(\cdot)$ 可取不同的函数，其中 Sigmoid 函数，即 S 型函数是目前人工神经网络中最常用的激活函数。其定义如下：

$$f(v) = \frac{1}{1 + e^{-\lambda v}} \qquad\qquad (5.3.4)$$

或

$$f(v) = \frac{1 - e^{-\lambda v}}{1 + e^{-\lambda v}} \qquad\qquad (5.3.5)$$

式中　K——Sigmoid 函数的增益，其值决定了函数非饱和段的斜率，K 越大，曲线越陡（图 5.3.2）。

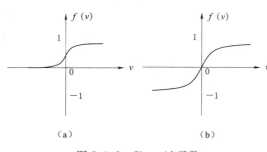

图 5.3.2　Sigmoid 函数

5.3.1.2　人工神经网络分类

目前，已经提出了数十种神经网络模型。根据神经网络中神经元之间互联的结构不同。可以分为以下几种基本结构类型[32]：

（1）前向网络。网络中的神经元是分层排列的，每个神经元只与前一层神经元单向相连接，它由输入层、隐含层和输出层组成，其中隐含层可以是一层或多层。每一层的神经元只接受前一层神经元的输入，输入向量经过各层的变换后，由输出层得到输出向量。感知器、BP 网络、径向基函数（RBF）网络、小波神经网络、FLAT 神经网络等就属于这种类型的网络。

（2）带反馈的前向网络。网络的本身是前向型的，与前一种不同的是从输出到输入有反馈回路。

（3）层内互联前向网络。通过层内神经元之间的相互连接，可以实现同一层神经元之间横向抑制或兴奋机制，从而限制层内能同时动作的神经元数，或者把层内神经元分为许多组，让每组作为一个整体来动作。

（4）互联网络。互联网络有局部互联和全局互联两种。在全互联网络中，每个神经元都与其他神经元相连。局部互联是指互联只是局部性的，有些神经元之间没有连接关系。

5.3.1.3　人工神经网络学习的规则

因神经网络的结构和功能不同，学习方法有很多种，其中最主要的是有导师学习和无导师学习两类（图 5.3.3）。

1. 有导师学习（监督学习）

有导师学习是在有"导师"指导和考察的情况下进行学习的方式。在这种学习方式中，"导师"给出了与所有输入模式 P 对应的输出模式的"正确答案"，即期望输出 t（目标），用于学习过程的输入输出模式的集合称为训练样本集；神经网络学习系统根据一定

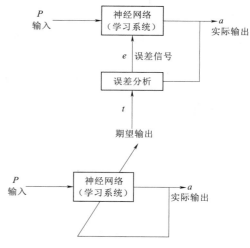

图 5.3.3　神经网络学习原理

的学习规则进行学习，每一次学习过程完成后，"导师"都要考察学习的结果，即实际输出 a 与期望输出 t 的差别（误差 e），以此决定网络是否需要再次学习，并根据误差信号调整学习的进程，使网络实际输出和期望输出的误差随着学习的反复进行而逐渐减小，直至达到要求的性能指标为止。

梯度下降法是常用的有导师学习方法，其基本思想是根据实例 k 的期望输出 $Y^*(k)$ 与网络计算输出 $Y(w, k)$ 的误差的平方最小的原则来修改权值分布。

定义误差函数为 $J(w)$

$$J(w) = \frac{1}{2}\big[Y^*(k) - Y(w, k)\big]^2 \tag{5.3.6}$$

式中 $Y^*(k)$——实例 k 的输出；

$Y(w, k)$——由当前权值分布为 w 时实例中的输入网络计算的输出。梯度下降法对权值的修改可表示为

$$w(k+1) = w(k) + \eta(k)\left(-\frac{\partial J(w)}{\partial w}\right)|w = w(k) \tag{5.3.7}$$

式中 $\eta(k)$——用于可变权学习中控制权值修改的速度。在学习过程中，$\eta(k)$ 也可以不变，取成一个常量 η，$0 < \eta < 1$。

2. 无导师学习（无监督学习）

无导师学习不存在"导师"的指导和考察，是靠神经网络本身完成的，由于没有现成的信息作为响应的校正，学习则是根据输入的信息，根据其特有的网络结构和学习规则来调节自身的参数或结构，从而使网络的输出反映输入的某种固有特性。在神经网络的诸多算法中，多层网络学习算法中的误差反向传播算法（Error - propagation Algorithm），即 BP 算法是最著名的一种，由此算法训练的神经网络，称之为 BP 神经网络。在人工神经网络的实际应用中，BP 网络广泛应用于函数逼近。模式识别、分类、数据压缩等，80%～90%的人工神经网络模型是采用 BP 网络或它的变化形式，它也是前馈网络的核心部分，体现了人工神经网络最精华的部分。本节将重点研究 BP 网络的特性及其在水闸安全评价中的应用，建立水闸安全综合评价模型。

5.3.2 BP 神经网络

5.3.2.1 BP 网络结构

BP（back propagation）神经网络（多层前馈神经网络），由输入层、隐含层和输出层组成，其中隐含层可以有多层。如图 5.3.4 所示的是一个仅包含一个隐含层的 BP 网络的拓扑结构。其特点是：层神经元之间无反馈连接，各层内神经元之间没有任何连接。隐含层的激活函数一般为非线性函数，最常用的是 S 型函数。输出层的激活函数可以是非线性的，也可以是线性的，由输入、输

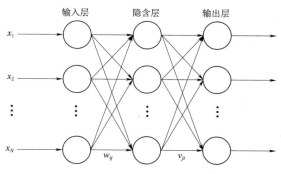

图 5.3.4 包含一个隐含层的 BP 神经网络结构

出映射关系确定。

5.3.2.2　BP 结构学习算法

无论是函数逼近还是模糊识别，都必须对神经网络进行训练。训练之前首先需要样本，样本包括输入向量 $\boldsymbol{P}$ 以及相应的期望输出向量 $\boldsymbol{T}$，训练过程中应不断调整权值和阈值，使得神经网络的表现函数达到最小。前馈型神经网络的表现函数默认为网络输出 a 和期望输出向量 $\boldsymbol{T}$ 的均方差。

BP 网络学习规则的指导思想是：对网络权值和阈值的修正要沿着表现函数下降最快的方向——负梯度方向。

$$x_{k+1} = x_k - a_k g_k \tag{5.3.8}$$

式中　x_k——当前的权值和阈值矩阵；

$\quad\quad g_k$——当前表现函数的梯度；

$\quad\quad a_k$——学习速率。

假设三层 BP 网络，输入节点 x_i，隐层节点 y_j，输出节点 z_i。输入节点和隐层节点间的网络权值为 w_{ji}，隐层节点与输出节点间的网络权值为 v_{lj}。当输出节点的期望值为 t_1 时，模型的计算公式如下。

隐层节点的输出

$$y_j = f\left(\sum_i w_{ji} x_i - \theta_j\right) = f(net_j) \tag{5.3.9}$$

其中

$$net_j = \sum_i w_{ji} x_i - \theta_j \tag{5.3.10}$$

输出节点的计算输出

$$z_1 = f\left(\sum_j v_{lj} - \theta_1\right) = f(net_1) \tag{5.3.11}$$

其中

$$net_1 = \sum_j w_{lj} y_j - \theta_1 \tag{5.3.12}$$

输出节点的误差

$$E = \frac{1}{2}\sum_l (t_1 - z_1)^2 = \frac{1}{2}\sum_l \left[t_1 - f\left(\sum_j v_{lj} - \theta_1\right)\right]^2$$

$$= \frac{1}{2}\sum_l \left\{t_1 - f\left[\sum_j v_{lj} f\left(\sum_j w_{ji} - \theta_j\right) - \theta_1\right]\right\}^2 \tag{5.3.13}$$

1. 误差函数对输出节点求导

$$\frac{\partial E}{\partial v_{lj}} = \sum_{k=1}^n \frac{\partial E}{\partial z_k} \cdot \frac{\partial z_k}{\partial v_{lj}} = \frac{\partial E}{\partial z_1} \cdot \frac{\partial z_1}{\partial v_{lj}} \tag{5.3.14}$$

E 是多个 z_k 的函数，但只有一个 z_1 与 v_{lj} 有关，各 z_k 间相互独立，其中

$$\frac{\partial E}{\partial z_1} = \frac{1}{2}\sum_k \left[-2(t_k - z_k)\frac{\partial z_k}{\partial z_1}\right] = -(t_1 - z_1) \tag{5.3.15}$$

$$\frac{\partial z_1}{\partial v_{lj}} = \frac{\partial z_1}{\partial net_1} \cdot \frac{\partial net_1}{\partial v_{lj}} = f'(net_1) y_j \tag{5.3.16}$$

则

$$\frac{\partial E}{\partial v_{lj}} = -(t_1 - z_1)f'(net_1)y_j \qquad (5.3.17)$$

2. 误差函数对隐层节点求导

$$\frac{\partial E}{\partial w_{ji}} = \sum_l \sum_j \frac{\partial E}{\partial z_1} \cdot \frac{\partial z_1}{\partial y_j} \cdot \frac{\partial y_j}{\partial w_{ji}} \qquad (5.3.18)$$

E 是多个 z_1 的函数，针对某个 w_{ij}，对应一个 y_j，它与所有的 z_1 相关，其中

$$\frac{\partial E}{\partial z_1} = \frac{1}{2} \sum_k \left[-2(t_k - z_k)\frac{\partial z_k}{\partial z_1} \right] = -(t_1 - z_1) \qquad (5.3.19)$$

$$\frac{\partial z_1}{\partial y_j} = \frac{\partial z_1}{\partial net_1} \cdot \frac{\partial net_1}{\partial y_j} = f'(net_1)\frac{\partial net_1}{\partial y_j} = f'(net_1)v_{lj} \qquad (5.3.20)$$

$$\frac{\partial y_j}{\partial w_{ji}} = \frac{\partial y_j}{\partial net_j} \cdot \frac{\partial net_j}{\partial w_{ji}} = f'(net_1)x_i \qquad (5.3.21)$$

则

$$\frac{\partial E}{\partial w_{ji}} = -\sum_l (t_1 - z_1)f'(net_1)v_{lj}f'(net_j)x_i = -\sum_l \delta_1 v_{lj}f'(net_j)x_i \qquad (5.3.22)$$

设隐层节点误差为

$$\delta'_j = f'(net_j)\sum_l \delta_1 v_{lj} \qquad (5.3.23)$$

则

$$\frac{\partial E}{\partial w_{ji}} = -\delta'_j x_i \qquad (5.3.24)$$

由于权值的修正 Δv_{lj}、Δw_{ji} 正比于误差函数沿梯度下降，则有

$$\delta'_j = f'(net_j) \times \sum_l \delta_1 \Delta v_{lj} = -\eta \frac{\partial E}{\partial v_{lj}} = \eta \delta_1 y_j \qquad (5.3.25)$$

$$v_{lj}(k+1) = v_{lj}(k) + \Delta v_{lj} = v_{lj} + \eta \delta_1 y_1 \qquad (5.3.26)$$

$$\delta_1 = -(t_1 - z_1)f'(net_1) \qquad (5.3.27)$$

$$\Delta w_{ji} = -\delta'_j \frac{\partial E}{\partial W_{JI}} = \eta' \delta'_j x_i \qquad (5.3.28)$$

$$w_{ji}(k+1) = w_{ji}(k) + \Delta w_{ji} = w_{ji}(k) + \eta' \delta'_j x_i \qquad (5.3.29)$$

$$\delta'_j = f'(net_j)\sum_l \delta_1 v_{lj} \qquad (5.3.30)$$

其中，隐层节点误差 δ'_j 中的 $\sum_l \delta_1 v_{lj}$ 表示输出节点 z_1 的误差 δ_1 通过权值 v_{lj} 向节点 y_j 反向传播成为隐层节点的误差。

3. 阈值的修正

阈值 θ 是变化的值，在修正权值的同时也要修正阈值，原理同权值修正一样。

（1）差函数对输出节点阈值求导。

$$\frac{\partial E}{\partial \theta_1} = \frac{\partial E}{\partial z_1} \cdot \frac{\partial z_1}{\partial \theta_1} \qquad (5.3.31)$$

其中

$$\frac{\partial E}{\partial z_1} = -(t_1 - z_1) \tag{5.3.32}$$

$$\frac{\partial z_1}{\partial \theta_1} = \frac{\partial z_1}{\partial net_1} \cdot \frac{\partial net_1}{\partial \theta_1} = f'(net_1)(-1) \tag{5.3.33}$$

则

$$\frac{\partial E}{\partial \theta_1} = (t_1 - z_1)f'(net_1) = \delta_1 \tag{5.3.34}$$

阈值修正

$$\Delta\theta_1 = \eta\frac{\partial E}{\partial \theta_1} = \eta\delta_1 \tag{5.3.35}$$

$$\theta_1(k+1) = \theta_1(k) + \eta\delta_1 \tag{5.3.36}$$

（2）差函数对隐层节点阈值求导。

$$\frac{\partial E}{\partial \theta_j} = \sum_l \frac{\partial E}{\partial z_1} \cdot \frac{\partial z_1}{\partial y_j} \cdot \frac{\partial y_j}{\partial \theta_j} \tag{5.3.37}$$

其中

$$\frac{\partial E}{\partial z_1} = -(t_1 - z_1) \tag{5.3.38}$$

$$\frac{\partial z_1}{\partial y_j} = f'(net_j)v_{ij} \tag{5.3.39}$$

$$\frac{\partial y_j}{\partial \theta_j} = \frac{\partial y_j}{\partial net_j} \cdot \frac{\partial net_j}{\partial \theta_j} = f'(net_j)(-1) = -f'(net_j) \tag{5.3.40}$$

则

$$\frac{\partial E}{\partial \theta_j} = \sum_l (t_1 - z_1)f'(net_1)v_{lj}f'(net_j) = \sum_l \delta_1 v_{lj}f'(net_j) = \delta'_j \tag{5.3.41}$$

阈值修正

$$\Delta\theta_j = \eta'\frac{\partial E}{\partial \theta_j} = \eta'\delta'_j \tag{5.3.42}$$

4. 传递函数 $f(x)$ 的导数

S 型函数

$$f(x) = \frac{1}{1 + e^{-x}} \tag{5.3.43}$$

则

$$f'(x) = f(x)[1 - f(x)] \tag{5.3.44}$$

$$f'(net_k) = f(net_k)[1 - f(net_k)] \tag{5.3.45}$$

对输出节点

$$z_1 = f(net_1) \tag{5.3.46}$$

$$f'(net_1) = z_1(1 - z_1) \tag{5.3.47}$$

对隐层节点

$$y_j = f(net_j) \tag{5.3.48}$$

$$f'(net_1) = y_j(1-y_j) \tag{5.3.49}$$

求函数梯度有两种方法：递增和批处理。递增模式即每增加一个输入样本，重新计算一次梯度并调整权值；批处理模式，就是利用所有的输入样本计算梯度，然后调整权值。

5.3.3 BP 网络设计

5.3.3.1 神经网络参数确定

网络结构设计，包括的主要内容为：网络的层数、每层的神经元数、初始权值的选取、学习速率的选取、期望误差的选取。其设计的网络性能直接影响到评价结果的可靠性。

1. 网络的层数确定

具有输入层、偏差和至少一个 S 型隐含层加上一个线性输出层的网络，能够逼近任何有理函数。增加网络的层数可以提高网络性能，减少误差，提高精度，同时使网络结构复杂化，增加了训练的时间，还可能出现"过拟合"。因此在设计 BP 网络时可参考这一点，应优先考虑三层 BP 网络（即仅有一个隐含层）。一般来说，靠增加隐含层节点数来获得较低的误差，其训练效果要比增加隐含层数更容易实现。没有隐含层的神经网络模型，实际上就是一个线性或非线性（取决于输出层采用线性或非线性转换函数型式）回归模型。一般认为应将不含隐含层的网络模型归入回归分析中，技术已经很成熟，在神经网络理论中不再讨论。对于某一求解问题必有一个输入层和一个输出层，隐含层数则需要根据问题的复杂性来分析和确定，隐含层的合理选取是网络取得良好性能的关键步骤。

研究表明，隐含层数的增加，可以形成更复杂的决策域，使网络解决非线性问题的能力得到加强。由于网络计算过程的实质是一种映射，这种映射将最初的输入空间映射到存在线性函数的适当空间中，因此，认为隐含层最多只需要两层。合理的隐含层数应与实际问题的复杂程度与非线性程度相适应，给系统赋予一个相适应的算法，根据某一特定的问题进行不同隐含层数的网络训练，合理的隐含层数应该使网络收敛且系统误差最小。

2. 隐含层神经元数的确定

在 BP 网络中，采用适当的隐含层神经元非常重要，是网络模型功能实现成功与否的关键。神经元太少，网络难以处理较复杂的问题；反之，神经元数太大，导致网络训练时间急剧增加，而且过多的神经元还会导致网络训练过度，出现"过拟合"现象，将训练数据组中的没有意义的信息也记忆在网络中，难以建立正确的评价模型。但是，神经元数的合理确定主要还是根据不同的需要解决的问题进行反复比较，目前理论上还没有一种科学的和普遍适用的确定方法。

研究表明，隐含层节点数不仅与输入、输出层的节点数有关，更与需解决的问题的复杂程度和转换函数的型式以及样本数据的特性等因素有关。在确定 BP 网络隐含层节点数时应该满足以下几个条件[33-36]。

（1）隐含层节点数必须小于 $N-1$（其中 N 为训练样本数）；否则，网络模型的系统误差与训练样本的特性无关而趋于 0，这样建立的网络模型没有泛化能力，也没有任何实用价值。同理可推得：输入层的节点数（变量数）也必须小于 $N-1$。

（2）训练样本数必须多于网络模型的连接权数，一般为 2~10 倍；否则，样本必须分成几部分并采用"轮流训练"的方法才能得到可靠的神经网络模型。

（3）用几何平均规则来选择中间层中的处理单元数。对于具有 R 个输入单元和 m 个。输出单元的网络，根据以下的规则进行神经元数的确定。

1）3 层神经网络：隐含层神经 $s_1 = \sqrt{mR}$；

2）4 层神经网络：第一隐含层神经元 $s_1 = mR^2$，第二隐含层神经元 $s_2 = mR$。

本节拟采用以下公式确定隐含层节点数，式中 y、r、c 分别为隐含层、输入层输出层的神经元计算节点的个数，t 为 1～10 之间的常数。

$$y = \sqrt{r+c} + t$$

3. 初始权值的选取

初始权值对于 BP 网络学习是否达到局部最小、是否能够收敛以及训练时间的长短有很大的关系。从激活函数的特点分析，初始权值应该取（-1，1）之间的随机数，从而保证神经元的权值都能够在它们的 S 型激活函数变化最大之处进行调节。最佳初始权值的选择的数量级是，其中 s_1 是第一层神经元数，r 为输入矢量的数目。

4. 学习速率

学习速率决定着每一次循环训练中所产生的权值变化量。学习速率过大将导致系统不稳定；过小则会造成训练时间太长，减慢收敛速度。一般选取学习速率为 0.01～0.80。

5. 期望误差的选取

在设计网络的训练过程中，期望误差也应当通过对比训练寻求最优的期望误差。"最优"是相对于隐含层的节点数来确定的，因为较小的期望误差值要通过增加隐含层的节点以及训练时间来得到。

5.3.3.2　BP 神经网络计算过程

BP 网络的训练过程在计算机上的实现，需要根据以下的实现方法进行，以提高训练的精度和效率。本节以 Mathworks 公司开发的 Matlab7.0 对应的神经网络工具箱（NNET Toolbox Version 4.0.3），其训练步骤如图 5.3.5 所示。

5.3.4　水闸安全评价神经网络模型及应用

5.3.4.1　BP 神经网络安全评价模型的建立

依据水闸安全指标体系，构建水闸综合评价神经网络模型。整个水闸安全评价神经网络模型由 2 个层次 4 个神经网络组成（图 5.3.6）。

在前面分析的基础上，综合考虑整个评价问题，决定采用 3 层神经网络结构模型，各神经网络隐含层单元数见表 5.3.1。在对网络进行训练时隐含层的神经元个数可根据各评价单元的收敛情况进行适当的调整。

表 5.3.1　　　　　　　　　　　　　　　BP 网 络 结 构 参 数

参　　数	水闸安全神经网络	工程现状调查神经网络	工程安全检测神经网络	工程复核神经网络
输入层单元数	3	3	20	27
隐含层数	1	1	1	1
隐含层单元数	2	5	8	10
输出层单元数	1	1	1	1

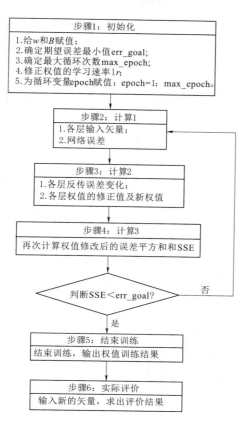

步骤1：初始化
1.给w和B赋值；
2.确定期望误差最小值err_goal；
3.确定最大循环次数max_epoch；
4.修正权值的学习速率$1r$；
5.为循环变量epoch赋值：epoch=1：max_epoch。

步骤2：计算1
1.各层输入矢量；
2.网络误差

步骤3：计算2
1.各层反传误差变化；
2.各层权值的修正值及新权值

步骤4：计算3
再次计算权值修改后的误差平方和SSE

判断SSE<err_goal?　　否

是

步骤5：结束训练
结束训练，输出权值训练结果

步骤6：实际评价
输入新的矢量，求出评价结果

样本的定义和归一化
保证网络的输入矢量取值应有：
$xi=[0, 1], i=0, 1, \cdots, n$

网络结构设计
神经网络的名称、类型、结构
和训练函数等参数进行设置

网络训练
训练函数有trainlm、traindm、
trainbr和trainb，根据实际情况
选择，也可会根据训练结果比较，
最后确定

网络误差的测量
可选用均方差法、均方根法、
相对误差的平均值法

图 5.3.5　BP 神经网络训练过程

Matlab 神经网络工具箱中有许多 BP 网络工具函数，表 5.3.2 列出了部分函数的名称和基本功能。

进行网络训练时，隐含层选择 logsig S 对数型神经元，输出层为 purelin（线性）神经元，训练函数采用 traingdx。选择学习速率为 0.01，设置最大训练步数为 20000，设置训练目标误差为 10^{-6}。

图 5.3.6　水闸安全评价 BP 网络结构

表 5.3.2　　　　　　　　　**BP 网络的常用函数**

函数类型	函数名称	函 数 用 途
前向网络创建函数	newcf ()	创建级联前向网络
	newff	创建前向 BP 网络
	newfftd ()	创建存在输入延迟的前向网络
传递函数	logsig ()	S 型的对数函数
	dlogsig ()	logsig 的导数函数
	tansig ()	S 型的正切函数
	dtansig ()	tansig 的导函数

函数类型	函数名称	函数用途
传递函数	purelin（）	纯线性函数
	dpurelin（）	purelin 的导函数
学习函数	learngd（）	基于梯度下降法的学习函数
	learngdm（）	梯度下降动量的学习函数
训练函数	traingdx（）	动量及自适应 lrBP 梯度递减训练函数
	traingd（）	梯度下降 BP 算法函数
初始化函数	initff（）	前向网络权值和阈值初始化函数
性能函数	mse（）	均方误差函数
	msereg（）	均方误差规范化函数
显示函数	plotperf（）	绘制网络的性能
	plotes（）	绘制一个单独神经元的误差曲面
	plotep（）	绘制权值和阈值都在误差曲面上的位置
	errsurf（）	计算单个神经元的误差曲面

5.3.4.2　网络训练样本输入数据的初始化

指标量纲和性质的不同，造成了各个指标的不可共度性，这就要求通过某一效用函数进行无量纲化映射到一个有限的区间，即进行归一化处理。由于在神经网络训练过程中，采用的传递函数为"S"形函数。要求其信息的输入数据在 [0，1] 的闭区间内，因此采用第 2 章指标量化方法将量化到区间 [0，1] 之间。神经网络评价结果分为 5 个等级，即安全、较安全、病变、病重、病危，神经网络对应的输出为 1、2、3、4、5（表 5.3.3～表 5.3.6）。

表 5.3.3　　　　　　　　　　　　工程现状调查训练样本

学习样本		1	2	3	4	5	6	7	8	9	10	11	12
输入	B1	0.820	0.680	0.621	0.825	0.724	0.856	0.400	0.782	0.543	0.485	0.326	0.785
	B2	0.750	0.720	0.612	0.920	0.683	0.890	0.286	0.626	0.514	0.561	0.301	0.751
	B3	0.780	0.550	0.541	0.836	0.731	0.885	0.205	0.731	0.521	0.620	0.128	0.826
输出		2	5	3	1	5	1	4	2	3	3	4	2

表 5.3.4　　　　　　　　　　　　工程安全检测训练样本

学习样本		1	2	3	4	5	6	7	8	9	10	11	12
输入	C111	0.752	0.632	0.869	0.482	0.785	0.776	0.586	0.695	0.235	0.965	0.456	0.690
	C112	0.683	0.755	0.945	0.369	0.649	0.852	0.687	0.652	0.368	0.888	0.785	0.780
	C113	0.732	0.863	0.960	0.444	0.765	0.678	0.741	0.485	0.152	0.769	0.685	0.880
	C114	0.578	0.696	0.958	0.252	0.465	0.952	0.695	0.521	0.426	0.882	0.658	0.770
	C121	0.853	0.787	0.886	0.413	0.869	0.884	0.765	0.496	0.351	0.896	0.692	0.752
	C122	0.632	0.496	0.954	0.364	0.775	0.785	0.489	0.395	0.128	0.795	0.685	0.685

学习样本		1	2	3	4	5	6	7	8	9	10	11	12
输入	C123	0.558	0.856	0.960	0.326	0.456	0.685	0.856	0.555	0.342	0.864	0.699	0.886
	C124	0.763	0.768	0.880	0.154	0.456	0.765	0.921	0.289	0.265	0.920	0.586	0.789
	C131	0.692	0.696	0.856	0.368	0.682	0.854	0.660	0.378	0.346	0.740	0.788	0.946
	C132	0.814	0.458	0.884	0.385	0.486	0.654	0.731	0.628	0.521	0.850	0.696	0.785
	C133	0.465	0.678	0.861	0.476	0.576	0.785	0.685	0.637	0.412	0.798	0.622	0.885
	C134	0.776	0.485	0.962	0.203	0.423	0.895	0.742	0.596	0.321	0.850	0.586	0.850
	C211	0.583	0.666	0.921	0.475	0.635	0.862	0.961	0.584	0.152	0.785	0.765	0.550
	C212	0.365	0.765	0.888	0.376	0.521	0.666	0.485	0.627	0.365	0.850	0.485	0.568
	C221	0.753	0.485	0.853	0.228	0.442	0.765	0.656	0.396	0.251	0.895	0.695	0.476
	C222	0.451	0.642	0.865	0.361	0.367	0.754	0.585	0.296	0.344	0.864	0.485	0.850
	C31	0.555	0.444	0.780	0.201	0.452	0.741	0.485	0.428	0.265	0.896	0.456	0.626
	C32	0.486	0.652	0.944	0.285	0.352	0.865	0.726	0.953	0.296	0.922	0.652	0.750
	C41	0.432	0.668	0.750	0.350	0.468	0.654	0.685	0.481	0.296	0.850	0.465	0.732
	C42	0.346	0.557	0.665	0.338	0.560	0.227	0.485	0.396	0.555	0.820	0.660	0.732
输出		3	5	1	4	3	2	2	5	2	1	3	4

表 5.3.5 工程复核计算训练样本

学习样本		1	2	3	4	5	6	7	8	9	10	11	12
输入	D1	0.780	0.120	0.752	0.650	0.420	0.780	0.500	0.850	0.750	0.880	0.200	0.750
	D211	0.850	0.220	0.685	0.485	0.380	0.850	0.750	0.900	0.690	0.650	0.200	0.900
	D212	0.820	0.180	0.783	0.742	0.250	0.650	0.420	1.000	0.850	0.500	0.500	0.350
	D213	0.783	0.110	0.696	0.630	0.310	0.452	0.390	1.000	0.690	0.750	0.400	0.650
	D22	0.881	0.250	0.696	0.550	0.280	0.652	0.650	0.950	0.550	0.600	0.300	0.420
	D31	0.850	0.120	0.687	0.680	0.210	0.885	0.750	0.880	0.850	0.400	0.660	0.550
	D32	0.880	0.230	0.852	0.340	0.375	0.665	0.500	0.920	0.680	0.580	0.250	0.480
	D33	0.851	0.060	0.760	0.350	0.284	0.852	0.480	0.940	0.920	0.450	0.360	0.650
	D411	0.826	0.183	0.853	0.650	0.263	0.685	0.650	0.860	0.810	0.650	0.440	0.750
	D412	0.850	0.121	0.690	0.700	0.369	0.755	0.800	0.850	0.880	0.700	0.150	0.360
	D413	0.885	0.300	0.880	0.842	0.250	0.640	0.650	1.000	0.750	0.580	0.370	0.500
	D41	0.785	0.250	0.692	0.480	0.355	0.580	0.650	1.000	0.690	0.490	0.450	0.400
	D422	0.865	0.110	0.865	0.560	0.421	0.740	0.660	0.960	0.850	0.650	0.280	0.550
	D423	0.785	0.160	0.750	0.521	0.422	0.690	0.450	0.750	0.750	0.250	0.250	0.420
	D431	0.852	0.050	0.642	0.550	0.200	0.525	0.350	0.850	0.876	0.670	0.450	0.360
	D432	0.785	0.320	0.861	0.485	0.252	0.658	0.500	0.690	0.880	0.550	0.220	0.610
	D433	0.852	0.110	0.754	0.765	0.325	0.660	0.464	0.850	0.950	0.640	0.150	0.550
	D441	0.795	0.050	0.762	0.562	0.220	0.780	0.323	0.920	0.850	0.450	0.250	0.600

续表

学习样本		1	2	3	4	5	6	7	8	9	10	11	12
输入	D442	0.883	0.060	0.699	0.565	0.330	0.560	0.556	0.660	0.500	0.640	0.520	0.400
	D443	0.762	0.130	0.485	0.690	0.210	0.850	0.450	0.880	0.880	0.500	0.460	0.350
	D51	0.852	0.140	0.675	0.482	0.523	0.800	0.650	0.800	0.900	0.600	0.150	0.360
	D52	0.765	0.220	0.485	0.513	0.285	0.827	0.662	0.795	0.815	0.658	0.452	0.365
	D53	0.775	0.130	583	0.448	0.376	0.678	0.582	0.920	0.700	0.482	0.252	0.425
	D61	0.796	0.060	0.820	0.550	0.400	0.750	0.460	0.950	0.800	0.200	0.460	0.400
	D62	0.921	0.050	0.456	0.465	0.325	0.760	0.460	1.000	0.690	0.650	0.500	0.900
	D63	0.883	0.320	0.687	0.550	0.200	0.850	0.520	1.000	0.750	0.620	0.300	0.400
	D64	0.850	0.110	0.752	0.500	0.300	0.550	0.360	0.950	0.800	0.580	0.150	0.200
输出		1	5	2	3	4	2	3	1	2	3	4	5

表 5.3.6 　　　　　　　　　　　　　　水闸运行安全训练样本

学习样本		1	2	3	4	5	6	7	8	9	10	11	12
输入	A1	4.000	2.000	2.000	1.000	2.000	1.000	1.000	4.000	2.000	3.000	4.000	3.000
	A2	3.000	3.000	1.000	2.000	5.000	2.000	1.000	5.000	3.000	2.000	3.000	4.000
	A3	5.000	3.000	5.000	1.000	3.000	2.000	1.000	5.000	4.000	3.000	5.000	3.000
输出		5	3	4	2	4	2	1	5	4	3	5	4

5.3.4.3 评价模型训练结果及分析

把归一化处理后的指标样本数据作为 BP 神经网络评价模型的训练样本数据。利用 Matlab 7.0 软件的神经网络工具箱对本节所建立的水闸安全评价模型进行训练。12 组样本中前 9 组数据用于网络训练，最后 3 组数据对所建立的 BP 网络模型进行验证。

1. 工程现状调查神经网络的训练结果

工程现状调查神经网络代码程序如下：

x=[0.820 0.150 0.621 0.825 0.260 0.856 0.400 0.782 0.543;0.750 0.200 0.612 0.920 0.150 0.890 0.286 0.626 0.514;0.780 0.160 0.541 0.836 0.120 0.885 0.205 0.731 0.521]

y=[2 5 3 1 5 1 4 2 3]

net=newff(minmax(x),[5,1],{'tansig','purelin'},'traingdx');

>> net. trainParam. show=200;

>> net. trainParam. lr=0.01;

>> net. trainParam. epochs=5000;

>> net. trainParam. goal=0.001;

>> [net,tr]=train(net,x,y);

接下来训练结果如下：

TRAINGDX,Epoch 0/5000,MSE 5.44191/0.001,Gradient 7.46733/1e-006

TRAINGDX,Epoch 200/5000,MSE 0.0215218/0.001,Gradient 0.00699621/1e-006

TRAINGDX,Epoch 400/5000,MSE 0.0165798/0.001,Gradient 0.0179047/1e-006

　　…

TRAINGDX,Epoch 2000/5000,MSE 0.0011215/0.001,Gradient 0.00220354/1e-006
TRAINGDX,Epoch 2079/5000,MSE 0.000998981/0.001,Gradient 0.00252701/1e-006
TRAINGDX,Performance goal met.

经过 2079 次循环，训练成功，因为 newff( ) 函数的随机性，所以基本上每一次的训练结果都是不同的（图 5.3.7）。

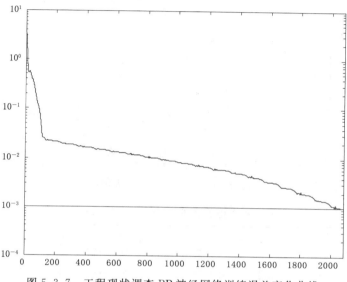

图 5.3.7　工程现状调查 BP 神经网络训练误差变化曲线

利用最后 3 组样本数据对所建立的 BP 网络模型进行验证，验证结果见表 5.3.7，其中前 9 组数据是网络的训练结果，后 3 组数据是网络的验证结果。

表 5.3.7　　　　　　　　　工程现状调查训练结果与期望输出

样本	1	2	3	4	5	6	7	8	9	10	11	12
期望输出	2	5	3	1	5	1	4	2	3	3	4	2
实际输出	1.976	5.005	2.952	1.045	4.998	0.961	3.993	2.025	3.043	3.016	3.971	2.055

利用以上建立好的神经网络模型对三里闸水闸工程现状调查进行评价，运行程序如下：

```
load net
input=[0.18;0.15;0.10]
output=sim(net,input)
out=5.065
```

从以上可知，三里闸工程现状调查安全评价等级为 5 级。

2. 工程安全检测神经网络的训练结果

工程安全检测 BP 网络训练误差变化曲线如图 5.3.8 所示。

利用最后 3 组样本数据对所建立的 BP 网络模型进行验证，验证结果见表 5.3.8，其中前 9 组数据是网络的训练结果，后 3 组数据是网络的验证结果。

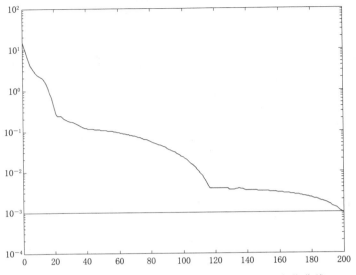

图 5.3.8　工程安全检测 BP 神经网络训练误差变化曲线

表 5.3.8　　　　　　　　　　　工程安全检测训练结果与期望输出

样本	1	2	3	4	5	6	7	8	9	10	11	12
期望输出	3	5	1	4	3	2	2	5	2	1	3	4
实际输出	3.015	4.983	1.053	3.991	2.999	1.945	2.024	5.024	1.969	0.939	2.962	3.932

利用以上建立好的神经网络模型对三里闸水工程安全检测进行评价，运行程序如下：

```
load net
input＝[0.139;0.186;0.800;0.200;0.516;0.321;0.347;0.350;0.628;0.578;0.800;0.150;0.360;0.200;0.480;
0.150;0.100;0.050;0.100]
output＝sim(net,imput)
out＝5.041
```

从以上可知，三里闸工程安全检测安全评价等级为 5 级。

3. 工程复核计算神经网络的训练结果

工程复核计算 BP 神经网络训练误差变化曲线如图 5.3.9 所示。

利用最后 3 组样本数据对所建立的 BP 网络模型进行验证，验证结果见表 5.3.9，其中前 9 组数据是网络的训练结果，后 3 组数据是网络的验证结果。

表 5.3.9　　　　　　　　　　　工程复核计算训练结果与期望输出

样本	1	2	3	4	5	6	7	8	9	10	11	12
期望输出	1	5	2	3	4	2	3	1	2	3	4	5
实际输出	1.059	5.020	1.988	3.014	3.964	1.971	3.014	0.953	2.002	3.095	4.017	5.089

利用以上建立好的神经网络模型对三里闸工程复核计算进行评价，运行程序如下：

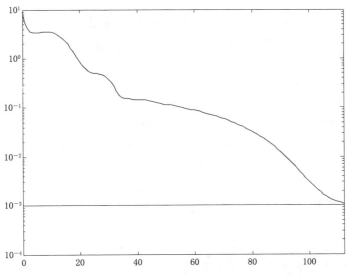

图 5.3.9 工程复核计算 BP 神经网络训练误差变化曲线

load net

input＝[0.425;0.38;0.4;0.33;0.275;0.303;0.3;0.3;0.178;0.255;0.4;0.25;0.31;0.4;0.157;0.0;
0.4;0.114;0.14;0.4;0.35;0.375;0.375;0.375;0.375]

output＝sim(net,input)

out＝3.979

从以上可知，三里闸工程复核计算安全评价等级为 4 级。

4. 水闸运行安全神经网络的训练结果

水闸运行安全 BP 神经网络训练误差变化曲线如图 5.3.10 所示。

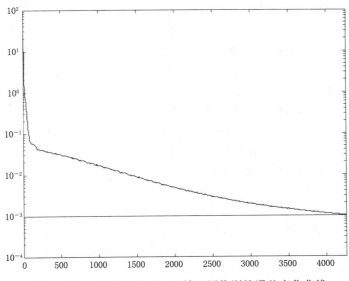

图 5.3.10 水闸运行安全 BP 神经网络训练误差变化曲线

利用最后 3 组样本数据对所建立的 BP 网络模型进行验证，验证结果见表 5.3.10，其中前 9 组数据是网络的训练结果，后 3 组数据是网络的验证结果。

表 5.3.10　　　　　　　　　　水闸运行安全训练结果与期望输出

样本	1	2	3	4	5	6	7	8	9	10	11	12
期望输出	5	3	4	2	4	2	1	5	4	3	5	4
实际输出	4.966	3.015	3.999	1.940	3.993	2.052	1.004	5.035	3.996	3.0137	4.967	4.062

利用以上建立好的神经网络模型对三里闸运行安全进行评价，运行程序如下：

```
load net
input=[5;5;4]
output=sim(net,input)
out=5.0155
```

从以上可知，三里闸运行安全评价等级为 5 级。

综上水闸安全评价的各个网络模型的训练过程和结果可以知道所建立的模型很好地解决了水闸安全评价的问题，并且输出结果与实际结果一致。由以上知工程安全检测、工程现状调查和工程复核神安全等级分别为 5、5、4，三里闸安全评级等级为 5 级，处于病危状态。

5.3.5　人工神经网络的物元可拓性分析

5.3.5.1　物元可拓模型与神经网络模型比较

根据三里闸工程现场检测值、复核计算值以及专家打分分别采用物元可拓模型和人工神经网络模型进行安全综合评价，最终确定三里闸安全等级。两种综合评价模型比较如下：

（1）不同点。物元可拓模型利用物元的发散性从多角度、多因素出发通过物元模型和可拓集合把水闸安全评价转化为具体的数学模型，且描述了计算安全等级过程。物元可拓模型不仅考虑数量关系的迭代，而且最大限度满足主系统、主条件，并采取系统物元变换、结构变换等方法处理，将水闸安全评级体系中不相容的问题转化为相容的问题，较好地解决系统的模糊性和不确定等问题，同时关联度的取值范围拓展到整个实数轴，能够更真实地反映各指标关于各评价等级的归属情况。对物元可拓模型来说指标权重的准确度直接影响评价结果可行性与科学性。人工神经网络通过数据驱动式"黑箱"建模，把复杂的水闸安全非线性系统看作是一个"黑箱"，训练各影响因素在系统中包含的信息，确定隐含在网络结构及输入/输出的数据映射关系，降低了建模过程中人为因素的影响。训练样本的合理性直接影响神经网络模型的质量。

（2）相同点。两种模型均能较好地解决水闸安全评价中非线性问题；在建模前都要将不同类型指标量化到一定区间；都可以很好地解决水闸安全等级评价。

（3）优缺点。值得提出的是如果样本中有一两种因子的等级远高于其他的因子，物元可拓评价模型就很容易受到这一两种因子的影响，无法对样本做出客观的分析。相比之下，BP 神经网络模型能够综合多种因子对样本作出评价，排除干扰，对样本作出客观分析，从而得出比较科学的评价结果。物元可拓模型简单、灵活即评价的因子数量和种类变化时，模型只需稍微调整即可，但神经网络模型则要重新确定各参数，重新建模训练。

5.3.5.2 可拓神经网络分析

可拓神经网络是可拓学与人工神经网络的有机结合，以物元 $R = \{N, C, V\}$ 或物元可拓集为基本单位，由大量神经元相互连接构成的网络。BP 神经网络在模式识别时，存在训练准则和分类准则不一致的问题。可拓学最核心的内容是可拓变换，即化不行变行、不是变是、对立变共存。可拓神经网络综合两者优缺点，利用可拓学的扩缩变换，通过在输出空间中用一个区域来代替 BP 神经网络的训练停止区域，极大地改善了神经网络的训练速度和训练效果，可以彻底解决 BP 神经网络训练和实际分类准则不一致的问题。可拓神经网络以物元的可拓性和关联函数为机器学习的基础，能够更好地模拟人脑神经系统思维等智能行为，实现功能与特征的互补，具有较强的学习能力和创新特点，并能在学习过程中不断积累知识，进行自我完善[37-39]。可拓神经网络对慢时变非线性系统控制比神经网络控制效果要好。因此，可拓学与神经网络控制的结合，有很好的研究价值和应用前景，并有一定的发展潜力。

5.4 水闸工程健康诊断的综合模型

5.4.1 水闸健康综合诊断赋权方法

水闸健康综合诊断指标层次结构是一个多层次的复杂系统，其层次结构中的上层指标又受若干下层指标影响，这些下层指标对上层指标的健康状况影响不同，如果仅将下层诊断指标的诊断结果进行简单的综合，并以此来进行水闸健康综合诊断，势必会影响诊断结果的准确性。因此，需要运用适当的方法分别确定各下层诊断指标对上层指标的相对重要程度，即权重系数，然后根据各下层指标的权重系数与其诊断结果逐级向上层综合，最终得出水闸的健康状况。权重系数确定方法可分为三大类：一是基于"功能驱动"原理的赋权法，二是基于"差异驱动"原理的赋权法，三是综合集成赋权法[40]；也可分为主观赋权法、客观赋权法和主客观赋权法。权重系数确定是水闸健康综合诊断的核心问题之一，目前，水闸健康综合诊断指标的权重系数确定方法比较单一，主要根据专家经验和层次分析法得出。系统工程中有很多确定权重的先进方法，但由于中小型水闸缺乏实测资料，很多依赖实测资料的客观赋权法难以应用。因此，有必要根据水闸健康综合诊断的具体情况将系统工程或其他行业中简便、适用的方法引入到水闸健康综合诊断中，并运用合适的数学方法将多种方法获得的权重进行融合，以获取最优的权重系数，从而更好地对水闸健康状况进行综合诊断。

5.4.1.1 水闸健康综合诊断赋权方法

1. 专家打分法

（1）基本方法。

专家咨询法是确定权重系数的常用方法，专家打分法是在专家咨询法基础上，综合多个专家意见通过一定的数学方法来确定权重系数的方法。该方法依赖于专家的知识和实际经验，属于主观赋权方法，其步骤如下：首先请参加水闸健康诊断的专家，对需要诊断的水闸各阶段信息的进行整体把握，然后根据自己的知识和经验，对水闸健康综合诊断各层指标的重要程度按百分制进行打分，且分值越高，说明该指标越重要，然后统计各因素权重总分，将各因素总分除以专家人数，得出平均得分，将平均得分归一化作为各因素的权重系数。

（2）示例。

现需确定某水闸 A、B、C、D 4 个指标的权重系数，有 6 位专家参加该层指标权重系数的确定。各专家对 4 个指标的重要程度进行打分，专家打分及各因素的权重系数情况见表 5.4.1。

表 5.4.1　　　　　　　　　　　　专家打分权重系数计算

专家	指标 A	指标 B	指标 C	指标 D
1	40	32	12	16
2	38	32	12	18
3	38	30	10	22
4	34	28	18	20
5	36	34	16	14
6	42	32	10	16
总分	228	188	78	106
平均分	38.00	31.33	13.00	17.67
归一化	0.380	0.313	0.130	0.177

由上表，专家打分法确定的水闸 A、B、C、D 4 个指标的权重系数为 $\omega=(0.380,0.313,0.130,0.177)$。

2. 层次分析法

（1）基本原理。

层次分析法[41]于 20 世纪 70 年代初提出，80 年代传入我国，是一种定性分析与定量分析相结合的分析方法。由于层次分析法综合了定性与定量分析的优点，是分析多目标、多因素、多准则的复杂系统的常用方法，在各行业包括水利行业的水闸健康综合诊断中都有应用[42]（图 5.4.1）。

（2）示例。

现需确定水闸 A、B、C、D 4 个指标的权重系数，专家根据自己的知识和经验给出 4 个指标的重要程度：A 相对于 B 稍微重要；A 相对于 C 明显重要；A 相对于 D 强烈重要；B 相对于 C、D 明显重要；C 相对于 D 稍微重要，采用 1～9 标度，构造判断矩阵：

$$A=\begin{vmatrix} 1 & 3 & 5 & 7 \\ 1/3 & 1 & 5 & 5 \\ 1/5 & 1/5 & 1 & 3 \\ 1/7 & 1/5 & 1/3 & 1 \end{vmatrix}$$

根据层次分析法流程计算，$CR=CI/RI=0.084<0.1$，满足一致性检验要求，求得 4

个指标的权重系数为 $\omega = (0.552, 0.293,$ $0.101, 0.054)$。

3. G1 法

层次分析法是建立在判断矩阵是一致矩阵基础上的，实际应用中，当水闸的指标数 m 不小于 3 时，所建立的判断矩阵往往不是一致矩阵，且当 m 较大时，建立矩阵需要进行 $m(m-1)/2$ 次两两元素比较判断。因此，有必要对层次分析法进行改进，研究人员给出一种无须一致性检验的确定权重系数的方法——G_1 法。

（1）基本步骤。

1）确定序关系。对于水闸综合诊断指标集 $\{x_1, x_2, x_3, \cdots, x_m\}$，由参加健康诊断的专家在

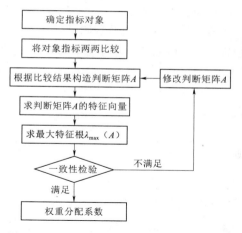

图 5.4.1 水闸诊断指标权重系数计算流程

指标集中选出最重要的一个指标，记为 x_1^*；再由专家在余下的 $m-1$ 个指标中，选出最重要的一个指标，记为 x_2^*；依此类推，经过 $m-1$ 次挑选，最后一项指标记为 x_m^*，这样确定一个序关系记为

$$x_1^* > x_2^* > \cdots > x_m^* \tag{5.4.1}$$

为书写方便且不失一般性，仍记作

$$x_1 > x_2 > \cdots > x_m \tag{5.4.2}$$

2）给出 x_{k-1} 与 x_k 间相对重要程度的比较判断（表 5.4.2）。设专家对诊断指标 x_{k-1} 与 x_k 的重要性程度之比 ω_{k-1}/ω_k 的理性判断分别为

$$\omega_{k-1}/\omega_k = r_k, \quad k = m, m-1, m-2, \cdots, 3, 2 \tag{5.4.3}$$

表 5.4.2	r_k 赋 值 参 考 表
r_k	说　　明
1.0	指标 x_k-1 与指标 x_k 具有同样重要性
1.2	指标 x_k-1 比指标 x_k 稍微重要
1.4	指标 x_k-1 比指标 x_k 明显重要
1.6	指标 x_k-1 比指标 x_k 强烈重要
1.8	指标 x_k-1 比指标 x_k 极端微重要

若 $x_1, x_2, x_3, \cdots, x_m$ 满足序关系 $x_1 > x_2 > \cdots > x_m$，则 r_{k-1} 与 r_k 满足

$$r_{k-1} > 1/r_k, \quad k = m, m-1, m-2, \cdots, 3, 2 \tag{5.4.4}$$

3）计算权重系数 ω_k。

ω_m 为

$$\omega_m = \left(1 + \sum_{k=2}^{m} \prod_{i=k}^{m} r_i\right) - 1 \tag{5.4.5}$$

权重系数为

$$\omega_{k-1} = r_k \omega_k, \quad k = m, m-1, m-2, \cdots, 3, 2 \tag{5.4.6}$$

（2）实例分析。

现需确定武定门节制闸"岸墙稳定""闸室主体稳定""上游翼墙稳定"和"下游翼墙稳定" 4 个指标的权重系数，专家根据自己的知识和工作经验给出 4 个指标的序关系

$$x_2 > x_1 > x_4 = x_3 \Rightarrow x_1^* > x_2^* > x_3^* = x_4^*$$

且有

$$r_2 = \frac{\omega_1^*}{\omega_2^*} = 1.4, \quad r_3 = \frac{\omega_2^*}{\omega_3^*} = 1.2, \quad r_4 = \frac{\omega_3^*}{\omega_4^*} = 1.0$$

则

$$r_2 r_3 r_4 = 1.680, \quad r_3 r_4 = 1.200, \quad r_4 = 1.000, \quad r_2 r_3 r_4 + r_3 r_4 + r_4 = 3.880$$

代入以下公式

$$\omega_4^* = (1 + r_2 r_3 r_4 + r_3 r_4 + r_4)^{-1} = 0.205, \quad \omega_3^* = \omega_4^* r_4 = 0.205$$

$$\omega_2^* = \omega_3^* r_3 = 0.246, \quad \omega_1^* = \omega_2^* r_2 = 0.344$$

则

$$\omega_1 = \omega_2^* = 0.246, \quad \omega_2 = \omega_1^* = 0.344$$

$$\omega_3 = \omega_4^* = 0.205, \quad \omega_4 = \omega_3^* = 0.205$$

由 G1 法求得"岸墙稳定""闸室主体稳定""上游翼墙稳定"和"下游翼墙稳定" 4 个指标的权重系数为 $\omega = (0.246, 0.344, 0.205, 0.205)$。

4. 乘积标度法

（1）基本原理与步骤。

乘积标度法是一种较为灵活的权重确定方法，在坝工工程方面得以首先应用[43-46]。乘积标度法对层次分析法的标度进行了一定的改进，最初的层次分析法采用 1～9 标度法进行标度，此后国内外学者对其标度做进一步研究，提出多种标度方式。国外主要有 Saaty 的 1～9 标度、1～5 标度、1～15 标度（1，5，8，11，15）、x^2 标度（1，9，25，49，81）、$\sqrt{x}$ 标度（1，$\sqrt{3}$，$\sqrt{5}$，$\sqrt{7}$，3）等；国内主要有 9/9～9/1 标度法、10/10～18/2 标度法和指数标度法等[86-88]。学者们对各种标度方法进行深入研究，通过对以上标度进行比较，取得了众多研究成果[47-49]。

实际工程中的指标进行两两比较时，重要性出现"强烈重要"和"极端重要"的情况很少，采用"同等重要""稍微重要"和"明显重要"已完全能反映出两两因素之间重要程度。乘积标度法将层次分析法中 9/9～9/1 标度、10/10～18/2 标度和指数标度的"稍微重要"标度值进行平均得到两因素比较的"稍微重要"权重比值：$\omega_A : \omega_B = 1.354 : 1$，如果两者重要性用"稍微重要"还不能反映，可用"明显重要"来反映，权重比值：$\omega_A : \omega_B = (1.354 \times 1.354) : 1 = 1.833$。当指标 A 与指标 B 之间的重要性"相同"时，权重为：$(\omega_A, \omega_B) = (0.5, 0.5)$，$\omega_A : \omega_B = 1 : 1$。乘积标度法确定指标权重的基本步骤如下。

1）根据 G_1 法中确定序关系的方法，对 m 个指标进行重要性排序。

2）对指标进行两两对比，当指标 A 与指标 B 之间的重要性"相同"时，取权重为：$(\omega_A, \omega_B) = (0.5, 0.5)$，$\omega_A : \omega_B = 1 : 1$；当指标 A 的重要性比指标 B 的重要性"稍

微重要"时，取权重为：$(\omega_A, \omega_B) = (0.5752, 0.4248)$，$\omega_A : \omega_B = 1.354 : 1$；当指标 A 与指标 B 之间的重要性用"稍微重要"还不足以反映时，可用"明显重要"反应，取 $(\omega_A, \omega_B) = (0.6470, 0.3530)$，$\omega_A : \omega_B = 1.833 : 1$。

3）将 m 个指标两两比较的结果运用归一化方法进行综合，使 $\sum\limits_{i=1}^{m} \omega_i = 1$，得到所要确定的指标的权重系数。

（2）实例分析。

现需确定南京武定门节制闸顶层指标"抗震能力"的下一层"翼墙抗震""闸室整体抗震""岸墙抗震""闸墩抗震""工作桥抗震""交通桥抗震"6 个指标以及"混凝土结构"的下一层指标"闸室底板""闸墩""便桥""工作桥""交通桥""岸墙""翼墙""消力池"8 个指标的权重系数。根据第 7 章相关内容，设"抗震能力"和"混凝土结构"各指标的权重集为 $A_3 = \{\omega_{31}, \omega_{32}, \omega_{33}, \omega_{34}, \omega_{35}, \omega_{36}\}$ 和 $A_6 = \{\omega_{61}, \omega_{62}, \omega_{63}, \omega_{64}, \omega_{65}, \omega_{66}, \omega_{67}, \omega_{68}\}$，因素集为 $u_3 = \{u_{31}, u_{32}, u_{33}, u_{34}, u_{35}, u_{36}\}$ 和 $u_6 = \{u_{61}, u_{62}, u_{63}, u_{64}, u_{65}, u_{66}, u_{67}, u_{68}\}$。运用乘积标度法来确定权重系数，专家给出的"抗震能力"和"混凝土结构"各下一层指标的排序分别为 $u_{32} > u_{34} > u_{33} > u_{36} > u_{35} > u_{31}$，$u_{62} > u_{61} > u_{66} > u_{65} > u_{64} > u_{67} > u_{68} > u_{63}$，两两指标间的比较结果均为"稍微重要"。

则"抗震能力"下一层指标

$$\omega_{32} : \omega_{34} = 1.354 : 1, \quad \omega_{34} : \omega_{33} = 1.354 : 1$$

$$\omega_{33} : \omega_{36} = 1.354 : 1, \quad \omega_{36} : \omega_{35} = 1.354 : 1, \quad \omega_{35} : \omega_{31} = 1.354 : 1;$$

则"混凝土结构"下一层指标

$$\omega_{62} : \omega_{61} = 1.354 : 1, \quad \omega_{61} : \omega_{66} = 1.354 : 1$$

$$\omega_{66} : \omega_{65} = 1.354 : 1, \quad \omega_{65} : \omega_{64} = 1.354 : 1$$

$$\omega_{64} : \omega_{67} = 1.354 : 1, \quad \omega_{67} : \omega_{68} = 1.354 : 1, \quad \omega_{68} : \omega_{63} = 1.354 : 1$$

对"抗震能力"各下一层指标两两权重进行综合

$$\omega_{32} : \omega_{34} : \omega_{33} : \omega_{36} : \omega_{35} : \omega_{31} = 4.551 : 3.361 : 2.482 : 1.833 : 1.354 : 1.000$$

对"混凝土结构"各下一层指标两两权重进行综合

$$\omega_{62} : \omega_{61} : \omega_{66} : \omega_{65} : \omega_{64} : \omega_{67} : \omega_{68} : \omega_{63}$$
$$= 8.343 : 6.162 : 4.551 : 3.361 : 2.482 : 1.833 : 1.354 : 1.000$$

将综合后的权重系数归一化，得到武定门节制闸"抗震能力"下一层各因素的权重系数为 $A_3 = \{0.068, 0.312, 0.170, 0.231, 0.093, 0.126\}$，"混凝土结构"下一层各的因素权重为 $A_6 = \{0.212, 0.287, 0.034, 0.085, 0.116, 0.156, 0.063, 0.047\}$

5. 权重继承法

（1）基本原理。

当确定水闸甲各诊断指标的权重时，发现水闸乙的诊断指标及其他各个方面与水闸甲相同或类似，可以利用以前经验，将水闸乙的权重直接继承到水闸甲中，或在重新确定水闸甲权重基础上，将水闸乙的权重继承到水闸甲中；当确定水闸甲各诊断指标的权重时，发现水闸甲以前经验上有一分配方案，由于时间、水闸所处环境及功能等方面的变化，专家重新给出权重分配方案，这时，也可以利用权重继承思想，将两种权重方案综合，得出最终的权重分配方案。

其综合数学模型如下：设原有经验权重分配方案为 $\underset{\sim}{\omega}_1$，专家重新给出权重分配方案为 $\underset{\sim}{\omega}_2$，综合后的权重分配方案为 $\underset{\sim}{\omega}'$，则

$$\underset{\sim}{\omega}' = \alpha \underset{\sim}{\omega}_1 + (1+\alpha)\underset{\sim}{\omega}_2 \tag{5.4.7}$$

式中　α——分配系数，$\alpha \in [0, 1]$。

再将权重分配方案 $\underset{\sim}{\omega}'$ 进行归一化，即为最终采用的权重系数 $\underset{\sim}{\omega}$。

（2）示例。

现需确定某水闸的三个诊断指标的权重系数，以往经验权重系数为 $\underset{\sim}{\omega}_1 = (0.32, 0.40, 0.28)$，专家重新给定的新权重系数为 $\underset{\sim}{\omega}_2 = (0.38, 0.40, 0.22)$，给出的分配系数为 $\alpha = 0.2$，代入权重继承法数学模型计算

$$\underset{\sim}{\omega}' = (0.32 \times 0.2 + 1.2 \times 0.38, 0.40 \times 0.2 + 0.4 \times 1.2, 0.28 \times 0.2 + 0.22 \times 1.2)$$
$$= (0.52, 0.56, 0.32)$$

综合后的权重系数 $\underset{\sim}{\omega}' = (0.52, 0.56, 0.32)$，将其归一化，最终采用的诊断指标的权重系数为 $\underset{\sim}{\omega} = (0.371, 0.400, 0.229)$。

5.4.1.2　基于最优化准则的权重融合

1. 基本原理

当水闸健康综合诊断某指标层指标较多或水闸健康综合诊断某指标层的指标对水闸健康状况影响较为明显时，仅用一种方法难以得到较为合理的权重系数，因此，需要将多种方法确定的权重系数进行融合处理。本节将基于最优化准则的权重融合方法引入到水闸健康综合诊断指标权重的融合中。

设采用 K 种方法确定水闸健康综合诊断指标 i 的权重，记对诊断指标 i 采用第 k 种方法确定的权重为 $W_{ki}(k=1,2,\cdots,K)$。同时，假设融合权重中第 k 种方法的加权系数为 $\omega_k(k=1,2,\cdots,K)$，并且满足归一化约束条件

$$\sum_{k=1}^{K} \omega_k = 1 \tag{5.4.8}$$

记诊断指标 i 的融合权重结果为 W_i，取最优化准则为

$$\min J_i = \sum_{k=1}^{K} \omega_k (W_i^p - W_{ki}^p)^2, \quad p \neq 0 \tag{5.4.9}$$

即

$$\frac{\partial J_i}{\partial W_i} = 0 \Rightarrow$$

$$\sum_{k=1}^{K} 2\omega_k (W_i^p - W_{ki}^p) p W_i^{p-1} = 0, p \neq 0, W_i \neq 0 \Rightarrow W_i^p \sum_{k=1}^{K} \omega_k - \sum_{k=1}^{K} \omega_k W_{ki}^p = 0 \tag{5.4.10}$$

由归一化约束条件，推出融合权重的模型为

$$W_i = \left(\sum_{k=1}^{K} \omega_k W_{ki}^p\right)^{\frac{1}{p}} \tag{5.4.11}$$

式中　K——确定诊断指标的权重的方法数目；

W_{ki}——诊断指标采用第 k 种方法确定的权重；

ω_k——融合权重中采用第 k 种方法的加权系数；

p——模型的可调参数，$p \neq 0$（表5.4.3）。

表5.4.3   **不同 p 值对应的权重融合方法和数学模型**

p 值	融合方法名称	数学模型
$p=1$	简单加权算术平均法	$W_i = \sum\limits_{k=1}^{K} \omega_k W_{ki}$
$p=2$	简单加权平方和平均法	$W_i = \sqrt{\sum\limits_{k=1}^{K} \omega_k W_{ki}{}^2}$
$p=1/2$	简单加权平方根平均法	$W_i = \left(\sum\limits_{k=1}^{K} \omega_k \sqrt{W_{ki}}\right)^2$
$p=-1$	简单加权调和平均法	$W_i = 1/\sum\limits_{k=1}^{K} \dfrac{\omega_k}{W_{ki}}$

2. 实例分析

南京武定门节制闸顶层指标为"稳定性""抗渗稳定性""抗震能力""消能防冲能力""过水能力""混凝土结构""闸门、启闭机"，设其权重集为 $A = \{\omega_1, \omega_2, \omega_3, \omega_4, \omega_5, \omega_6, \omega_7\}$，采用层次分析法和专家打分方法分别计算顶层指标权重系数。

层次分析法采用 $1 \sim 9$ 标度，构造判断矩阵如下：

$$A = \begin{bmatrix} 1.000 & 3.000 & 5.000 & 6.000 & 0.333 & 4.000 & 7.000 \\ 0.333 & 1.000 & 3.000 & 4.000 & 0.500 & 3.000 & 6.000 \\ 0.200 & 0.333 & 1.000 & 3.000 & 0.250 & 0.333 & 2.000 \\ 0.167 & 0.250 & 0.333 & 1.000 & 0.200 & 0.250 & 3.000 \\ 3.000 & 2.000 & 4.000 & 5.000 & 1.000 & 5.000 & 7.000 \\ 0.250 & 0.333 & 3.000 & 4.000 & 0.200 & 1.000 & 4.000 \\ 0.143 & 0.167 & 0.500 & 0.333 & 0.143 & 0.250 & 1.000 \end{bmatrix}$$

按层次分析法计算流程计算，$CR = CI/RI = 0.079 < 0.1$，满足一致性检验，权重系数 $\omega_{层} = (0.265, 0.169, 0.062, 0.042, 0.334, 0.098, 0.029)$。专家打分法确定权重系数 $\omega_{专} = (0.194, 0.177, 0.102, 0.092, 0.201, 0.163, 0.070)$。认为这两种权重确定方法具有同等重要性，采用简单加权算术平均方法确定融合权重，可调参数 $P = 1$，融合权重加权系数为 $1/2$，计算模型为：$\omega = \omega_{专}/2 + \omega_{层}/2$。得武定门节制闸顶层指标融合权重为

$$\omega = (0.230, 0.173, 0.082, 0.067, 0.268, 0.131, 0.049)$$

5.4.2 水闸健康综合诊断的数学模型

以上各节对水闸健康综合诊断信息获取、水闸综合诊断结构体系建立、水闸综合诊断权重系数确定进行了研究，建立水闸健康综合诊断数学模型。水闸健康综合诊断是一个主观、客观信息综合集成的复杂过程，对水闸进行健康综合诊断，不仅要考虑单个因素对水闸健康状况的影响，还要考虑多个因素对水闸健康状况的综合影响；另外，水闸健康综合诊断底层指标又分为定性指标和定量指标，建立的水闸健康综合诊断的数学模型应能获取

水闸健康综合诊断底层指标分别为定性或定量指标情况的诊断结果。本节主要目标是建立满足以上要求的水闸健康综合诊断数学模型，主要介绍解决底层指标分别为定性指标情况和定量指标情况的水闸健康综合诊断数学模型。

5.4.2.1　水闸老化病害指标分级综合诊断数学模型

水闸老化病害指标分级综合诊断数学模型[50]是一种解决底层指标为定性指标的水闸健康综合诊断数学模型。

1. 子目标诊断数学模型

$$V_i = \sum_{j=1}^{m} Q_y W_y Y_a(x)/A + \sum_{j=1}^{m} Q_y W_y Y_b(x)/B + \sum_{j=1}^{m} Q_y W_y Y_c(x)/C + \sum_{j=1}^{m} Q_y W_y Y_d(x)/D$$

$$(5.4.12)$$

式中　　　　　m——子目标指标数目，$i=1,2,3$；$j=1,2,\cdots,m$；

$Y_z(x)$——特征函数，$Y_z(x) = \begin{cases} 1 & \text{当 } x \in A, B, C, D \\ 0 & \text{当 } x \notin A, B, C, D \end{cases}$；其中，$z=a$、$b$、$c$、$d$，且分别对应 A、B、C、D（"健康""亚健康""病变""病危"）；

Q、W——一级和二级各指标因素对子目标 i 影响的权系数；

$\sum_{i=1}^{m} Q_y W_y Y_z(x)$——对于第 i 子目标属于健康评价集 A、B、C、D 的隶属度，隶属度最大者对应的等级即为该建筑物依据各子目标所评判的健康状况。

2. 健康综合诊断数学模型

$$E = \sum_{i=1}^{n} P_i V_i = \sum_{i=1}^{n} P_i \sum_{j=1}^{m} Q_y W_y Y_a(x)/A + \sum_{i=1}^{n} P_i \sum_{j=1}^{m} Q_y W_y Y_b(x)/B$$

$$+ \sum_{i=1}^{n} P_i \sum_{j=1}^{m} Q_y W_y Y_c(x)/C + \sum_{i=1}^{n} P_i \sum_{j=1}^{m} Q_y W_y Y_d(x)/D \qquad (5.4.13)$$

式中　　　　　n——子目标的数目；

P——第 i 个子目标对总目标影响的权系数；

$\sum_{i=1}^{n} P_i \sum_{j=1}^{m} Q_y W_y Y_z(x)$——对总目标属于健康评价集 A、B、C、D 的隶属度，$z=a$、b、c、d，其代数值最大者对应的等级即为水闸的健康状况。

5.4.2.2　水闸健康模糊综合诊断数学模型

1. 水闸健康模糊诊断数学模型

模糊数学是研究模糊现象的定量处理方法，用来描述模糊现象[51-52]。

设影响水闸健康状况的因素有 n 个，则因素集 U 为

$$U = \{u_1, u_2, \cdots, u_n\} \qquad (5.4.14)$$

设水闸健康状况评价集由 m 个诊断结果组成，则评价集 V 为

$$V = \{v_1, v_2, \cdots, v_m\} \tag{5.4.15}$$

水闸健康综合诊断评价集由"健康""亚健康""病变""病危"4个诊断结果组成，即 $m = 4$。

影响水闸健康状况的因素集 U 中，各因素 $u_i (i = 1, 2, \cdots, n)$ 在诊断中所起的作用不同，具有不同的权重，则权重集 $\underset{\sim}{A}$ 为

$$\underset{\sim}{A} = (\omega_1, \omega_2, \omega_3, \cdots, \omega_n) \tag{5.4.16}$$

式中 ω_i——对第 i 个因素的加权值，一般满足 $\sum\limits_{i=1}^{n} \omega_i = 1$。

根据模糊理论，影响水闸健康状况的第 i 个因素的单因素模糊评价为评价集 V 上的模糊子集，则模糊子集 R_i 为

$$R_i = (r_{i1}, r_{i2}, r_{i3}, \cdots, r_{im}) \tag{5.4.17}$$

单因素诊断矩阵 $\underset{\sim}{R}$ 为

$$\underset{\sim}{R} = \begin{bmatrix} r_{11} & r_{12} & \cdots, & r_{1m} \\ r_{21} & r_{22} & \cdots, & r_{2m} \\ \vdots & \vdots & \ddots & \vdots \\ r_{n1} & r_{n2} & \cdots, & r_{nm} \end{bmatrix} \tag{5.4.18}$$

而水闸健康综合诊断的 $\underset{\sim}{B}$ 是评价集 V 上的模糊子集，则水闸健康综合诊断的模糊子集 $\underset{\sim}{B}$ 为

$$\underset{\sim}{B} = \underset{\sim}{A} \circ \underset{\sim}{R} \tag{5.4.19}$$

权重集 $\underset{\sim}{A}$ 与单因素模糊评价矩阵 $\underset{\sim}{R}$ 运用一定的算法模型进行合成，求取评价模糊子集 $\underset{\sim}{B}$，由模糊理论的最大隶属度法、加权平均法或模糊分布法，得出水闸的健康状况。

水闸模糊综合诊断实质上是一个模糊变换问题，将模糊关系 $\underset{\sim}{R}$ 看作模糊变换器，$\underset{\sim}{A}$、$\underset{\sim}{B}$ 分别作为输入和输出，则水闸模糊综合诊断问题就是一个已知输入 $\underset{\sim}{A}$ 和模糊关系 $\underset{\sim}{R}$ 求输出 $\underset{\sim}{B}$ 的问题（图5.4.2）。

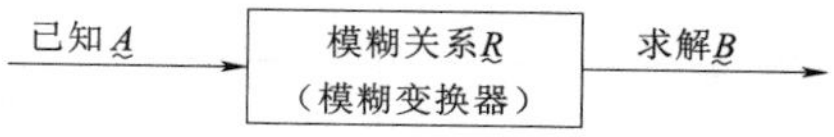

已知 $\underset{\sim}{A}$ → 模糊关系 $\underset{\sim}{R}$（模糊变换器）→ 求解 $\underset{\sim}{B}$

图5.4.2 水闸模糊综合诊断结构

2. 广义模糊算子的算法模型

根据 $\underset{\sim}{B} = \underset{\sim}{A} \circ \underset{\sim}{R}$：

$$\underset{\sim}{B} = \underset{\sim}{A} \circ \underset{\sim}{R} = (\omega_1, \omega_2, \cdots, \omega_n) \circ \begin{bmatrix} r_{11} & r_{12} & \cdots & r_{1m} \\ r_{21} & r_{22} & \cdots & r_{2m} \\ \vdots & \vdots & \ddots & \vdots \\ r_{n1} & r_{n2} & \cdots & r_{nm} \end{bmatrix}$$

模型 $M(\wedge, \vee)$ 通过取小及取大两种运算，属于"主因素决定型"模型。在取小运算时，在水闸健康诊断因素比较多情况下，每一因素的加权值较小，容易造成 $r_{ij} > \omega_i$；

在水闸健康诊断因素比较少时，每一因素的加权值较大，又容易造成 $\omega_i > r_{ij}$；取大运算时，是在受限制的 ω_i 和 r_{ij} 的小中取其最大值。运用该模型无论取小还是取大运算都会丢失大量的信息，导致诊断结果的不理想。因此，上述模型不宜用于水闸健康诊断因素较多或较少的情形。

模型 $M(\cdot,\vee)$ 采用普通乘法和取大运算，属于"主要因素突出型"模型。其中乘运算不会丢失信息，但取大运算会丢失有用信息，使用该模型能较好地反映水闸单因素健康诊断的重要程度。

$$B = A \circ R = (\omega_1,\omega_2,\cdots,\omega_n) \circ \begin{bmatrix} r_{11} & r_{12} & \cdots & r_{1m} \\ r_{21} & r_{22} & \cdots & r_{2m} \\ \vdots & \vdots & \ddots & \vdots \\ r_{n1} & r_{n2} & \cdots & r_{nm} \end{bmatrix} = (b_1,b_2,\cdots,b_m)$$

$$(5.4.20)$$

式中　"$\circ$"——广义模糊算子，广义模糊算子有 5 种算法模型（表 5.4.4）。

表 5.4.4　　　　　　　　　　　　模 糊 算 子 算 法 模 型

算法模型名称	数　学　模　型
模型 $1M(\wedge,\vee)$	$b_j = \bigvee\limits_{i=1}^{n} (\omega_i \wedge r_{ij}), i=1,2,3,\cdots,n; j=1,2,3,\cdots,m$
模型 $2M(\cdot,\vee)$	$b_j = \bigvee\limits_{i=1}^{n} \omega_i \cdot r_{ij}, i=1,2,3,\cdots,n; j=1,2,3,\cdots,m$
模型 $3M(\wedge,\oplus)$	$b_j = \sum\limits_{i=1}^{n} \omega_i \wedge r_{ij}, i=1,2,3,\cdots,n; j=1,2,3,\cdots,m$ 符号 $\sum\limits_{i=1}^{n}$ 为 n 个数在 $\oplus$ 运算下的求和 $b_j = \min[1, \sum\limits_{i=1}^{n} \omega_i \wedge r_{ij}], j=1,2,3,\cdots,m$
模型 $4M(\cdot,\oplus)$	$b_j = \sum\limits_{i=1}^{n} \omega_i \cdot r_{ij}, i=1,2,3,\cdots,n; j=1,2,3,\cdots,m$ 符号 $\sum\limits_{i=1}^{n}$ 为 n 个数在 $\oplus$ 运算下的求和 $b_j = \min[1, \sum\limits_{i=1}^{n} \omega_i \cdot r_{ij}], j=1,2,3,\cdots,m$
模型 $5M(\cdot,+)$	$b_j = \sum\limits_{i=1}^{n} \omega_i \cdot r_{ij}, i=1,2,3,\cdots,n; j=1,2,3,\cdots,m;$ 且 $\sum\limits_{i=1}^{n} \omega_i = 1$

模型 $M(\wedge,\vee)$ 通过取小及取大两种运算，属于"主因素决定型"模型。在取小运算时，在水闸健康诊断因素比较多情况下，每一因素的加权值较小，容易造成 $r_{ij} > \omega_i$；在水闸健康诊断因素比较少时，每一因素的加权值较大，又容易造成 $\omega_i > r_{ij}$；取大运算时，是在受限制的 ω_i 和 r_{ij} 的小中取其最大值。运用该模型无论取小还是取大运算都会丢失大量的信息，导致诊断结果的不理想。因此，上述模型不宜用于水闸健康诊断因素较多

或较少的情形。

针对该模型的弱点，对权系数进行修正

$$\omega_i' = n\omega_i / (m \sum_{i=1}^{n} a_i), \quad i = 1, 2, 3, \cdots, n \qquad (5.4.21)$$

将权系数归一化为

$$\omega_i' = \left(\frac{n}{m}\right)\omega_i, \quad i = 1, 2, 3, \cdots, n \qquad (5.4.22)$$

式中　ω_i'——修正权系数；

　　　n——水闸健康综合诊断指标的个数；

　　　m——水闸健康综合诊断评价集元素的数目，$m = 4$。

经上述修正，不论 $m \gg n$，还是 $n \gg m$ 情况，由于匹配合适，在合成运算时不会丢失有价值的信息。

模型 $M(\cdot, \vee)$ 采用普通乘法和取大运算，属于"主要因素突出型"模型。其中乘运算不会丢失信息，但取大运算会丢失有用信息，使用该模型能较好地反映水闸单因素健康诊断的重要程度。

模型 $M(\wedge, \oplus)$ 采用取小和环和运算，属于"主要因素突出型"模型。采用该模型时，在进行取小运算时仍会丢失有价值的信息，且当 ω_i 和 r_{ij} 取值较大时，相应的 b_j 值均可能等于上限 1；当 ω_i 取值较小时，相应的 b_j 值均可能等于各 ω_i 之和，导致得出无意义的诊断结果。

模型 $M(\cdot, \oplus)$ 采用普通乘法和环和运算，也属于"加权平均型"模型。将该模型进行改进，将 $\omega_i (i = 1, 2, \cdots, m)$ 进行归一化处理使 $\sum_{i=1}^{n} \omega_i = 1$，环和运算蜕化成一般的实数加法，即为 $M(\cdot, \oplus)$ 模型。

水闸健康综合诊断要考虑的因素很多，每个因素又包含多个层次，建立的综合诊断层次结构可能是三级以上的层次结构。解决这种多层次的水闸健康综合诊断方法是，首先对最低层次的各个因素进行综合诊断，然后不断地对上一层次的各因素进行综合诊断，直到得出水闸的健康综合诊断结果。

设水闸第一层因素集为 $U = \{u_1, u_2, \cdots, u_n\}$；再细划分其中的 $u_i (i = 1, 2, \cdots, n)$，得第二层因素集为 $U_i = \{u_{i1}, u_{i2}, \cdots, u_{in}\}$；再细划分其中的 $u_{ij} (i = 1, 2, \cdots, n; j = 1, 2, \cdots, m)$，得第三层因素集为 $U_{ij} = \{u_{ij1}, u_{ij2}, \cdots, u_{ijp}\}$，依此再细化，直至最底层因素。

设水闸按第 i 类中的第 j 个因素 u_{ij} 评价，评价对象隶属于评价集中第 k 个元素的隶属度为 $r_{ijk} (i = 1, 2, \cdots, n; j = 1, 2, \cdots, m; k = 1, 2, \cdots, p)$。

设水闸一级模糊综合诊断中，对第 i 类因素进行综合诊断时，对评价集中第 k 个元素的隶属度，即一级模糊综合诊断指标为 b_{ik}；设水闸二级模糊综合诊断中，对二级各因素诊断时，对评价集中第 k 个元素的隶属度，即二级模糊综合诊断指标为 b_k。

依据模糊理论，水闸一级综合诊断的第 i 类因素的评价集为

$$B_i = A_i \circ R_i = A_i \circ \begin{bmatrix} r_{i11} & r_{i12} & \cdots & r_{i1p} \\ r_{i21} & r_{i22} & \cdots & r_{i2p} \\ \vdots & \vdots & \ddots & \vdots \\ r_{im1} & r_{im2} & \cdots & r_{imp} \end{bmatrix} = (b_{i1}, b_{i2}, \cdots, b_{ip}) \tag{5.4.23}$$

式中　B_i——水闸底层第 i 类因素的模糊综合评价集；

A_i——水闸底层第 i 类因素的权重集。

$$A_i = (\omega_{i1}, \omega_{i2}, \cdots, \omega_{im}) \tag{5.4.24}$$

"。"为广义模糊算子，以模型 $M(\wedge, \vee)$ 示意：

$$b_{ik} = \bigvee_{j=1}^{m} (\omega_{ij} \wedge r_{jk}) \quad i=1,2,\cdots,n; j=1,2,\cdots,m; k=1,2,\cdots,p \tag{5.4.25}$$

R_i 为水闸一级模糊综合诊断的单因素评价矩阵：

$$R_i = \begin{bmatrix} r_{i11} & r_{i12} & \cdots & r_{i1p} \\ r_{i21} & r_{i22} & \cdots & r_{i2p} \\ \vdots & \vdots & \ddots & \vdots \\ r_{im1} & r_{im2} & \cdots & r_{imp} \end{bmatrix} \tag{5.4.26}$$

进一步考虑水闸各类因素的综合影响，向上一层综合，即可得到水闸二级综合诊断的评价集

$$B = A \circ R = A \circ \begin{bmatrix} A_1 & \circ & R_1 \\ A_2 & \circ & R_2 \\ \vdots & \vdots & \vdots \\ A_n & \circ & R_n \end{bmatrix} = (b_1, b_2, \cdots, b_p) \tag{5.4.27}$$

$$A = (\omega_1, \omega_2, \cdots, \omega_m) \tag{5.4.28}$$

式中　B——水闸二级模糊综合评价集；

A——水闸二级模糊综合诊断因素的权重集。

"。"为广义模糊算子，以模型 $M(\wedge, \vee)$ 示意：

$$b_k = \bigvee_{i=1}^{n} (\omega_i \wedge r_{ik}) \quad (i=1,2,\cdots,n; k=1,2,\cdots,p) \tag{5.4.29}$$

R 为水闸二级模糊综合诊断的评价矩阵：

$$R = \begin{bmatrix} B_1 \\ B_2 \\ \vdots \\ B_m \end{bmatrix} = \begin{bmatrix} A_1 & \circ & R_1 \\ A_2 & \circ & R_2 \\ \vdots & \vdots & \vdots \\ A_n & \circ & R_n \end{bmatrix} = [r_{ij}]_{n \times p} \tag{5.4.30}$$

$$r_{ik} = b_{ik} \quad (i=1,2,\cdots,n; k=1,2,\cdots,p) \tag{5.4.31}$$

水闸三级综合诊断的评价模型示意如下：

$$B' = A' \circ R' = A' \circ \begin{bmatrix} A_1 \circ \begin{bmatrix} A_{11} & \circ & R_{11} \\ A_{12} & \circ & R_{12} \\ \vdots & \vdots & \vdots \\ A_{1m} & \circ & R_{1m} \end{bmatrix} \\ A_2 \circ \begin{bmatrix} A_{21} & \circ & R_{21} \\ A_{22} & \circ & R_{22} \\ \vdots & \vdots & \vdots \\ A_{2m} & \circ & R_{2m} \end{bmatrix} \\ \vdots \\ A_n \circ \begin{bmatrix} A_{n1} & \circ & R_{n1} \\ A_{n2} & \circ & R_{n2} \\ \vdots & \vdots & \vdots \\ A_{nm} & \circ & R_{nm} \end{bmatrix} \end{bmatrix} \qquad (5.4.32)$$

式中　B'——水闸三级模糊综合评价集；

　　　A'——水闸三级模糊综合诊断因素的权重集；

　　　"。"——广义模糊算子；

　　　R'——水闸三级模糊综合诊断的评价矩阵，由二级模糊综合诊断评价矩阵综合而成。

三级以上模糊综合评判数学模型依此类推。

3. 水闸模糊综合诊断评判矩阵

水闸评价集为"健康""亚健康""病变""病危"，给出水闸健康综合诊断的各评价集对应的取值区间（表 5.4.5）。

表 5.4.5　　　　　　　　　　水闸各因素评判标准

因素	健康	亚健康	病变	病危
u_1	0.75～1.00	0.50～0.75	0.25～0.50	0～0.25
u_2	0.75～1.00	0.50～0.75	0.25～0.50	0～0.25
…	…	…	…	…
u_3	0.75～1.00	0.50～0.75	0.25～0.50	0～0.25

健康综合诊断评判矩阵需要水闸健康综合诊断隶属函数，建立的水闸健康综合诊断各指标对"健康"等级的隶属函数如下：

$$f_{i1}(x) = \begin{cases} 1 & 0.75 \leqslant x \leqslant 1 \\ \dfrac{x-0.5}{0.25} & 0.5 < x < 0.75 \quad (i=1,2,\cdots,n) \\ 0 & 0 \leqslant x \leqslant 0.5 \end{cases} \qquad (5.4.33)$$

建立的水闸健康综合诊断各指标对"亚健康"等级的隶属函数如下：

$$u_{i2}(x) = \begin{cases} \dfrac{1-x}{0.25} & 0.75 \leqslant x \leqslant 1 \\ 1 & 0.5 \leqslant x < 0.75 \\ \dfrac{x-0.25}{0.25} & 0.25 \leqslant x < 0.5 \\ 0 & 0 \leqslant x < 0.25 \end{cases} \quad (i=1,2,\cdots,n) \qquad (5.4.34)$$

建立的水闸健康综合诊断各指标对"病变"等级的隶属函数如下：

$$u_{i3}(x) = \begin{cases} 0 & 0.75 \leqslant x \leqslant 1 \\ \dfrac{0.75-x}{0.25} & 0.5 \leqslant x < 0.75 \\ 1 & 0.25 \leqslant x < 0.5 \\ \dfrac{x}{0.25} & 0 \leqslant x < 0.25 \end{cases} \quad (i=1,2,\cdots,n) \qquad (5.4.35)$$

建立的水闸健康综合诊断各指标对"病危"等级的隶属函数如下：

$$u_{i4}(x) = \begin{cases} 0 & 0.5 \leqslant x \leqslant 1 \\ \dfrac{0.5-x}{0.25} & 0.25 \leqslant x < 0.5 \\ 1 & 0 \leqslant x < 0.25 \end{cases} \quad (i=1,2,\cdots,n) \qquad (5.4.36)$$

上几式中　x——水闸各底层指标的"健康值"，将"健康值"代入以上隶属函数，即为水闸各底层指标的评判矩阵。

参考文献

［1］　高卫东，刘永建. 熵权可拓模型在膨胀土胀缩等级判别中的应用 [J]. 长江科学院院报，2012，29 (11)：91-94.

［2］　张俊华，杨耀红，陈南祥. 模糊物元模型在地下水水质评价中的应用 [J]. 长江科学院院报，2010，27 (9)：10-13.

［3］　李辉，季惠彬，晏鄂川，等. 地下水封洞库岩体质量可拓评价 [J]. 长江科学院院报，2011，28 (8)：55-58.

［4］　蔡文. 物元模型及其应用 [M]. 北京：科学技术文献出版社，1994.

［5］　李聪，陈建宏. 联系数的物元模型在建筑安全评价及预测中的应用 [J]. 安全与环境学报，2016，16 (2)：71-75.

［6］　左淑惠. 基于可拓物元模型的山西省农用地流转市场发育度研究 [D]. 太原：山西财经大学，2018.

［7］　韩彰，陈健，李经纬，等. 改进物元可拓法在水闸工程安全综合评估中的应用 [J]. 水力发电，2015，41 (4)：82-85.

［8］　刘敏. 城市道路交通安全风险评价研究 [D]. 武汉：武汉理工大学，2018.

［9］　赵克勤. 集对分析及其初步应用 [M]. 杭州：浙江科学技术出版社，2000.

［10］　杨齐祺. 区域水土资源匹配分析的智能建模方法及其应用 [D]. 合肥：合肥工业大学，2016.

［11］　吴逸. 大巴山隧道岩爆及大变形的综合集成预测研究 [D]. 成都：成都理工大学，2011.

[12]　胡启玲，董增川，杨雁飞，等. 基于联系数的水资源承载力状态评价模型 [J]. 河海大学学报（自然科学版），2019，47（5）：425 - 432.

[13]　刘童，杨晓华，赵克勤，等. 基于集对分析的水资源承载力动态评价——以四川省为例 [J]. 人民长江，2019，50（9）：94 - 100.

[14]　李明华，陈艳亭，周新力. 基于多元联系数集对分析法的道口安全评价 [J]. 华东交通大学学报，2019，36（4）：75 - 80.

[15]　李聪，陈建宏. 联系数的物元模型在建筑安全评价及预测中的应用 [J]. 安全与环境学报，2016，16（2）：71 - 75.

[16]　苏怀智，孙小冉. 混凝土坝渗流性态综合评价与趋势预估模型研究 [J]. 人民长江，2013，44（22）：95 - 99，110.

[17]　姚勇，穆鹏. 模糊四元联系数在土质边坡稳定性评价中的应用 [J]. 水力发电，2012，38（8）：22 - 25.

[18]　刘双跃，王娟，何发龙. 四元联系数对煤矿安全质量标准化的优化研究 [J]. 中国安全生产科学技术，2012，8（12）：32 - 37.

[19]　李家田，苏怀智. 基于联系数的水闸安全综合评价物元模型与实现方法 [J]. 长江科学院院报，2018，35（10）：88 - 91，97.

[20]　赵海超，苏怀智，李家田，等. 基于多元联系数的水闸运行安全态势综合评判 [J]. 长江科学院院报，2019，36（2）：39 - 45.

[21]　董奋义，刘俊娟，刘斌，等. 灰色综合聚类法的改进及其在河南省农村经济发展水平评价中的应用 [J]. 农业系统科学与综合研究，2010，26（4）：478 - 483.

[22]　董奋义，介宇扬，齐冰. 基于灰色理论的银行类上市公司经营绩效评价 [J]. 数学的实践与认识，2018，48（18）：54 - 59.

[23]　李庭. 灰色聚类法在矿井水水质综合评价的应用 [J]. 轻工科技. 2017，33（11）：100 - 101，103.

[24]　刘思峰，张红阳，杨英杰. "最大值准则"决策悖论及其求解模型 [J]. 系统工程理论与实践，2018，38（7）：1830 - 1835.

[25]　邓聚龙. 灰色控制系统 [M]. 武汉：华中工学院出版社，1985.

[26]　邓聚龙. 灰色预测与决策 [M]. 武汉：华中工学院出版社，1985.

[27]　邓聚龙. 灰色系统基本方法 [M]. 武汉：华中理工大学出版社，1988.

[28]　易德生，郭萍. 灰色理论与方法 [M]. 北京：石油工业出版社，1992.

[29]　崔德密，乔润德. 水闸老化病害指标分级综合评估法及应用 [J]. 人民长江，2001：39 - 41.

[30]　冯定. 神经网络专家系统 [M]. 北京：科学出版社，2006.

[31]　张德丰. MATLAB 模糊系统设计四 [M]. 北京：国防工业出版社，2009.

[32]　高隽. 人工神经网络原理及仿真实例 [M]. 北京：机械工业出版社，2003.

[33]　陈魏. 基于神经网络的煤矿安全综合评价模型研究 [D]. 北京：首都经济贸易大学. 2010.

[34]　黄辉宇，李从东. 基于人工神经网络的煤矿安全评估模型研究 [J]. 工业工程. 2007，10（1）：112 - 115.

[35]　Kazumi Saito, Ryohei Nakano. Extracting regression rules from neural networks [J]. Neural Networks，2002，15：1279 - 1288.

[36]　Fan Yongjian, Mai Jianying, Shen Yanguang. Study of the Safety Assessment Model of Coal Mine Based on BP Neural Network [C]. International Conference on Intelligent Computation Technology and Automation，2009.

[37]　张永民，郑松华，李永超. 基于物元可拓模型的省市级投融资平台风险之比较 [J]. 枣庄学院学报. 2012（10）.

[38]　孙佰清，等. 可拓神经网络模型的设计与实现 [J]. 哈尔滨工业大学学报. 2006（7）.

[39]　闫英战，等. 可拓神经网络在水质评价中的应用 [J]. 人民长江. 2010 (8).

[40]　郭亚军. 综合评价理论与方法 [M]. 北京：科学出版社，2002.

[41]　Saaty T L. Modeling unstructured decision problems – the theory of analytical hierarchies [J]. Math Comput Simulation，1978 (20)：147–158.

[42]　乔润德. 水闸、溢洪道老化病害评估的层次分析法 [J]. 安徽水利科技. 1996 (1)：2–9.

[43]　张琳琳. 重大水工混凝土结构健康诊断综合分析理论和方法 [D]. 南京：河海大学，2003.

[44]　何金平，李珍照，施玉群. 大坝结构实测性态综合评价中的权重问题 [J]. 武汉大学学报（工学版），2001，3：13–16.

[45]　侯玉成. 土石坝健康诊断理论与方法研究 [D]. 南京：河海大学，2005.

[46]　仲琳. 碾压混凝土坝安全监控模型及其应用研究 [D]. 南京：河海大学，2005.

[47]　侯岳衡，沈德家. 指数标度及其与几种标度的比较 [J]. 系统工程理论与实践，1995 (10)：43–46.

[48]　何堃. 层次分析法的标度研究 [J]. 系统工程理论与实践，1997 (6)：58–61.

[49]　Malcolm Beynon. An analysis of distributions of priority values from alternative comparison scales within AHP [J]. European Journal of Operational Research，2002 (140)：104–117.

[50]　崔德密，乔润德. 水闸老化病害指标分级综合评估法及应用 [J]. 人民长江，2001，32 (5)：39–41.

[51]　周浩亮，模糊数学基本理论及应用，建井技术 [J]，1994 (4，5) 70–80.

[52]　汪培庄，韩立岩. 应用模糊数学 [M]. 北京：北京经济学院出版社，1989.

第6章　水闸工程除险加固技术

水闸工程的除险加固是改善和提高水闸工程健康状况的主要措施。本章针对水闸工程的除险加固技术进行研究和分析，提出了水闸工程施工质量保障及评价方法、基于生命周期成本的加固方案优化方法等。

6.1　水闸工程施工质量保障及评价方法

水闸施工过程是决定工程质量的关键阶段。水闸施工过程复杂，受自然环境、施工工艺和组织方式等因素的影响，施工质量控制有很强的不确定性。因此，针对水闸的施工过程，必须把施工质量控制落实到混凝土生产、运输、浇筑、养护的全过程中，依据质量控制标准，对整个施工过程进行有效的监控，才能保证水闸工程质量。针对水闸施工全过程，分析施工质量保障方法并建立评价水闸施工质量的评价体系，研究评价体系中各个评价指标的施工质量的水平量化方法，提出水闸施工质量的评价方法，据此对水闸施工质量进行综合评估。

6.1.1　施工质量保障方法

6.1.1.1　混凝土工程施工质量控制

（1）原材料。

为了降低水化热，可选择中热硅酸盐水泥或低热矿渣硅酸盐水泥，并减少水泥用量[1-2]。在混凝土中掺活性混合料，如粉煤灰，可降低混凝土最高温度，并推迟达到最高温度的时间，掺入粉煤灰的百分数即为温度和水化热降低的百分数。使用外加剂也是一种有效措施，如缓凝剂、减水剂、膨胀剂等，其中膨胀剂应用于闸墩底部有外部约束的部位，避免内部膨胀超过表面膨胀。另外，混凝土合理配比也是值得注意的问题。

（2）混凝土制备、运输、浇筑、养护质量。

1）制备方面：首先，尽量降低混凝土入仓温度，现场新拌混凝土温度应控制在6℃左右，在夏季高温期拌和时，可用冰片代替部分水进行混凝土冷却，浇筑时尽量选在春秋季，避免夏冬季浇筑，对运送混凝土的工具或浇筑舱面采取必要的遮阳或降温措施。其次，应降低混凝土的内外温差，例如，在混凝土内部埋设冷却水管，用地下水或人工冷却水降低混凝土内部温度（在混凝土外部采取隔热保护措施，调节外部温度下降速度，降低内外温差）。

2）运输方面：通常采用泵送混凝土的方式来提高混凝土的运输速度。

3）浇筑方面：为了保证混凝土更好散热，可采取分层浇筑混凝土，分层深度为1～

1.5m（上一层混凝土在前一层混凝土初凝前浇筑完，最底层混凝土可与底板同时浇筑）。另外，可适当缩短分缝长度或者采取分段浇筑，预留1～2m后浇带，等到各段收缩后，在后浇带浇筑膨胀型混凝土。

4）养护方面：对混凝土进行养护可以在一定程度上减慢其变形速度在模板未拆时，尽量减小环境风速。拆模后，可从结构顶部浇水或淋水，若在闸墩周围裹上不透气塑料膜则养护效果更好。

6.1.1.2 金属结构施工质量控制

（1）原材料质量。

水工金属结构所使用的钢材必须符合图纸要求[3]。优质碳素结构钢和碳素结构钢应符合《优质碳素结构钢》（GB 699—2015）和《碳素结构钢》（GB 700—2016）的有关规定；低合金结构钢和合金结构钢应符合《低合金结构钢》（GB 1591—2018）和《合金结构钢》（GB/T 3077—2015）的有关规定。一般工程用铸造碳钢件，高锰钢铸件和合金钢应符合《一般工程用铸造碳钢件》（GB/T 11352—2009）、《奥氏体锰钢铸件》（GB/T 5680—2010）和《合金钢铸件》（JB/ZQ 4297—1986）有关规定，并应具有出厂质量证书。如无质量证书或钢号不清应予复检，复检合格后方可使用。

（2）金属结构（闸门）制造质量。

制造应满足设计要求[4-5]。隐蔽结构无质量隐患，主要承重结构及重要零件的制造质量均应符合规程及行业标准要求，并具有质量等级评定证书。只有这样合理设计才能成为事实。

（3）闸门、启闭机安装质量控制。

安装尺寸及各部件关系正确，运转无噪声及特殊声响；连接牢固；各转动轴与轴套间隙适当，运行轻松无卡阻。具有安装等级评定证书。

6.1.2 施工质量评价体系

根据水闸施工风险因子指标体系，采用改进模糊层次分析法对其逐层进行识别，江苏某水闸施工质量评价体系如图6.1.1所示，指标共分5个等级。

一级指标：江苏某水闸加固施工质量A。

二级指标：混凝土施工质量B_1、钢筋施工质量B_2、启闭机施工质量B_3。

三级指标：C_1、C_2、C_3、…、C_{11}。

四级指标：D_1、D_2、D_3、…、D_{44}。

五级指标：E_1、E_2、E_3、…、E_{30}。

6.1.3 基于改进模糊层次分析法施工质量的实例分析

江苏某水闸工程等别为Ⅱ等，主要建筑物级别为2级；闸上河道堤防工程级别为4级。挡潮标准为100年一遇设计，200年一遇校核，排涝标准10年一遇，防洪标准20年一遇。

本工程主要任务是通过对此水闸闸身和闸上弯道除险加固，消除安全隐患，确保工程安全运行，为该地区社会经济发展提供可靠保障。

工程主要建设内容包括启闭机房、工作桥、排架、控制室、守潮室拆建；闸墩沉降缝

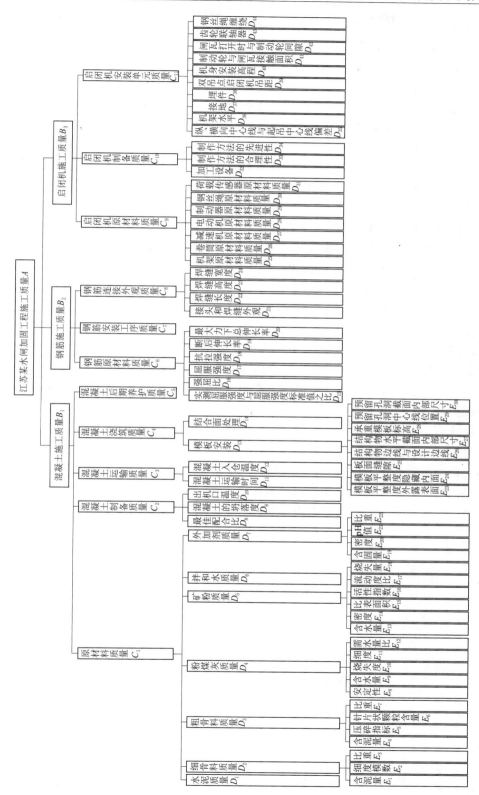

图 6.1.1 江苏某水闸施工工序指标评价体系

357

处理，常水位以上混凝土表面碳化、裂缝处理；闸上弯道冲塘整治；下游海漫接长、护坡维修加固；管理设施维修改造；闸门防腐、更换止水，新增检修闸门；更换闸门启闭机；电气及自动化设备改造等。

（1）启闭机房新建方案。

待吊装就位后的新预制工作桥大梁混凝土达到龄期后，启闭机安装好后，再在其上重新砌筑砖混凝土结构的新启闭机房。

（2）机电设备施工方案。

原启闭机全部更换，待新启闭机运达现场后，核对其尺寸无误后，再在已吊装完毕的工作桥上浇筑启闭机基础。预埋地脚螺栓，待基础混凝土达到一定强度后，安装调试启闭机。

（3）上游冲塘整治工程方案。

闸上河道近闸冲刷段整治工程为：将河道淤侧所挖土方利用充泥管袋回填深塘至 -3.38m，上覆土工布并加压一层 12cm 厚混凝土铰接式护坡块，并在岔口弯头护坡上增设 10cm 厚混凝土铰接式护坡块。

河道左岸河坡开挖土方主要为轻（重）粉质砂壤土，利于排水固结，适合作为充泥管袋的充填土料。充泥管袋回填深塘主要是将河坡土方用 4m^3 抓斗式挖泥船或者挖掘机挖入 200t 运砂船再利用泥浆泵抽出灌入土工充泥管袋中，经多遍充填利用自重让水随土工袋流出，而将土沉积于袋中，土工充泥管袋的主要优点是体积大、自重大，抛入水中不易被水流冲走，容易成形稳定。其主要工艺流程为：挖泥船→运砂船→泥浆泵（高压水枪备用）→充泥管袋。

为了防止管袋充灌时滚动滑移变位，用全站仪进行放样，垂直水流向充泥管袋采用毛竹桩定位，顺水流向充泥管袋采用定位船定位。

采用充泥管袋回填深塘，具有就地取材、挖填平衡、施工方便、避免排泥场占地和减少环境污染的优点，具有良好的经济效益和社会效益。

利用改进模糊层次分析法对各级指标赋权，可得结果见表 6.1.1。

表 6.1.1　　　　　　　　　江苏某水闸施工工序指标权重结果

总目标	一级	二级	权重	三级	权重	四级	权重
施工质量评价	混凝土施工质量 0.3481	原材料质量	0.2000	水泥质量	0.1429		
				细骨料质量	0.1429	含泥量	0.3333
						细度模数	0.3333
						比重	0.3333
				粗骨料质量	0.1429	含泥量	0.2500
						压碎指标	0.2500
						针片状颗粒含量	0.2500
						比重	0.2500

续表

总目标	一级	二级	权重	三级	权重	四级	权重
施工质量评价	混凝土施工质量 0.3481	原材料质量	0.2000	粉煤灰质量	0.1429	安定性	0.2000
						含水量	0.2000
						烧失量	0.2000
						细度	0.2000
						需水量比	0.2000
				矿粉质量	0.1429	含水量	0.1667
						密度	0.1667
						比表面积	0.1667
						活性指数	0.1667
						流动度比	0.1667
						烧失量	0.1667
				拌和水质量	0.1429		
				外加剂质量	0.1429	含固量	0.2500
						密度	0.2500
						pH 值	0.2500
						减水率	0.2500
		混凝土制备质量	0.2000	最佳配合比	0.3481		
				混凝土的坍落度	0.3259		
				出机口温度	0.3259		
		混凝土运输质量	0.2000	混凝土运输时间	0.5000		
				混凝土入仓温度	0.5000		
		混凝土浇筑质量	0.2000	模板安装	0.5000	模板平整度外露表面	0.1250
						模板平整度隐藏内面	0.1250
						板面缝隙	0.1250
						结构物边线与设计边线	0.1250
						结构物水平截面内部尺寸	0.1250
						承重模板标高	0.1250
						预留孔洞中心线位置	0.1250
						预留孔洞截面内部尺寸	0.1250
				结合面处理	0.5000		
		混凝土养护质量	0.2000				

总目标	一级	二级	权重	三级	权重	四级	权重
施工质量评价	钢筋施工质量 0.3259	钢筋原材料质量	0.3481	实测屈服强度与屈服强度标准值之比	0.1667		
				强屈比	0.1667		
				屈服强度	0.1667		
				抗拉强度	0.1667		
				断后伸长率	0.1667		
				最大力下总伸长率	0.1667		
		钢筋安装工序质量	0.3259				
		钢筋连接外观质量	0.3259	接头和焊缝外观	0.2500		
				焊缝长度	0.2500		
				焊缝高度	0.2500		
				焊缝宽度	0.2500		
	启闭机施工质量 0.3259	启闭机原材料质量	0.3409	卷筒原材料质量	0.1429		
				减速机原材料质量	0.1429		
				电动机原材料质量	0.1429		
				制动器原材料质量	0.1429		
				钢丝绳原材料质量	0.1429		
				荷载传感器原材料质量	0.1429		
		启闭机制备质量	0.3187	加工设备	0.3333		
				制作方法的合理性	0.3333		
				制作方法的先进性	0.3333		
		启闭机安装单元质量	0.3409	纵横向中心线与起吊中心线偏差	0.1000		
				机架水平	0.1000		
				接地	0.1000		
				埋件	0.1000		
				双吊点启闭机吊距	0.1000		
				机身安装高程	0.1000		
				制动轮与闸瓦接触面积	0.1000		
				闸瓦打开时与制动轮间隙	0.1000		
				齿轮联轴器	0.1000		
				钢丝绳缠绕	0.1000		

6.1.4 水闸施工质量安全评价模型

6.1.4.1 施工质量模糊评价步骤

一般来说，施工质量模糊评价的方法通常是：先对单个因素单独评判，构造评价矩阵，最终进行模糊合成，从而对所有因素进行综合评，根据评价结果做出决策[6][7]。具体过程分述如下。

1. 确定评价因素集

对于某个对象，要对其进行评价，首先需要明确表征该对象的因素有哪些，根据评价的目的，筛选出反映评价对象的主要因素，用相应指标进行度量，形成评价因素集。评价因素集合 $U=\{u_1,u_2,\cdots,u_m\}$，其中，u_i 为不同个评价因素，这就构成了综合评价框架。

2. 确定评语集或评价等级集

所谓的评价集就是对评价对象各种可能做出的评语的集合。根据江苏省质量技术监督局《水利工程施工检验与评定规范》DB32/T 2334.2，对水闸施工进行分类，即特级、一级、二级、三级、四级。本书参照上述规范，将水闸安全评价各层评价指标和最终评价目标安全状况划分为"优""良""中""差""劣"5 个等级，其中"优"对应于特级，"良"对应于一级，"中"对应于二级，"差"对应于三级，"劣"对应于四级，分别用符号 V_1、V_2、V_3、V_4、V_5 表示，则对应的安全评语集或评价等级集为"优""良""中""差""劣"。

3. 建立施工质量模糊评价矩阵

建立抉择等级 $v_j(j=1,2,3,4)$ 的隶属函数 r_{ij}，从而对单因素 $u_i(i=1,2,\cdots,m)$ 做出评判，得出相应的评价结果：$r_i=(r_{i1},r_{i2},r_{i3},r_{i4})$。为了分析的需要，通常情况下，$r_{ij}>0$ 且将 r_i 进行归一化，即使 $\sum\limits_{j=1}^{4}r_{ij}=1$。对于 m 个因素，进行完单因素评价后，将 r_i 作为第 i 行，形成一个综合了 m 个因素 4 个评价等级的模糊矩阵 $\boldsymbol{R}$。

$$\boldsymbol{R}=(r_{ij})_{m*4}\begin{bmatrix} r_{11} & r_{12} & r_{13} & r_{14} \\ r_{21} & r_{22} & r_{23} & r_{24} \\ \vdots & \vdots & \vdots & \vdots \\ r_{m1} & r_{m2} & r_{m3} & r_{m4} \end{bmatrix} \quad (i=1,2,\cdots,m;j=1,2,3,4) \quad (6.1.1)$$

4. 确定权向量

由于每个指标因素的重要性有所不同，这就有必要对各指标的重要性进行赋值，根据因素对被评价对象的贡献程度给予相应的权重，确定各指标的重要性等级。权重向量一般表示为 $\boldsymbol{A}=[a_1,a_2,\cdots,a_m]$，其中 $a_i(i=1,2,\cdots,m)$ 表示因素 $u_i(i=1,2,\cdots,m)$ 的重要程度，即分配到 u_i 的权重，满足 $\sum\limits_{i=1}^{n}a_i=1$，$0\leqslant a_i\leqslant 1$。

5. 进行模糊合成

在模糊矩阵和权重向量已经确定的基础上，用权重向量对矩阵进行综合，即可得到从总体上来看被评价对象对各评价等级的隶属程度[8]。记施工质量模糊评价结果向量 $\boldsymbol{B}=[b_1,b_2,\cdots,b_n]$，根据前面的叙述，$\boldsymbol{B}$ 是由模糊矩阵 $\boldsymbol{R}$ 和权重向量 $\boldsymbol{A}$ 通过模糊运算得到的，用模糊算子表示如下：

$$B = A \cdot R \qquad (6.1.2)$$

式中　·——模糊算子符号。

算子符号不同，相应的施工质量模糊评价模型亦有所不同。常用的算子符号有 Zadeh 算子、加权平均算子、环和乘积算子、有界算子、取大乘积算子、有界和取小算子、有界和乘积算子、Einstein 算子、Hamacher 算子和 Yager 算子等[9]，本书选用加权平均算子。

6.1.4.2　施工质量模糊评价隶属函数

本节将某一单元施工质量分为 5 个等级：优、良、中、差、劣。

工序能力[10] 是指工序在稳定状态所表现出来的保证产品质量的能力，可分析每个指标的施工质量水平。工序能力指数是质量标准 T 与工序能力 B 之间的比值，用 C_p 表示，其中工序能力常用质量指标分布标准差的 6 倍表示，即 $B = 6\sigma_s$，根据指标的不同，工序能力指数计算方法略有不同。

工序无偏 C_p 值。设质量指标的分布为 $N(u, \sigma_s{}^2)$，设计允许范围为 T，当样本指标平均值与允许范围中心基本重合时，称工序是无偏的，其工序能力指数为

$$C_p = \frac{T}{6\sigma_s} \approx \frac{T_u - T_l}{6s} \qquad (6.1.3)$$

式中　T_u——允许上限值；

　　　T_l——允许下限值；

　　　s——样本方差。

工序有偏 C_p 值。当工序有偏时，要对 C_p 值进行修正。引入偏移量 ε_{ff} 和偏移系数 C_{ff}

$$\begin{cases} \varepsilon_{ff} = \left| \frac{(T_u - T_l)}{2} - u \right| \approx \left| \frac{T_u - T_l}{2} - \bar{x} \right| \\ c_{ff} = \frac{2\varepsilon_{ff}}{T_u - T_l} \approx \frac{2\varepsilon_{ff}}{T} \end{cases} \qquad (6.1.4)$$

则工序能力指数 C_p 值为

$$C_p = (1 - c_{ff}) \frac{T}{6\sigma_s} \approx \frac{T - 2\varepsilon_{ff}}{6s} \qquad (6.1.5)$$

在施工过程中，很多质量指标仅有允许下限值或者上限值，如运输时间限值等。当只有上限值时，工序能力指数为

$$C_p(u) = \frac{T_u - u}{3\sigma_s} \approx \frac{T_u - \bar{x}}{3s} \qquad (6.1.6)$$

同上，当 $u \leqslant T_l$ 时，也规定工序能力指数为 0。

对工序能力进行评价控制时，可分为 5 个等级：$C_p > 1.67$ 时，工序能力为特级；$1.33 < C_p \leqslant 1.67$ 时，工序能力理想；$1 < C_p \leqslant 1.33$ 时，处于正常；$0.67 < C_p \leqslant 1$，说明能力不足，$C_p \leqslant 1.67$ 时，工序能力严重不足。此时，各个等级正好对应于工序能力指数的 5 个等级。因此，水闸施工质量等级和对应的取值区间见表 6.1.2。

表 6.1.2 水闸施工质量等级和对应的取值区间

因素 \ 评价等级	优	良	中	差	劣
u_1	$[1.67,\infty)$	$[1.33,1.67)$	$[1,1.33)$	$[0.67,1)$	$[0,0.67)$
u_2	$[1.67,\infty)$	$[1.33,1.67)$	$[1,1.33)$	$[0.67,1)$	$[0,0.67)$
…	…	…	…	…	…
u_n	$[1.67,\infty)$	$[1.33,1.67)$	$[1,1.33)$	$[0.67,1)$	$[0,0.67)$

安全综合评价评判矩阵需要水闸施工质量评价隶属函数，建立的水闸施工质量评价指标的 4 个等级的隶属函数如下：

$$r_{i1}(u)=\begin{cases}1 & , \quad u\geqslant 1.67 \\ (u-1.33)/(1.67-1.33) & , \quad 1.33\leqslant u<1.67 \\ 0 & , \quad \text{其他}\end{cases} \quad (6.1.7)$$

$$r_{i2}(u)=\begin{cases}(1.67-u)/(1.67-1.33) & , \quad 1.33\leqslant u<1.67 \\ (u-1)/(1.33-1) & , \quad 1\leqslant u<1.33 \\ 0 & , \quad \text{其他}\end{cases} \quad (6.1.8)$$

$$r_{i3}(u)=\begin{cases}(1.33-u)/(1.33-1) & , \quad 1\leqslant u<1.33 \\ (u-0.67)/(1-0.67) & , \quad 0.67\leqslant u<1 \\ 0 & , \quad \text{其他}\end{cases} \quad (6.1.9)$$

$$r_{i4}(u)=\begin{cases}(1-u)/(1-0.67) & , \quad 0.67\leqslant u<1 \\ u/0.67 & , \quad 0\leqslant u<0.67 \\ 0 & , \quad \text{其他}\end{cases} \quad (6.1.10)$$

$$r_{i5}(u)=\begin{cases}1 & , \quad u<0 \\ (0.67-u)/0.67 & , \quad 0\leqslant u\leqslant 0.67 \\ 0 & , \quad \text{其他}\end{cases} \quad (6.1.11)$$

根据上式将各指标的指标值代入就可确定各个评价等级的隶属度，从而确定施工质量模糊评价矩阵。

6.1.4.3 多级施工质量模糊评价模型

水闸施工质量评价系统是比较复杂的，往往需要考虑的因素比较多，对多因素多层次系统的综合评价方法是，首先按最低层次的各个因素进行综合评价，然后再按上一层次的各因素进行综合评价；依次向上一层进行评价，逐层评价到最高层次得出总的综合评价结果。根据单级施工质量模糊评价模型的思路，容易得到二级施工质量模糊评价模型，同样可用转换器表示。同理，可逐步推广到多级施工质量模糊评价模型。本书就是采用的多层次施工质量模糊评价模型（图 6.1.2）。

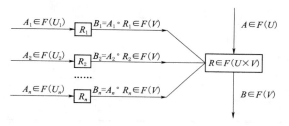

图 6.1.2 二级模糊转换器

1. 一级模糊评价

施工质量模糊评价模型采用主观赋权方法来确定底层评价指标的权重。通过检测以及计算得到各指标的数据值，利用相应的量化方法得到对应的指标值（表 6.1.3 和表 6.1.4）。

表 6.1.3　　　　　　　　　　　　　　　四级指标的权重和指标值

三级指标	四级指标	权重	指标值
细骨料质量	含泥量	0.3333	1.6700
	细度模数	0.3333	1.6700
	比重	0.3333	1.6700
粗骨料质量	含泥量	0.2500	1.6700
	压碎指标	0.2500	1.6700
	针片状颗粒含量	0.2500	1.6700
	比重	0.2500	1.3333
粉煤灰质量	安定性	0.2000	1.6700
	含水量	0.2000	1.6700
	烧失量	0.2000	1.6700
	细度	0.2000	1.2705
	需水量比	0.2000	1.6700
矿粉质量	含水量	0.1667	1.0000
	密度	0.1667	1.6700
	比表面积	0.1667	1.6700
	活性指数	0.1667	1.3800
	流动度比	0.1667	1.6700
	烧失量	0.1667	1.6700
外加剂质量	含固量	0.2500	1.6700
	密度	0.2500	1.6700
	pH 值	0.2500	1.5062
	减水率	0.2500	1.6700
模板安装	模板平整度外露表面	0.1250	1.6700
	模板平整度隐藏内面	0.1250	1.6260
	板面缝隙	0.1250	1.4035
	结构物边线与设计边线	0.1250	1.4996
	结构物水平截面内部尺寸	0.1250	1.6401
	承重模板标高	0.1250	1.4019
	预留孔洞中心线位置	0.1250	1.6700
	预留孔洞截面内部尺寸	0.1250	1.5931

表 6.1.4   四级指标的隶属度值

四级指标	五级指标	优	良	中	差	劣
细骨料质量	含泥量	1.000	0.000	0.000	0.000	0.000
	细度模数	1.000	0.000	0.000	0.000	0.000
	比重	1.000	0.000	0.000	0.000	0.000
粗骨料质量	含泥量	1.000	0.000	0.000	0.000	0.000
	压碎指标	1.000	0.000	0.000	0.000	0.000
	针片状颗粒含量	1.000	0.000	0.000	0.000	0.000
	比重	0.010	0.990	0.000	0.015	0.000
粉煤灰质量	安定性	1.000	0.000	0.000	0.000	0.000
	含水量	1.000	0.000	0.000	0.000	0.000
	烧失量	1.000	0.000	0.000	0.000	0.000
	细度	0.000	0.820	0.180	0.000	0.000
	需水量比	1.000	0.000	0.000	0.000	0.000
矿粉质量	含水量	0.000	0.000	1.000	0.000	0.000
	密度	1.000	0.000	0.000	0.000	0.000
	比表面积	1.000	0.000	0.000	0.000	0.000
	活性指数	0.147	0.853	0.000	0.220	0.000
	流动度比	1.000	0.000	0.000	0.000	0.000
细骨料质量	含泥量	1.000	0.000	0.000	0.000	0.000
	细度模数	1.000	0.000	0.000	0.000	0.000
	比重	1.000	0.000	0.000	0.000	0.000
粗骨料质量	含泥量	1.000	0.000	0.000	0.000	0.000
	压碎指标	1.000	0.000	0.000	0.000	0.000
	针片状颗粒含量	1.000	0.000	0.000	0.000	0.000
	比重	0.010	0.990	0.000	0.015	0.000
粉煤灰质量	安定性	1.000	0.000	0.000	0.000	0.000
	含水量	1.000	0.000	0.000	0.000	0.000
	烧失量	1.000	0.000	0.000	0.000	0.000
	细度	0.000	0.820	0.180	0.000	0.000
	需水量比	1.000	0.000	0.000	0.000	0.000
矿粉质量	含水量	0.000	0.000	1.000	0.000	0.000
	密度	1.000	0.000	0.000	0.000	0.000
	比表面积	1.000	0.000	0.000	0.000	0.000
	活性指数	0.147	0.853	0.000	0.220	0.000
	流动度比	1.000	0.000	0.000	0.000	0.000
	烧失量	1.000	0.000	0.000	0.000	0.000

四级指标	五级指标	优	良	中	差	劣
外加剂质量	含固量	1.000	0.000	0.000	0.000	0.000
	密度	1.000	0.000	0.000	0.000	0.000
	pH 值	0.518	0.482	0.000	0.773	0.000
	减水率	1.000	0.000	0.000	0.000	0.000
模板安装	模板平整度外露表面	1.000	0.000	0.000	0.000	0.000
	模板平整度隐藏内面	0.871	0.129	0.000	0.392	0.000
	板面缝隙	0.216	0.784	0.000	0.323	0.000
	结构物边线与设计边线	0.499	0.501	0.000	0.744	0.000
	结构物水平截面内部尺寸	0.912	0.088	0.000	0.267	0.000
	承重模板标高	0.211	0.789	0.000	0.315	0.000
	预留孔洞中心线位置	1.000	0.000	0.000	0.000	0.000
	预留孔洞截面内部尺寸	0.774	0.226	0.000	0.685	0.000

得到相应的三级指标施工质量模糊评价矩阵为

$$\boldsymbol{R}_{111}=\begin{bmatrix} 1 & 0 & 0 & 0 & 0 \\ 1 & 0 & 0 & 0 & 0 \\ 1 & 0 & 0 & 0 & 0 \end{bmatrix}$$

$$\boldsymbol{R}_{112}=\begin{bmatrix} 1 & 0 & 0 & 0 & 0 \\ 1 & 0 & 0 & 0 & 0 \\ 1 & 0 & 0 & 0 & 0 \\ 0.010 & 0.990 & 0 & 0.015 & 0 \end{bmatrix}$$

$$\boldsymbol{R}_{113}=\begin{bmatrix} 1 & 0 & 0 & 0 & 0 \\ 1 & 0 & 0 & 0 & 0 \\ 1 & 0 & 0 & 0 & 0 \\ 0 & 0.82 & 0.18 & 0 & 0 \\ 1 & 0 & 0 & 0 & 0 \end{bmatrix}$$

$$\boldsymbol{R}_{114}=\begin{bmatrix} 0 & 0 & 1 & 0 & 0 \\ 1 & 0 & 0 & 0 & 0 \\ 1 & 0 & 0 & 0 & 0 \\ 0.147 & 0.853 & 0 & 0.220 & 0 \\ 1 & 0 & 0 & 0 & 0 \\ 1 & 0 & 0 & 0 & 0 \end{bmatrix}$$

$$\boldsymbol{R}_{115}=\begin{bmatrix} 1 & 0 & 0 & 0 & 0 \\ 1 & 0 & 0 & 0 & 0 \\ 0.518 & 0.482 & 0 & 0.773 & 0 \\ 1 & 0 & 0 & 0 & 0 \end{bmatrix}$$

$$\boldsymbol{R}_{116} = \begin{bmatrix} 1 & 0 & 0 & 0 & 0 \\ 0.871 & 0.129 & 0 & 0.392 & 0 \\ 0.216 & 0.784 & 0 & 0.323 & 0 \\ 0.499 & 0.501 & 0 & 0.744 & 0 \\ 0.912 & 0.088 & 0 & 0.267 & 0 \\ 0.211 & 0.789 & 0 & 0.315 & 0 \\ 1 & 0 & 0 & 0 & 0 \\ 0.774 & 0.226 & 0 & 0.685 & 0 \end{bmatrix}$$

对各三级指标进行模糊评价过程如下：

$$B_{111} = \boldsymbol{A}_{111} \cdot \boldsymbol{R}_{111} = \begin{bmatrix} 0.333 & 0.333 & 0.333 \end{bmatrix} \begin{bmatrix} 1 & 0 & 0 & 0 & 0 \\ 1 & 0 & 0 & 0 & 0 \\ 1 & 0 & 0 & 0 & 0 \end{bmatrix}$$
$$= \begin{bmatrix} 1 & 0 & 0 & 0 & 0 \end{bmatrix}$$

根据最大隶属度原则，由 $B_{111max} = 1$ 对应第一个评价标准，三级指标细骨料质量属于"优"。

$$B_{112} = \boldsymbol{A}_{112} \boldsymbol{R}_{112} = \begin{bmatrix} 0.25 & 0.25 & 0.25 & 0.25 \end{bmatrix} \begin{bmatrix} 1 & 0 & 0 & 0 & 0 \\ 1 & 0 & 0 & 0 & 0 \\ 1 & 0 & 0 & 0 & 0 \\ 0.010 & 0.990 & 0 & 0.015 & 0 \end{bmatrix}$$
$$= \begin{bmatrix} 0.7525 & 0.2475 & 0 & 0.0037 & 0 \end{bmatrix}$$

根据最大隶属度原则，由 $B_{112max} = 0.7525$ 对应第一个评价标准，三级指标上粗骨料质量属于"优"。

$$B_{113} = \boldsymbol{A}_{113} \boldsymbol{R}_{113} = \begin{bmatrix} 0.2 & 0.2 & 0.2 & 0.2 & 0.2 \end{bmatrix} \begin{bmatrix} 1 & 0 & 0 & 0 & 0 \\ 1 & 0 & 0 & 0 & 0 \\ 1 & 0 & 0 & 0 & 0 \\ 0 & 0.82 & 0.18 & 0 & 0 \\ 1 & 0 & 0 & 0 & 0 \end{bmatrix}$$
$$= \begin{bmatrix} 0.8 & 0.1639 & 0.0361 & 0 & 0 \end{bmatrix}$$

根据最大隶属度原则，由 $B_{113max} = 0.8$ 对应第一个评价标准，三级指标煤粉质量属于"优"。

$B_{114} = \boldsymbol{A}_{114} \boldsymbol{R}_{114}$

$$= \begin{bmatrix} 0.1667 & 0.1667 & 0.1667 & 0.1667 & 0.1667 & 0.1667 \end{bmatrix} \begin{bmatrix} 0 & 0 & 1 & 0 & 0 \\ 1 & 0 & 0 & 0 & 0 \\ 1 & 0 & 0 & 0 & 0 \\ 0.147 & 0.853 & 0 & 0.220 & 0 \\ 1 & 0 & 0 & 0 & 0 \\ 1 & 0 & 0 & 0 & 0 \end{bmatrix}$$

$$= \begin{bmatrix} 0.6912 & 0.1421 & 0.1667 & 0.0366 & 0 \end{bmatrix}$$

根据最大隶属度原则，由 $B_{114max}=0.6912$ 对应第一个评价标准，三级指标矿粉质量属于"优"。

$$B_{115}=\boldsymbol{A}_{115}\boldsymbol{R}_{115}=\begin{bmatrix}0.25 & 0.25 & 0.25 & 0.25\end{bmatrix}\begin{bmatrix}1 & 0 & 0 & 0 & 0\\1 & 0 & 0 & 0 & 0\\0.518 & 0.482 & 0 & 0.773 & 0\\1 & 0 & 0 & 0 & 0\end{bmatrix}$$

$$=\begin{bmatrix}0.8795 & 0.1205 & 0 & 0.1933 & 0\end{bmatrix}$$

根据最大隶属度原则，由 $B_{115max}=0.8795$ 对应第一个评价标准，三级指标外加剂质量属于"优"。

$$B_{116}=\boldsymbol{A}_{116}\boldsymbol{R}_{116}$$

$$=\begin{bmatrix}0.125 & 0.125 & 0.125 & 0.125 & 0.125 & 0.125 & 0.125 & 0.125\end{bmatrix}\begin{bmatrix}1 & 0 & 0 & 0 & 0\\0.871 & 0.129 & 0 & 0.392 & 0\\0.216 & 0.784 & 0 & 0.323 & 0\\0.499 & 0.501 & 0 & 0.744 & 0\\0.912 & 0.088 & 0 & 0.267 & 0\\0.211 & 0.789 & 0 & 0.315 & 0\\1 & 0 & 0 & 0 & 0\\0.774 & 0.226 & 0 & 0.685 & 0\end{bmatrix}$$

$$=\begin{bmatrix}0.6854 & 0.3146 & 0 & 0.3408 & 0\end{bmatrix}$$

根据最大隶属度原则，由 $B_{116max}=0.6854$ 对应第一个评价标准，三级指标模板质量属于"优"。

2. 二级施工质量模糊评价

将上面得到的三级指标模糊评价结果作为其对应的三级指标的隶属度值，代入二级施工质量评价当中（表 6.1.5 和表 6.1.6）。

表 6.1.5　　　　　　　　　　　三级指标的权重和指标值

三级指标	四级指标	权　重	指标值
原材料质量	水泥质量	0.1429	1.6700
	细骨料质量	0.1429	—
	粗骨料质量	0.1429	—
	粉煤灰质量	0.1429	—
	矿粉质量	0.1429	—
	拌和水质量	0.1429	1.6700
	外加剂质量	0.1429	—
混凝土制备质量	最佳配合比	0.3481	1.6700
	混凝土的坍落度	0.3259	1.6700
	出机口温度	0.3259	1.6667

续表

三级指标	四级指标	权　重	指标值
混凝土运输质量	混凝土运输时间	0.5000	1.4228
	混凝土入仓温度	0.5000	1.4583
混凝土浇筑质量	模板安装	0.5000	—
	结合面处理	0.5000	1.4599
钢筋原材料质量	实测屈服强度与屈服强度标准值之比	0.1667	1.6700
	强屈比	0.1667	1.6700
	屈服强度	0.1667	1.6700
	抗拉强度	0.1667	1.4792
	断后伸长率	0.1667	1.6700
	最大力下总伸长率	0.1667	1.6700
钢筋连接外观质量	接头和焊缝外观	0.2500	0.8333
	焊缝长度	0.2500	1.6667
钢筋连接外观质量	焊缝高度	0.2500	1.6700
	焊缝宽度	0.2500	1.6700
启闭机原材料质量	机架原材料质量	0.1429	1.6700
	卷筒原材料质量	0.1429	1.6700
	减速机原材料质量	0.1429	1.6700
	电动机原材料质量	0.1429	1.6700
启闭机原材料质量	制动器原材料质量	0.1429	1.6700
	钢丝绳原材料质量	0.1429	1.6700
	荷载传感器原材料质量	0.1429	1.6700
启闭机制备质量	加工设备	0.3333	1.6700
	制作方法的合理性	0.3333	1.6700
	制作方法的先进性	0.3333	1.6700
启闭机安装单元质量	纵横向中心线与起吊中心线偏差	0.1000	1.6700
	机架水平	0.1000	1.2821
	接地	0.1000	1.4881
	埋件	0.1000	1.6700
	双吊点启闭机吊距	0.1000	0.5238
	机身安装高程	0.1000	1.6700
	制动轮与闸瓦接触面积	0.1000	1.3631
	闸瓦打开时与制动轮间隙	0.1000	1.3636
	齿轮联轴器	0.1000	1.6700
	钢丝绳缠绕	0.1000	1.6300

表 6.1.6　　　　　　　　　　　　　　　　　　**三级指标的隶属度值**

三级指标	四级指标	优	良	中	差	劣
原材料质量	水泥质量	1.000	0.000	0.000	0.000	0.000
	细骨料质量	1.000	0.000	0.000	0.000	0.000
	粗骨料质量	0.752	0.248	0.000	0.004	0.000
	粉煤灰质量	0.800	0.164	0.036	0.000	0.000
	矿粉质量	0.691	0.142	0.167	0.037	0.000
	拌和水质量	1.000	0.000	0.000	0.000	0.000
	外加剂质量	0.880	0.120	0.000	0.193	0.000
混凝土制备质量	最佳配合比	1.000	0.000	0.000	0.000	0.000
	混凝土的坍落度	1.000	0.000	0.000	0.000	0.000
	出机口温度	0.990	0.010	0.000	0.030	0.000
混凝土运输质量	混凝土运输时间	0.273	0.727	0.000	0.407	0.000
	混凝土入仓温度	0.377	0.623	0.000	0.563	0.000
混凝土浇筑质量	模板安装	0.685	0.315	0.000	0.341	0.000
	结合面处理	0.382	0.618	0.000	0.570	0.000
钢筋原材料质量	实测屈服强度与屈服强度标准值之比	1.000	0.000	0.000	0.000	0.000
	强屈比	1.000	0.000	0.000	0.000	0.000
	屈服强度	1.000	0.000	0.000	0.000	0.000
	抗拉强度	0.439	0.561	0.000	0.655	0.000
	断后伸长率	1.000	0.000	0.000	0.000	0.000
钢筋原材料质量	最大力下总伸长率	1.000	0.000	0.000	0.000	0.000
钢筋连接外观质量	接头和焊缝外观	0.000	0.000	0.495	0.000	0.000
	焊缝长度	0.990	0.010	0.000	0.030	0.000
	焊缝高度	1.000	0.000	0.000	0.000	0.000
	焊缝宽度	1.000	0.000	0.000	0.000	0.000
启闭机原材料质量	机架原材料质量	1.000	0.000	0.000	0.000	0.000
启闭机原材料质量	卷筒原材料质量	1.000	0.000	0.000	0.000	0.000
	减速机原材料质量	1.000	0.000	0.000	0.000	0.000
	电动机原材料质量	1.000	0.000	0.000	0.000	0.000
	制动器原材料质量	1.000	0.000	0.000	0.000	0.000
	钢丝绳原材料质量	1.000	0.000	0.000	0.000	0.000
	荷载传感器原材料质量	1.000	0.000	0.000	0.000	0.000
启闭机制备质量	加工设备	1.000	0.000	0.000	0.000	0.000
	制作方法的合理性	1.000	0.000	0.000	0.000	0.000
	制作方法的先进性	1.000	0.000	0.000	0.000	0.000

续表

三级指标	四级指标	优	良	中	差	劣
启闭机安装单元质量	纵横向中心线与起吊中心线偏差	1.000	0.000	0.000	0.000	0.000
	机架水平	0.000	0.855	0.145	0.000	0.000
	接地	0.465	0.535	0.000	0.694	0.000
	埋件	1.000	0.000	0.000	0.000	0.000
	双吊点启闭机吊距	0.000	0.000	0.000	0.000	0.218
	机身安装高程	1.000	0.000	0.000	0.000	0.000
	制动轮与闸瓦接触面积	0.097	0.903	0.000	0.145	0.000
	闸瓦打开时与制动轮间隙	0.099	0.901	0.000	0.148	0.000
	齿轮联轴器	1.000	0.000	0.000	0.000	0.000
	钢丝绳缠绕	0.882	0.118	0.000	0.357	0.000

得到相应的二级指标施工质量模糊评价矩阵为

$$\boldsymbol{R}_{11}=\begin{bmatrix} 1 & 0 & 0 & 0 & 0 \\ 1 & 0 & 0 & 0 & 0 \\ 0.752 & 0.248 & 0 & 0.004 & 0 \\ 0.8 & 0.164 & 0.036 & 0 & 0 \\ 0.691 & 0.142 & 0.167 & 0.037 & 0 \\ 1 & 0 & 0 & 0 & 0 \\ 0.880 & 0.120 & 0 & 0.193 & 0 \end{bmatrix}$$

$$\boldsymbol{R}_{12}=\begin{bmatrix} 1 & 0 & 0 & 0 & 0 \\ 1 & 0 & 0 & 0 & 0 \\ 0.990 & 0.010 & 0 & 0.03 & 0 \end{bmatrix}$$

$$\boldsymbol{R}_{13}=\begin{bmatrix} 0.273 & 0.727 & 0 & 0.407 & 0 \\ 0.377 & 0.623 & 0 & 0.563 & 0 \end{bmatrix}$$

$$\boldsymbol{R}_{14}=\begin{bmatrix} 0.685 & 0.315 & 0 & 0.341 & 0 \\ 0.382 & 0.618 & 0 & 0.570 & 0 \end{bmatrix}$$

$$\boldsymbol{R}_{15}=\begin{bmatrix} 1 & 0 & 0 & 0 & 0 \\ 1 & 0 & 0 & 0 & 0 \\ 1 & 0 & 0 & 0 & 0 \\ 0.439 & 0.561 & 0 & 0.655 & 0 \\ 1 & 0 & 0 & 0 & 0 \\ 1 & 0 & 0 & 0 & 0 \end{bmatrix}$$

$$\boldsymbol{R}_{16}=\begin{bmatrix} 0 & 0 & 0.495 & 0 & 0 \\ 0.990 & 0.01 & 0 & 0.30 & 0 \\ 1 & 0 & 0 & 0 & 0 \\ 1 & 0 & 0 & 0 & 0 \end{bmatrix}$$

$$\boldsymbol{R}_{17} = \begin{bmatrix} 1 & 0 & 0 & 0 & 0 \\ 1 & 0 & 0 & 0 & 0 \\ 1 & 0 & 0 & 0 & 0 \\ 1 & 0 & 0 & 0 & 0 \\ 1 & 0 & 0 & 0 & 0 \\ 1 & 0 & 0 & 0 & 0 \\ 1 & 0 & 0 & 0 & 0 \end{bmatrix}$$

$$\boldsymbol{R}_{18} = \begin{bmatrix} 1 & 0 & 0 & 0 & 0 \\ 1 & 0 & 0 & 0 & 0 \\ 1 & 0 & 0 & 0 & 0 \end{bmatrix}$$

$$\boldsymbol{R}_{19} = \begin{bmatrix} 1 & 0 & 0 & 0 & 0 \\ 0 & 0.855 & 0.145 & 0 & 0 \\ 0.465 & 0.535 & 0 & 0.694 & 0 \\ 1 & 0 & 0 & 0 & 0 \\ 0 & 0 & 0 & 0 & 0.218 \\ 1 & 0 & 0 & 0 & 0 \\ 0.097 & 0.903 & 0 & 0.145 & 0 \\ 0.099 & 0.901 & 0 & 0.148 & 0 \\ 1 & 0 & 0 & 0 & 0 \\ 0.882 & 0.118 & 0 & 0.357 & 0 \end{bmatrix}$$

对各二级指标进行模糊评价过程如下：

$B_{11} = \boldsymbol{A}_{11}\boldsymbol{R}_{11}$

$$= \begin{bmatrix} 0.1429 & 0.1429 & 0.1429 & 0.1429 & 0.1429 & 0.1429 & 0.1429 \end{bmatrix} \begin{bmatrix} 1 & 0 & 0 & 0 & 0 \\ 1 & 0 & 0 & 0 & 0 \\ 0.752 & 0.248 & 0 & 0.004 & 0 \\ 0.8 & 0.164 & 0.036 & 0 & 0 \\ 0.691 & 0.142 & 0.167 & 0.037 & 0 \\ 1 & 0 & 0 & 0 & 0 \\ 0.880 & 0.120 & 0 & 0.193 & 0 \end{bmatrix}$$

$$= \begin{bmatrix} 0.8747 & 0.0963 & 0.0290 & 0.0334 & 0 \end{bmatrix}$$

根据最大隶属度原则，由 $B_{11\text{max}} = 0.8747$ 对应第二个评价标准，二级指标原材料质量属于"优"。

$$B_{12} = \boldsymbol{A}_{12}\boldsymbol{R}_{12} = \begin{bmatrix} 0.3481 & 0.3259 & 0.3259 \end{bmatrix} \begin{bmatrix} 1 & 0 & 0 & 0 & 0 \\ 1 & 0 & 0 & 0 & 0 \\ 0.990 & 0.010 & 0 & 0.03 & 0 \end{bmatrix}$$

$$= \begin{bmatrix} 0.9968 & 0.0032 & 0 & 0.0097 & 0 \end{bmatrix}$$

根据最大隶属度原则，由 $B_{12\text{max}} = 0.9968$ 对应第一个评价标准，二级指标混凝土制备质量属于"优"。

$$B_{13} = A_{13}R_{13} = \begin{bmatrix} 0.5 & 0.5 \end{bmatrix} \begin{bmatrix} 0.273 & 0.727 & 0 & 0.407 & 0 \\ 0.377 & 0.623 & 0 & 0.563 & 0 \end{bmatrix}$$

$$= \begin{bmatrix} 0.3251 & 0.6749 & 0 & 0.4853 & 0 \end{bmatrix}$$

根据最大隶属度原则，由 $B_{13max} = 0.6749$ 对应第二个评价标准，二级指标混凝土运输质量状况属于"优"。

$$B_{14} = A_{14}R_{14} = \begin{bmatrix} 0.5 & 0.5 \end{bmatrix} \begin{bmatrix} 0.685 & 0.315 & 0 & 0.341 & 0 \\ 0.382 & 0.618 & 0 & 0.570 & 0 \end{bmatrix}$$

$$= \begin{bmatrix} 0.5336 & 0.4464 & 0 & 0.4554 & 0 \end{bmatrix}$$

根据最大隶属度原则，由 $B_{14max} = 0.5336$ 对应第三个评价标准，二级指标混凝土浇筑质量属于"优"。

$$B_{15} = A_{15}R_{15}$$

$$= \begin{bmatrix} 0.1667 & 0.1667 & 0.1667 & 0.1667 & 0.1667 & 0.1667 \end{bmatrix} \begin{bmatrix} 1 & 0 & 0 & 0 & 0 \\ 1 & 0 & 0 & 0 & 0 \\ 1 & 0 & 0 & 0 & 0 \\ 0.439 & 0.561 & 0 & 0.655 & 0 \\ 1 & 0 & 0 & 0 & 0 \\ 1 & 0 & 0 & 0 & 0 \end{bmatrix}$$

$$= \begin{bmatrix} 0.9065 & 0.0935 & 0 & 0.1091 & 0 \end{bmatrix}$$

根据最大隶属度原则，由 $B_{15max} = 0.9065$ 对应第二个评价标准，二级指标钢筋原材料质量属于"优"。

$$B_{16} = A_{16}R_{16} = \begin{bmatrix} 0.25, & 0.25, & 0.25, & 0.25 \end{bmatrix} \begin{bmatrix} 0 & 0 & 0.495 & 0 & 0 \\ 0.990 & 0.01 & 0 & 0.30 & 0 \\ 1 & 0 & 0 & 0 & 0 \\ 1 & 0 & 0 & 0 & 0 \end{bmatrix}$$

$$= \begin{bmatrix} 0.7475 & 0.0025 & 0.1237 & 0.0074 & 0 \end{bmatrix}$$

根据最大隶属度原则，由 $B_{16max} = 0.7475$ 对应第一个评价标准，二级指标钢筋连接外观质量属于"优"。

$$B_{17} = A_{17}R_{17}$$

$$= \begin{bmatrix} 0.1429 & 0.1429 & 0.1429 & 0.1429 & 0.1429 & 0.1429 & 0.1429 \end{bmatrix} \begin{bmatrix} 1 & 0 & 0 & 0 & 0 \\ 1 & 0 & 0 & 0 & 0 \\ 1 & 0 & 0 & 0 & 0 \\ 1 & 0 & 0 & 0 & 0 \\ 1 & 0 & 0 & 0 & 0 \\ 1 & 0 & 0 & 0 & 0 \\ 1 & 0 & 0 & 0 & 0 \end{bmatrix}$$

$$= \begin{bmatrix} 1 & 0 & 0 & 0 & 0 \end{bmatrix}$$

根据最大隶属度原则，由 $B_{17max} = 1.0$ 对应第一个评价标准，二级指标启闭机原材料质量属于"优"。

$$B_{18} = A_{18}R_{18} = [0.333 \quad 0.333 \quad 0.333] \begin{bmatrix} 1 & 0 & 0 & 0 & 0 \\ 1 & 0 & 0 & 0 & 0 \\ 1 & 0 & 0 & 0 & 0 \end{bmatrix} = [1 \quad 0 \quad 0 \quad 0 \quad 0]$$

根据最大隶属度原则，由 $B_{18\max} = 1$ 对应第一个评价标准，二级指标启闭机制备质量属于"优"。

$$B_{19} = A_{19}R_{19}$$

$$= [0.1 \ 0.1 \ 0.1 \ 0.1 \ 0.1 \ 0.1 \ 0.1 \ 0.1 \ 0.1 \ 0.1] \begin{bmatrix} 1 & 0 & 0 & 0 & 0 \\ 0 & 0.855 & 0.145 & 0 & 0 \\ 0.465 & 0.535 & 0 & 0.694 & 0 \\ 1 & 0 & 0 & 0 & 0 \\ 0 & 0 & 0 & 0 & 0.218 \\ 1 & 0 & 0 & 0 & 0 \\ 0.097 & 0.903 & 0 & 0.145 & 0 \\ 0.099 & 0.901 & 0 & 0.148 & 0 \\ 1 & 0 & 0 & 0 & 0 \\ 0.882 & 0.118 & 0 & 0.357 & 0 \end{bmatrix}$$

$$= [0.5544 \quad 0.3311 \quad 0.0145 \quad 0.1343 \quad 0.0218]$$

根据最大隶属度原则，由 $B_{19\max} = 0.5544$ 对应第一个评价标准，二级指标启闭机安装单元质量属于"优"。

3. 三级施工质量模糊评价

将上面得到的二级指标模糊评价结果作为其对应的二级指标的隶属度值，代入三级施工质量评价当中（表 6.1.7 和表 6.1.8）。

表 6.1.7　　　　　　　　　　　　二级指标的权重和指标值

二级指标	三级指标	权重	指标值
混凝土施工质量	原材料质量	0.2000	—
	混凝土制备质量	0.2000	—
	混凝土运输质量	0.2000	—
	混凝土浇筑质量	0.2000	—
	混凝土养护质量	0.2000	1.6700
钢筋施工质量	钢筋原材料质量	0.3481	—
	钢筋安装工序质量	0.3259	—
	钢筋连接外观质量	0.3259	—
启闭机施工质量	启闭机原材料质量	0.3409	—
	启闭机制备质量	0.3187	—
	启闭机安装单元质量	0.3409	—

表 6.1.8　二级指标的隶属度值

二级指标	三级指标	优	良	中	差	劣
混凝土施工质量	原材料质量	0.8747	0.0963	0.0290	0.0334	0.0000
	混凝土制备质量	0.9968	0.0032	0.0000	0.0097	0.0000
	混凝土运输质量	0.3251	0.6749	0.0000	0.4853	0.0000
	混凝土浇筑质量	0.5336	0.4664	0.0000	0.4554	0.0000
	混凝土养护质量	1.0000	0.0000	0.0000	0.0000	0.0000
钢筋施工质量	钢筋原材料质量	0.9065	0.0935	0.0000	0.1091	0.0000
	钢筋安装工序质量	0.7475	0.0025	0.1237	0.0074	0.0000
	钢筋连接外观质量	0.7475	0.0025	0.1237	0.0074	0.0000
启闭机施工质量	启闭机原材料质量	1.0000	0.0000	0.0000	0.0000	0.0000
	启闭机制备质量	1.0000	0.0000	0.0000	0.0000	0.0000
	启闭机安装单元质量	0.5544	0.3311	0.0145	0.1343	0.0218

得到相应的一级指标的施工质量模糊评价矩阵为

$$\boldsymbol{R}_1 = \begin{bmatrix} 0.875 & 0.096 & 0.029 & 0.033 & 0 \\ 0.998 & 0.002 & 0 & 0.007 & 0 \\ 0.325 & 0.675 & 0 & 0.485 & 0 \\ 0.534 & 0.466 & 0 & 0.455 & 0 \\ 1 & 0 & 0 & 0 & 0 \end{bmatrix}$$

$$\boldsymbol{R}_2 = \begin{bmatrix} 0.906 & 0.094 & 0 & 0.109 & 0 \\ 0.748 & 0.002 & 0.124 & 0.007 & 0 \\ 0.748 & 0.002 & 0.124 & 0.007 & 0 \end{bmatrix}$$

$$\boldsymbol{R}_3 = \begin{bmatrix} 1 & 0 & 0 & 0 & 0 \\ 1 & 0 & 0 & 0 & 0 \\ 0.554 & 0.331 & 0.015 & 0.134 & 0.022 \end{bmatrix}$$

对各分项目标进行模糊评价过程如下：

$$B_1 = \boldsymbol{A}_1 \boldsymbol{R}_1 = \begin{bmatrix} 0.2 & 0.2 & 0.2 & 0.2 & 0.2 \end{bmatrix} \begin{bmatrix} 0.875 & 0.096 & 0.029 & 0.033 & 0 \\ 0.998 & 0.002 & 0 & 0.007 & 0 \\ 0.325 & 0.675 & 0 & 0.485 & 0 \\ 0.534 & 0.466 & 0 & 0.455 & 0 \\ 1 & 0 & 0 & 0 & 0 \end{bmatrix}$$

$$= \begin{bmatrix} 0.7462 & 0.2480 & 0.0058 & 0.1963 & 0 \end{bmatrix}$$

根据最大隶属度原则，由 $B_{1\max} = 0.7462$ 对应第二个评价标准，一级指标混凝土施工质量属于"优"。

$$B_2 = \boldsymbol{A}_2 \boldsymbol{R}_2 = \begin{bmatrix} 0.3481 & 0.3259 & 0.3259 \end{bmatrix} \begin{bmatrix} 0.906 & 0.094 & 0 & 0.109 & 0 \\ 0.748 & 0.002 & 0.124 & 0.007 & 0 \\ 0.748 & 0.002 & 0.124 & 0.007 & 0 \end{bmatrix}$$

$$=[0.8029 \quad 0.0342 \quad 0.0807 \quad 0.0428 \quad 0]$$

根据最大隶属度原则，由 $B_{2\max}=0.8029$ 对应第二个评价标准，一级指标钢筋施工质量属于"优"。

$$B_3 = A_3 R_3 = [0.3409 \quad 0.3187 \quad 0.3409] \begin{bmatrix} 1 & 0 & 0 & 0 & 0 \\ 1 & 0 & 0 & 0 & 0 \\ 0.554 & 0.331 & 0.015 & 0.134 & 0.022 \end{bmatrix}$$

$$=[0.8486 \quad 0.1129 \quad 0.0050 \quad 0.0458 \quad 0.0074]$$

根据最大隶属度原则，由 $B_{3\max}=0.8486$ 对应第一个评价标准，一级指标启闭机施工质量属于"优"。

4．四级施工质量模糊评价

将上面得到的一级指标模糊评价结果作为其对应的一级指标的隶属度值，代入四级施工质量评价当中。下面对总目标进行四级施工质量评价。一级指标的权重见表 6.1.9。一级指标的隶属度值见表 6.1.10。

表 6.1.9　　　　　　　　　　　　一级指标的权重和指标值

一级指标	二级指标	权重	指标值
水闸施工质量	混凝土施工质量	0.3481	—
	钢筋施工质量	0.3259	—
	启闭机施工质量	0.3259	—

表 6.1.10　　　　　　　　　　　　一级指标的隶属度值

一级指标	二级指标	优	良	中	差	劣
水闸施工质量	混凝土施工质量	0.7461	0.2481	0.0058	0.1968	0.0000
	钢筋施工质量	0.8029	0.0342	0.0807	0.0428	0.0000
	启闭机施工质量	0.8486	0.1129	0.0050	0.0458	0.0074

得到相应的总目标的施工质量模糊评价矩阵为

$$R = |0.827 \quad 0.048 \quad 0.062 \quad 0.058 \quad 0|$$

对总目标进行模糊评价，结果如下：

$$B = AR = [0.3481 \quad 0.3259 \quad 0.3259] \begin{bmatrix} 0.746 & 0.248 & 0.006 & 0.196 & 0 \\ 0.827 & 0.048 & 0.062 & 0.058 & 0 \\ 0.822 & 0.132 & 0.006 & 0.054 & 0.009 \end{bmatrix}$$

$$=[0.7980 \quad 0.1343 \quad 0.0299 \quad 0.0974 \quad 0.0024]$$

根据最大隶属度原则，由 $B_{\max}=0.7980$ 对应第一个评价标准，可判定此水闸施工质量属于"优"。

6.2　基于生命周期成本的加固方案优化

6.2.1　水工混凝土结构健康状态预测

在水工混凝土结构寿命周期分析中，不仅需要了解建筑物目前的健康状态，还需要对未来的健康状态进行预测。建立对水工混凝土结构的健康状态预测模型，是分析结构剩余寿命、结构安全性及制定维修计划的基础。

对结构健康状态发展过程最简单的刻画方法是通过获取多年的详细资料，通过统计分析方法，以此来建立结构健康状态的预测模型。例如美国为桥梁建立的 Michigan NBI database 数据库，该数据库收录了很多监测数值和维修档案，通过该数据库内的详细数据可以建立建筑物健康状态随时间发展的回归模型。然而我国中小型的水工建筑物目前缺少这些条件，能反应外部因素对劣化影响的环境效应及结构本身的劣化效应等这些资料难以获取，所以在实际应用中，必须作一定简化。目前在桥梁工程中，这方面做了较多的研究，水工混凝土的健康状态预测可以借鉴该模型。

6.2.1.1 水工混凝土结构健康状态预测的 Markov 模型

马尔科夫过程理论已广泛应用于气象、生态环境和社会经济等领域[11]。马尔科夫过程既能研究时间序列也能研究空间序列，它是一种研究事物目前状态以及从目前状态向下一状态转移的理论。当研究对象的时间与状态过程都是离散的马尔科夫过程时称为马尔科夫链[12-13]，该模型的特点是无后效性。离散 Markov 链的定义如下[14]。

定义 1：随机过程 $\{X_t, t > 0\}$，如果 $X_t \in S(t = 1, 2, 3 \cdots)$，其中 S 为一个有限或可数集合（称状态空间），并且对任意的 i，j，i_0，i_1，$\cdots$，i_{n+1}，S 都有

$$P(X_{t+1} | X = i_0, X_1 = i_1, \cdots, X_{t-1} = i_{t-1}, X_t = i) = P(X_{t+1} = j | X_t = i) \quad (6.2.1)$$

则称 X_t 为离散的 Markov 链。

定义 2：条件概率 $P_{ij}(t) = P(X_{t+1} = j | X_t = i)$ 为 Markov 链中的一步转移概率，它可以表示研究对象在 t 时刻的状态为 i，在 $t+1$ 时刻状态变为 j 的概率。如果它与时间 t 有关，那么 Markov 链就为非齐次的，反之则为齐次的。

对于 Markov 链 $\{X_t, t > 0\}$，描述对象演化进程的最重要、最基本的量就是上述提到的转移概率。通常将其记为矩阵形式

$$\boldsymbol{P} = \begin{bmatrix} P_{11} & P_{12} & \cdots & P_{1m} \\ P_{21} & P_{22} & \cdots & P_{2m} \\ \vdots & \vdots & \ddots & \vdots \\ P_{m1} & P_{m2} & \cdots & P_{mm} \end{bmatrix} \quad (6.2.2)$$

式中　P_{ii}——结构现处于 i 状态，并在下一状态继续保持这一状态的概率；

　　　P_{ij}——结构现处于 i 状态，并在下一状态变为状态 j 的概率。

矩阵 $\boldsymbol{P}$ 称为 Markov 链的转移概率矩阵，其中 m 表示研究对象划分的健康状态等级数量。矩阵 $\boldsymbol{P}$ 具有以下几个性质：

(1) 矩阵中的元素均为非负数，$P_{ij} \geqslant 0$。

(2) 矩阵中每行之和等于 1。

根据上述定义 2 可知，若马尔科夫链为齐次的，那么它的转移矩阵与时效 t 无关，所以它的转移概率矩阵 $\boldsymbol{P}$ 在系统状态转移过程中是定值，可以写成如下形式：

$$\boldsymbol{X}_t = \boldsymbol{X}_{t-1} \boldsymbol{P} = \boldsymbol{X}_{t-2} \boldsymbol{P}^2 = \cdots = \boldsymbol{X}_0 \boldsymbol{P}^t \quad (6.2.3)$$

根据上述公式可知，研究对象在 t 时的状态可由最初状态 $\boldsymbol{X}_0$ 和转移概率矩阵确定。

混凝土结构在整个寿命内的劣化是不停发生的，并且劣化速度也是不同的，所以该过

程不能简单看作是齐次的马尔科夫链。然而建立非齐次的马尔科夫链需要大量的观测数据和相关的评价资料，因此运用在水工混凝土的健康状态预测模型中具有一定难度。为了解决该问题，可将健康状态的发展过程简化为几个阶段，并假定在各阶段内的状态转移规律一定，因此只需分别计算各阶段内的状态转移概率。

6.2.1.2　水工混凝土结构健康状态划分

将混凝土结构的健康状态空间划分为 4 个等级：$\boldsymbol{S} = \{ \text{I}, \text{II}, \text{III}, \text{IV} \}$，等级越高，健康状态越差。研究对象在 t 时刻的健康状态对各等级的隶属度向量可以表示为

$$\boldsymbol{X}_t = \{ x(1,t), x(2,t), x(3,t), x(4,t) \} \tag{6.2.4}$$

式中　$x(m,t)(m=1,2,3,4)$——结构对各级健康状态的隶属度。

假设结构初始状态为 $\boldsymbol{X}_0 = (1,0,0,0)$，那么就表示结构初始状态为 1。

6.2.1.3　转移概率矩阵的计算

目前计算转移概率矩阵的方法主要有根据专家经验判断法、统计分析法、回归分析法和基于逆阵法等几种方法。专家经验法是在缺乏观测数据情况下，通过专家的经验来确定转移概率矩阵，该方法确定的矩阵具有主观性，准确性往往较差。统计分析法和回归分析法都是在有一定观测数据的基础上作出计算的，其中统计分析法需要大量数据，数据越多越详细，其精度越高；回归分析法是在资料有限的情况下，利用已有的数据并根据一定的数学方法进行计算。基于逆阵方法其概率矩阵可表示为

$$\boldsymbol{P} = \begin{bmatrix} P_{11} & P_{12} & P_{13} & P_{14} \\ P_{21} & P_{22} & P_{23} & P_{24} \\ P_{31} & P_{32} & P_{33} & P_{34} \\ P_{41} & P_{42} & P_{43} & P_{44} \end{bmatrix} = \boldsymbol{A}^{-1} \boldsymbol{B} \tag{6.2.5}$$

其中矩阵 $\boldsymbol{A}$ 和 $\boldsymbol{B}$ 分别表示如下：

$$\boldsymbol{A} = \begin{bmatrix} a_1 & b_1 & c_1 & d_1 \\ a_2 & b_2 & c_2 & d_2 \\ a_3 & b_3 & c_3 & d_3 \\ a_4 & b_4 & c_4 & d_4 \end{bmatrix} \tag{6.2.6}$$

$$\boldsymbol{B} = \begin{bmatrix} a_2 & b_2 & c_2 & d_2 \\ a_3 & b_3 & c_3 & d_3 \\ a_4 & b_4 & c_4 & d_4 \\ a_5 & b_5 & c_5 & d_5 \end{bmatrix} \tag{6.2.7}$$

式中　$(a_1, b_2, c_3, d_4) \sim (a_5, b_5, c_5, d_5)$——连续 5 年研究对象的状态分量。

在实际工程中水工混凝土结构的健康状态在一年内变化是很小的，所以这里可以采用一种在该方法基础上改进的方法，即假定结构每经过 n 年进行一次安全诊断，那么上述向量就表示连续 5 次诊断的健康状态分量。

6.2.1.4　水工混凝土结构健康状态预测的简化 Markov 模型

1. 假定转移概率不变的简化 Markov 模型

根据上一节的分析可知除专家经验法外，其他几种方法都需要较多的观测数据或诊断

资料，然而我国很多中小型水工建筑物的历
史资料难以获取，所以必定需要作一定简化。
在结构正常运行的情况下，假如不考虑对研
究对象的维修加固，那么其健康状态随时间
逐渐恶化可以看成是连续均匀的，并且假定
健康状态在某一时刻只有两种可能，即，要

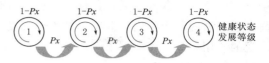

图 6.2.1　混凝土结构健康状态发展
Markov - chain 简化模型

么保持目前的健康状态等级，要么向下一级健康状态等级发展（图 6.2.1）。

根据上图，简化模型的转移概率矩阵可以记为

$$\boldsymbol{P} = \begin{bmatrix} P_{11} & 1-P_{11} & 0 & 0 \\ 0 & P_{22} & 1-P_{22} & 0 \\ 0 & P_x & P_{33} & 1-P_{33} \\ 0 & 0 & 1-P_{44} & P_{44} \end{bmatrix} \tag{6.2.8}$$

简化后的矩阵里面有 4 个未知数，所以只需知道某一年结构的状态分布向量（P_1，P_2，P_3，P_4）就能通过下式反演出转移概率矩阵：

$$\begin{bmatrix} P_1 \\ P_2 \\ P_3 \\ P_4 \end{bmatrix} = \begin{bmatrix} P_{11} & 1-P_{11} & 0 & 0 \\ 0 & P_{22} & 1-P_{22} & 0 \\ 0 & P_x & P_{33} & 1-P_{33} \\ 0 & 0 & 1-P_{44} & P_{44} \end{bmatrix}^t \begin{bmatrix} 1 \\ 0 \\ 0 \\ 0 \end{bmatrix} \tag{6.2.9}$$

2. 分阶段计算的 Markov 简化模型

将水工混凝土结构健康状态发展过程划分为 4 个阶段，分别为潜伏期（t_1）、发展期（t_2）、加速器（t_3）和恶化严重期（t_4），并假定在上述 4 个阶段内状态转移概率保持不变。将混凝土结构的健康状态随时间发展的过程在各发展阶段内离散化，那么其发展过程可以用下式表示：

$$X_i(t) = X_i(t-1)P_i \tag{6.2.10}$$

式中　i——图 6.2.2 所示的 4 个阶段，$i=1,2,3,4$；

　　　P_i——第 i 阶段的状态转移概率矩阵；

$X_i(t)$——结构在时刻 t 时的健康状态分布向量。

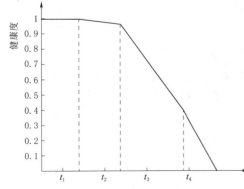

图 6.2.2　混凝土结构健康度发展过程

可知，只需知道在建筑物整个寿命周期内各阶段中某一年的健康状态分布向量就能计算出各阶段的状态转移概率矩阵，那么在整个生命周期内结构的健康状态就可以得到分析和预测。

以上是不考虑维修加固措施对结构性能改善的简化模型，实际上当结构的健康度降低到一定程度时，必然会采取一定的措施。然而目前对于维修加固措施提升结构性能的研究还不完善，一方面是缺乏历史资料，另

一方面研究还未深入开展，各种维修加固措施提高结构性能只能定性分析，很难量化。然而在接下来的若干年内，混凝土结构健康发展过程进一步得到研究，这种方法将会得到更广泛的应用。

6.2.1.5　实例分析

以江苏某水闸为例，该水闸于 1973 年 12 月动工兴建，次年 7 月竣工并投入使用，2008 年对其进行除险加固。假设该闸经过除险加固后，水闸健康状态基本恢复到初建水平，其健康状态分量为（1,0,0,0），该闸经过 10 年进行了健康诊断，其目前健康状态分量为（0.385,0.402,0.203,0.010）。该闸为二级建筑物，根据《水利水电工程合理使用年限及耐久性设计规范》（SL 654），使用年限为 100 年，该闸已运行 47 年，假设该闸至少还需运行 50 年。

$$\begin{bmatrix} 0.385 \\ 0.402 \\ 0.203 \\ 0.010 \end{bmatrix} = \begin{bmatrix} P_{11} & 1-P_{11} & 0 & 0 \\ 0 & P_{22} & 1-P_{22} & 0 \\ 0 & P_x & P_{33} & 1-P_{33} \\ 0 & 0 & 1-P_{44} & P_{44} \end{bmatrix}^{10} \begin{bmatrix} 1 \\ 0 \\ 0 \\ 0 \end{bmatrix}$$

利用 MATLAB 编写 PSO 优化算法，在 [0，1] 内按一定步长假设 P，利用上述公式计算，并根据等式左右两边的拟合度来求解出最优的转移概率矩阵 $\boldsymbol{P}$。在没有维修加固情况下，假定转移概率不变，未来 50 年的该闸的健康状态分布向量（表 6.2.1）。

表 6.2.1　　　　　　　　　Markov-chain 健康状态模型预测结果

运行年数	健康	亚健康	病变	病危
10 年	0.161	0.329	0.326	0.184
20 年	0.078	0.239	0.354	0.329
30 年	0.043	0.174	0.345	0.438
40 年	0.026	0.131	0.322	0.521
50 年	0.017	0.102	0.299	0.582

根据预测模型计算结果可知，该闸再运行 10 年并且不采取维修加固措施，很有可能只能评定为"三类闸"；再运行 30 年，该闸将最终成为"四类闸"。根据计算结果可知，采取维修加固措施是必要的。

6.2.2　基于生命周期成本的维修加固方案优化

随着建筑物的逐渐老化，水工建筑物必须采取一些维修措施，而维修计划则是根据建筑老化的特点在建筑物运行周期内制定的一系列维修计划。一般来说，更好的维修措施代表着需要投入更多的资金，同时对结构的性能提高也越有效。然而，节约高效型的经济社会对维修计划提出了新要求，所以，如何既能保证经济合理，又做到使水工建筑物在全生命周期内的结构性能符合安全要求，成为现在有必要解决的问题。

6.2.2.1　水工结构维修计划优化内容

1. 维修方法

水工建筑物维修计划优化其本质是在维修成本与维修效果之间做出协调，不同的维修方法需要的成本不一样，带来的效果也不同。好的维修计划可以达到在规定使用年限内，付出尽量低的维修成本而达到尽可能好的效果，所以这里需要在建筑物生命周期内对维修方法做出优化。

2. 维修时间优化

维修时间优化就是指前后连续两次维修的时间间隔，维修时间间隔直接影响的是维修的次数。维修时间间隔短代表了维修次数的增加，维修成本因此提高，但是结构的性能会在一个比较高的水平，而维修时间间隔长，虽然维修成本降低了，但结构的性能必然会受到不利影响，所以这里依然存在着维修成本与维修效果如何协调的问题。目前，维修方式大致可以分为定期维修和必要性维修两种。定期维修是基于时间的，它是按照相关规定或要求每隔一段时间进行维修，然而这种方式忽略了结构的实际性能，在规定时间到期进行维修时，结构性能可能已经降低到规范要求的最低性能了，在这种情况下想要让结构恢复到较高的水平，投入的维修成本将会相当巨大；也有可能在要进行建筑物的维修时，结构的性能还比较好，这时的维修加固就显得浪费。必要性维修是基于性能的，它是在结构性能降到要求最低时进行维修，这种方式一次维修成本巨大，同时控制不好时，结构容易发生永久性的破坏。以上两种方式都具有较为明显的缺点，所以本节重点研究优化维修时间间隔（次数）和维修方法如何配合的问题，在要求的生命周期内，寻找最佳维修时间间隔和维修方法，避免维修资金的盲目投入，此即基于生命周期成本理论（life cycle cost，LCC）的维修加固措施优化。

6.2.2.2　水工结构生命周期维修加固决策模型和方法

1. 决策模型

假设该工程有 n 个构件组成，根据上述分析，其优化模型的数学表达式如下。

决策变量

$$\boldsymbol{X} = \begin{bmatrix} t_{11} & t_{21} & \cdots & t_{m1} \\ k_{11} & k_{21} & \cdots & k_{m1} \\ \vdots & \vdots & \ddots & \vdots \\ t_{1n} & t_{2n} & \cdots & t_{mn} \\ k_{1n} & k_{2n} & \cdots & k_{mn} \end{bmatrix} \tag{6.2.11}$$

目标函数

$$\min C_t = \sum_{i=1}^{n} C_{Ri} \tag{6.2.12}$$

约束条件

$$S_{it} \geq [S] \tag{6.2.13}$$

上几式中　X——维修策略变量；

　　　　　t_{mn}——构件 n 第 m 次进行维修加固的时间（间隔）；

　　　　　k_{mn}——构件 n 第 m 次进行维修采取的维修方法；

　　　　　C_t——结构整体维修的费用；

　　　　　C_{Ri}——构件 i 维修需要的费用；

　　　　　S_{it}——构件 i 在 t 年时的结构性能，$i=1,2,\cdots,n$；

[S]——允许的最低结构性能指标。

2. 遗传优化算法

遗传算法（genetic algorithm）[15-17]是一种借鉴生物进化规律的一种随机优化搜索方法。由于遗传算法的优点，现在已经应用用于很多领域。

（1）编码。

编码的实质就是将需要解决问题的特征进行编码，每个特征对应一个基因，一个解就相当于一串基因的组合。由于遗传算法是不能直接处理问题的空间参数的，所以这里必须将它们转化为染色体或者个体，所谓染色体或者个体就是指将问题的特征转化成遗传空间的由基因进行组合优化的结构。上述操作即为编码。编码要符合简单易行、符合最小字符集编码、便于用模式定理进行分析等原则。

（2）初始种群的生成。

迭代计算开始前首先生成一个种群，这个种群是由 N 个初始串结构数据组成的，一个串结构数据称为一个个体，遗传算法就是以这个初始种群作为迭代计算的起点。在生物学的进化论中，每个个体对周围环境的适应能力不同，这就导致一个个体越能适应环境，它的生存概率越大，它的繁殖后代的能力也越大。将其移植到遗传算法中，能将一个群体中好个体挑选出来的评价函数称为适应度函数，它是根据问题本身的目标函数进行确定的。而这里的初始种群是随机产生的，模拟自然界中最初的群体。

（3）杂交。

杂交操作是该算法中最重要的遗传操作之一，它模拟自然界中个体的繁衍，个体之间交换基因并产生新的个体。通过该操作得到的新个体具有父辈的特征，杂交体体现了交换信息的思想。

（4）适应度评估。

衡量产生的新个体的优劣程度就需要计算他们的适应度，适应度是下一步选择操作的依据。适应度函数设计的主要原则为：单值、连续、非负、最大化；合理、一致性；计算量小；适应性强。适应度函数的好坏直接影响到遗传算法的性能。

（5）选择。

选择时间产生的新个体中优良个体挑选出来，将其作为父代繁衍新的个体，选择操作中适应性强的个体对于下一代的贡献概率更大，这体现了进化论中的适者生存的原则。

（6）变异。

这里的变异相当于生物界的基因突变，变异操作是选择一定数量的个体，对它们进行一定概率的改变串数据结构中某个基因的值的操作。基因突变在生物界发生的概率很低，变异的结果是产生了新个体。

（7）终止。

当遗传算法满足一定条件时，将会终止计算。

6.2.2.3　实例分析

1. 实际操作步骤

理想的理论往往比较复杂，同时考虑到在实际操作中还可能比较困难，所以这里提出经简化过后比较可行的操作步骤。例如，这里按理论计算可能会得到较短的时间间隔而引起较多的维修次数，考虑到实际情况，维修次数过多不仅不便于管理单位或者管理者开展其他工作，同时也会增加很多相关人员的工作量，所以本文综合考虑这些情况，提出了一种较为可行的实施步骤：

（1）管理者或决策者根据现有条件，综合考虑，确定一个恰当而可行的建筑物维修次数范围。这里需补充说明的是，如果有关的资金充足或进行很多次维修不会影响相关人员各项工作的开展而需要增加维修次数，或者因资金缺乏等原因需要减少维修次数，这里可以通过上述操作来实现。

（2）根据提出的维修次数范围，将其也作为计算的限制条件，在维修次数范围内考虑与维修方法和维修费用间的平衡点，最后利用上述理论计算出不同次数下的维修费用。

（3）根据计算结果，选择出费用最少的方案。

本节提出的操作步骤，实际上充分考虑了理论的切实可行性，并在可行性内充分利用 LCC 理论，达到维修次数、维修方法和维修费用之间的平衡。

2. 染色体编码

基于 LCC 理论的水闸加固维修优化主要是针对维修方法和维修时间进行的，所以这里染色体的结构也由这两个部分组成。根据上节所述，这里先假设决策者根据实际情况提出了在建筑物剩余生命周期内准备大修 5~8 次这个条件。

这里仅以维修 8 次为例进行说明，编码采用十进制编码。这里以水闸的闸墩为例进行计算，那么一个个体的染色体共有 16 个基因（图 6.2.3）。

图 6.2.3 染色体 DNA 结构

3. 构件的劣化与维修措施

（1）构件劣化研究。

水闸健康度降低实质是各构件不断劣化致使可靠度不断降低。根据沿海水闸所处环境的特点，沿海水闸构件劣化的主要原因是第 2 章所述的氯离子破坏和碳化深度过大。根据相关文献研究[18]，在这两者破坏中又属强盐害环境对构件的影响最大，当然这里是指在一般条件下得出的结论，例如建筑物在不同的管理维护条件下，它们的破坏形式是不一样的。构件的劣化必定伴随着结构可靠度的降低，一般新的构件在完建后性能是留有富余的，所以在最初的 T_R 年内可靠度始终为 R_0，随着这部分富余的性能逐年消散完成，结构才真正开始劣化。这种劣化趋势不可能任由它发展下去，当结构劣化到一定程度采取措施，或者根据管理单位需求进行维修加固时，可靠度曲线就会发生改变。例如当采取某种维修措施后，构件的可靠度可以提高 γ_r，在 TD_R 年后开始劣化并在 TP_R 年后加速劣化，当构件继续劣化到一定程度时，又需采取维修加固措施，这种过程是不断进行的（图 6.2.4）。

（2）维修措施研究。

针对不同的维修方法，其维修效果也是不一样的，不同的病害常采取的维修措施

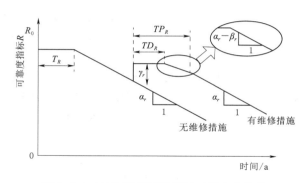

图 6.2.4　结构可靠度指标随时间变化曲线

如下。

1）裂缝的维修。裂缝的维修主要是修补和补强加固。对于表面较浅的裂缝，一般可以采取表面缝补修措施。最简单的是首先进行表面处理，清除表面脏物杂物，凿毛并清洗干净，待干燥后用塑性树脂等修补材料涂敷裂缝，其次还有注入法和充填法等。补强加固措施首先要确定需要修补的范围，截面尺寸，进行设计并提出图纸，一般有灌浆法、预应力法、增加断面面积法、增设杆件，钢筋等方法。

2）碳化及钢筋锈蚀维修。碳化可以分为轻类碳化、一般碳化和严重碳化，在前两个阶段仅需作一般防护处理，在严重碳化阶段就需要采取修补措施了。修补方法可以采用局部防护或全面防护措施，这种方法采用高标号水泥砂浆或高级涂料等将碳化部位覆盖，防止空气中的 CO_2、氯离子和水进入结构内部，减缓碳化速度和钢筋锈蚀程度。另外还有局部和全面修补，局部修补就是将已经碳化的保护层进行凿除对钢筋进行除锈、补焊、加固、防锈后用黏结性好的水泥砂浆或树脂砂浆进行修补；全面修补是将碳化层全部凿除，对钢筋更换、加固后喷射水泥砂浆或补筋加网混凝土，全面翻新修护保护层。

3）冻融破坏。冻融破坏一般可以分为 3 个阶段，第一阶段为麻面阶段，破坏形式为首先表面起毛，砂浆脱落并形成小坑；第二阶段为蜂窝阶段，这个阶段水泥砂浆成片脱落，某些粗骨料逐渐脱落并出现小坑，导致钢筋锈蚀；第三阶段为破坏阶段，在该阶段粗骨料不断脱落，钢筋锈蚀严重甚至断裂，混凝土出现孔洞，最终破坏。在冻融破坏的第一阶段一般不需要进行修补，在进入第二阶段后应尽快进行修补，对于不同的剥蚀深度要采取不同的措施，对于小面积的剥蚀，可以在基底涂抹黏结剂，用高标号砂浆进行修补；对于剥蚀深度大且受冲蚀磨损的，可以用真空混凝土修补或者高抗冻性的预制板压浆混凝土等进行修补。

4. 一些假设和简化

由于各种维修加固方法所需的具体经费和达到的加固效果目前仅有较少的研究，往往只能简单地作定性处理，而具体的量化值较难得到，同时这里假设每次维修只使用一种维修措施，因为两种或者几种维修措施的叠加效果目前也没有较为详细的研究，具体的加固效果量化值同样难以得到，这里先作适当的假设，以研究方法作为本章的重点。

这里以维修闸墩为例，假设采取 5 种维修方法进行维修加固，编号分别为 0、1、2、3、4（表 6.2.2 和表 6.2.3）。

表 6.2.2　　　　　　　　　几种维修措施的效果

编号	维修措施	效果（平均）
0	方法 1	维持 4 年耐久性
1	方法 2	维持 8 年耐久性

续表

编号	维修措施	效果（平均）
2	方法 3	恢复到 0.8R0
3	方法 4	恢复到 0.9R0＋维持 8 年耐久性
4	方法 5	维持 14 年耐久性

表 6.2.3   各种维修方法的成本   单位：元

维修措施	维修成本	维修措施	维修成本
方法 1	40000	方法 4	202000
方法 2	70000	方法 5	385000
方法 3	128000		

如前所述，我国对于中小型水闸各种观测和检测资料缺少整理和保存，特别是历年的资料，所以目前对于构建普遍劣化的规律很难量化，当然这项工作目前已经重视起来，所以在未来几十年的时间里，这方面的发展将会是很大的。因为上述闸墩等水闸构件的劣化规律结论不是短时间内可以研究得出的，这里暂且先参考相关文献 [19]，进行简化处理。这里取 $T_R=5$，$\alpha_r=0.06$，γ_r 和 TD_R 根据具体的维修措施决定，同时为了简化计算，这里假定 $\beta_r=0$。

5. 优化结果分析

计算时种群规模设置为 800，染色体长度为 16，交叉概率 0.7，变异概率 0.3，进化次数 500。这里以江苏某水闸为例，因其已经使用了 47 年，所以这里设置江苏某水闸闸墩还需至少使用 50 年这个条件（图 6.2.5 和图 6.2.6）。

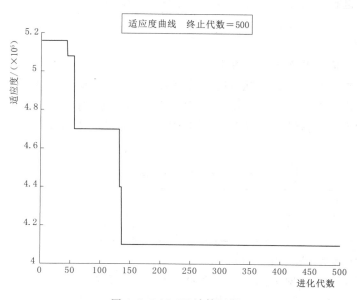

图 6.2.5   LCC 计算过程

主要步骤如下。

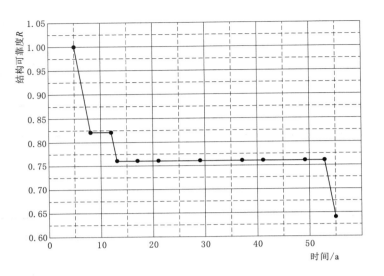

图 6.2.6　结构性能与年数的关系

（1）参数初始化。

这里设置种群规模、交叉概率、进化次数等。

（2）产生初始种群。

计算适应度并找到最好染色体。

（3）迭代寻优。

这一步主要进行交叉操作、变异操作、计算适应度值并进行个体最优更新与种群最优跟新。

（4）输出结果。

输出维修成本值以及维修加固方案。

根据计算结果可知该方案最低可使用的年数为 55 年，第 55 年的结构可靠度为 0.64，若不采取维修加固措施，结构性能在第 56 年将低于 0.58，则江苏某水闸闸墩的总使用年限为 102 年，这说明在该维修方案下，闸墩的安全性可以维持到该等级建筑物的最低使用年限（表 6.2.4）。

表 6.2.4　　　　　　　　　　　　　　　维　修　计　划

维修方法	1	1	1	2	2	1	2	1
维修间隔/a	8	5	4	4	8	8	4	8

可知该方案的维修费用为 410000 元。

这里是以维修加固 8 次为例进行计算的，根据决策者提出的希望大修 5～8 次的要求，只需要计算完所有情况后，就能按要求选出最优的方案了。根据计算，当维修次数为 6 次时，维修费用会降到最低，最低费用为 390000 元，而大于或小于 6 次，维修成本均会增加（表 6.2.5）。

表 6.2.5			最优维修加固方案			
维修方法	1	2	2	2	2	2
维修间隔/a	6	5	8	9	8	8

该方案可以保证闸墩到第 53 年的结构性能为 0.64，但在第 54 年会降为 0.58，而该建筑物已经使用了 47 年，如果后续不采取维修措施，则正好可以保证闸墩的结构性能在建筑物最低使用年限 100 年内满足要求。

6.3 沭新闸加固方案研究

6.3.1 沭新闸闸室加固方案分析

沭新闸综合评价结果为该闸欠安全，对应水闸安全鉴定规定，该闸为三类闸，其运用指标达不到设计要求，工程存在严重安全隐患，需进行除险加固。沭新闸存在的主要问题为：闸室底板、闸墩、排架、交通桥拱板等，混凝土结构均出现不同程度的裂缝，闸室地基应力不均匀系数均无法满足规范要求；底板、闸墩承载能力均不能满足强度要求。

鉴于该工程的重要性，同时为确保工程安全运行，必须对其进行全面除险加固，本章主要针对闸室结构加固运行方案比选研究，确定合理的加固方案。

6.3.1.1 闸室原结构型式

沭新闸底板采用四孔一联整体式反拱底板，两端悬出，作为岸墩底板（图 6.3.1）。

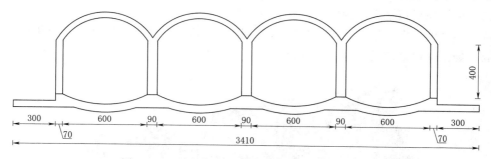

图 6.3.1 沭新闸原闸室结构型式（单位：mm）

6.3.1.2 闸室结构加固缘由

反拱底板是超静定结构，其内力主要为轴向压力，在均布荷载作用下，轴向压力一般不起控制作用，起控制作用的主要是不均匀沉陷、拱脚转角变化等产生反拱内力。反拱底板对地基不均匀沉陷和温度变化较为敏感[20]，经过水下检查和局部打围堰降水检查发现，反拱底板出现多处裂缝，底板的拉应力较大，经过承载能力分析，其结构承载能力无法满足要求。

经过多年运行，沭新闸闸墩多处出现裂缝，同时经过承载能力分析可知，闸墩在地震荷载作用下，其承载能力不满足要求。闸顶公路是由圆弧拱肋、微弯拱板、预制拼装组成的 π 形拱断面，拱板存在多处裂缝，拱脚处的拉应力较大，拱板的承载能力无法满足要求。

为保证工程安全运行，需对闸室结构进行加固处理。

6.3.1.3　闸室结构加固方案研究

1. 反拱底板填平方案研究

（1）加固方案。

鉴于连续反拱结构是底板开裂的主要诱因，从改变反拱结构特征出发，由于反拱底板对地基的不均匀沉降较为敏感，工程中一般采用将反拱填平的方案进行底板抗裂加固，为保证新老混凝土接合面强度，将底板表面打毛清洗，拱内用 C20 混凝土填平[21]　（图 6.3.2）。

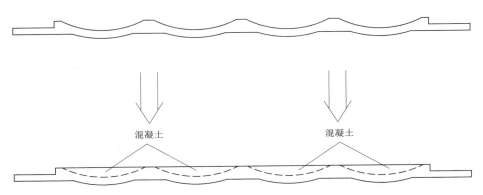

图 6.3.2　沭新闸闸底板加固示意图

（2）反拱底板填平方案闸室结构应力场分析。

从结构角度出发，采用 ABAQUS 有限元软件建立三维闸室结构模型，分析研究闸室结构应力场，探讨该同类加固方案选择（图 6.3.3 和图 6.3.4）。

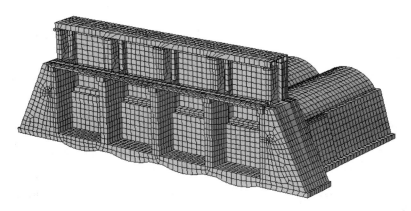

图 6.3.3　沭新闸闸室结构计算模型

闸底板经填平，模型仍采用六面体减缩线性积分单元，闸室离散为 19110 个单元，28223 个结点。分别对闸室结构的 3 种工况进行了空间有限元计算，从应力角度对闸室结构进行分析并作出安全评价。接触模拟中依旧采用单纯主从接触算法以及硬接触的法向模型。

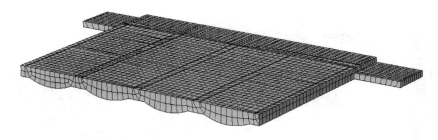

图 6.3.4　填平后的反拱底板模型

由应力云图（图 6.3.5～图 6.3.10）及表 6.3.1 和表 6.3.2 可知，在各工况下闸室底板的最大主拉应力主要分布在与边墩连接处的面层，最大值为 0.83MPa，最大主压应力主要分布在与边墩连接处的面层以及闸室底板底层，最大值为 2.20MPa；闸墩的最大主拉应力主要分布在边墩与底板连接处的临土侧，最大值为 1.41MPa，最大主压应力主要分布在边墩与底板连接处的临水侧，最大值为 2.39MPa；交通桥拱板的最大主拉应力主要分布在上游段拱板底层，最大值为 0.58MPa，最大主压应力主要分布在上游段拱板底层，最大值为 2.47MPa。

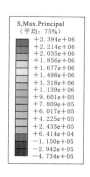
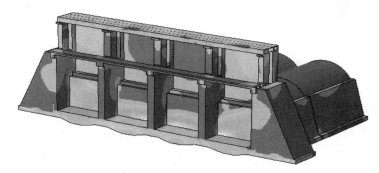

图 6.3.5　设计期最大主拉应力分布（单位：Pa）

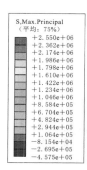
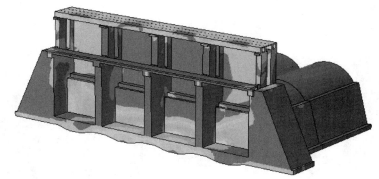

图 6.3.6　校核期最大主拉应力分布（单位：Pa）

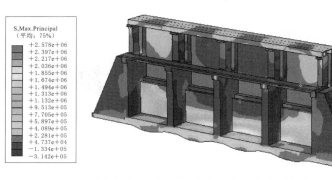

图 6.3.7　地震期最大主拉应力分布（单位：Pa）

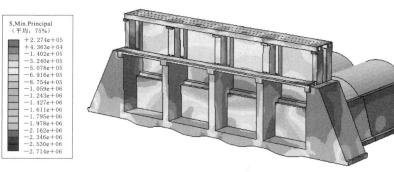

图 6.3.8　设计期最大主压应力分布（单位：Pa）

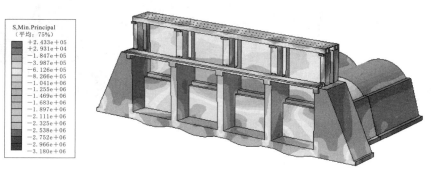

图 6.3.9　校核期最大主压应力分布（单位：Pa）

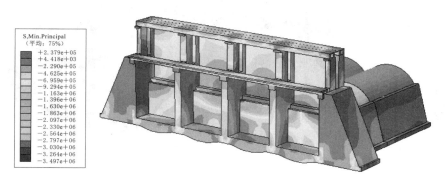

图 6.3.10　地震期最大主压应力分布（单位：Pa）

表 6.3.1　　　　　　　　　　　**沭新闸闸室结构应力计算结果**

计算工况	最大主拉应力/MPa			
	底板面层	底板底层	闸墩	交通桥拱板
设计期	0.69	0.60	1.23	0.43
校核期	0.73	0.67	1.30	0.47
地震期	0.83	0.77	1.41	0.58

表 6.3.2　　　　　　　　　　　**沭新闸闸室结构应力计算结果**

计算工况	最大主压应力/MPa			
	底板面层	底板底层	闸墩	交通桥拱板
设计期	1.61	2.07	2.23	2.20
校核期	1.89	2.10	2.32	2.38
地震期	2.09	2.20	2.39	2.47

反拱底板填平后，底板、闸墩、交通桥拱板的拉、压应力与加固前相比均有所减小，对底板的应力场影响较明显，经承载能力分析，底板的强度基本能满足要求，但闸墩的强度尚不满足要求。

2. 闸墩加撑梁方案

（1）加固方案。

在此方案中，反拱底板不填平，在 π 形拱拱脚处增设 0.4m×0.6m（宽×高）矩形撑梁，通过改变撑梁的数目分析闸室结构应力场，本次分别对增设 6 根撑梁与 11 根撑梁的闸室结构应力进行分析比较（图 6.3.11 和图 6.3.12）。

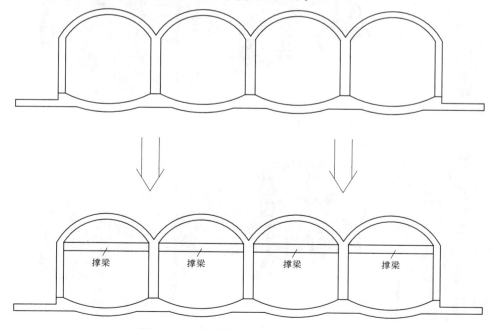

图 6.3.11　沭新闸闸墩加撑梁加固示意图

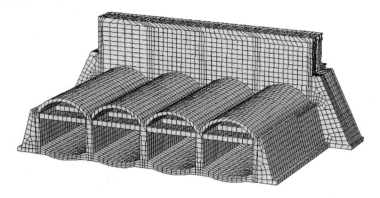

图 6.3.12　加撑梁闸室结构计算模型

由应力云图（图 6.3.13～图 6.3.18）及表 6.3.3 和表 6.3.4 可知，在各工况下闸室底板的最大主拉应力主要分布在与边墩连接处的面层，最大值为 0.90MPa，最大主压应力主要分布在与边墩连接处的面层以及闸室底板底层，最大值为 2.25MPa；闸墩的最大主拉应力主要分布在边墩与底板连接处的临土侧，最大值为 1.40MPa，最大主压应力主要分布在边墩与底板连接处的临水侧，最大值为 2.39MPa；交通桥拱板的最大主拉应力主要分布在上游段拱板面层，最大值为 0.40MPa，最大主压应力主要分布在上游段拱板底层，最大值为 2.40MPa。

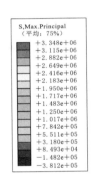
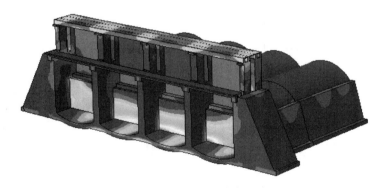

图 6.3.13　设计期最大主拉应力分布（单位：Pa）

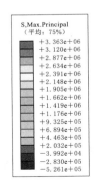
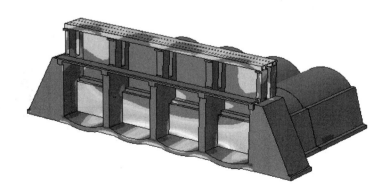

图 6.3.14　校核期最大主拉应力分布（单位：Pa）

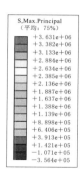
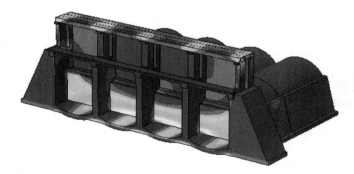

图 6.3.15　地震期最大主拉应力分布（单位：Pa）

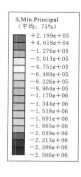
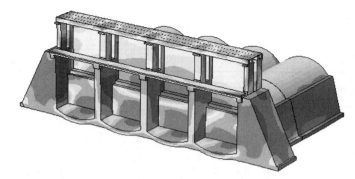

图 6.3.16　设计期最大主压应力分布（单位：Pa）

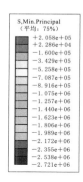
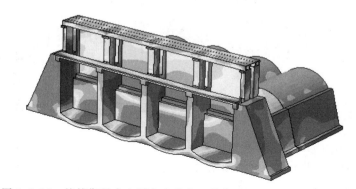

图 6.3.17　校核期最大主压应力分布（单位：Pa）

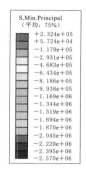
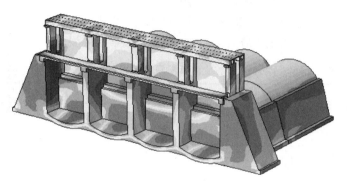

图 6.3.18　地震期最大主压应力分布（单位：Pa）

表 6.3.3　　　　　　　　　　　沭新闸闸室结构应力计算结果　　　　　　　　单位：MPa

计算工况	最 大 主 拉 应 力			
	底板面层	底板底层	闸墩	交通桥拱板
设计期	0.73	0.67	1.02	0.31
校核期	0.80	0.75	1.18	0.36
地震期	0.90	0.86	1.40	0.40

表 6.3.4　　　　　　　　　　　沭新闸闸室结构应力计算结果　　　　　　　　单位：MPa

计算工况	最 大 主 压 应 力			
	底板面层	底板底层	闸墩	交通桥拱板
设计期	1.92	1.96	2.18	2.26
校核期	2.11	2.18	2.32	2.36
地震期	2.19	2.25	2.39	2.40

加 11 根撑梁的闸室结构计算模型如图 6.3.19 所示。

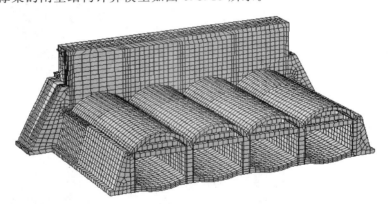

图 6.3.19　加撑梁闸室结构计算模型

由应力云图（图 6.3.20～图 6.3.25）及表 6.3.5 和表 6.3.6 可知，在各工况下闸室底板的最大主拉应力主要分布在与边墩连接处的面层，最大值为 0.87MPa，最大主压应力主要分布在与边墩连接处的面层以及闸室底板底层，最大值为 2.21MPa；闸墩的最大主拉应力主要分布在边墩与底板连接处的临土侧，最大值为 1.35MPa，最大主压应力主要分布在边墩与底板连接处的临水侧，最大值为 2.35MPa；交通桥拱板的最大主拉应力主要分布在上游段拱板面层，最大值为 0.43MPa，最大主压应力主要分布在上游段拱板底层，最大值为 2.33MPa。

表 6.3.5　　　　　　　　　　　沭新闸闸室结构应力计算结果　　　　　　　　单位：MPa

计算工况	最 大 主 拉 应 力			
	底板面层	底板底层	闸墩	交通桥拱板
设计期	0.70	0.65	0.96	0.24
校核期	0.77	0.72	1.15	0.32
地震期	0.87	0.82	1.35	0.43

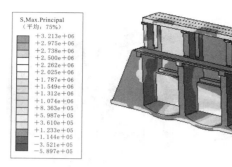

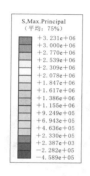

图 6.3.20　设计期最大主拉应力分布（单位：Pa）

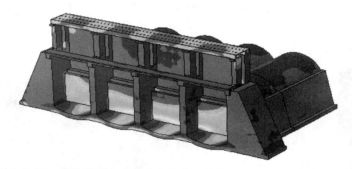

图 6.3.21　校核期最大主拉应力分布（单位：Pa）

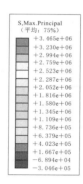

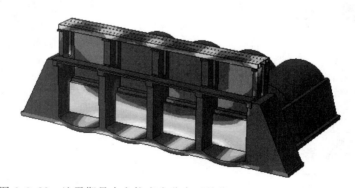

图 6.3.22　地震期最大主拉应力分布（单位：Pa）

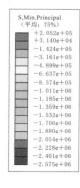

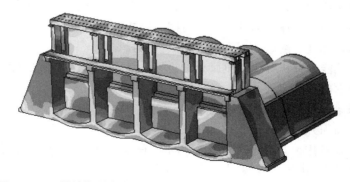

图 6.3.23　设计期最大主压应力分布（单位：Pa）

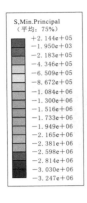
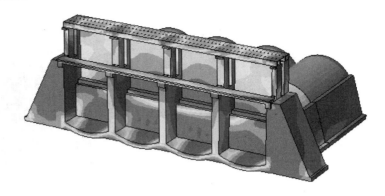

图 6.3.24　校核期最大主压应力分布（单位：Pa）

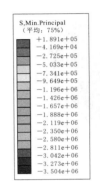
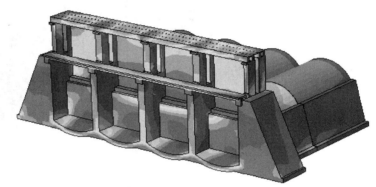

图 6.3.25　地震期最大主压应力分布（单位：Pa）

表 6.3.6	沭新闸闸室结构应力计算结果		单位：MPa	
计算工况	最 大 主 压 应 力			
	底板面层	底板底层	闸墩	交通桥拱板
设计期	1.89	1.93	2.15	2.16
校核期	2.08	2.15	2.28	2.32
地震期	2.16	2.21	2.35	2.33

在交通桥拱脚处增设撑梁后，底板、闸墩、交通桥拱板的拉、压应力与加固前相比均有所减小，同时，撑梁的数目不同对闸室结构的应力影响也就不同，撑梁越多，对闸室结构越有利，尤其对闸墩的应力场影响更为明显。

经承载能力分析，仅在拱脚处增设撑梁，底板的承载能力无法满足要求，但闸墩的承载能力基本能满足要求。

3. 反拱底板填平、加撑梁方案

（1）加固方案。

在此方案中，反拱底板填平，同时在交通桥 π 型拱拱脚处增设 11 根 0.4×0.6米（宽×高）矩形抗震撑梁，分析闸室结构应力场。闸墩加固方案如图 6.3.36 和图6.3.37 所示。

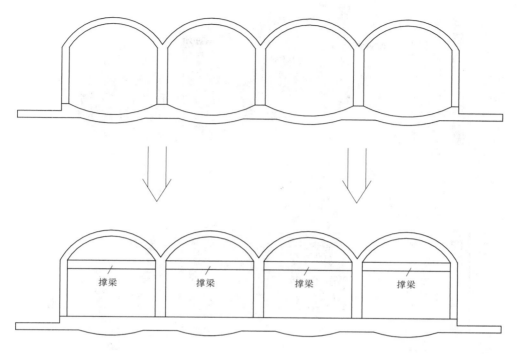

图 6.3.26　沭新闸闸室加固示意图

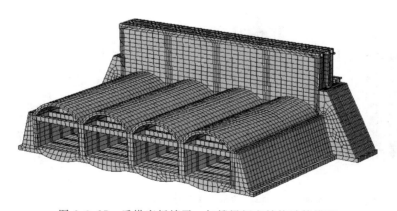

图 6.3.27　反拱底板填平、加撑梁闸室结构计算模型

由应力云图（图 6.3.28～图 6.3.33）及表 6.3.7 和表 6.3.8 可知，在各工况下闸室底板的最大主拉应力主要分布在与边墩连接处的面层，最大值为 0.73MPa，最大主压应力主要分布在与边墩连接处的面层以及闸室底板底层，最大值为 2.15MPa；闸墩的最大主拉应力主要分布在边墩与底板连接处的临土侧，最大值为 1.12MPa，最大主压应力主要分布在边墩与底板连接处的临水侧，最大值为 2.28MPa；交通桥拱板的最大主拉应力主要分布在上游段拱板面层，最大值为 0.34MPa，最大主压应力主要分布在上游段拱板底层，最大值为 2.15MPa；撑梁的最大主拉应力主要分布在闸身上游段第一根撑梁与闸墩连接处，最大值为 2.29MPa，最大主压应力主要分布在闸身下游段撑梁的底层，最大值为 2.92MPa。

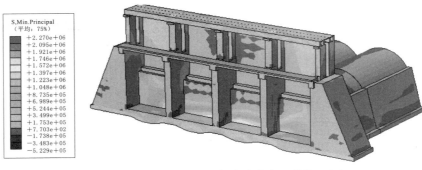

图 6.3.28　设计期最大主拉应力分布（单位：Pa）

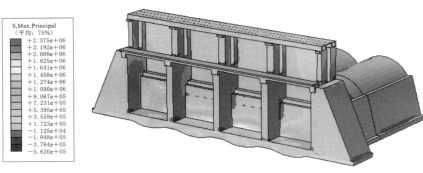

图 6.3.29　校核期最大主拉应力分布（单位：Pa）

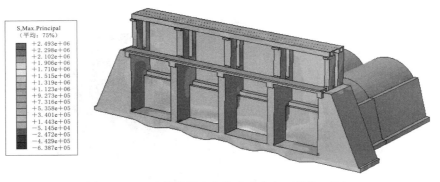

图 6.3.30　地震期最大主拉应力分布（单位：Pa）

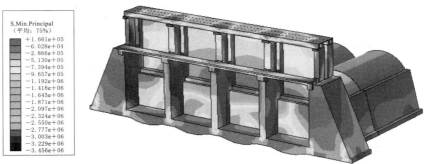

图 6.3.31　设计期最大主压应力分布（单位：Pa）

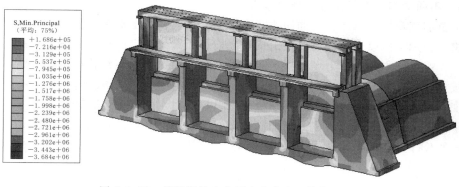

图 6.3.32 校核期最大主压应力分布（单位：Pa）

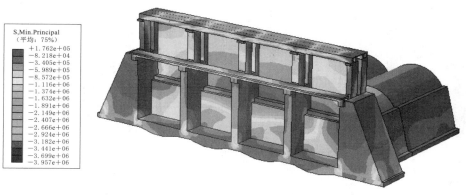

图 6.3.33 校核期最大主压应力分布（单位：Pa）

表 6.3.7　　　　　　　　　　沭新闸闸室结构应力计算结果　　　　　　　　单位：MPa

计算工况	最 大 主 拉 应 力				
	底板面层	底板底层	闸墩	交通桥拱板	撑梁
设计期	0.61	0.52	0.87	0.18	1.92
校核期	0.72	0.55	0.91	0.26	2.01
地震期	0.73	0.63	1.12	0.34	2.29

表 6.3.8　　　　　　　　　　沭新闸闸室结构应力计算结果　　　　　　　　单位：MPa

计算工况	最 大 主 压 应 力				
	底板面层	底板底层	闸墩	交通桥拱板	撑梁
设计期	1.42	1.87	2.10	1.87	2.56
校核期	1.76	2.00	2.23	2.00	2.72
地震期	1.89	2.15	2.28	2.15	2.92

经过承载能分析，闸室底板、闸墩、撑梁、交通桥拱板的结构承载力满足要求，最大主压应力均未超过混凝土的允许压应力，故混凝土抗压强度满足要求。

6.3.1.4　不同加固方案闸室应力场比较分析

为了更加直观地分析沭新闸加固方案中填平反拱底板与增加混凝土撑梁对闸室结构应力场影响，分别考虑以下 4 种情形：①反拱底板、无撑梁闸室结构应力场分析；②填平反拱底板、无撑梁闸室结构应力场分析；③反拱底板、加撑梁闸室结构应力场分析；④填平反拱底板、加撑梁闸室结构应力场分析。通过这四种闸室结构形式结构应力的分析比较，从而验证反拱底板的填平以及正拱桥顶板脚增设撑梁对水闸的稳定有着重要的作用。

为了能够清晰直观地反映出此次加固方案对闸室不同部位的应力变化情况，现将上述 4 种情形在不同工况下闸室结构的应力场用柱状图表示，如图 6.3.34～图 6.3.39 所示。

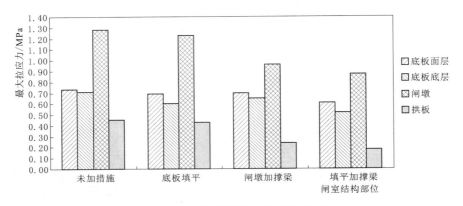

图 6.3.34　设计期拉应力场（单位：Pa）

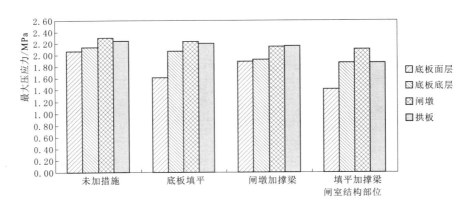

图 6.3.35　设计期压应力场（单位：Pa）

由上述分析可知：

（1）反拱底拉应力较大，底板的底层与面层以及闸墩在水压力等荷载作用下受到较大的拉应力，易导致底板产生不同程度的裂缝，影响水闸安全性。

（2）反拱底板填平可以减小闸墩与底板的拉压应力，尤其对底板的应力影响比较明显，从反拱底板填平是从其本身结构特点进行加固，有效地改善了闸室底板的应力状态，但是对闸墩的应力场影响不太明显。

（3）在拱脚处增设撑梁，撑梁的作用主要影响闸墩与底板的主拉应力与主压应力，撑

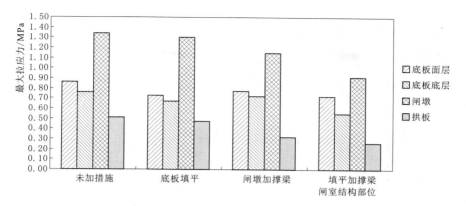

图 6.3.36 校核期拉应力场（单位：Pa）

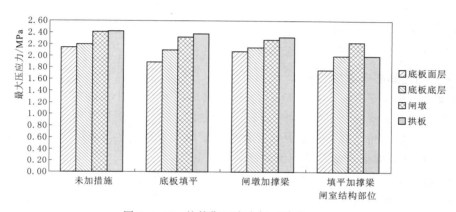

图 6.3.37 校核期压应力场（单位：Pa）

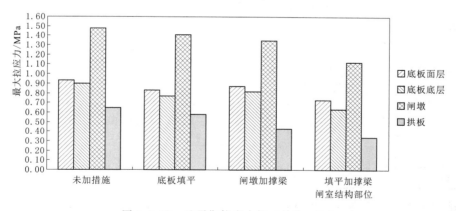

图 6.3.38 地震期拉应力场（单位：Pa）

梁的存在分担了闸墩与底板在受到水压力等荷载作用下的弯矩，主要承担了闸墩的拉压应力，但对底板的应力影响不太明显。

（4）反拱底板填平，同时增设撑梁能够相互弥补上述两种加固方案的不足，能最大程度上改善闸室结构的应力状态。

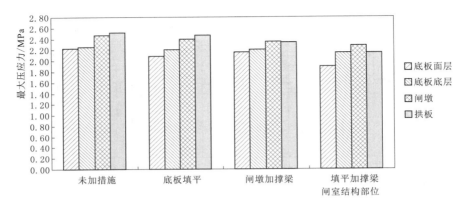

图 6.3.39　地震期压应力场（单位：Pa）

因此，在这类水闸的除险加固时，将反拱底板填平，以及在正拱桥拱脚处增设撑梁对增加整个闸室的整体结构安全性是至关重要的。

6.3.2　沭新闸加固后安全性态分析

采取反拱底板填平并在正拱拱脚处增设 11 根撑梁的方案对沭新闸进行加固。鉴于该工程的重要性，有必要对加固后的沭新闸进行安全综合评价，根据水闸安全鉴定内容，建立一套合理的安全评价体系，构建评价模型，确定除险加固后的沭新闸的安全性态。

6.3.2.1　沭新闸加固后安全综合评价信息采集

根据《沭新闸工程现状调查分析报告》[22] 可知：沭新闸工程投入运行后，管理单位建立健全一套完备的管理规章制度，编制了沭新闸工程管理办法，管理所根据设计指标，结合工程具体实际，严格按照工程控制运用原则调度运行。沭新闸混凝土结构外观整体较完好，局部出现裂缝，工程现状结构良好。

根据《沭新闸工程现场安全检测报告》可知：混凝土强度检测结果[23] 分别见表 6.3.9。

表 6.3.9　　　　　　　　　　　　混凝土强度检测成果表

构件名称	回弹法/MPa	钻芯法/MPa	强度推荐值/MPa	设计标号	规范规定最低等级
闸墩	25.5		25.5	C20	C25
排架	27.9	25.1	25.1	C20	C25
撑梁	25.6		25.6	C20	C25
下游翼墙	26.3	26.1	26.1	C20	C25

混凝土各结构保护层厚度和最大碳化深度检测结果如图 6.3.40 所示。

根据《沭新闸工程安全复核分析报告》[24] 可知：沭新闸堤顶高程、过流能力、消力池（长度、深度、厚度、海曼长度）、防渗长度、最大水平坡降、水平坡降均能满足要求。

沭新闸闸室抗滑稳定计算成果见表 6.3.10。

同时，经过承载能力分析，闸室底板、闸墩、排架、撑梁、交通桥拱板、工作桥的结构承载能力均能满足要求，闸门的主梁强度、面板强度、启闭力也均能满足要求。

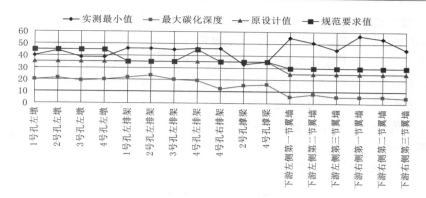

图 6.3.40　混凝土保护层、碳化检测结果

表 6.3.10　　　　　　　　　　　沭新闸闸室抗滑稳定计算成果表

计算工况	水　位		地基应力			不均匀系数		抗滑稳定安全系数	
	$H_上$/m	$H_下$/m	P_{max}/kPa	P_{min}/kPa	P/kPa	η	$[\eta]$	K_c	$[K_c]$
设计期	8.0	6.0	141.09	114.12	127.60	1.24	2.0	2.95	1.35
校核期	12.5	6.0	167.38	87.32	127.35	1.92	2.5	1.32	1.20
地震期	8.0	6.0	155.39	99.82	127.60	1.56	2.5	2.28	1.10

　　根据《沭新闸工程闸门及启闭机检测报告》[25] 可知：钢闸门外观良好，焊缝探伤、蚀余厚度均符合要求，闸门的防腐涂层厚度基本符合要求。启闭机外观良好，运行参数和性能基本符合要求。

6.3.2.2　安全评价指标体系的构建

　　以沭新闸安全性态为总目标，在工程现状调查、现场安全检测和工程复核计算的基础上，对其进行安全评价。本次安全评价指标体系如图 6.3.41 所示。

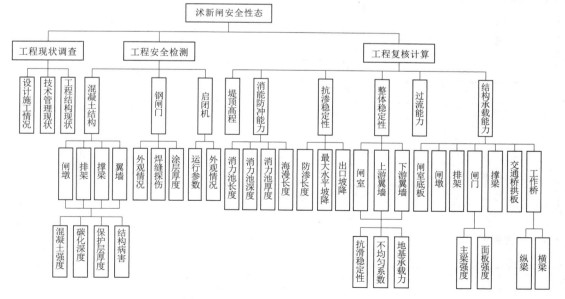

图 6.3.41　沭新闸安全评价指标体系

6.3.2.3　模糊综合评价模型

对于加固后的沭新闸，同样从水闸的工程现状情况、工程安全检测、工程复核计算 3 个方面来评价，最终评定水闸安全状况，确定水闸的安全等级。

同样采用主客观赋权方法（综合集成特征赋权法）来建立水闸安全综合评价的主客观融合权重，将唯一参照物比较判断法（G_2 -法）和拉开档次法计算的权重相融合，确定权重。继续运用模糊综合评价法来进行水闸工程的安全综合评价。

1. 一级模糊综合评价

首先对三级指标进行一级模糊综合评价（表 6.3.11 和表 6.3.12）。

表 6.3.11　　　　　　　　　　　　　四级指标的权重和指标

三级指标	四级指标	权重	指标值
闸墩	混凝土强度	0.299	0.853
	碳化深度	0.314	0.839
	保护层厚度	0.232	0.788
	结构病害	0.155	0.850
排架	混凝土强度	0.299	0.851
	碳化深度	0.314	0.851
	保护层厚度	0.232	1.000
	结构病害	0.155	0.880
撑梁	混凝土强度	0.299	0.854
	碳化深度	0.314	0.857
	保护层厚度	0.232	0.745
	结构病害	0.155	0.850
翼墙	混凝土强度	0.299	0.856
	碳化深度	0.314	0.885
	保护层厚度	0.232	1.000
	结构病害	0.155	0.890
闸室	抗滑稳定性	0.416	0.925
	不均匀系数	0.255	0.908
	地基承载力	0.329	1.000
上游翼墙	抗滑稳定性	0.416	1.000
	不均匀系数	0.255	0.470
	地基承载力	0.329	1.000
下游翼墙	抗滑稳定性	0.416	0.668
	不均匀系数	0.255	0.058
	地基承载力	0.329	1.000
闸门	主梁强度	0.500	1.000
	面板强度	0.500	1.000

续表

三级指标	四级指标	权重	指标值
工作桥	纵梁	0.565	1.000
	横梁	0.435	1.000

表 6.3.12   四 级 指 标 的 隶 属 度

三级指标	四级指标	安全	较安全	欠安全	不安全
闸墩	混凝土强度	0.020	0.980	0.000	0.000
	碳化深度	0.000	0.956	0.044	0.000
	保护层厚度	0.000	0.750	0.250	0.000
	结构病害	0.000	1.000	0.000	0.000
排架	混凝土强度	0.004	0.996	0.000	0.000
	碳化深度	0.006	0.994	0.000	0.000
	保护层厚度	1.000	0.000	0.000	0.000
	结构病害	0.200	0.800	0.000	0.000
撑梁	混凝土强度	0.023	0.977	0.000	0.000
	碳化深度	0.049	0.951	0.000	0.000
	保护层厚度	0.000	0.579	0.421	0.000
	结构病害	0.000	1.000	0.000	0.000
翼墙	混凝土强度	0.042	0.958	0.000	0.000
	碳化深度	0.231	0.769	0.000	0.000
	保护层厚度	1.000	0.000	0.000	0.000
	结构病害	0.267	0.733	0.000	0.000
闸室	抗滑稳定性	0.500	0.500	0.000	0.000
	不均匀系数	0.387	0.613	0.000	0.000
	地基承载力	1.000	0.000	0.000	0.000
上游翼墙	抗滑稳定性	1.000	0.000	0.000	0.000
	不均匀系数	0.000	0.000	0.784	0.216
	地基承载力	1.000	0.000	0.000	0.000
下游翼墙	抗滑稳定性	0.000	0.273	0.727	0.000
	不均匀系数	0.000	0.000	0.096	0.904
	地基承载力	1.000	0.000	0.000	0.000
闸门	主梁强度	1.000	0.000	0.000	0.000
	面板强度	1.000	0.000	0.000	0.000
工作桥	纵梁	1.000	0.000	0.000	0.000
	横梁	1.000	0.000	0.000	0.000

根据各四级指标安全综合评价结果，构造出三级指标的模糊综合评价矩阵分别为

$$\boldsymbol{R}_{121} = \begin{bmatrix} 0.020 & 0.980 & 0 & 0 \\ 0 & 0.956 & 0.040 & 0 \\ 0 & 0.750 & 0.250 & 0 \\ 0 & 1.000 & 0 & 0 \end{bmatrix}$$

$$\boldsymbol{R}_{122} = \begin{bmatrix} 0.004 & 0.996 & 0 & 0 \\ 0.006 & 0.994 & 0 & 0 \\ 1.000 & 0 & 0 & 0 \\ 0.200 & 0.800 & 0 & 0 \end{bmatrix}$$

$$\boldsymbol{R}_{123} = \begin{bmatrix} 0.023 & 0.977 & 0 & 0 \\ 0.049 & 0.951 & 0 & 0 \\ 0 & 0.579 & 0.421 & 0 \\ 0 & 1.000 & 0 & 0 \end{bmatrix}$$

$$\boldsymbol{R}_{124} = \begin{bmatrix} 0.042 & 0.958 & 0 & 0 \\ 0.231 & 0.769 & 0 & 0 \\ 1.000 & 0 & 0 & 0 \\ 0.267 & 0.733 & 0 & 0 \end{bmatrix}$$

$$\boldsymbol{R}_{125} = \begin{bmatrix} 0.500 & 0.500 & 0 & 0 \\ 0.387 & 0.613 & 0 & 0 \\ 1.000 & 0 & 0 & 0 \end{bmatrix}$$

$$\boldsymbol{R}_{126} = \begin{bmatrix} 1.000 & 0 & 0 & 0 \\ 0 & 0 & 0.784 & 0.216 \\ 1.000 & 0 & 0 & 0 \end{bmatrix}$$

$$\boldsymbol{R}_{127} = \begin{bmatrix} 0 & 0.273 & 0.727 & 0 \\ 0 & 0 & 0.096 & 0.904 \\ 1.000 & 0 & 0 & 0 \end{bmatrix}$$

$$\boldsymbol{R}_{128} = \begin{bmatrix} 1.000 & 0 & 0 & 0 \\ 1.000 & 0 & 0 & 0 \end{bmatrix}$$

$$\boldsymbol{R}_{129} = \begin{bmatrix} 1.000 & 0 & 0 & 0 \\ 1.000 & 0 & 0 & 0 \end{bmatrix}$$

对各三级指标进行模糊评价过程如下：

$$\boldsymbol{B}_{121} = \boldsymbol{A}_{121}\boldsymbol{R}_{121} = [0.299, 0.314, 0.232, 0.155] \begin{bmatrix} 0.020 & 0.980 & 0 & 0 \\ 0 & 0.956 & 0.044 & 0 \\ 0 & 0.750 & 0.250 & 0 \\ 0 & 1.000 & 0 & 0 \end{bmatrix}$$

$$= [0.0060, 0.9222, 0.0718, 0]$$

根据最大隶属度原则，$B_{121\max} = 0.9222$ 对应第二个评价标准，三级指标闸墩安全状况属于"较安全"。

$$\boldsymbol{B}_{122} = \boldsymbol{A}_{122}\boldsymbol{R}_{122} = [0.299, 0.314, 0.232, 0.155] \begin{bmatrix} 0.004 & 0.996 & 0 & 0 \\ 0.006 & 0.994 & 0 & 0 \\ 1.000 & 0 & 0 & 0 \\ 0.200 & 0.800 & 0 & 0 \end{bmatrix}$$

$$= [0.2655, 0.7345, 0, 0]$$

根据最大隶属度原则，$B_{122\max} = 0.7345$ 对应第二个评价标准，三级指标排架安全状况属于"较安全"。

$$\boldsymbol{B}_{123} = \boldsymbol{A}_{123}\boldsymbol{R}_{123} = [0.299, 0.314, 0.232, 0.155] \begin{bmatrix} 0.023 & 0.977 & 0 & 0 \\ 0.049 & 0.951 & 0 & 0 \\ 0 & 0.579 & 0.421 & 0 \\ 0 & 1.000 & 0 & 0 \end{bmatrix}$$

$$= [0.0223, 0.8801, 0.0977, 0]$$

根据最大隶属度原则，$B_{123\max} = 0.8801$ 对应第三个评价标准，三级指标撑梁安全状况属于"较安全"。

$$\boldsymbol{B}_{124} = \boldsymbol{A}_{124}\boldsymbol{R}_{124} = [0.299, 0.314, 0.232, 0.155] \begin{bmatrix} 0.042 & 0.958 & 0 & 0 \\ 0.231 & 0.769 & 0 & 0 \\ 1.000 & 0 & 0 & 0 \\ 0.267 & 0.733 & 0 & 0 \end{bmatrix}$$

$$= [0.3585, 0.6415, 0, 0]$$

根据最大隶属度原则，$B_{124\max} = 0.6415$ 对应第一个评价标准，三级指标翼墙安全状况属于"较安全"。

$$B_{125} = \boldsymbol{A}_{125}\boldsymbol{R}_{125} = [0.416, 0.255, 0.329] \begin{bmatrix} 0.500 & 0.500 & 0 & 0 \\ 0.387 & 0.613 & 0 & 0 \\ 1.000 & 0 & 0 & 0 \end{bmatrix} = [0.6357, 0.3643, 0, 0]$$

根据最大隶属度原则，$B_{125\max} = 0.6357$ 对应第一个评价标准，三级指标闸室稳定安全状况属于"安全"。

$$B_{126} = \boldsymbol{A}_{126}\boldsymbol{R}_{126} = [0.416, 0.255, 0.329] \begin{bmatrix} 1.000 & 0 & 0 & 0 \\ 0 & 0 & 0.784 & 0.216 \\ 1.000 & 0 & 0 & 0 \end{bmatrix}$$

$$= [0.7450, 0, 0.1999, 0.0551]$$

根据最大隶属度原则，$B_{126\max} = 0.7450$ 对应第一个评价标准，三级指标上游翼墙稳定安全状况属于"安全"。

$$B_{127} = \boldsymbol{A}_{127}\boldsymbol{R}_{127} = [0.416, 0.255, 0.329] \begin{bmatrix} 0 & 0.273 & 0.727 & 0 \\ 0 & 0 & 0.096 & 0.904 \\ 1.000 & 0 & 0 & 0 \end{bmatrix}$$

$$= [0.3290, 0.1136, 0.3269, 0.2305]$$

根据最大隶属度原则，$B_{127\max} = 0.3290$ 对应第一个评价标准，三级指标下游翼墙稳定安全状况属于"安全"。

$$B_{128} = A_{128}R_{128} = [0.500, 0.500] \begin{bmatrix} 1.000 & 0 & 0 & 0 \\ 1.000 & 0 & 0 & 0 \end{bmatrix} = [1.000, 0, 0, 0]$$

根据最大隶属度原则，$B_{128\max} = 1.000$ 对应第一个评价标准，三级指标闸门安全状况属于"安全"。

$$B_{129} = A_{129}R_{129} = [0.565, 0.435] \begin{bmatrix} 1.000 & 0 & 0 & 0 \\ 1.000 & 0 & 0 & 0 \end{bmatrix} = [1.000, 0, 0, 0]$$

根据最大隶属度原则，$B_{129\max} = 1.000$ 对应第一个评价标准，三级指标工作桥结构安全状况属于"安全"。

2. 二级模糊综合评价

将上面得到的三级指标模糊评价结果作为其对应的三级指标的隶属度值，代入二级安全综合评价当中。下面对二级指标进行二级安全综合评价（表6.3.13和表6.3.14）。

表 6.3.13　　　　　　　　　　　　三级指标的权重和指标

二级指标	三级指标	权　重	指标值
混凝土结构	闸墩	0.320	—
	撑梁	0.251	—
	排架	0.216	—
	翼墙	0.213	—
钢闸门	焊缝探伤	0.358	0.900
	涂层厚度	0.354	0.920
	外观情况	0.288	0.880
启闭机	运行情况	0.545	0.880
	外观情况	0.455	0.850
消能防冲能力	消力池长度	0.250	1.000
	消力池深度	0.250	1.000
	消力池厚度	0.250	1.000
	海漫长度	0.250	1.000
抗渗稳定性	防渗长度	0.355	0.880
	最大水平坡降	0.312	1.000
	出口坡降	0.333	1.000
整体稳定性	闸室	0.374	—
	上游翼墙	0.313	—
	下游翼墙	0.313	—
结构承载能力	闸室底板	0.209	1.000
	闸墩	0.179	1.000
	撑梁	0.155	1.000
	交通桥拱板	0.139	1.000
	闸门	0.129	—
	工作桥	0.100	—
	排架	0.089	1.000

表 6.3.14　　　　　　　　　　　　三 级 指 标 的 隶 属 度

二级指标	三级指标	安全	较安全	欠安全	不安全
混凝土结构	闸墩	0.006	0.922	0.072	0.000
	撑梁	0.022	0.880	0.098	0.000
	排架	0.266	0.734	0.000	0.000
	翼墙	0.359	0.641	0.000	0.000
钢闸门	焊缝探伤	0.333	0.667	0.000	0.000
	涂层厚度	0.467	0.533	0.000	0.000
	外观情况	0.200	0.800	0.000	0.000
启闭机	运行情况	0.200	0.800	0.000	0.000
	外观情况	0.000	1.000	0.000	0.000
消能防冲能力	消力池长度	1.000	0.000	0.000	0.000
	消力池深度	1.000	0.000	0.000	0.000
	消力池厚度	1.000	0.000	0.000	0.000
	海漫长度	1.000	0.000	0.000	0.000
抗渗稳定性	防渗长度	0.200	0.800	0.000	0.000
	最大水平坡降	1.000	0.000	0.000	0.000
	出口坡降	1.000	0.000	0.000	0.000
整体稳定性	闸室	0.636	0.364	0.000	0.000
	上游翼墙	0.745	0.000	0.200	0.055
	下游翼墙	0.329	0.114	0.327	0.230
结构承载能力	闸室底板	1.000	0.000	0.000	0.000
	闸墩	1.000	0.000	0.000	0.000
	撑梁	1.000	0.000	0.000	0.000
	交通桥拱板	1.000	0.000	0.000	0.000
	闸门	1.000	0.000	0.000	0.000
	工作桥	1.000	0.000	0.000	0.000
	排架	1.000	0.000	0.000	0.000

根据各三级指标安全综合评价结果，构造出二级指标的模糊综合评价矩阵分别为

$$\boldsymbol{R}_{11}=\begin{bmatrix} 0.006 & 0.922 & 0.072 & 0 \\ 0.022 & 0.880 & 0.098 & 0 \\ 0.266 & 0.734 & 0 & 0 \\ 0.359 & 0.641 & 0 & 0 \end{bmatrix}, \quad \boldsymbol{R}_{12}=\begin{bmatrix} 0.333 & 0.667 & 0 & 0 \\ 0.467 & 0.533 & 0 & 0 \\ 0.200 & 0.800 & 0 & 0 \end{bmatrix}$$

$$\boldsymbol{R}_{13}=\begin{bmatrix} 0.200 & 0.800 & 0 & 0 \\ 0 & 1.000 & 0 & 0 \end{bmatrix}, \quad \boldsymbol{R}_{14}=\begin{bmatrix} 1.000 & 0 & 0 & 0 \\ 1.000 & 0 & 0 & 0 \\ 1.000 & 0 & 0 & 0 \\ 1.000 & 0 & 0 & 0 \end{bmatrix}$$

$$\boldsymbol{R}_{15} = \begin{bmatrix} 0.200 & 0.800 & 0 & 0 \\ 1.000 & 0 & 0 & 0 \\ 1.000 & 0 & 0 & 0 \end{bmatrix}, \quad \boldsymbol{R}_{16} = \begin{bmatrix} 0.636 & 0.364 & 0 & 0 \\ 0.745 & 0 & 0.200 & 0.055 \\ 0.329 & 0.114 & 0.327 & 0.230 \end{bmatrix}$$

$$\boldsymbol{R}_{17} = \begin{bmatrix} 1.000 & 0 & 0 & 0 \\ 1.000 & 0 & 0 & 0 \\ 1.000 & 0 & 0 & 0 \\ 1.000 & 0 & 0 & 0 \\ 1.000 & 0 & 0 & 0 \\ 1.000 & 0 & 0 & 0 \\ 1.000 & 0 & 0 & 0 \end{bmatrix}$$

对各二级指标进行模糊评价过程如下：

$$B_{11} = \boldsymbol{A}_{11}\boldsymbol{R}_{11} = [0.320, 0.251, 0.216, 0.213] \begin{bmatrix} 0.006 & 0.922 & 0.072 & 0 \\ 0.022 & 0.880 & 0.098 & 0 \\ 0.266 & 0.734 & 0 & 0 \\ 0.359 & 0.641 & 0 & 0 \end{bmatrix}$$

$$= [0.1414, 0.8110, 0.0476, 0]$$

根据最大隶属度原则，$B_{11\max} = 0.8110$ 对应第二个评价标准，二级指标混凝土结构安全状况属于"较安全"。

$$B_{12} = \boldsymbol{A}_{12}\boldsymbol{R}_{12} = [0.358, 0.354, 0.288] \begin{bmatrix} 0.333 & 0.667 & 0 & 0 \\ 0.467 & 0.533 & 0 & 0 \\ 0.200 & 0.800 & 0 & 0 \end{bmatrix} = [0.3421, 0.6579, 0, 0]$$

根据最大隶属度原则，$B_{12\max} = 0.6579$ 对应第二个评价标准，二级指标钢闸门安全状况属于"较安全"。

$$B_{13} = \boldsymbol{A}_{13}\boldsymbol{R}_{13} = [0.545, 0.455] \begin{bmatrix} 0.200 & 0.800 & 0 & 0 \\ 0 & 1.000 & 0 & 0 \end{bmatrix} = [0.1090, 0.8910, 0, 0]$$

根据最大隶属度原则，$B_{13\max} = 0.8910$ 对应第二个评价标准，二级指标启闭机安全状况属于"较安全"。

$$B_{14} = \boldsymbol{A}_{14}\boldsymbol{R}_{14} = [0.250, 0.250, 0.250, 0.250] \begin{bmatrix} 1.000 & 0 & 0 & 0 \\ 1.000 & 0 & 0 & 0 \\ 1.000 & 0 & 0 & 0 \\ 1.000 & 0 & 0 & 0 \end{bmatrix} = [1.000, 0, 0, 0]$$

根据最大隶属度原则，$B_{14\max} = 1.000$ 对应第一个评价标准，一级指标消能防冲能力安全状况属于"安全"。

$$B_{15} = \boldsymbol{A}_{15}\boldsymbol{R}_{15} = [0.355, 0.312, 0.333] \begin{bmatrix} 0.200 & 0.800 & 0 & 0 \\ 1.000 & 0 & 0 & 0 \\ 1.000 & 0 & 0 & 0 \end{bmatrix} = [0.7160, 0.2840, 0, 0]$$

根据最大隶属度原则，$B_{15max}=0.7160$ 对应第一个评价标准，二级指标抗渗稳定性安全状况属于"安全"。

$$B_{16}=\boldsymbol{A}_{16}\boldsymbol{R}_{16}=[0.374,0.313,0.313]\begin{bmatrix}0.636 & 0.364 & 0 & 0\\0.745 & 0 & 0.200 & 0.055\\0.329 & 0.114 & 0.327 & 0.230\end{bmatrix}$$
$$=[0.5740,0.1718,0.1650,0.0892]$$

根据最大隶属度原则，$B_{16max}=0.5740$ 对应第一个评价标准，二级指标整体稳定性安全状况属于"安全"。

$$B_{127}=\boldsymbol{A}_{127}\boldsymbol{R}_{127}=[0.209,0.179,0.155,0.139,0.129,0.100,0.089]\begin{bmatrix}1.000 & 0 & 0 & 0\\1.000 & 0 & 0 & 0\\1.000 & 0 & 0 & 0\\1.000 & 0 & 0 & 0\\1.000 & 0 & 0 & 0\\1.000 & 0 & 0 & 0\\1.000 & 0 & 0 & 0\end{bmatrix}$$
$$=[1.000,0,0,0]$$

根据最大隶属度原则，$B_{17max}=1.000$ 对应第一个评价标准，二级指标结构承载能力安全状况属于"安全"。

3. 三级模糊综合评价

二级指标的权重和指标见表 6.3.15，隶属度见表 6.3.16。

表 6.3.15　　二级指标的权重和指标

一级指标	二级指标	权重	指标值
工程现状调查	设计施工情况	0.421	0.800
	工程结构现状	0.332	0.880
	技术管理状况	0.247	0.850
工程安全检测	混凝土结构	0.396	—
	钢闸门	0.326	—
	启闭机	0.278	—
工程复核计算	结构承载能力	0.221	—
	整体稳定性	0.205	—
	抗渗稳定性	0.185	—
	消能防冲能力	0.148	—
	过流能力	0.136	1.000
	堤顶高程	0.105	1.000

表 6.3.16　　　　　　　　　　　　　二 级 指 标 的 隶 属 度

一级指标	二级指标	安全	较安全	欠安全	不安全
工程现状调查	设计施工情况	0.000	0.800	0.200	0.000
	工程结构现状	0.200	0.800	0.000	0.000
	技术管理状况	0.000	1.000	0.000	0.000
工程安全检测	混凝土结构	0.141	0.811	0.048	0.000
	钢闸门	0.342	0.658	0.000	0.000
	启闭机	0.109	0.891	0.000	0.000
工程复核计算	结构承载能力	1.000	0.000	0.000	0.000
	整体稳定性	0.574	0.172	0.165	0.089
	抗渗稳定性	0.716	0.284	0.000	0.000
	消能防冲能力	1.000	0.000	0.000	0.000
	过流能力	1.000	0.000	0.000	0.000
	堤顶高程	1.000	0.000	0.000	0.000

根据各二级指标安全综合评价结果，构造出一级指标的模糊综合评价矩阵分别为

$$\boldsymbol{R}_1 = \begin{bmatrix} 0 & 0.800 & 0.200 & 0 \\ 0.2 & 0.800 & 0 & 0 \\ 0 & 1.000 & 0 & 0 \end{bmatrix}, \quad \boldsymbol{R}_2 = \begin{bmatrix} 0.141 & 0.811 & 0.048 & 0 \\ 0.342 & 0.658 & 0 & 0 \\ 0.109 & 0.891 & 0 & 0 \end{bmatrix}$$

$$\boldsymbol{R}_3 = \begin{bmatrix} 1.000 & 0 & 0 & 0 \\ 0.574 & 0.172 & 0.165 & 0.089 \\ 0.716 & 0.284 & 0 & 0 \\ 1.000 & 0 & 0 & 0 \\ 1.000 & 0 & 0 & 0 \\ 1.000 & 0 & 0 & 0 \end{bmatrix}$$

对各一级目标进行模糊评价过程如下：

$$B_1 = \boldsymbol{A}_1 \boldsymbol{R}_1 = [0.421, 0.332, 0.247] \begin{bmatrix} 0 & 0.800 & 0.200 & 0 \\ 0.2 & 0.800 & 0 & 0 \\ 0 & 1.000 & 0 & 0 \end{bmatrix}$$

$$= [0.0664, 0.8494, 0.0842, 0]$$

根据最大隶属度原则，$B_{1\max} = 0.8494$ 对应第二个评价标准，一级指标工程现状调查状况属于"较安全"。

$$B_2 = \boldsymbol{A}_2 \boldsymbol{R}_2 = [0.396, 0.326, 0.278] \begin{bmatrix} 0.141 & 0.811 & 0.048 & 0 \\ 0.342 & 0.658 & 0 & 0 \\ 0.109 & 0.891 & 0 & 0 \end{bmatrix}$$

$$= [0.1976, 0.7834, 0.0190, 0]$$

根据最大隶属度原则，$B_{2\max} = 0.7834$ 对应第二个评价标准，一级指标工程现场检测状况属于"较安全"。

$$B_3 = A_3 R_3 = [0.221, 0.205, 0.185, 0.148. 0.136, 0.105] \begin{bmatrix} 1.000 & 0 & 0 & 0 \\ 0.574 & 0.172 & 0.165 & 0.089 \\ 0.716 & 0.284 & 0 & 0 \\ 1.000 & 0 & 0 & 0 \\ 1.000 & 0 & 0 & 0 \\ 1.000 & 0 & 0 & 0 \end{bmatrix}$$

$$= [0.8601, 0.0878, 0.0338, 0.0182]$$

根据最大隶属度原则，$B_{3max} = 0.8601$ 对应第一个评价标准，一级指标工程复核计算状况属于"安全"。

4. 四级模糊综合评价

将上面得到的一级指标模糊评价结果作为其对应的一级指标的隶属度值，代入四级安全综合评价当中。下面对总目标进行四级安全综合评价（表 6.3.17 和表 6.3.18）。

表 6.3.17　　　　　　　　　　一级指标的权重和指标值

总目标	一级指标	权重	指标值
沭新闸安全状况	工程现状调查	0.279	—
	工程安全检测	0.351	—
	工程复核计算	0.370	—

表 6.3.18　　　　　　　　　　一级指标的隶属度值

总目标	一级指标	安全	较安全	欠安全	不安全
沭新闸安全状况	工程现状调查	0.066	0.849	0.085	0.000
	工程安全检测	0.198	0.783	0.019	0.000
	工程复核计算	0.860	0.088	0.034	0.018

根据各一级指标安全综合评价结果构造出总目标的模糊综合评价矩阵

$$R = \begin{bmatrix} 0.066 & 0.849 & 0.085 & 0 \\ 0.198 & 0.783 & 0.019 & 0 \\ 0.860 & 0.088 & 0.034 & 0.018 \end{bmatrix}$$

对总目标进行模糊评价，结果如下：

$$B = AR = [0.279, 0.351, 0.370] \begin{bmatrix} 0.066 & 0.849 & 0.085 & 0 \\ 0.198 & 0.783 & 0.019 & 0 \\ 0.860 & 0.088 & 0.034 & 0.018 \end{bmatrix}$$

$$= [0.4061, 0.5443, 0.0430, 0.0067]$$

根据最大隶属度原则，$B_{max} = 0.5443$ 对应第二个评价标准，可判定沭新闸安全状况属于"较安全"，属于二类水闸。

参考文献

[1]　Zhou N Q，Vermeer P A，et al. Numerical simulation of deep foundation pit dewatering and optimi-

zation of controlling land subsidence [J]. Engineering Geology, 2010, 114 (3 - 4)：251 - 260.

[2] 邓欢. 混凝土施工原材料质量控制对工程质量的影响分析 [J] 江西建材，2015 (2).

[3] 刘利春. 谈水工钢闸门质量控制 [J] 科技创新导报 [J]. 科技创新导报，2008 (5).

[4] 刘延辉. 水工钢闸门制造与安装的焊接质量控制 [J]. 河南水利与南水北调，2016 (12).

[5] 王城. 水工钢闸门制造与安装的焊接质量控制 [J]. 广东水利水电，2001 (12).

[6] 黄冰强. 四卯酉闸结构计算与安全性态分析研究 [D]. 扬州：扬州大学，2015.

[7] Sawyer J P. Fault Tree Analysis of Mechanical Systems, Microelectron and Reliability, 1994, 54 (4)：653 - 667.

[8] 郑重，赵云胜，张卫中，等. 改进模糊层次分析法在采动滑坡稳定性影响因素评价中的应用 [J]. 安全与环境工程，2016 (9).

[9] 刘征，胡汉华，崔田田，等. 基于改进模糊层次分析法的矿井通风系统安全评价 [J]. 矿业研究与开发，2011 (6).

[10] 郑付刚，混凝土坝健康服役分析方法 [D]. 南京：河海大学，2013.

[11] 刘嘉焜. 应用随机过程 [M]. 北京：科学出版社，2000.

[12] 秦亚茹，侯志霞，吕瑞强，等. 基于马尔科夫链模型的脉动装配线运行状态预测 [J]. 航空制造技术，2017 (5)：92 - 95，104.

[13] 张宸，林启太. 模糊马尔科夫链状预测模型及其工程应用 [J]. 武汉理工大学学报，2004 (11)：63 - 66.

[14] 郑程之. 基于吸引子分析法的大坝安全监控方法研究 [D]. 西安：西安理工大学，2019.

[15] 张志伟，胡同普，张高峰，等. 基于遗传算法考虑 QoS 信息的 Web 服务分析 [J]. 微型电脑应用，2019 (10)：135 - 137.

[16] 安霆. 基于遗传算法的图像分割处理技术研究 [J]. 电子技术应用，2019，45 (10)：92 - 95，99.

[17] 王睿，宋阳，王一达，等. 基于遗传算法去除磁共振图像的运动伪影 [J]. 信息技术，2019，43 (9)：29 - 33.

[18] 吴鑫淼. 基于寿命周期成本理论的水工结构设计与维修计划优化 [D]. 天津：天津大学，2008.

[19] 韩李明. 考虑寿命周期成本的灌区水工建筑物群维修计划优化 [D]. 保定：河北农业大学，2010.

[20] 李品宝. 反拱底板水闸在软弱地基上的作用 [J]. 浙江水利科技报，1988 (2)：30 - 32.

[21] 周灿华，樊旭，蔡平. 大型水闸连续反拱底板加固技术研究 [J]. 中国水利，2012 (12)：18 -20.

[22] 江苏省淮沭新河管理处. 江苏省沭新闸工程现状调查分析报告 [R]，2013.

[23] 扬州大学工程测试中心. 江苏省沭新闸工程建筑物现场安全检测报告 [R]，2013.

[24] 无锡市水利设计研究院有限公司. 江苏省沭新闸工程安全复核计算分析报告 [R]，2013.

[25] 安徽水利工程检测所. 江苏省沭新闸工程闸门及启闭机安全检测报告 [R]，2013.

第7章 水闸工程健康诊断系统

水闸工程健康诊断的软件系统，是进行水闸工程健康诊断的操作平台。本章分别对所开发的水闸工程服役状态分析系统、水闸工程服役状态风险评价系统以及水闸工程健康诊断分析系统进行介绍。

7.1 水闸工程服役状态分析系统

7.1.1 系统总体设计

7.1.1.1 系统总体目标

该系统的总体目标是分析在疫病险水闸服役状态，建立水闸安全状态指标体系，采用序关系法（G1法）计算各指标权重，在此基础上运用物元可拓综合评价模型确定水闸安全等级，并结合水闸社会经济效益、环境和生态安全等级最终确定病险水闸服役状态。

7.1.1.2 系统分析

病险水闸服役状态分析系统[1-5]主要由7个模块组成，启动、主页、水闸安全评价指标体系模块、计算指标权重模块、指标量化模块、综合评价模块、服役状态综合分析模块。通过各个模块功能的实现，该系统为用户提供了能够辅助分析水闸服役状态的软件平台。

（1）启动页面如图7.1.1所示，用户登录页面如图7.1.2所示。

图7.1.1　病险水闸服役状态分析系统启动界面

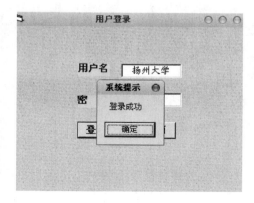
图7.1.2　用户登录界面

（2）主页页面如图7.1.3所示。

（3）指标体系模块页面如图7.1.4所示。

（4）指标权重计算模块如图7.1.5和图7.1.6所示。

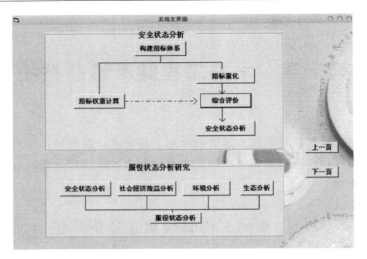

图 7.1.3　主页

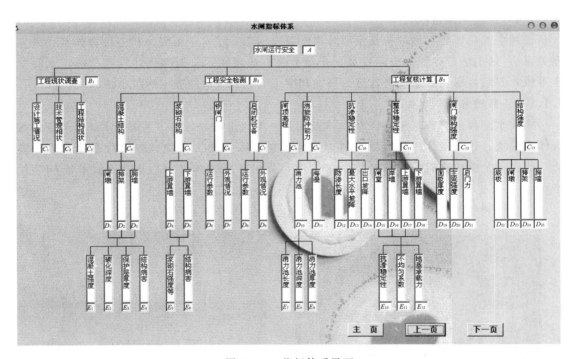

图 7.1.4　指标体系界面

（5）综合评价模块如图 7.1.7～图 7.1.10 所示。

（6）水闸服役状态综合评价模块如图 7.1.10 和图 7.1.11 所示。

各模块间的相互关系如图 7.1.13 所示。

7.1.2　实例应用

以三里闸工程为例，运用所开发的病险水闸服役状态分析系统对其进行服役状态评估。

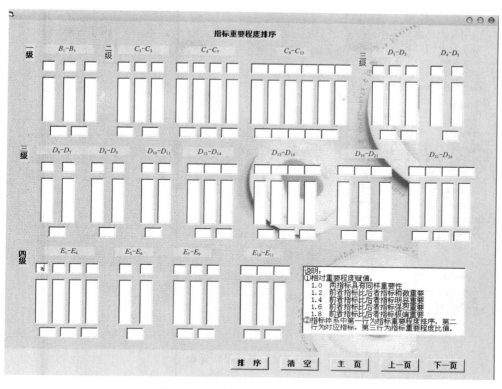

图 7.1.5 指标重要程度排序界面

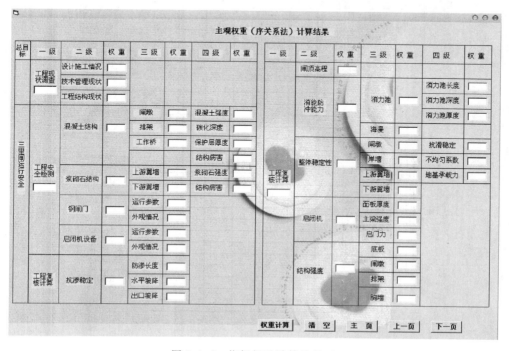

图 7.1.6 指标权重计算接界面

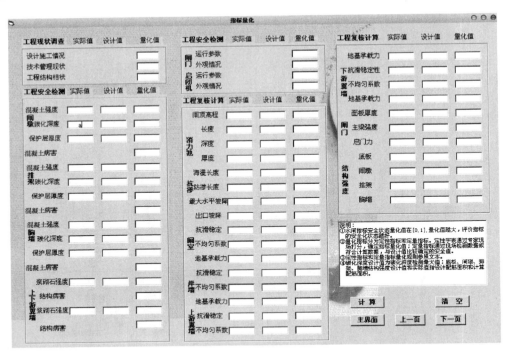

图 7.1.7　指标量化界面

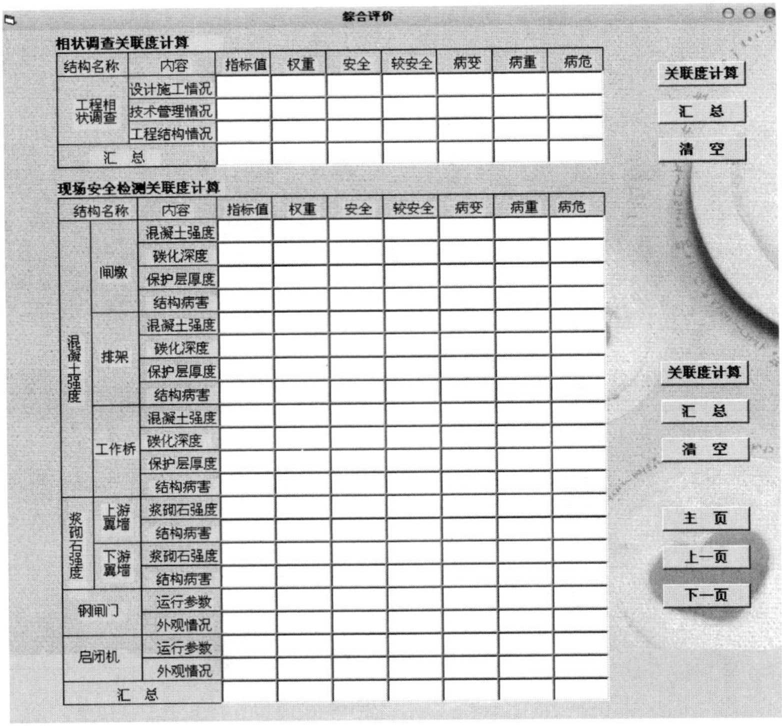

图 7.1.8　综合评价界面

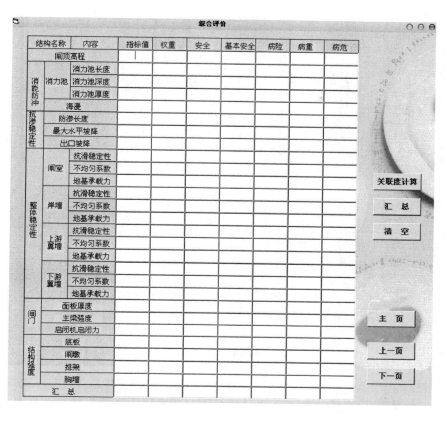

图 7.1.9 综合评价界面

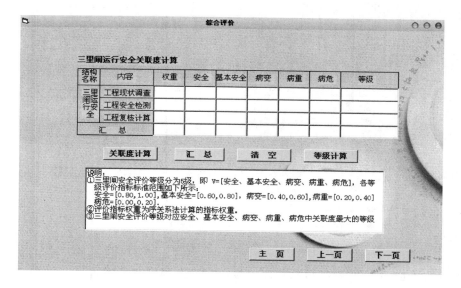

图 7.1.10 综合评价界面

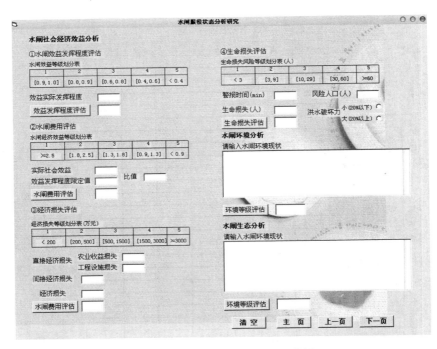

图 7.1.11　水闸服役状态综合评估界面

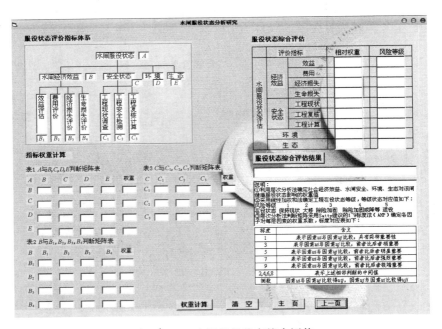

图 7.1.12　水闸服役状态综合评估

（1）双击生成的 .exe 系统启动程序，显示病险水闸服役状态首页，单击"登录"进入登录界面，输入用户名和密码进入主页界面。

（2）单击"下一页"进入水闸运行安全指标体系界面。

（3）单击"下一页"进入指标重要程度排序界面，根据重要程度依次输入相应指标代码，并输入相邻指标重要度，点击"排序"按钮即弹出指标排序界面（图7.1.14）。

（4）单击"下一页"进入序关系法计算权重界面，单击"权重计算"按钮即可显示个指标权重（图7.1.15）。

（5）单击"下一页"进入指标量化界面，对定性指标，直接输入量化值；对于定量指标，则需输入实际值和设计值，但需注意的是此处的实际值和设计值只是象征意义上的，对具体指标来说实际值可能是计算值、检测值或计算钢筋面积等，设计值可能是允许值、设计钢筋面积等，应根据具体指标具体对应。输入完个变量后单击"计算"按钮即弹出指标量化结果（图7.1.16）。

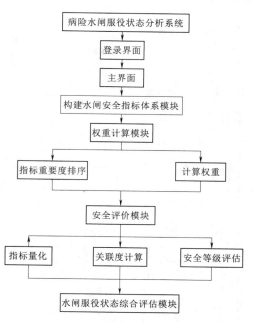

图7.1.13 水闸服役状态综合评估

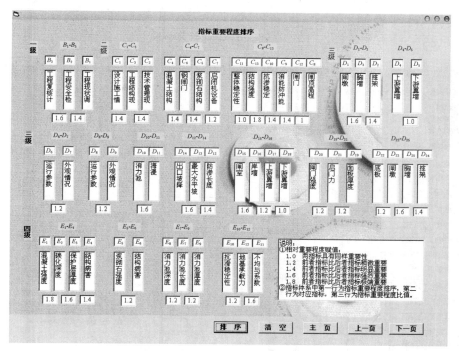

图7.1.14 指标重要程度排序

（6）单击"下一页"进入物元可拓综合评价界面，分别单击"现状调查""现场安全检测""工程复核计算""三里闸运行安全"的"关联度计算"按钮即弹出各关联度计算结果界面（图7.1.17）。

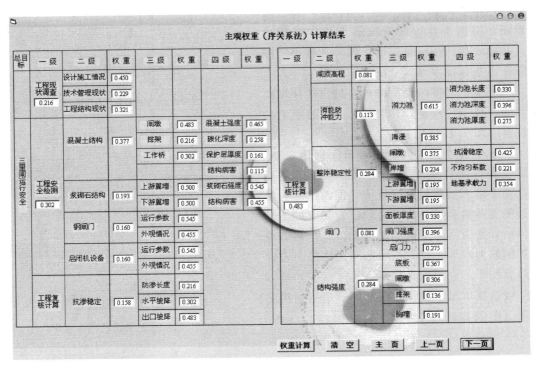

图 7.1.15　指标权重计算结果

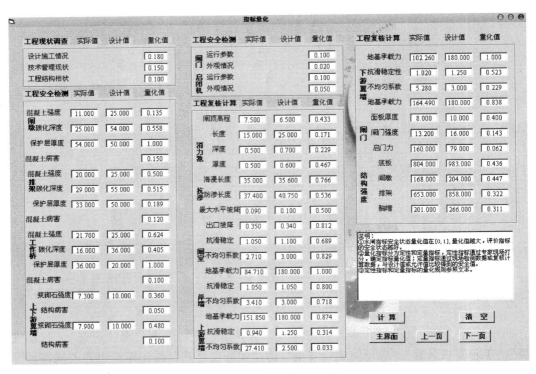

图 7.1.16　指标量化结果

（7）单击"下一页"进入病险水闸服役状态综合评价界面，依次输入社会经济效益、水闸环境、水闸生态相应数据，并点击相应计算按钮，得出安全等级，最终计算结果界面。继续单点"下一页"，进行服役状态指标权重计算，确定实际工程中各组成部分的重要程度并完成判断矩阵的相关输入，单击"权重计算"按钮，系统会自动计算各组成部分的权重并进行判断矩阵一致性检验。最后单击"服役状态综合评估"按钮，即弹出水闸服役状态评估结果（图7.1.18）。

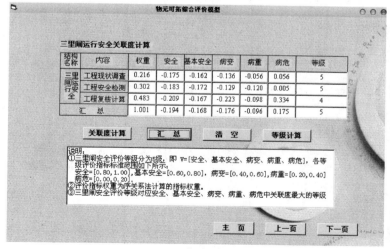

物元可拓综合评价

相状调查关联度计算

结构名称	内容	指标值	权重	安全	较安全	病变	病重	病危
工程相状调查	设计施工情况	0.180	0.097	-0.775	-0.700	-0.550	-0.100	0.100
	技术管理情况	0.150	0.049	-0.813	-0.750	-0.625	-0.250	0.250
	工程结构情况	0.100	0.069	-0.875	-0.833	-0.750	-0.500	0.500
汇总			.215	-0.175	-0.162	-0.136	-0.056	0.056

现场安全检测关联度计算

结构名称		内容	指标值	权重	安全	较安全	病变	病重	病危
混凝土强度	闸墩	混凝土强度	0.135	0.026	-0.831	-0.775	-0.663	-0.325	0.325
		碳化深度	0.558	0.014	-0.354	-0.087	0.210	-0.263	-0.448
		保护层厚度	1.000	0.009	0.000	-1.000	-1.000	-1.000	-1.000
		结构病害	0.150	0.006	-0.813	-0.750	-0.625	-0.250	0.250
	排架	混凝土强度	0.500	0.011	-0.375	-0.167	0.500	-0.167	-0.375
		碳化深度	0.515	0.006	-0.370	-0.149	0.425	-0.192	-0.394
		保护层厚度	0.189	0.004	-0.764	-0.685	-0.528	-0.055	0.055
		结构病害	0.120	0.003	-0.850	-0.800	-0.700	-0.400	0.400
	工作桥	混凝土强度	0.624	0.016	-0.319	0.068	-0.060	-0.373	-0.530
		碳化深度	0.405	0.009	-0.494	-0.325	0.025	-0.012	-0.336
		保护层厚度	1.000	0.006	0.000	-1.000	-1.000	-1.000	-1.000
		结构病害	0.100	0.004	-0.875	-0.833	-0.750	-0.500	0.500
浆砌石强度	上游翼墙	浆砌石强度	0.360	0.016	-0.550	-0.400	-0.100	0.200	-0.308
		结构病害	0.050	0.013	-0.938	-0.917	-0.875	-0.750	0.250
	下游翼墙	浆砌石强度	0.480	0.016	-0.400	-0.200	0.400	-0.143	-0.368
		结构病害	0.100	0.013	-0.875	-0.833	-0.750	-0.500	0.500
钢闸门		运行参数	0.100	0.026	-0.875	-0.833	-0.750	-0.500	0.500
		外观情况	0.020	0.026	-0.975	-0.967	-0.950	-0.900	0.100
启闭机		运行参数	0.100	0.026	-0.875	-0.833	-0.750	-0.500	0.500
		外观情况	0.050	0.022	-0.938	-0.917	-0.875	-0.750	0.250
汇总				.268	-0.183	-0.172	-0.129	-0.120	0.005

关联度计算 汇总 清空

关联度计算 汇总 清空 主页 上一页 下一页

（a）输入数据

物元可拓综合评价模型

三里闸运行安全关联度计算

结构名称	内容	权重	安全	基本安全	病变	病重	病危	等级
三里闸运行安全	工程现状调查	0.216	-0.175	-0.162	-0.136	-0.056	0.056	5
	工程安全检测	0.302	-0.183	-0.172	-0.129	-0.120	0.005	5
	工程复核计算	0.483	-0.209	-0.167	-0.223	-0.098	0.334	4
汇总		1.001	-0.194	-0.168	-0.176	-0.096	0.175	5

关联度计算 汇总 清空 等级计算

说明：
①三里闸安全评价等级分为5级，即 V=[安全、基本安全、病变、病重、病危]，各等级评价指标标准范围如下所示：
安全[0.80,1.00]，基本安全[0.60,0.80]，病变[0.40,0.60]，病重[0.20,0.40]病危[0.00,0.20]。
②评价指标权重为予关系法计算的指标权重。
③三里闸安全评价等级对应安全、基本安全、病变、病重、病危中关联度最大的等级

主页 上一页 下一页

（b）权重计算

图 7.1.17（一） 物元可拓综合评价结果

结构名称		内容	指标值	权重	安全	基本安全	病险	病重	病危
闸顶高程			0.433	0.039	-0.459	-0.278	0.165	-0.071	-0.350
消能防冲	消力池	消力池长度	0.171	0.011	-0.786	-0.715	-0.573	-0.145	0.145
		消力池深度	0.229	0.013	-0.714	-0.618	-0.428	0.145	-0.112
		消力池厚度	0.467	0.009	-0.416	-0.222	0.335	-0.125	-0.364
	海漫		0.766	0.021	-0.127	0.170	-0.415	-0.610	-0.708
抗渗稳定性	防渗长度		0.536	0.065	-0.363	-0.121	-0.320	-0.227	-0.420
	最大水平坡降		0.500	0.091	-0.375	-0.167	-0.500	-0.167	-0.375
	出口坡降		0.812	0.146	0.060	-0.060	-0.530	-0.687	-0.765
整体稳定性	闸室	抗滑稳定性	0.689	0.022	-0.263	0.401	-0.223	-0.482	-0.611
		不均匀系数	0.829	0.011	0.145	-0.145	-0.573	-0.715	-0.786
		地基承载力	1.000	0.018	0.000	-1.000	-1.000	-1.000	-1.000
	岸墙	抗滑稳定性	0.800	0.014	0.000	0.000	-0.500	-0.667	-0.750
		不均匀系数	0.718	0.007	-0.225	0.410	-0.295	0.530	-0.648
		地基承载力	0.874	0.011	0.370	-0.370	-0.685	-0.790	-0.843
	上游翼墙	抗滑稳定性	0.314	0.011	-0.608	-0.477	-0.215	0.430	-0.266
		不均匀系数	0.033	0.006	-0.959	-0.945	-0.918	-0.835	0.165
		地基承载力	1.000	0.009	0.000	-1.000	-1.000	-1.000	-1.000
	下游翼墙	抗滑稳定性	0.523	0.011	-0.367	-0.139	0.385	-0.205	-0.404
		不均匀系数	0.229	0.006	-0.714	-0.618	-0.428	0.145	-0.112
		地基承载力	0.838	0.009	0.190	-0.190	-0.595	-0.730	-0.798
闸门	面板厚度		0.400	0.013	-0.500	-0.333	0.000	0.000	-0.333
	主梁强度		0.143	0.015	-0.821	-0.762	-0.643	-0.285	0.285
	启闭机启闭力		0.062	0.011	-0.923	-0.897	-0.845	-0.690	0.310
结构强度	底板		0.436	0.050	-0.455	-0.273	0.180	-0.076	-0.351
	闸墩		0.447	0.042	-0.441	-0.255	0.235	-0.095	-0.356
	排架		0.322	0.019	-0.598	-0.463	-0.195	0.390	-0.275
	胸墙		0.311	0.026	-0.611	-0.482	-0.223	0.445	-0.263
汇　总				.706	-0.209	-0.167	-0.223	-0.098	-0.334

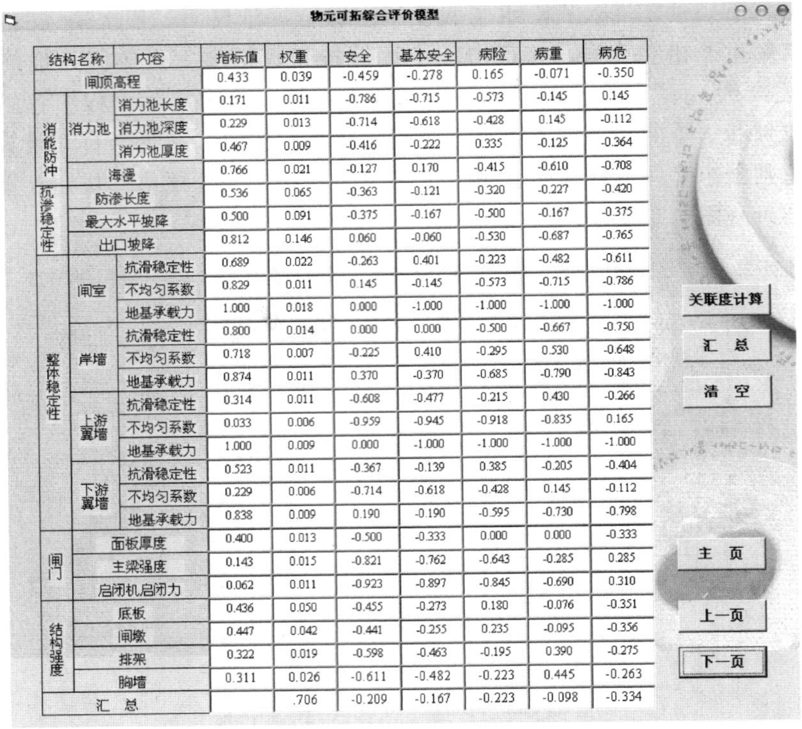

（c）评估结果

图 7.1.17（二）　物元可拓综合评价结果

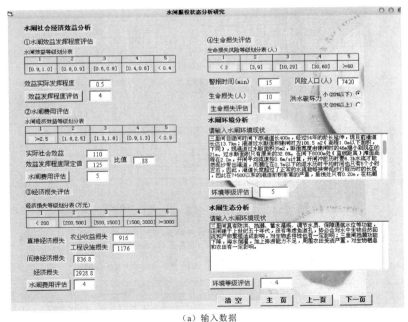

（a）输入数据

图 7.1.18（一）　水闸服役状态分析结果

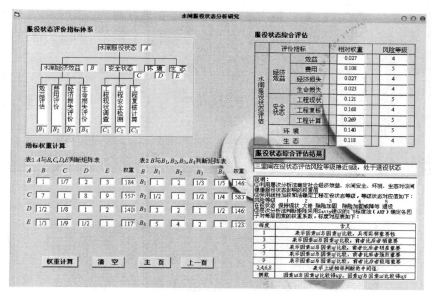

（b）权重计算

图 7.1.18（二）　水闸服役状态分析结果

7.2　水闸工程服役状态风险评价系统

7.2.1　系统总体设计

7.2.1.1　系统总体目标

该系统的总体目标是对提高在役水闸工程服役状态进行决策，建立水闸安全状态指标体系，采用改进模糊层次分析法，唯一参照物比较判断法和离差最大化法计算各指标权重，在此基础上运用故障树模型确定水闸工程失事的概率。并对水闸加固工程各提升措施进行适用性分析最终确定应该采取哪种措施来提高水闸的服役状态。再次利用故障树法确定加固后水闸的失事概率，从而判断出加固后水闸是否能够安全运行。

7.2.1.2　系统分析

水闸工程提升措施风险评价系统主要由 12 个模块组成，启动、主页、水闸指标体系模块、改进模糊层次分析法计算指标权重模块、唯一参照物比较判断法计算指标权重模块、指标量化模块、离差最大化法计算指标权重模块、指标权重计算结果模块、故障树模型模块、水闸加固补强评价体系模块、水闸加固补强措施指标权重计算模块、水闸加固补强措施物元可拓评价模块。通过各个模块功能的实现，该系统为用户提供了能够辅助分析水闸服役状态、决策及提升措施的合理性的软件平台。

（1）启动界面及用户登录界面如图 7.2.1 和图 7.2.2 所示。

（2）主页界面如图 7.2.3 所示。

（3）水闸指标体系模块界面如图 7.2.4 所示。

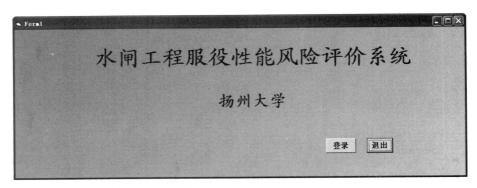

图 7.2.1　水闸工程提升措施风险评价系统启动界面

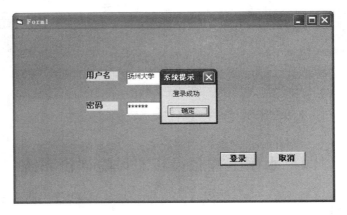

图 7.2.2　用户登录界面

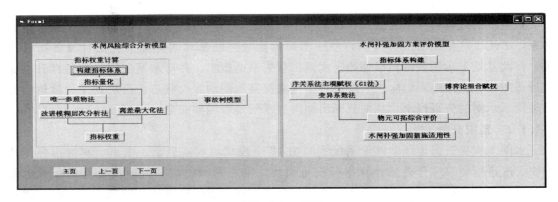

图 7.2.3　主页

（4）改进模糊层次分析法计算指标权重模块界面如图 7.2.5 所示。

（5）唯一参照物比较判断法计算指标权重模块界面如图 7.2.6 所示。

（6）指标量化模块界面如图 7.2.7 所示。

（7）离差最大化法权重计算模块界面如图 7.2.8 所示。

（8）指标权重计算结果模块如图 7.2.9 所示。

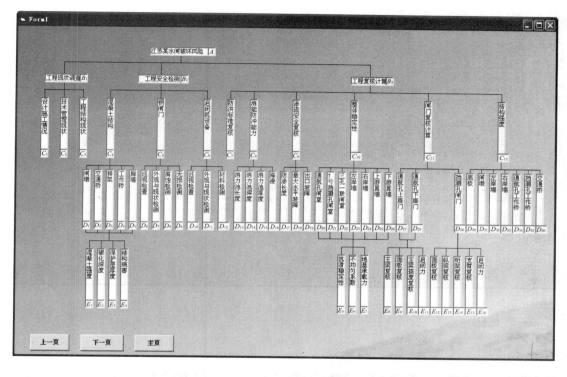

图 7.2.4　水闸指标体系界面

（a）界面一

图 7.2.5（一）　改进模糊层次分析法权重计算界面

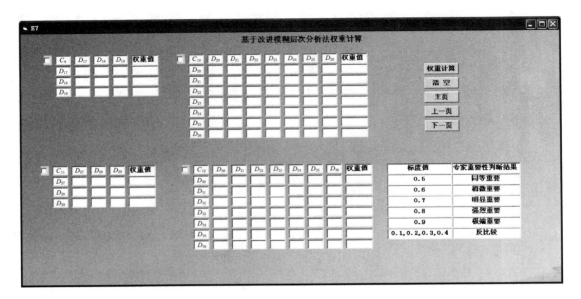

（b）界面二

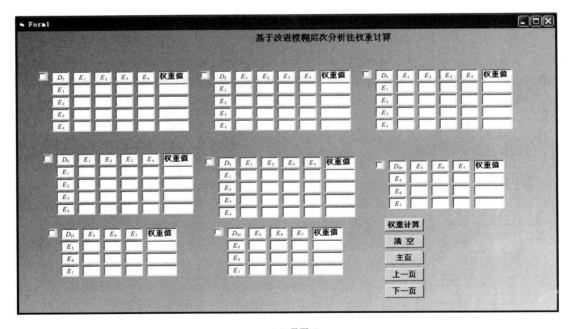

（c）界面三

图 7.2.5（二）　改进模糊层次分析法权重计算界面

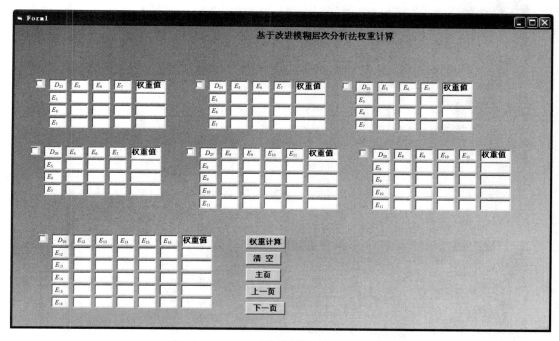

（d）界面四

图 7.2.5（三） 改进模糊层次分析法权重计算界面

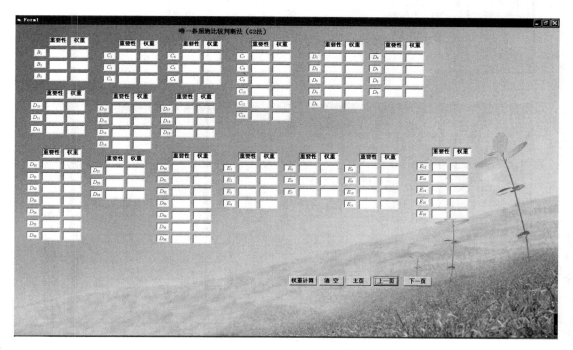

图 7.2.6 唯一参照物比较判断法界面

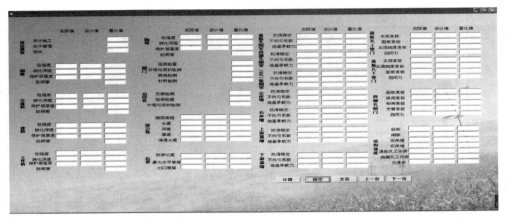

图 7.2.7　指标量化界面

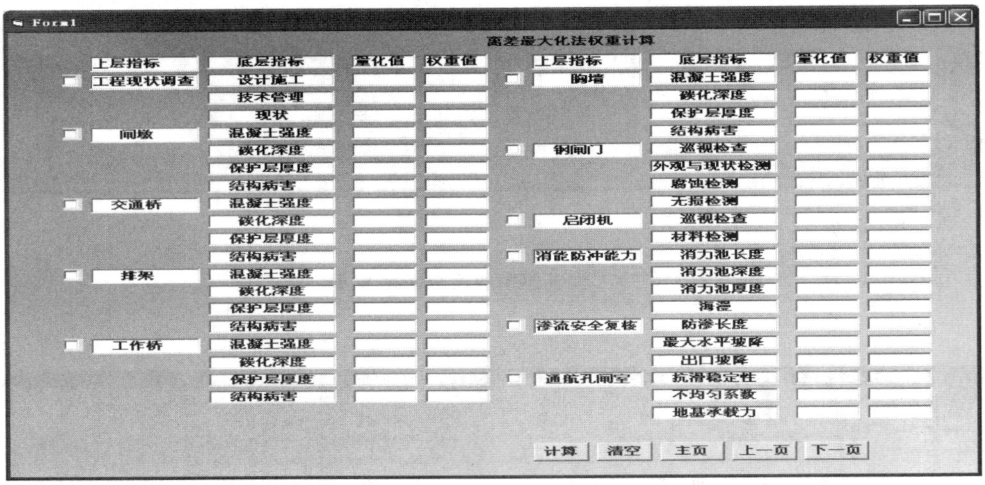

（a）界面一

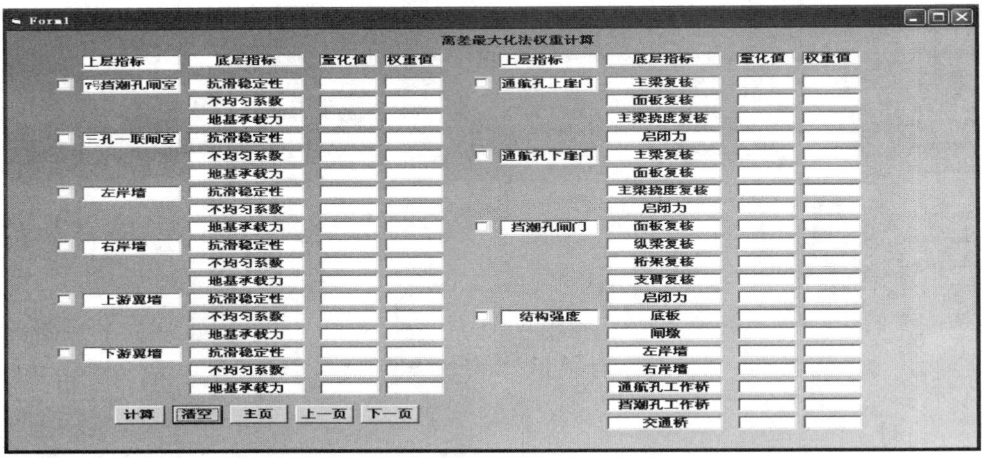

（b）界面二

图 7.2.8　离差最大化法权重计算界面

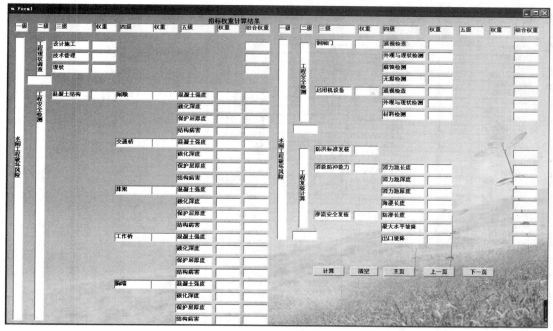

（a）界面一

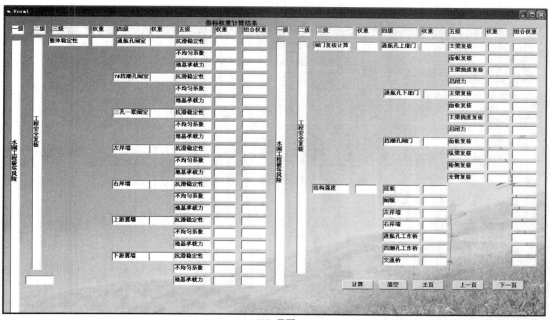

（b）界面二

图 7.2.9 指标权重计算结果界面

（9）故障树模型模块界面如图 7.2.10 所示。

（10）水闸加固方案评价体系如图 7.2.11 所示。

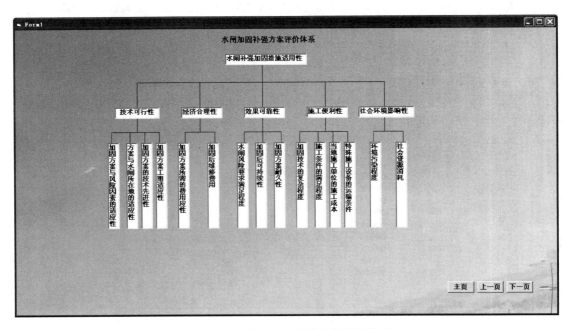

图 7.2.10　故障树模型界面

图 7.2.11　水闸加固补强方案评价体系

（11）水闸加固补强措施指标权重计算模块如图 7.2.12 所示。

（12）水闸加固补强措施物元可拓评价模块如图 7.2.13 所示。

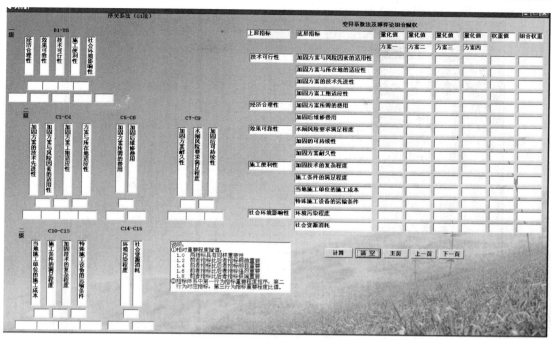

图 7.2.12　水闸加固补强措施指标权重计算

（a）

图 7.2.13（一）　水闸加固补强措施物元可拓评价

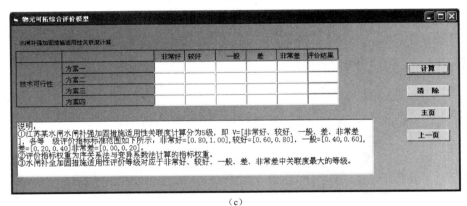

（b）

（c）

图 7.2.13（二）　水闸加固补强措施物元可拓评价

7.2.2　实例应用

以江苏某水闸工程为例，运用所开发的水闸工程提升措施风险评价系统对措施进行选择。

（1）双击生成的 .exe 系统启动程序，显示水闸风险决策系统状态首页，单击"登录"进入登录界面，输入用户名和密码进入主页界面。

（2）单击"下一页"按钮进入水闸运行风险指标体系界面。

（3）单击"下一页"按钮进入改进模糊层次分析法权重计算界面，先确定要用的指标，在相应的 Check 里面打钩，然后根据两两重要程度比较，依次输入相应数值，点击"权重计算"按钮即弹出指标权重计算结果（图 7.2.14）。

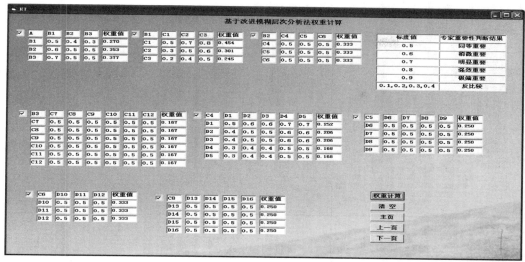

(a)

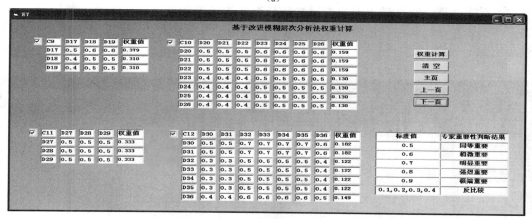

(b)

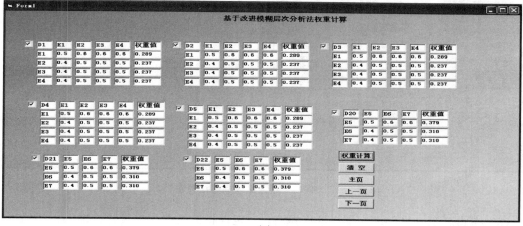

(c)

图 7.2.14（一） 改进模糊层次分析法权重计算

435

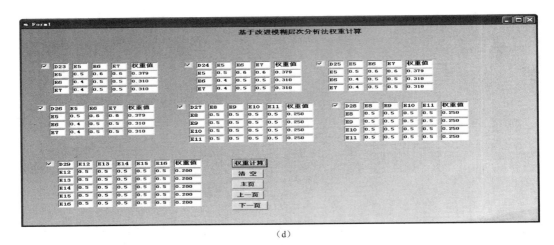

(d)

图 7.2.14（二）　改进模糊层次分析法权重计算

（4）单击"下一页"进入唯一参照物比较判断法权重计算界面，先确定要用的指标，选择一个最不重要的指标，依次输入相应数值，点击"权重计算"按钮即弹出指标权重计算结果（图 7.2.15）。

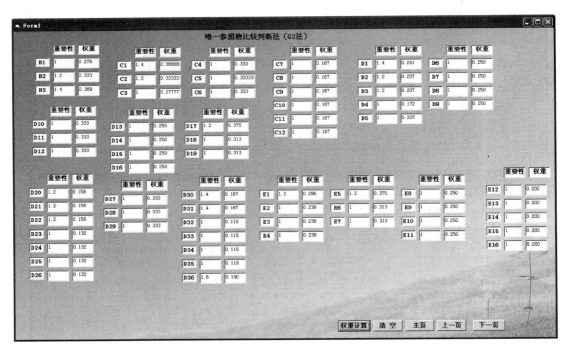

图 7.2.15　唯一参照物比较判断法权重计算

（5）单击"下一页"进入指标量化界面，对定性指标根据指标量化标准，直接输入量化值；对于定量指标，则需输入实际值和设计值，但需注意的是此处的实际值和设计值只是象征意义上的，对具体指标来说实际值可能是计算值、检测值或计算钢筋面积等，设计值可能是允许值、设计钢筋面积等，应根据具体指标具体对应。输入完个变量后单击"计算"按钮即弹出指标量化结果（图 7.2.16）。

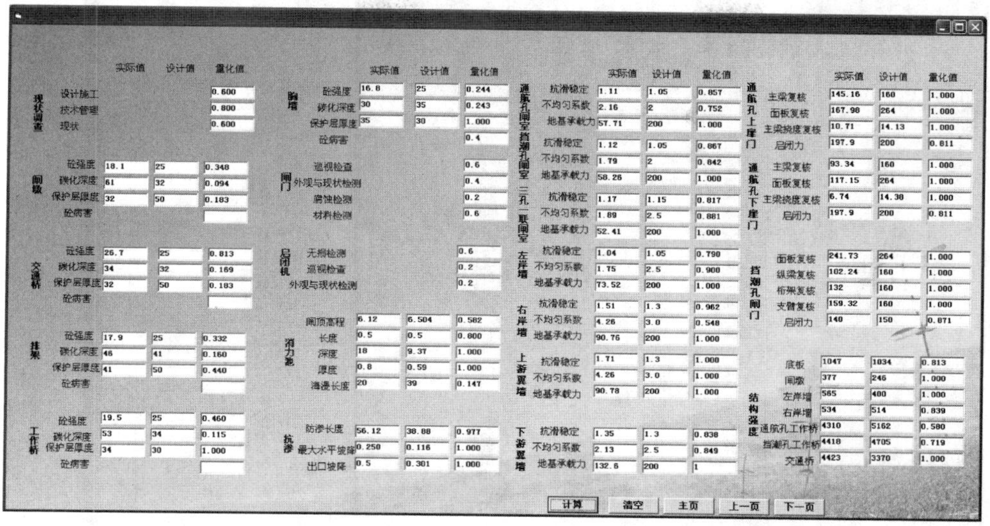

图 7.2.16　指标量化

（6）单击"下一页"进入离差最大化法权重计算界面。选择需要计算的指标，在相应的 Check 里面打钩，然后单击"计算"按钮即弹出权重计算结果（图 7.2.17）。

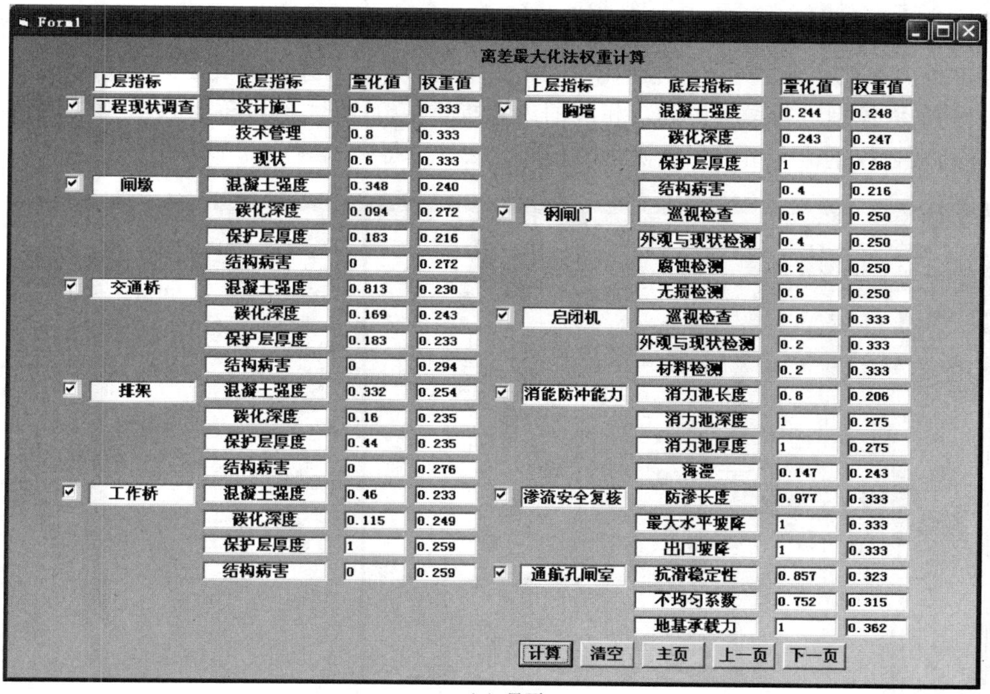

（a）界面一

图 7.2.17（一）　离差最大化法权重计算

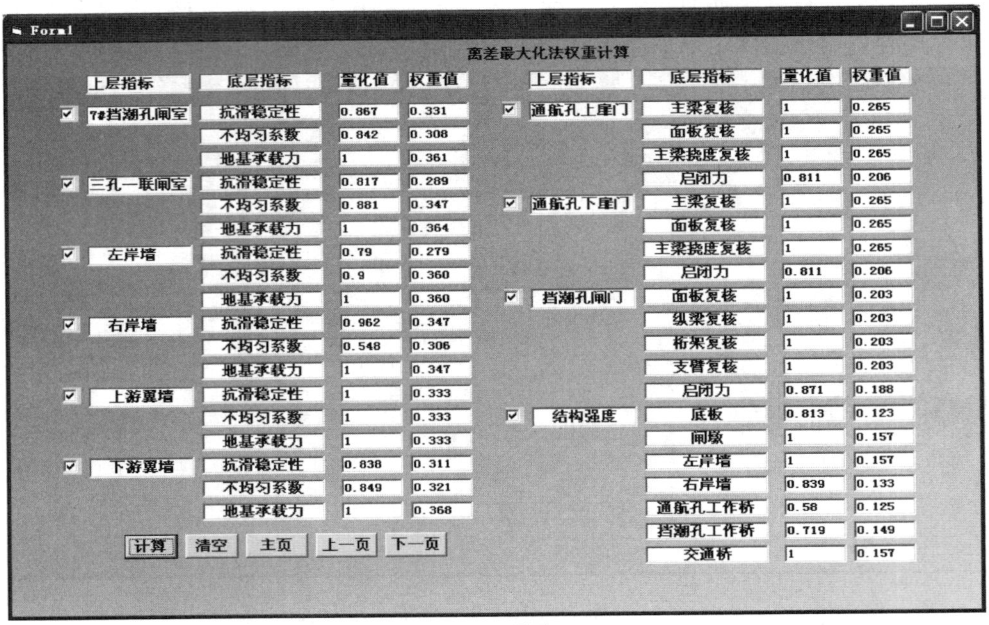

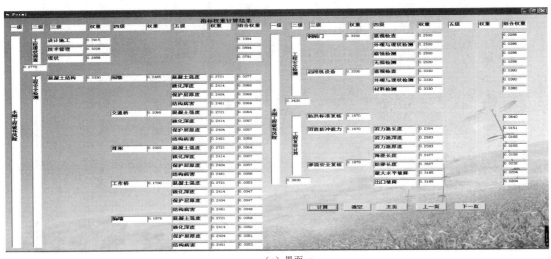

（b）界面二

图 7.2.17（二）　离差最大化法权重计算

（7）单击"下一页"进入指标权重计算结果界面，单击"计算"按钮即弹出各指标权重值和组合权重值。如设计施工的融合权重值为 0.3915，其是通过将改进模糊层次分析法计算出权重 0.279，唯一参照物法计算出的权重 0.278 与离差最大化法计算出权重 0.333 利用离差最大原理进行融合得到，相应的组合权重值 0.1084 通过逐层权重相乘得到，其余指标的融合权重值和组合权重值运用相同方法计算得到（图 7.2.18）。

（a）界面一

图 7.2.18（一）　指标权重计算结果

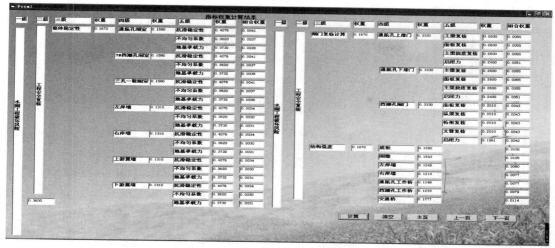

（b）界面二

图 7.2.18（二）　指标权重计算结果

（8）单击"下一页"进入故障树模型界面，单击"计算"按钮弹出风险度、底事件失事概率和顶事件失事概率结果（图 7.2.19）。

图 7.2.19　故障树模型

（9）单击"下一页"进入水闸加固补全措施指标权重计算界面，首先输入序关系法要用的指标，然后输入变异系数法要用的指标，依次输入相应数值，单击"权重计算"按钮即弹出指标权重计算结果（图 7.2.20）。

（10）单击"下一页"进入水闸加固补强措施物元可拓评价模块，单击"关联度计算"按钮即弹出各关联度计算结果界面（图 7.2.20）。

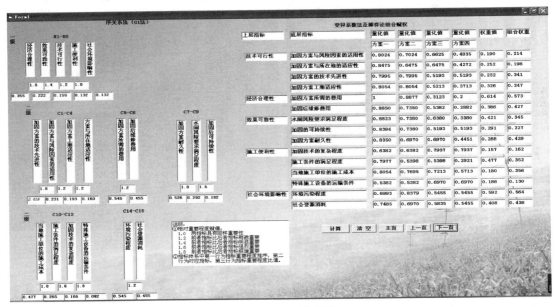

（a）权重计算界面

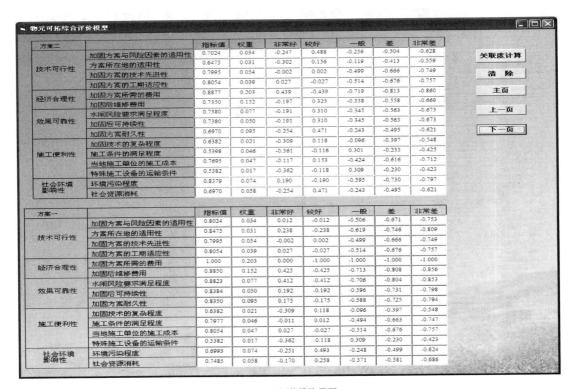

（b）评价模块界面一

图 7.2.20（一）　水闸加固补强措施物元可拓评价

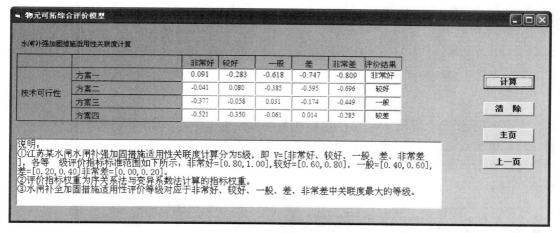

（c）评价模块界面二

（d）计算结果界面

图 7.2.20（二） 水闸加固补强措施物元可拓评价

7.3 水闸工程健康诊断分析系统

7.3.1 系统总体设计

7.3.1.1 系统总目标

这个系统的总目标是对水闸工程的健康状态作出诊断。该系统首先建立水闸健康诊断的指标体系，之后利用功效系数法对各指标进行量化计算，接着采用3种主、客观赋权方法即改进群组G1法、基尼系数赋权法和独立信息数据波动法对各指标进行权重计算，然后利用基于最小偏差的权重融合方法进行权重融合，使综合权重更为科学合理，最后通过基于四元联系数的水闸健康诊断物元模型对水闸的健康状态作出诊断。

7.3.1.2　系统分析

水闸工程健康诊断分析系统共有9个模块，62个窗体组成。9个模块分别为启动、主页、水闸健康诊断指标体系模块、指标量化模块、改进群组G1法计算指标权重模块、基尼系数赋权法计算指标权重模块、独立信息数据波动法计算指标权重模块、使用基于最小偏差的权重融合方法进行权重融合模块和基于四元联系数的水闸健康诊断物元模型对水闸健康状态作出诊断模块，各模块包含若干个窗体，通过在各窗体进行编写代码使之成为可以对水闸健康状态作出诊断的一个分析系统。

（1）启动界面如图7.3.1和图7.3.2所示。

图 7.3.1　水闸工程健康诊断分析系统的登录界面

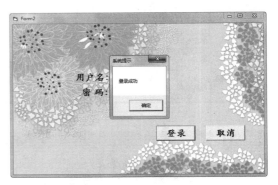

图 7.3.2　登录成功界面

（2）主界面。

主要由10个命令按钮（Command）组成，该界面大体展示了本系统的所有功能，点击相应按钮便会链接到相关界面，由该界面用户可以看到，该系统由7个功能模块组成。用户可以根据系统安排的自上而下，自左向右的顺序进行操作，最终可以得到水闸的健康状态（图7.3.3）。

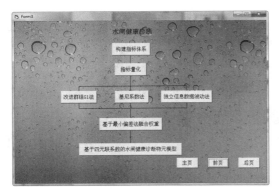

图 7.3.3　主界面

（3）指标体系界面。

用户首先单击"构建指标体系"按钮，进入到指标体系界面（图7.3.4）。

（4）指标量化界面。

该界面主要由若干个Label、TextBox、Frame、Command和Image控件组成。根据相关量化标准及相关的资料数据对其进行量化，点击量化计算按钮，系统将计算各指标的量化值。在量化计算中，主要涉及VB的Click事件以及If选择语句的使用，在编写代码时注意好逻辑关系及语法

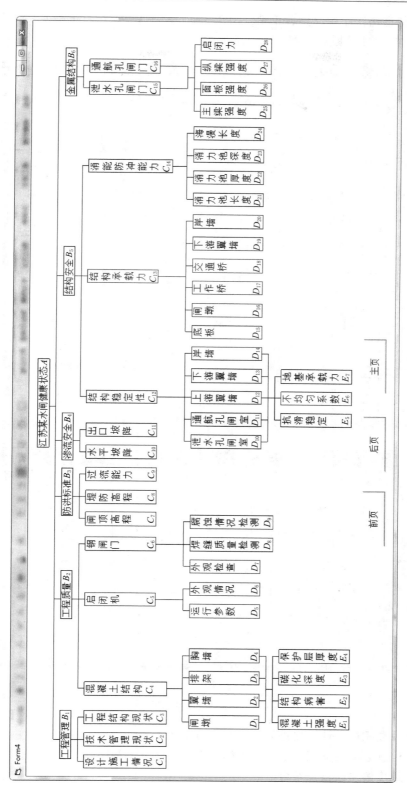

图 7.3.4 指标体系界面

的使用方法，保证语法结构完整、正确（图 7.3.5）。

（5）改进群组 G1 法赋权如图 7.3.6 所示。

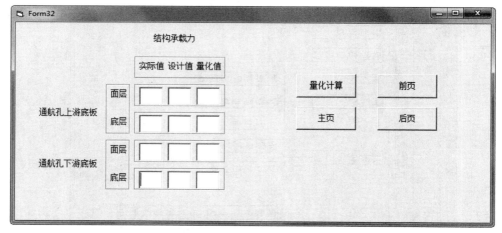

（a）界面一

（b）界面二

图 7.3.5　部分指标量化界面

（6）基尼系数赋权法计算权重如图 7.3.7 所示。

（7）独立信息数据波动赋权法计算指标权重如图 7.3.8 和图 7.3.9 所示。

（8）基于最小偏差的权重融合计算。

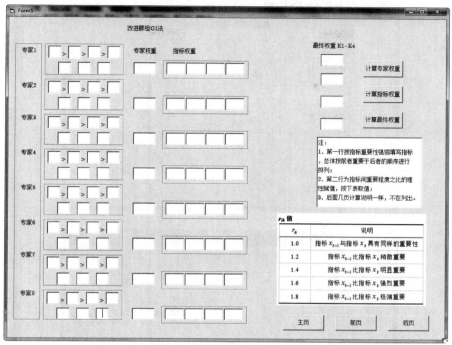

（a）界面一

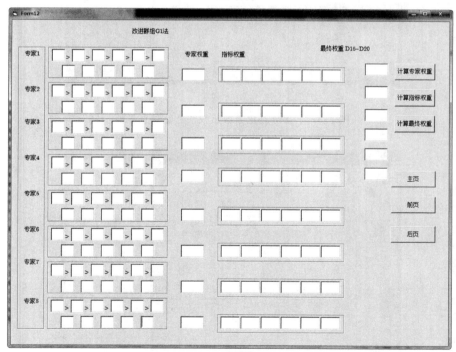

（b）界面二

图 7.3.6 部分改进群组 G1 法计算指标权重界面

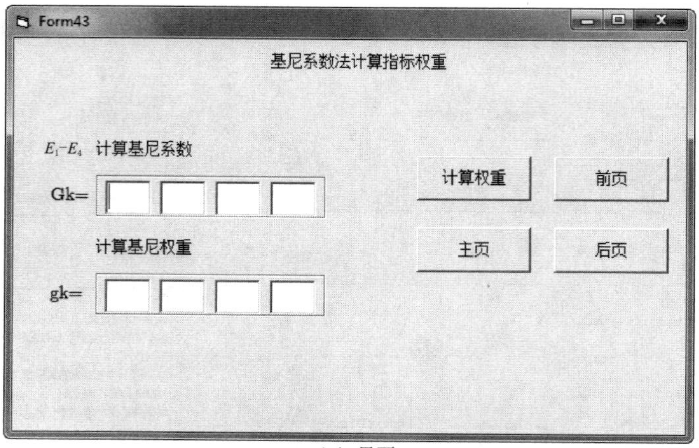

（a）界面一

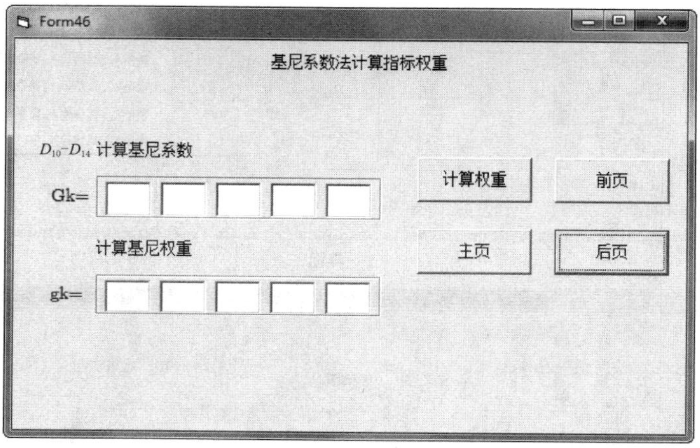

（b）界面二

图 7.3.7 部分基尼系数赋权法计算权重界面

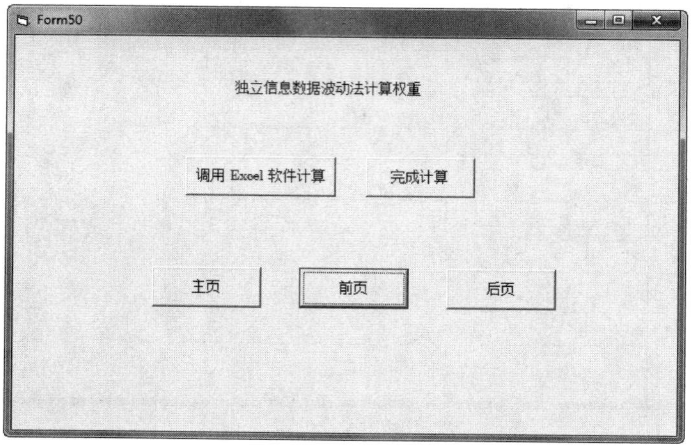

图 7.3.8 独立信息数据波动赋权法计算权重首页

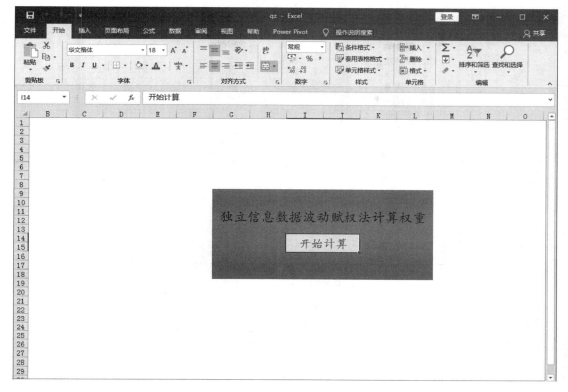

图 7.3.9　独立信息数据波动赋权法的 Excel 计算程序计算界面

部分计算程序如图 7.3.10～图 7.3.12 所示。

（9）基于四元联系数的水闸健康诊断物元模型如图 7.3.13 所示。

7.3.2　实例应用

以江苏某水闸为例，利用开发的水闸工程健康诊断分析系统对该水闸的健康状态进行诊断。

（1）双击"水闸工程健康诊断分析系统"快捷方式，点击确定，进入系统主界面。

（2）单击主界面上的"构建指标体系"按钮后，进入到指标体系界面。

（3）单击主界面上的"指标量化"按钮，进入指标量化计算界面，根据该工程的现状调查资料、现场安全检测资料和复核计算分析资料以及相关设计图纸和规范，将搜集到的数据填入相应位置，单击"量化计算"按钮，即可得出各指标的量化值（图 7.3.14）。

（4）在指标量化计算完成后单击"主页"按钮，此时返回主页界面，单击"改进群组 G1 法"按钮，进入到利用改进群组 G1 法计算指标权重界面，根据界面上的"注"与"说明"提示，将 8 位专家提供的信息填入相应区域，首先单击"计算专家权重"按钮，系统将计算各位专家的权重，再次单击"计算指标权重"按钮，系统将计算出每位专家下的指标权重，最后单击"计算最终权重"按钮，系统将计算出专家组的指标权重（图 7.3.15）。

（5）在改进群组 G1 法计算指标权重结束后，单击"主页"按钮，此时返回主页界面，单击"基尼系数法"按钮，进入到利用基尼系数法计算指标权重界面，单击"计算权重"

	混凝土强度	碳化深度	保护层厚度	结构病害	
1号孔左墩					
1号孔右墩					
2号孔左墩					
2号孔右墩					
3号孔左墩					
3号孔右墩					
1号孔左排架					
1号孔右排架					
2号孔左排架					
2号孔右排架					
3号孔左排架					
3号孔右排架					
1号孔胸墙					
2号孔胸墙					
下游第1节左翼墙					
下游第1节右翼墙					
下游第2节左翼墙					
下游第2节右翼墙					
$\bar{x}$	#DIV/0!	#DIV/0!	#DIV/0!	#DIV/0!	
δ	#DIV/0!	#DIV/0!	#DIV/0!	#DIV/0!	
V	#DIV/0!	#DIV/0!	#DIV/0!	#DIV/0!	
V'	#DIV/0!	#DIV/0!	#DIV/0!	#DIV/0!	
R	#DIV/0!	#DIV/0!	#DIV/0!	#DIV/0!	
D	#DIV/0!	#DIV/0!	#DIV/0!	#DIV/0!	
D'	#DIV/0!	#DIV/0!	#DIV/0!	#DIV/0!	
					sum
I	#DIV/0!	#DIV/0!	#DIV/0!	#DIV/0!	#DIV/0!
w	#DIV/0!	#DIV/0!	#DIV/0!	#DIV/0!	#DIV/0!

前页

后页

主页

图 7.3.10 部分独立信息数据波动赋权法的 Excel 计算程序

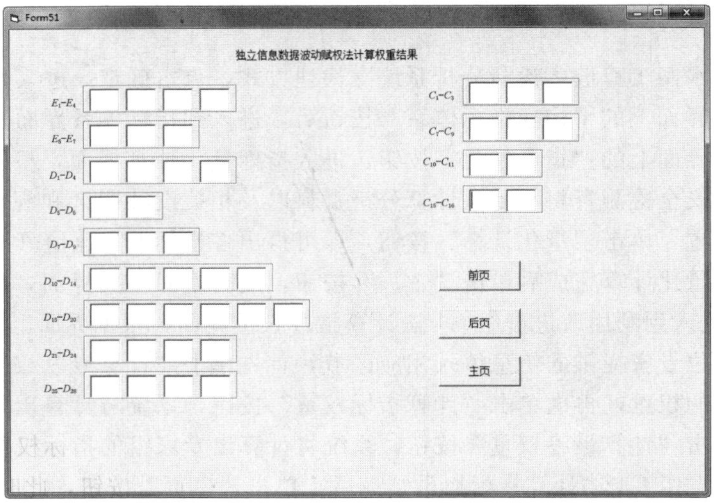

图 7.3.11 独立信息数据波动赋权法计算权重汇总界面

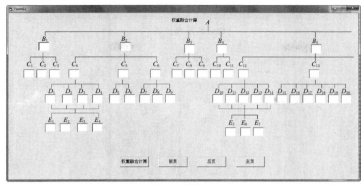

（a）界面一

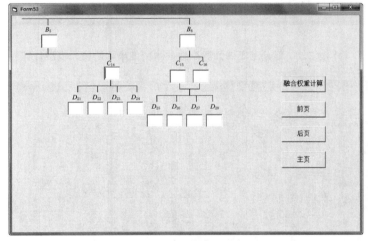

（b）界面二

图 7.3.12 权重融合计算界面

（a）界面一

图 7.3.13（一） 部分基于四元联系数的水闸健康诊断物元模型计算界面

（b）界面二

图 7.3.13（二）　部分基于四元联系数的水闸健康诊断物元模型计算界面

（a）界面一

（b）界面二

图 7.3.14　部分指标量化计算界面

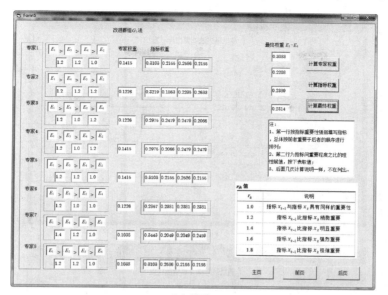

（a）界面一

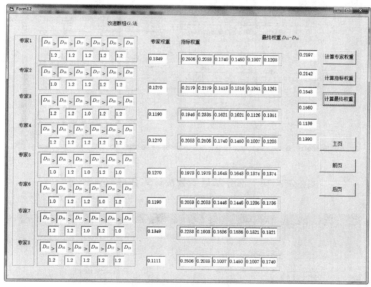

（b）界面二

图 7.3.15 部分改进群组 G1 法计算指标权重界面

按钮，系统将根据前面计算的量化数据自动计算各指标利用基尼系数法计算得到的权重（图 7.3.16）。

（6）在基尼系数法计算指标权重结束后，单击"主页"按钮，此时返回主页界面，单击"独立信息数据波动法"按钮，进入到利用独立信息数据波动赋权法计算指标权重界面，单击"调用 Excel 软件计算"按钮，系统将会自动弹出独立信息数据波动赋权法的 Excel 计算程序计算界面，单击"开始计算"，将自动计算出利用独立信息数据波动赋权法计算得到的指标权重（图 7.3.17）。

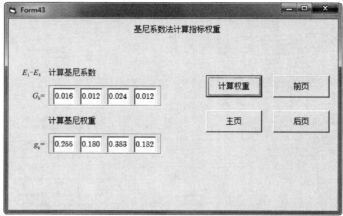

（a）界面一

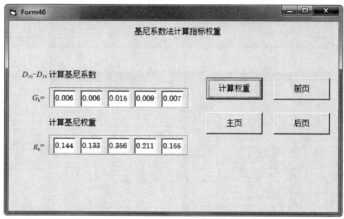

（b）界面二

图 7.3.16　部分基尼系数法计算指标权重界面

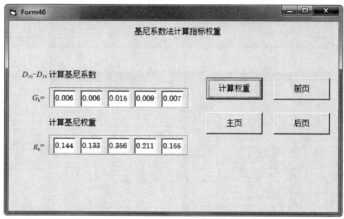

图 7.3.17　独立信息数据波动赋权法计算指标权重汇总界面

（7）在独立信息数据波动赋权法计算指标权重结束后，单击"主页"按钮，此时返回主页界面，单击"基于最小偏差法融合权重"按钮，进入到权重融合界面，单击"权重融合计算"按钮，系统将自动计算出各指标的融合权重值（图7.3.18）。

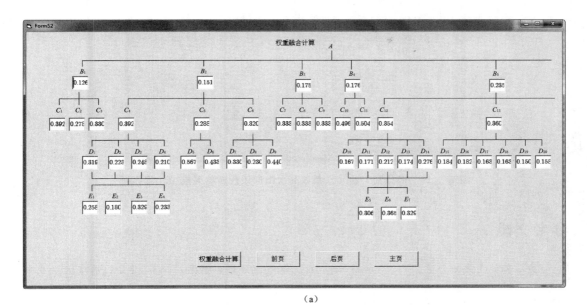

（a）

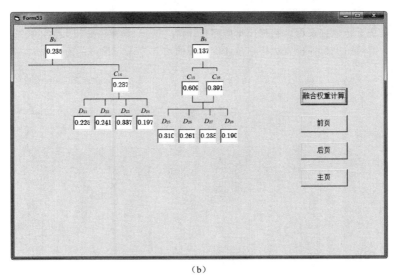

（b）

图7.3.18　权重融合计算界面

（8）最后返回主页，单击"基于四元联系数的水闸健康诊断物元模型"按钮，进入到水闸工程健康诊断界面，单击"计算"按钮，系统将自动计算出各指标的综合联系数并给出健康状态（图7.3.19）。

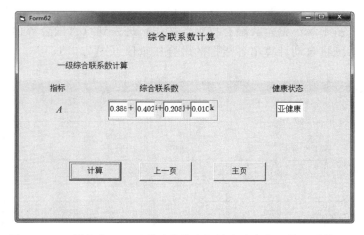

图 7.3.19　部分基于四元联系数的水闸健康诊断物元模型计算界面

参考文献

[1]　黄冬梅，王爱继，陈庆海．Visual Basic 6.0 程序设计案例教程 [M]．北京：清华大学出版社，2008．

[2]　王兴华．大中型泵站运行风险分析研究 [D]．扬州：扬州大学，2012．

[3]　贾怡．农村小型水利工程老化改造决策支持系统的开发和研究 [D]．扬州：扬州大学，2009．

[4]　周扬．经济发达地区农村水利现代化指标与评价 [D]．扬州：扬州大学，2013．

[5]　王芳．大型泵站综合评价方法研究与评价系统的建立 [D]．扬州：扬州大学，2009．